章仲子文集

舒跃育 主编

袁彦 汪李玲 副主编

社会科学文献出版社
SOCIAL SCIENCES ACADEMIC PRESS(CHINA)

章仲子先生（1904～1960年）

1928年章仲子先生结婚照片

The University of Michigan

to all who may read these letters, Greetings:

Hereby it is certified that upon the recommendation of

The Horace H. Rackham School of Graduate Studies

The Regents of The University of Michigan have conferred upon

I-Nien Chang

in recognition of the satisfactory fulfillment of the prescribed requirements the degree of

Master of Science

(Psychology)

with all the rights, privileges, and honors thereto pertaining here and elsewhere.

Dated at Ann Arbor, Michigan this twenty-third day of June, nineteen hundred and thirty

President

Secretary

章仲子先生硕士学位证书复印件

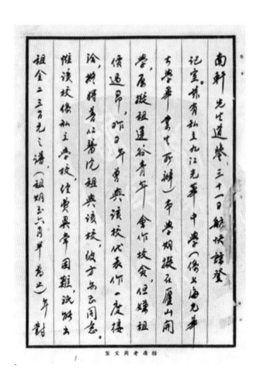

章仲子先生手迹

对父亲的点滴回忆

　　几年前，舒跃育博士来函索要我父亲的有关资料，说来惭愧，作为女儿我对父亲生前情况的了解，实在是少得可怜。不怕大家笑话，连他老人家的履历，我还是从舒博士给我的材料中，得到了比较全面的了解。所以，舒博士提议让我为此书写序，这实在是太为难我了。在此，我只能凭记忆，写一些有关父亲的零星的生活小事。

　　我是兄妹四人中最小的一个，1937年8月出生后，还未满月，便随父母离开老家杭州逃难南下。在后来的日子里，父亲经常单身在外工作，所以，有关他的一些情况，我都是后来从母亲和兄姐们的口中得知的。父亲给我的印象最深刻之处，就是爱读书。我家有一个书房，里面两个大书橱里放满了精装的中英文书籍，只要是在家的日子，他总是把自己关在书房里看书，直到深夜。他对子女的学习也非常重视，据说在抗战逃难的过程中，每到一地，他首先要办的事，就是联系当地最好的学校，解决孩子上学的问题；还专为孩子储存了"教育基金"，所以，虽然在战乱的年代，兄姐们的学习丝毫未被耽误。如果他在家里，每天晚饭后的时间，必定会坐在一旁，陪着我们做作业；即使去外地工作，他也非常关心我们的学习，经常会在给母亲的信中，问起我们的学习情况，除了要把测验和考试的成绩告诉他外，还要我们把作文（包括中英文的）寄去给他看，经他修改后再寄回来。他还很注意培养我们的课外阅读习惯，在我家的书房里，还有两个小一号的书橱，一个是"小学生文库"专柜，另一个橱里则是"希腊神话""格林童话"等各种青少年读物（世界名著缩写本）。那些书，大多是在我大哥小时候购置的，每本书上都写明了对阅读时间的要求，我记得有的书里标明，要求两周读完。不过，到了我看的时候，只用两天就看完了。现在回想起来，这些书籍对于润泽我们幼小的心灵、开拓我们的想象力以及陶冶我们的情操来说，都起到了潜移默化的作用。另外，我父亲还支持我们参加课外活动。

我记得，父亲曾不止一次地给我大哥撰写演讲稿，让他参加学校的演讲比赛，并亲自指导练习；父亲还给我写过一篇电台广播的演讲稿。此外，他也非常重视家庭生活。在节假日，只要有可能，他都会跟我们一起过。记得我小时候，在一所教会学校上学，每逢儿童节，兄姐们的学校都放假一天，唯独我就读的学校不放假（只在圣诞节放假一天），这时父亲就会给我写一张事假单，让我交给老师，然后就带着我们去公园野餐、玩耍。还有一件让我记忆犹新的事：每年的小年夜，家里必定祭祖，而我在学校受的教育是，只能膜拜一个神，所以，我就不肯对祖先叩头。当时父亲就想了一个办法，他拿出四块巧克力放在桌上，说谁叩头就可以得到一块巧克力。我自幼最爱吃的就是巧克力，眼看着兄姐们叩头后，都拿着巧克力走了，我就再也忍不住——跪下叩头了。从这件小事上也可以看出，父亲在现实生活中，对他所学的专业知识的运用。他对我当时的心理活动掌握得十分准确，但并没有用训斥或强迫的手段，轻轻松松地就把问题解决了。

以上琐琐碎碎地写了一些零散片段的回忆，算是对父亲在家庭生活层面的一点补充。

最后，我要由衷地感谢舒跃育博士，他为了完成此书，花费了巨大的精力和不懈的努力，这是对我父亲在天之灵最好的慰藉，同时也让我们子女对父亲作为我国心理卫生知识最早的传播者，以及他在心理学研究方面的有关著作，有了全面深刻的了解。

章希平

2018 年 8 月 30 日

写在《章仲子文集》卷首的话

　　西北师范大学心理学教授舒跃育博士编纂了先祖父仲子先生的文集，并即将出版。他要我以文集作者后人身份为本书作序，真的不敢当。实在是因为世上没有孙子给爷爷的文集写序的道理，孙子对爷爷的文章，批评没资格，褒赞也没资格。但时至今日，我祖父母早已辞世，他们的儿女业已一半凋零，最小的女儿也年过80了，为这部文集的出版写几句话，我作为祖父长孙义不容辞，亦是我的荣幸。

　　先祖父所受的教育可谓贯穿新旧、横跨东西。他的开蒙应该是旧私塾式的中国传统教育，加之家中长辈又是蜚声中外的国学大师，文、史、哲基础十分扎实。完整的现代高等教育和海外留学经历又使他成为中国，或者亚洲，最先系统地掌握、教授和传播现代心理学知识的专业学者之一。因此，先祖父的知识储备是百科全书式的：不仅能够站在本专业的前沿，同时又能将所获得的新知识广泛地运用于各个相关领域。早在二十世纪三十年代他就曾撰文向国人介绍过基于第一次世界大战统计结果所获得的心理学最新研究成果——创伤压力失调后遗症（post – traumatic stress disorder, PTSD）现象，这个名词再次被世人关注应该是阿富汗战争之后了；他还撰写并出版了中国最早的《中国的世界之最》，在信息极其闭塞的年代向世人介绍伟大的中国。他的文章无论是专业性很强的学术论文还是启蒙科普类通俗读物，都文字清晰易懂，道理深入浅出。这种笔法白描、内容厚重的文风在当下就愈加弥足珍贵了。

　　距今整整九十年前的1928年，也是8月，先祖父负笈留学美国，两年后获得了心理学硕士学位。可惜他的学位证书原件和留学时的照片都在"文革"中遗失了，现在的这份是时隔半个多世纪的1984年，我父亲到美国出差时写信给其母校密歇根大学申请补发的。国外留学的经历使得先祖父除了在专业领域得风气之先外，在家庭生活、子女教育方面也走在时代前列。我祖母的小妹妹就对我说过："你爷爷真的很先进的，平日里生活节俭，攒钱留作假期旅游经费和子女的教育基金。那个时候哪有人知道旅游啊！"祖父母一共有四位子女，分别毕业于清华大学、南京大学、北京大学和上海戏剧学院。即便是今天，在发达国家，四位儿女全部毕业于顶尖大学也是非常了不起的事儿，何况是在经济匮乏、社会动荡的六七十年前。先祖父身体力行了他自己的子女教育理念。稍感遗憾的是，他的儿女没能够满足先祖父对他们的职业期待：当医生。不单如此，到目前为止在祖父的后辈里也还没有一位医生。现在连我也已退休，看来这份期待要留给后人的后人了。只是在历经了苦雨凄风之后，热爱学习、追求新知识仍是我们的家风，延续在每一位后人身上，希望这能够告慰他老人家的在天之灵。

先祖父的后辈里没有人继承他的专业。孙辈中除了我，都是在他去世后才出生，因此家人对他的回忆都是零散的、模糊的，主要集中于非专业领域的生活琐事。我是先祖父生前见过（照片）的唯一孙辈，儿时，我对他的印象全部来自照片、祖母（1907～1987年）的转述以及2～3岁时跟着祖母到上海各个邮局寄包裹给他的模糊记忆（当时上海邮局对寄往外埠的食品包裹数量有限制）。先祖父殁于1960年12月初，假如能再撑几天，到了12月20号左右，中央监委就下令夹边沟活着的"右派"全部回家了，可惜历史没有假如。那本有名的《夹边沟记事》记载的就是那段历史，书里还提到了他。那本书的作者后来就毕业于先祖父最后的工作单位——甘肃师范大学，也就是今天舒博士所在的西北师范大学。历史的悲剧与历史的巧合在此重叠了。二十世纪的中国动荡不止，现代心理学又是1949年后曾遭受彻底否定的学科，心理学学者真正能够踏踏实实地静下心做学问的时间屈指可数。先祖父在这有限的时间里写下如此多有独到见地又极具开拓性的心理学专业文章和科普读物，让作为后辈的我们备感敬佩。

改革开放以来，特别是进入二十一世纪以来，随着社会的发展和进步，现代心理学知识日渐普及，心理卫生也越发被人重视。现在，经过舒博士努力挖掘和辛勤整理，这部《章仲子文集》终于在先祖父故世近六十年之后得以出版，使今人能重新读到这些发表于将近一个世纪之前的文章。舒博士的万言介绍本身就是一篇关于现代心理学在中国发端和发展过程的高水平学术论文，让我们对现代心理学在中国的发展能有更深入、更全面的了解，也使先祖父——仲子先生对中国心理学的开创性贡献不致被湮灭。

　　谢谢舒跃育博士！

2018 年 8 月于北京

编校凡例

1. 选编说明。章仲子（1904～1960 年），原名章长春、章颐年，中国著名心理学家，中国心理学会的发起人之一，中国心理卫生协会的发起人之一。1951 年至 1960 年，章仲子先生在国立西北师范学院（今西北师范大学）担任心理学教授，为心理学在我国西北地区的发展做出了重要贡献。2017 年，恰逢国立北平师范大学西迁西北地区办学八十周年，当然也恰是心理学科在西北地区扎根八十周年，同时也是西北师范大学心理学本科恢复招生三十五周年（1982 年恢复本科招生）、心理学院建院五周年，还逢我校心理学科获批一级博士学位授予权，遂编辑整理西北心理学先贤文稿以为纪念，并以《章仲子文集》为系列文集的第一本。

2. 文稿选择。章仲子先生的文章散见于民国及新中国成立后报刊书籍之中，编者虽尽力搜罗，但难免遗漏，留待将来补全。

3. 编校原则。尊重原著的内容和结构，以存原貌；进行必要的版式和一些必要的技术处理，方便阅读。

4. 版式安排。原著是竖排的，一律转为横排。横排后，原著的部分表述做相应调整，如"右表""左表""右文""左文"均改为"上表""下表""上文""下文"，等等。

5. 字体规范。改繁体字为简化字，改异体字为正体字；"的""得""地""底"等副词用法，一仍旧贯。

6. 标点规范。原著无标点的，加补标点；原著标点与新式标点不符的，予以修订；原文断句不符现代汉语语法习惯的，予以调整。原著有专名号（如人名、地名等）的，从略。书名号用《》、〈〉规范形式；外文书名排斜体。

7. 译名规范。原著专门术语、外国人名、地名等，与今通译有异的，一般改为今译。首次改动加脚注注明。

8. 数字规范。表示公元纪年、年代、年、月、日、时、分、秒，计数与计量及统计表中的数值，版次、卷次、页码等，一般用阿拉伯数字；表示中国干支等纪年与夏历月日、概数、年级、星期或其他固定用法等，一般用汉字数字。此外，在中国干支等纪年后，加注公元纪年。

9. 标题序号。不同层级的内容，采用不同的序号，以示区别。若原著各级内容的序号有差异，则维持原著序号；若原著下一级内容的序号与上一级内容的序号相同，原则上修改下一级序号。

10. 错漏校勘。原著排印有错、漏、讹、倒之处，直接改动，不出校记。

11. 注释规范。原著为夹注的，仍用夹注；原著为尾注的，改为脚注。编辑补充的注释（简称"编者注"），也入脚注。

章仲子：中国心理卫生的开拓者

舒跃育

20世纪初，随着"科学与民主"的呼声不断高涨，大批青年学者负笈欧美，将近代以来的自然科学与新兴的人文社会科学思想带回国内。在这个大背景下，在以留美学生为主干的大批心理学先驱的共同努力下，北京大学建立了第一个心理学实验室，南京高等师范学校（今为南京师范大学）建立了我国第一个心理学系，全国性和地方性的心理学会相继成立，相关学术刊物先后创办，心理学的学术专著和译著先后出版，科学心理学开始在国内生根发芽。随着科学心理学的传入，"心理卫生学"也以心理学的一个重要应用领域而被引入。谈到我国现代心理卫生运动，就不得不谈到这场运动的发起者之一——章仲子。

一 学术生平

章仲子（1904~1960年），原名章长春、章颐年，后更名为章仲子，1904年6月5日出生于浙江省余杭县仓前镇，系著名国学家章太炎仲兄章炳业之子。浙江仓前章氏是书香世家。章颐年的祖父章濬（字轮香，1825~1890年），自幼研读典籍，后任县学训导，在余杭颇有影响。章濬生有三子，长子章炳森（字椿伯，1853~1928年），于光绪十四年（1888年）中举人；次子章炳业（字仲铭，1865~1930年），即章颐年的父亲，于光绪二十八年（1902年）中举人，曾任浙江图书馆馆长，目录学家；三子即著名国学家章炳麟（字枚叔，号太炎，1869~1936年）。章颐年的父亲章炳业曾主持浙江省图书馆馆务工作14年，建树颇丰，曾创办《浙江公立图书年报》，发起组织浙江省图书馆协会，任首任会长。参与发起成立中华图书馆协会，被选聘为执行部干事。编有《浙江公立图书馆保存类图书目录》《浙江图书馆通常图书目录》《乙卯补抄文澜阁四库全书目录》等。①

由于出生在知识分子家庭，章颐年先生从小受到良好的教育。他早年先后就读于杭州第一师范学校附属小学、杭州省立第一中学。1927 年，章颐年先生毕业于金陵大学心理学系，毕业后曾在安徽省滁州中学担任英语教员一年。由于当时心理学在中学尚未开设相关课程，他所从事的工作脱离自己的所学专业，为了更系统地学习心理学知识并能从事心理学的专业工作，1928 年 8 月前往美国留学。章颐年先生曾先后获美国纽约州立大学文学学士学位和密歇根大学心理学硕士学位。在美国留学期间，他主攻实验心理学，但当时美国正开展得如火如荼的心理卫生运动对他的影响更大，他接受了心理卫生方面的专业培训并形成了对心理卫生的独到理解。1930 年 8 月，章颐年先生学成回国后即被聘为国立暨南大学心理学教授，并在国内率先开设"心理卫生"课程，时年方 26 岁。由于此前国内高校中并没有人专门开设过此类课程，章颐年先生因而被誉为我国讲授心理卫生课程的第一人。②此外，他还在该校开设"生理心理学"和"心理学史"等课程。

1931 年，浙江省教育厅在省立两级师范学堂的基础上筹建"省立杭州师范学校"（今杭州师范大学前身），聘请章颐年先生担任首任校长。此时他虽然仅任中等师范学校的校长，但浙江省教育厅仍破格给其教授待遇。担任校长期间，章颐年先生积极倡导将心理健康知识应用到家庭与学校教育之中，并坚持"教育的目的，就是要造成一个完整的人格……心理卫生的目的，也是要人们的人格获得健全的发展。能对生活环境做正常的适应。所以教育和心理卫生有着一个共同的目标……良好的教育必须依据着心理卫生的原则，否则便不能尽教育的使命"的理念，③ 努力将心理卫生的理念贯彻到教育实践。为此，他四处奔走，组建教育方面的专业学会，积极推进教育专业化的发展。1932 年，章颐年先生作为浙江省中学教育研究会的发起人之一，任常务理事。1933 年，在著名教育家庄泽宣（1895～1976 年）先生的介绍下，他加入了成立于同一年的中国教育学会。为了更好地从事心理学研究，章颐年先生于 1934 年 7 月辞去省立杭州师范学校校长职务，被大夏大学聘为心理学教授兼师范专修科主任，负责讲授心理学课程。1936 年，

---

① 杨法宝：《余杭年鉴》（下），方志出版社，2007，第 352 页。
② 郭沈昌、陈学诗、伍正谊、许律西：《缅怀前辈　开拓未来》，《临床精神医学杂志》2000 年第 4 期。
③ 章颐年：《心理卫生概论》，商务印书馆，1936，第 187 页。

章颐年先生在大夏大学教育学院创立全国为数不多的教育心理学系，并担任首任系主任。当时，大夏大学的教育心理学系在全国办得很有影响，我国著名心理学家张耀翔先生曾对此给予了很高评价。① 为此，教育部特拨款添置设备，扩充实验室。此外，章颐年先生还担任该校师范专修科主任，在负责讲授心理学课程的同时，指导学生选课和做毕业论文。由于时局的影响，全国性学会在当时难以较好地发挥作用，在这种情况下，中央大学、大夏大学、燕京大学和清华大学等高校的心理学系相继成立校级心理学会。② 大夏大学心理学会由章颐年先生负责，附设心理诊察所，开展心理卫生方面的工作。1936 年 4 月，大夏大学心理学会创办心理学通俗杂志《心理季刊》，章颐年先生任主编。在 1934～1936 年，上海心理学界人士活动频繁，经常组织正式或非正式学术会谈，他们主要由国立暨南大学、大夏大学、光华大学、复旦大学、沪江大学等院校的教授组成。但这种活动苦于无正式组织，进一步开展面临诸多困难。1936 年 10 月份，由章颐年、张耀翔和章益等人发起"上海心理学会"，该学会于 1937 年 1 月 10 日正式成立，比中国心理学会还早 14 天。③ 与此同时，京沪等地学者发动组织"中国心理学会"，章颐年先生也是早期 32 位发起者之一。1937 年 1 月 24 日，中国心理学会在南京成立，章颐年被选为学会理事。在首次召开的理事会上，章颐年等三人担任第一届年会委员。后来由于"七七事变"爆发，学会活动被迫停止，第一届年会也因此被取消。④ 1936 年，中国心理卫生协会在南京成立，章颐年先生作为发起人之一，任理事兼编译委员会委员。此外，他也是中国测验学会的编译委员会委员之一。尽管后来因抗日战争的全面爆发，中国心理学会、中国心理卫生协会等学术团体的活动暂时中断，但是，章颐年先生凭个人的努力对我国多个心理学学术团体的建立起到重要的推动作用。

1937 年因抗日战争全面爆发，北京大学、清华大学和南开大学组成西南联合大学奉令南迁。8 月，大夏大学、复旦大学组成第一联合大学，准备内迁。章颐年先生任第一联合大学教育心理系主任兼师范专修科主任。12 月，第一联合大学西迁江西庐山牯岭，后辗转至贵阳，章颐年先生留庐山处

---

① 张耀翔：《中国心理学的发展史略》，《学林》1940 年第 1 期。
② 胡延峰：《留美学者章颐年与大夏大学心理学会》，《徐州师范大学学报》（哲学社会科学版）2009 年第 1 期。
③ 杨鑫辉：《心理学通史》（第二卷），山东教育出版社，1999，第 172 页。
④ 杨鑫辉：《心理学通史》（第二卷），山东教育出版社，1999，第 174 页。

理善后事务。次年 8 月，在著名教育家孟宪承（1894～1967 年）的介绍下，章颐年先生被广州中山大学聘为心理学教授，讲授"心理卫生学"。后因广州失守，章颐年先生辞去中山大学教职。1939 年 6 月，章颐年先生前往迁移至贵阳的大夏大学任教，并兼任教育学院院长之职，指导学生选课、毕业论文和学分审查。1940 年 9 月，章颐年先生在返沪探家途中被日本宪兵队逮捕，获救后重新回到国立暨南大学任教。次年"一二·八事变"爆发，日军占领上海，国立暨南大学停办，章颐年先生转至大夏大学上海分校，继续担任教育学院院长之职，后因与大夏大学教务长鲁继曾先生（1892～1977 年）不睦，离开大夏大学，一度担任杭州潮馨月刊社主编，因被日本宪兵队监视不得离开日占区返回内地，不得已由其亲属介绍在汪伪浙江省政府和建设部任职。抗战胜利后章颐年先生改名为章仲子，在著名教育家黄敬思（1897～1982 年）的帮助下，章仲子先后担任青岛中国石油公司、青岛齐鲁企业公司的秘书。1949 年 4 月，因齐鲁企业公司迁往台湾，章仲子先生受驻上海的联合国世界卫生组织之托，为上海商务印书馆编写结核病防治专刊，编著儿童及大众读物。1950 年，商务印书馆出版了章先生的《詹天佑的故事》《李仪祉的故事》《鸦片战争》《卡介苗》等读物。同年 7 月，商务印书馆迁入北京，世界卫生组织撤回，章仲子先生接替妹妹章蟒 [mǎng]（1907～1977 年，字菉君）在上海人文中学的教职，担任高中语文教师，并于同年加入中国教育工会。

由于章仲子先生早年在心理学界影响较大，1951 年 2 月，在大夏大学的老同事张耀翔（1893～1964 年）与杜佐周（1895～1974 年）两位教授介绍下，他前往位于兰州的西北师范学院（今西北师范大学前身）教育系任教，主要承担"发展心理""青年心理""特殊儿童教育"等课程的教学和研究工作。暑假，他向兰州广播电台写了一篇文章，得稿费十万零八千元，全部捐给抗美援朝之用。在教学中，他曾自制实验仪器，极大地提高了学生的学习兴趣。1957 年 12 月，章仲子被中共西北师范学院党委划为"极右分子"，1958 年 8 月被送往酒泉夹边沟农场劳动教养（保留公职），1960 年 12 月 1 日在劳教中亡故。次年，章仲子被摘掉"极右"帽子。1979 年 4 月，中共甘肃师范大学（今西北师范大学前身）党委决定恢复章仲子政治名誉，① 恢复其教授职称。

① 《关于错划章仲子同志右派问题改正结论的报告——师党落〔1979〕406 号文件》。

二　奠基我国的心理卫生事业

作为我国现代心理学奠基人之一，章颐年先生的重要贡献首先体现在对心理卫生事业的开拓上。西方的心理卫生运动开始于 19 世纪末 20 世纪初。美国学者比尔斯（C. W. Beers，1876 - 1943 年）是这一运动的重要推动者。比尔斯曾因精神失常而在精神病院接受住院治疗三年，住院期间，他受到非人的待遇，目睹了病友们的各种痛苦。出院后，他立志终生投身于心理卫生事业，并将自己在精神病院的所见所闻写成了一本自传性的著作《自觉之心》（*A Mind That Found Itself*）。该书 1908 年出版后，心理卫生事业受到著名心理学家以及社会各界的支持。5 月，比尔斯组织成立了世界上第一个心理卫生组织——"康涅狄格州心理卫生协会"。次年，在比尔斯等人的努力下，全美心理卫生委员会（National Committee for Mental Hygiene）成立了，该委员会后来还创办了《心理卫生》（*Mental Hygiene*）杂志，采用多种方式普及心理卫生知识。1930 年，在比尔斯等人的努力下，第一届国际心理卫生大会在美国华盛顿召开，国际心理卫生委员会由此成立。

章颐年先生在美国学习期间，正是美国心理卫生运动蓬勃发展之时。尽管他在美国接受的主要是实验心理学方面的训练，但最让他震撼的还是心理卫生运动给世界带来的巨大变化。为此，他曾在《心理卫生概论》中用了一章的篇幅介绍国外的心理卫生运动，并对比尔斯其人其事多有溢美之词。他将《自觉之心》视为一部"不朽的名著"，认为"比尔斯以一个人一本书的力量，首创这种伟大的运动，他对于人类的功绩，实在是值得敬佩的"。[①]章颐年先生历数了比尔斯所获得的诸多荣誉，并说"这些对于他的不可度量的伟大贡献，仅只是一点些微的酬谢""比尔斯的功绩，真不是几句话所能表示的"[②]。的确，比尔斯对青年章颐年先生的影响是巨大的，这种巨大的影响，足以成为他在国内开展心理卫生运动的重要动力。事实上，章颐年先生回国后之所以极力推动心理卫生运动，至少有两方面的原因：首先是他对比尔斯其人其事的认同，其次是他对心理卫生事业本身的重视。章颐年先

---

① 章颐年：《心理卫生概论》，商务印书馆，1936，第 13 页。
② 章颐年：《心理卫生概论》，商务印书馆，1936，第 13、21 页。

生曾借卫生署署长刘瑞恒（1890~1961年）之口表达了自己的感情，"我们现在所需要的是一个中国的比尔斯"①。而从后来章颐年先生回国后的人生经历来看，他的确以中国的比尔斯自许，他在中国"以一个人一本书的力量，首创这种伟大的运动"——中国的心理卫生运动：率先开设"心理卫生"课程，撰写第一部心理卫生领域的专著，发起中国心理卫生协会，创办期刊，组建儿童心理诊察所……正是在章颐年先生和一大批有志之士的共同努力下，中国的心理卫生事业逐渐发展起来。

章颐年先生于1930年回国后，即在国立暨南大学开设"心理卫生"课程。课程的内容为章颐年先生依据其在美国的学习内容并结合自己对现实的理解而撰写的讲义，但后来由于"一·二八事变"爆发，章颐年先生离开国立暨南大学，讲稿也遗失了。1935年，当他重新在国立暨南大学和大夏大学同时开设这门课的时候，还因找不到一本专门论述心理卫生的教材而苦恼。为此，他在查阅大量资料的基础上，结合对早先讲义的回忆，写成了我国第一本心理卫生领域的专著《心理卫生概论》，该书于1936年由商务印书馆出版。该书一经出版，即受到社会各界的关注，并被广为介绍。

在这本书中，章先生系统阐述了自己对心理卫生的理解。这本书分为三大部分：总论、各论和附录。在总论部分，尽管第一章的目的在于强调心理卫生的重要意义，但同时也初步呈现了这本书的行文逻辑。章颐年先生认为，卫生事业应该包括两大部分：生理卫生和心理卫生。可长久以来，心理卫生一直受到忽略，以致引发了心理疾病和许多社会问题。如何很好地解决由对心理卫生的忽视而引发的问题呢？他提出了心理卫生的工作原则：重在预防。于是，他确定了心理卫生工作的两个方面：消极方面，就是预防心理疾病的发生，改良心理疾病患者的待遇；积极方面，就是促进心理健康，养成健全的人格。通过第二章回顾国际心理卫生运动发展状况并结合我国实际情况，提出心理疾病将造成巨大的社会、经济和精神损失，因此，尽快在国内开展以心理疾病预防为目的的心理卫生运动，迫在眉睫。那么，心理卫生方面的工作如果需要从积极和消极两个方面展开的话，首先需要做两个方面的准备：其一，从消极的方面，需要确定心理健康的标准；第二，从积极的方面，需要归纳出影响健全人格养成的内外部因素和条件。

为此，章颐年先生通过第三章和第四章分别论述心理健康的标准和影响

---

① 章颐年：《心理卫生概论》，商务印书馆，1936，第21页。

健全人格的因素和条件。他认为，心理的健康表现为人格的健全，并在国内首次提出了心理健康的标准：（1）像别人，即个体的心理与行为处于与大多数人相似的常态之中；（2）与年龄相符，即个体的身心发展要符合年龄特征；（3）能适应他人，即具备正常的社交能力；（4）快乐，能获得较多的积极体验，态度乐观，做事积极；（5）统一的行为，强调行为的一致性和完整性；（6）适度的反应；（7）把握现实，能主动面对现实而不是逃避现实；（8）相当尊重他人的意见。在确立了心理健康的标准之后，他通过分析影响健全人格形成的内外部因素来讨论心理疾病的根源，认为常态的天赋和适宜的环境是影响健全人格形成的两个重要的因子。但总体而言，他还是认为心理疾病来源于个体的幼年经历。遗传与环境的影响孰重孰轻历来是心理学家争论的焦点。在这一点上，章颐年先生认为，"健全的人格，小半由于遗传，大半由于环境所决定"①。这一点构成了章颐年先生心理健康观的基石，正是基于此，他将教育的本质理解为健康人格的培养。于是，他系统地论述了破坏人格健康发展的力量和环境条件。他通过引用威廉·伯纳姆（W. H. Burnham）的观点，认为对于养成儿童健全的人格而言，以下的训练非常重要：第一，保持儿童的注意力；第二，为了保持儿童全神贯注的特性，就需要儿童自由地选择自己感兴趣同时又符合儿童身心特点的活动；第三，应付困苦的经历；第四，培养持久的恒心；第五，通过时常改变环境训练儿童的适应能力；第六，良好的睡眠习惯；第七，让情绪有正常的发泄渠道；第八，保持充满快乐和希望的幽默感。

章颐年先生认为，在我们的人生经历中，破坏人格健康的力量主要有三种，即怕惧、失败和冲突。因此，要预防心理疾病和维护人格的健全，就必须从导致这些力量产生的环境因素入手。他用了三章的篇幅来讨论这三种破坏人格的力量的表现形式、所引发的不良后果以及消除的方法。

但是，如何让心理疾病在未发生之前就得到有效的防治呢？章颐年先生认为，导致上述三种破坏力量的环境主要涉及家庭、学校、医院、司法部门和企业，而与这些部门息息相关的人，就是对人类人格健康影响较大的人，包括父母、医生、教师、法官和企业家。但在这五者中，他又特别强调家庭和学校对健全人格的重要意义。由于个体的人格主要形成于成年之前，在这段时间，个体主要在家庭和学校中度过，因此父母和教师就构成了健康个人

---

① 章颐年：《心理卫生概论》，商务印书馆，1936，第53页。

与健全社会的基石。为此，家庭教育和学校的心理健康教育就构成了章颐年先生关注的重点，这就构成了本书的第二部分——各论的内容了。在第二部分，章颐年先生用五章的篇幅，分别论述心理卫生与医学、父母、教育、法律和企业的关系。在这里，特别介绍下章颐年先生关于家庭教育和学校教育对于儿童健全人格形成的重要影响，这些观点尽管是在八十年前提出来的，但即使放在今天，不仅不过时，甚至可以说非常有必要反复普及和强调。

首先，作者提出了一个发人深思的问题，那就是在我们的社会中，一个人要进入某一个行业，都需要接受长时间的专业培训。比如，店员、理发师、司机、医生、护士、牧师和教师等，都需要进行专业的学习。不同的职业，与人类关系越密切的行业，需要接受训练的时间就越长。但很奇怪的事情是，对于我们每一个将来都要当父母的人，关于如何当父母，却没有接受过专业的培训。因为作为父母，不是仅仅供给子女衣、食、住，送他们进入学校读书就算尽到父母的责任了，更重要的是培养孩子的健全人格，让他们长大以后能快乐地适应环境。在这里，作者已经初步将"教育"与"健全人格的培养"等同起来，这个观点不正是时下诸多教育专家所强调和呼吁的吗？教育子女，与其他的任何行业一样，需要接受专业的教育。爱子女是一回事，给他们提供科学的教育是另一回事。为此，作者对学校教育过度关注知识的传授而缺乏日常生活技能的训练，特别是通过学校课程并不能让我们成为更加称职的父母提出批评。作者认为，有必要将如何做父母的知识和技术，设置成特别的学科，列入各级学校的课程之内。他主张将父母学、儿童学、家庭教育等课程，纳入小学和中学的教学。他甚至认为，关于如何做父母的知识和技能，远远重要于那些传统的抽象科目，因为这将真正影响人类的幸福。

在学校教育方面，作者认为，学校教育的目标应该包括三个方面，那就是知识的传授、体魄的锻炼和精神的健全。基于学校教育对儿童健全人格塑造的作用，作者提出，教师除了拥有学识和教学技能之外，还必须拥有健全的人格。他特别强调教师这个职业不同于其他职业。可惜的是，即使在八十年后的今天，对教师资格的认证，也主要强调知识结构和教学技能，教师心理素质方面的测试在职业资格认证过程中尚未开启。不仅如此，作者还认为，教师的待遇和地位也是影响教师人格的重要因素，他非常反对学校管理的行政化，认为这些都是影响儿童健全人格塑造的消极因素。他还特别强调特殊教育的重要意义，主张实行"访问教师"制度以及给儿童提供升学和就业的指导。章颐年先生的许多观点，即使在今天看来，都让人深受启发。

这本书的第三部分是附录，主要谈到中国心理卫生协会的缘起和协会简章，算是对国内的心理卫生运动的介绍和宣传。

为了更好地让家庭和学校成为健全个人人格的环境，章颐年先生除开设"心理卫生"课程之外，还创立了大夏大学心理学会。从其所从事的活动来看，大夏大学心理学会不是从事严谨的学术活动的团体，而是一个活泼且富有生气的学术推广团体。资料表明，大夏大学心理学会主要开展的活动包括辩论、演讲、实地考察，并创办问题儿童心理诊察所、主办科普杂志等。[①]在这些活动中，辩论的范围较为宽泛，旨在提高学生的综合素质。演讲主要包括通俗和学术两个方面，主要围绕着应用心理和心理卫生展开。由于大夏大学心理学会的影响较大，曾受上海市政府之邀，在上海市广播电台定期播出心理学方面的演讲，旨在在更大范围内传播心理卫生的知识。此外，章颐年先生为了将理论与实践相结合，定期带领学会的会员前往苏州精神病院和北桥普慈疗养院实地参观考察。不仅如此，学会在 1935 年 9 月创立了问题儿童心理诊察所，章颐年先生自任所长，下设测验股、调查股和访问股，旨在对顽皮、愚笨、偷窃、自卑、恐惧等问题儿童进行诊断，并在可能的范围内予以适当的治疗与处置。[②]心理诊察所的设置，是章颐年先生受全美心理卫生委员会的影响（全美心理卫生委员会于 1922 年设立儿童指导诊察所），但对我国心理卫生事业的开展而言，却具有开创性的意义，即作为国内第一个心理诊察所，它开启了学校心理诊断与咨询之先河。大夏大学心理学会的另一个开创性贡献是，于 1936 年 4 月发行我国第一种心理科学的通俗刊物《心理季刊》。该刊以"应用心理学改进日常生活"为口号，认为"心理学的研究固然重要，但怎么样使一般人认识心理学，怎么样使大家应用心理学研究的结果改进日常的生活以及自己的事业，是一件更重大的事。所以，本刊极愿在大家的爱护之下，负担这一份重大的使命"[③]。尽管该刊后因抗战全面爆发而停刊，但大夏大学迁至贵阳后，大夏大学心理学会又在《贵阳

① 胡延峰：《留美学者章颐年与大夏大学心理学会》，《徐州师范大学学报》（哲学社会科学版）2009 年第 1 期。

② 胡延峰：《留美学者章颐年与大夏大学心理学会》，《徐州师范大学学报》（哲学社会科学版）2009 年第 1 期。

③ 章颐年：《创刊话》，《心理季刊》1936 年第 1 期。

市革命日报·副刊》上办起了当时国内唯一的心理学专刊《新垒周刊》，每逢周六出版，[①] 前后发行了 6 期，共载文 87 篇（包括译文 4 篇）。这些文章对于向大众传播心理学知识，产生了不可估量的影响。此外，由章颐年先生、张耀翔和章益等人发起的上海心理学会成立之后也举行了题为"心理与人生"的通俗讲座，[②] 每周一次，主要内容也多涉及心理健康的维护。

另外，章颐年先生也是中国心理卫生协会的发起者之一。1936 年，在南京的国立中央大学教育学院同人的努力下，章颐年先生等 32 位主要发起人向全国心理学界征求意见，筹备成立中国心理卫生协会，旨在"保持与促进国民之精神健康及防止国民之心理失常与疾病为唯一之目的，以研究心理卫生学术及推进心理卫生事业为唯一之工作"[③]。中国心理卫生协会在南京成立，通过通讯选举，章颐年先生被选为首届 35 位理事之一，并兼任编译委员会委员。由此，我国第一个旨在促进国民心理健康的专业学术推广组织便正式成立。

尽管章颐年先生对心理卫生事业的贡献无法与比尔斯相媲美，但在中华大地，章颐年先生是第一个积极推进心理卫生事业之人：他率先在国内高校开设心理卫生的课程、撰写了我国第一部心理卫生方面的专著、首次提出了心理健康的标准、创立国内第一个心理诊察所、创办第一种心理学通俗期刊、参与发起了我国第一个全国性的心理卫生协会。不仅如此，他在大夏大学成立了教育心理学系，创立的大夏大学心理学会则以促进心理健康为主要内容，组织多种多样的活动，积极践行自己的心理卫生理念。由此可见，作为我国心理卫生的开拓者，章颐年先生无愧于"中国的比尔斯"之称。

三　积极推动我国心理科学的发展

除了心理卫生之外，章颐年先生对我国科学心理学的建立和心理学学术团体的建设也做出了重要贡献，这些贡献主要表现在如下几个方面。

第一，创建了颇有影响力的大夏大学教育心理学系。章颐年先生作为我

---

① 《心理学会创办〈新垒周刊〉》，《大夏周报》1938 年第 14 卷第 2 期。

② 杨鑫辉：《心理学通史》（第二卷），山东教育出版社，1999，第 172 页。

③ 《中国心理卫生协会缘起》，载章颐年《心理卫生概论》，商务印书馆，1936，第 233 页。

国较早从事心理学研究的留美归国学者，长期致力于心理学的教学和研究，并在大夏大学组建教育心理学系，推动了我国科学心理学的发展。我国古代只有心理学思想而没有心理学。19 世纪末，心理学作为一门独立学科在德国诞生。20 世纪初，随着越来越多的青年学者留学归来，他们逐渐将西方的新心理学传入国内，于是心理学开始在国内发展。1920 年，南京高等师范学校成立了我国高校中的第一个心理学系，这对心理学科在国内的发展而言，是一件标志性的事件。在此后的 30 年间，由于国家饱受兵燹之苦，心理学的发展十分缓慢。在新中国成立前，全国仅十余所高校建立了心理学系。在这为数不多的心理学系中，由章颐年先生创立的大夏大学教育心理学系在全国颇有影响力。早在大夏大学 1924 年成立之初，教育科就设有教育心理学组。1936 年，大夏大学在教育学院下设立教育心理学系，章颐年先生任首任系主任。由于当时教育心理学系办得很有起色，教育部拨专款添置心理学实验室设备，并增设动物心理实验室和心理仪器制作室。[①] 在学术研究方面，教育心理学系开展了动物心理研究、心理测验研究并自制心理实验仪器。心理仪器制作室或自行设计，或模仿国外仪器，制作的仪器坚固耐用，价格低廉，其他大学也用来作实验仪器。[②] 此外，大夏大学心理学会和《心理季刊》都挂靠教育心理学系，因此学会的活动都属于该系活动的一部分。这使得大夏大学的教育科学在国内影响很大，被誉为"东方的哥伦比亚"。

第二，推动了我国各级心理学会的建立。如前文所述，章颐年先生创立了大夏大学心理学会，并先后参与发起上海心理学会、中国心理学会和中国心理卫生协会，并成为这些重要学会的骨干力量。事实上，他是中国心理学会和中国心理卫生协会的缔造者之一，但由于后来抗战全面爆发，这些学会的活动被迫中断。而待学会活动重新恢复之时，章颐年先生又调离上海。由于历史原因，章颐年先生后期未能继续参与国内心理学学会的建设工作，但他作为早期奠基者之一，其贡献是不容磨灭的。此外，他还积极参与以推广应用心理学知识为目的的教育学会，比如，他曾发起浙江省中等教育学会，并任常务理事。另外，他也是中国心理测验学会的早期骨干之一，并担任该

---

① 侯怀银、李艳莉：《大夏大学教育系科的发展及启示》，《华东师范大学学报》（教育科学版）2011 年第 3 期。

② 杨鑫辉：《心理学通史》（第二卷），山东教育出版社，1999，第 166 页。

学会编译委员会委员。由此可见，章颐年先生对我国心理学学术团体的建设做出了重要贡献。

第三，创办了心理学的通俗刊物《心理季刊》和《新垒周刊》。在 20 世纪初我国心理学学科创立之初，先后有好几种心理学刊物创刊不久又停刊。例如，在 1940 年之前的有《心理》（1922～1926 年）、《心理学半年刊》（1934～1937 年）、《心理与教育》（1935 年）、《心理教育实验专篇》（1934～1939 年）、《心理教育研究》（1936 年）。[①] 由于时局不稳，当时的学术刊物很难持续办下去，而正是这些断断续续出现的刊物，将心理学这门学科延续下来，将那个时代的心理学研究成果和思想延续下来。由章颐年先生创办的《心理季刊》就是这些刊物中的一种。就在该刊创办一年多之后，抗日战争的全面爆发使得大夏大学历经庐山最后到达贵阳。到贵阳之后，因刊物未能复刊，大夏大学心理学会于 1938 年 4 月 2 日借《贵阳市革命日报·副刊》办起了延续大夏大学心理学之传统的《新垒周刊》。除了创办刊物外，章颐年先生在《心理季刊》《教育季刊》《金陵光》《幼儿教育》《教与学》等杂志上发表心理学科普文章多篇，对加强心理学的日常应用起到极大推动作用。

第四，为西北地区的心理学学科发展起到积极推动作用。章颐年先生于 1951 年 2 月起在西北师范学院从事心理学教学和科研工作，直到他去世为止，前后工作长达近十年。而这十年正是西北心理学学科发展初期，章颐年先生与其他心理学前辈一起，为心理学科在西北的发展起到积极的推动作用。西北师范学院是我国西北地区最早从事心理学教学与科研的院校，它的前身是国立北平师范大学，后因抗战全面爆发而西迁，先后改组命名为西安临时大学、国立西北联合大学（简称"西北联大"）师范学院，后来西北师范学院从西北联大中最先独立出来，更名为国立西北师范学院。1940 年，国立西北师范学院迁往兰州。早在 1951 年，西北师范学院教育系下设心理学教研组，专门从事心理学的教学和研究工作。但当时非常缺乏这方面的专业人才，像章颐年先生这样接受过系统的心理学训练的高学历人才更是难得，自然成为学科的骨干。到兰州后，章颐年先生不仅从事心理学专业课教学工作，而且重新发挥了他早年在大夏大学自制心理学实验仪器的特长。在助教郭雅仙和张世清的帮助下，制造了一些简易的心理学仪器辅助教学，极

---

① 高觉敷：《中国心理学史》，人民教育出版社，1985，第 368～369 页。

大提高了学生的学习兴趣。此外，他还经常向兰州广播电台等媒体撰写心理学通俗文章，以推广心理学的应用。1957 年 3 月，在资料非常缺乏的情况下，章颐年先生编制了《心理学史大事年表》，通过西北师范学院心理学教研组油印发行。但令人遗憾的是，章颐年先生在西北的经历并不顺利。由于他曾有在汪伪政府任职的经历，1953 年曾被甘肃省人民法院判处机关管制两年。在 1957 年的"反右"斗争中，章颐年先生又被划为"极右分子"，至此，他完全脱离了自己所热爱的心理学事业。尽管如此，在今天国内心理学界占有重要学术地位的西北师范大学的心理学学科，同时也是为数不多具有心理学院建制和心理学一级博士学位授予权以及心理学博士后流动站设站单位，在立足西北的艰苦环境中，能有今天的成就，章颐年先生作为西北心理学学科开创者的贡献不应该被遗忘。

当历史的错误降临在个人的身上，作为个体的我们总是难以承载。尽管章颐年先生后来被平反，但对于一个执着的学者，他更希望看到的是他曾努力追求的事业得到延续、他热爱的事业得到人们的认可。半个多世纪后的今天，当中国的心理学已经有了突飞猛进的发展，中国的心理卫生事业也有了长足的进展，心理卫生的观念也逐渐深入人心，章颐年先生曾工作过的单位也形成了阵容强大的学术梯队的时候，我们更不应该忘记这位曾经为中国的心理卫生事业乃至中国科学心理学的发展做出巨大贡献的人。

目　录

第一部分　心理卫生概论

第二部分　文章汇编

第三部分　心理学史大事年表

第一部分

心理卫生概论

序

　　民国十九年的秋季，著者在国立暨南大学首先开设了心理卫生的课程，当时国内对于心理卫生的认识还很淡薄，没有适当的课本可以采用。因此由自己编成讲义，分散给学生应用。后来一·二八淞沪战事发生，著者离开了暨大，原稿也就散失，不能找到。当时总以为关于心理卫生的书籍，不久一定有很多出版，所以对于匆忙中编成的讲义，散失了倒也并不觉得如何可惜。等到民国二十四年的春季，著者又回到暨大，重新担任心理卫生的功课，同时又在大夏大学开设了这门学程，但是很失望的，在这五六年之中，虽然心理卫生已经渐渐引起了大众的注意，杂志中也常常有这方面的文字发表，可是要找一本完全的课本，仍不可得。因此只得不顾自己学问的浅陋，再写成了这本书。

　　本书的目的，是供大学课本之用，但亦可作为师范学校及普通家庭的参考书。全书共分上下两编：上编泛论心理卫生基本原则以及破坏人格底几种主要势力；下编却讲到心理卫生在各方面的应用。诚然，要想增进大众底心理健康，单知道了原理，还是不够；必须把这些原则充分地应用到人们底实际生活中去，才能有效。倘如教师、父母以及医生、法官、实业界的领袖们，能够因这本书而注意到久经忽略的问题，使大众底心理健康，有一些增进，那么，著者所得到底报酬，实在是太大了！

　　本书中的材料，著者曾先后在课堂内用过三次，每次都有修正。付印之前，又搜集最近材料，加以补充；文字方面也经过一度的整理。又承国立浙江大学教授黄翼博士，将原稿仔细地校阅了一遍，贡献了不少有价值底意见。此外整理抄录等工作，都由大夏大学教育心理系助教孙婉华女士、上海市中心区实验小学教师陆谷初女士及吾妻昭华分其劳。她们也花了很多的时间。以上各人给予著者底善意和帮助，岂是用文字所能表示感谢的？

章颐年

民国二十五年儿童节

第一编　总论

第一章　心理卫生之意义及其重要

一　卫生的意义

卫生一个名词，在英文称为"哈艾金"（hygiene）。原来的字义，系从古代希腊健康女神的名字"海吉亚"①（Hygeia）而来，所以卫生便是一种预防疾病促进健康的学问。

二　生理卫生和心理卫生

生理上的卫生，到了现在，大家已经知道注意。无论是个人卫生或是公众卫生，只要稍稍受过一点教育的人，都有了相当的认识。譬如早晚刷牙、常常洗浴、种牛痘、与传染病者隔离、不吃苍蝇停过的食物等等，全已成为家喻户晓的常识了。至于公众卫生，例如扫除秽物、肃清沟渠、改良饮料、检查船舶、举行清洁运动、取缔不洁摊贩等，也都由政府利用它本身的力量，积极地执行。在小学校中，最近亦竭力提倡"健康教育"，一方注意于卫生知识的灌输，他方着重于卫生习惯的训练，以谋改进儿童身体的健康。我们翻开部分中小学以及师范学校课程标准来一看，"卫生"的科目，都占着极其重要的地位。这样多方面注重身体卫生的结果，当然减少了许多身体上的疾病，所以目前各国的死亡率，都要比以前减低不少。可是整个的人是包含着两方面的：身体和心理。身体要讲究卫生，心理也要讲究卫生；身体

---

① 原文为"哈艾姬亚"，今译"海吉亚"，古希腊医神阿斯克勒庇俄斯的女儿，被称为健康女神。——编者注

要健康，心理也要健康。以往我们所研究实行的卫生，是单独地注意身体方面，忽略心理方面的。这样畸形的发展，虽然使身体上的疾病，减少了许多，可是心理上的疾病——或者叫它精神上的疾病——在社会上，却与前者相反地，一天一天地增加起来了。

三　心理疾病的范围

只要一提及心理的疾病，一般人的设想，总以为是很严重的。其实，它也有各种不等的程度。坎贝尔[①]（C. M. Campbell）教授很正确地告诉我们："心理的疾病和身体的疾病一样，有些是很轻微的；也有着轻重不等的程度；有些竟和出水痘一样的无关紧要。"[②] 由此，可知心理疾病的范围很大，不仅单是指疯狂；反之，无论哪一种心理上的失常，决不是要待到疯狂的程度，才可被称为心理疾病的。所以凡是病的原因属于心理的，都可以包括在心理疾病范围之内。譬如一个人头痛，是因为某种问题不能解决的缘故，这便是心理疾病了。又如一个人失眠，是因为忧虑过度的缘故，这又是心理疾病了。又如一个人呕吐，并不是因为饮食的不谨慎，而是由于一种非常的厌恶而起，这又是心理疾病之一了。再如一个人瘫痪，并不是因为生理的机构上有若何损伤，而是由于精神上受了深重的刺激所致，这又当列入于心理疾病的范围了。学校里往往有许多训育上的问题，如某人时常偷别人的东西；某人异常胆小；某人常喜逃学；某人性情孤僻，不爱交朋友；某人过分顽劣，喜欢恶作剧；某人做事没有勇气，处处退却……这些行为上的症状，正是心理上失却健康的表示。其他社会上的许多罪恶，如同强奸啊、自杀啊、离婚啊、酗酒啊，也都是心理疾病的结果。

四　心理疾病的发轫

上述种种心理上的疾病，并不是无缘无故突然发生的，发源都在儿童的时候，经过了日积月累的经验，方才逐渐显露。假使父母或教师能够注意儿童的心理卫生，对于他们的一切生活和习惯，随时予以适当的指导，使他们

---

① 原文为"肯培儿"，今译"坎贝尔"。——编者注
② C. M. Campbell：*A Present - day Conception of Mental Disorders.* p. 16.

的人格，都有健全正常的发展，这些疾病便不致发生了。即或发生，倘能及早救治，也还容易矫正。但若既不能防患于未然，而开始之后，又漫不注意，则病根随着时日的增长而加深，终于成为不治之症。

五 提倡心理卫生的要则

卫生的目的，着重在疾病的预防；可是预防的工作，根本便不容易。一般人对于未来的危险，常是不注意的，总要等病上了身，才去请教医生。世界上只有很少的人在没病的时候肯自愿地到医院里去受一次体格检查，这便是一个很明显的例证。不但如此，普通的学校里，每年或每学期总举行一次全校学生的体格检查，虽去受检查的，不必花上一文钱，但是对于这样有益无损的事，大多数学生常会想出各种方法以图避免。又如一个人总要死，所有世界上的事，没有一件比死更有必然性的了；但是保险公司要想说服一个主顾去保寿险，是很不容易的。此外，明知道多吃生冷是不相宜的，见了不洁的水果，仍然会贪婪的大嚼。这种人，又何尝不比比皆是？这些例子，都足以证明预防工作的困难，所以提倡心理卫生，如要想有点成效，不仅须人人懂得心理卫生的原则；更紧要的，还在人人都能够实行。

六 心理卫生的工作

心理卫生的工作，有消极和积极两方面。消极方面是预防心理疾病的产生，改良心理疾病者的待遇；积极方面是促进心理的健康，养成完整的人格。这两种工作比较起来，自然后者更为重要。

七 提倡心理卫生之必要

自从实业革命以后，文化逐渐发达，都市逐渐繁华，环境比较从前复杂得多了，因此适应的困难程度，也要较前增高许多。而城市之中，各种机械噪声的吵闹，人烟稠密的喧嚣，以及其他高度的刺激和兴奋，使人的精神，无时无刻不在紧张之中，以致造成人们浮动的不稳固的情绪。这种现象也是一世纪以前的社会所没有的。再加以社会的组织，家庭的结合，都不如以前的巩固，很容易破裂。至于各种职业的没有保障，失业者的增加，农村的破产，市面的凋敝和工商业的不景气，更充分地显示出现代生活的不安全。以一个普通的人，要想去适应这个繁复的环境，自然很不容易。难怪心理异常的人，非常普遍，因此心理卫生之在今日，就更有提倡的必要了。

心理疾病既然非常普遍，各国政府每年花在病人身上的经费，简直有惊人的巨数。姑以美国为例：根据 1932 年的统计，在州立精神病院的病人，全国共有 318000 人以上，一年所需的维持费为美金 200000000 元，加上病人不能生产的损失，据纽约州立心理卫生部统计家波洛克①博士（Dr. H. M. Pollock）的估计，当在美金 500000000 元之谱。这两笔直接和间接的损失，合计共有美金 700000000 元，约合国币 2400000000 余元。各州政府对于医治精神病人的耗费，有占全部收入八分之一的；有几州的比例，竟比此还高。这仅是根据住院的病人数，加以统计，那些有心理疾病而不住院的人，还不在内，他们的损失自然更难以数计了。② 但是假如心理疾病的损失，只限于经济方面，还不能算十分严重，此外还有社会道德的损失和精神的损失，更不是数目字所能表示了。

低能也是心理卫生的一个重要问题。据美国的统计，凡是不能维持自己生活的低能者，约占全人口的 2%。其中约十分之一是在低能院中受相当的训练和保护的。社会上维持这种慈善机关的经费，加上低能者不能生产的损失，数目也是很大。此外，根据美国全国心理卫生委员会的调查，全国一年中罪犯的数目约有五十万人；因犯罪所遭受的损失，约美金数十亿元；而这些罪犯之中，三分之一是有心理疾病的。

假如我们将上述种种损失，无论是道德的、经济的、秩序的、事业的，一起综合起来，便不能不相信心理疾病在现在已成为如何可虑而且可怕的一个严重问题！倘若我们要想解决这个问题，要想免除这种种不可估计的损失，则提倡心理卫生，实为急务。

八　实行心理卫生的负责人

我们的生活，要想能得到最大的适应与最小的冲突，关于心理卫生的常

---

①　原文为"卜洛克"，今译"波洛克"。——编者注

②　数字采自 C. W. Beers：*A Mind That Found Itself*（22 版）附录第二章 *The National Committee for Mental Hygiene*，第 319 页。

识，自然任何人都应该知道一点。尤其是医生、父母、教师、审判官以及实业的管理者，对于心理卫生，更不能不有充分的认识和了解。

（一）医生

医生的工作，本注重病后的治疗；心理卫生却注重病前的预防。可是疾病在初起的时候，一定有许多征候。倘若医生能够认识这些证候，而预为防范，设法矫正，则病的程度，就不致变为严重。譬如肺病在初起的时候，原是不难医治的，但若等到了第三期，良医也将束手。心理疾病的情形也正是如此。所以最可怜的，就是有许多人心理已经失常，而没有人知道。例如有人在写信写毕套进信封之后，必定还要抽出来再反复地看上几遍；或是在出门时锁好房门之后，必定还要再走回去推上几下；或是一信已经投进了邮筒，而担忧着写错了信封或没有贴邮票。诸如此类的过虑，实在是心理不健全的表示，但是这些常被认为是不值得注意的小事。非但病人本身不自觉有病，普通的医生也往往不能认识，还以为无病。因此迁延贻误，竟变成不可救药的沉疴，这岂不是一件使人叹息的事？若是医生有了心理卫生和精神病学的知识，那又何至于此呢？

（二）父母

许多习惯，都是儿童时代养成的；而儿童从襁褓中起，便日夕处于父母的维护与教导之下。所以供给适宜的环境，培养有用的习惯，从教育的观点上看来，父母的责任恐怕再没有比这些更重要的了。汤姆[1]（Thom）说："我们所遇到的许多不能适应的儿童，问题大半不在儿童本身，而在于父母和环境。"[2] 因此父母训导的是否适宜，和儿童人格的发展，关系很大。其实我们还可以说，父母自己也是儿童环境中的一部分，而且是主要的一部分。倘使父母的行为健全适当，必能使好模仿的儿童渐渐孕育成一个完整健全的人格。有许多父母往往忽略他们本身的行为，反只注意其他不关紧要的刺激，这样不但是谬误，而且是徒劳的。前几年很多的人提倡"儿童教育"，最近大家却都在那儿大声疾呼的提倡"父母教育"了。原因正如上面所曾叙述地，父母们假如不知道应该怎样做父母，怎样训导子女，怎样以身

---

[1] 原文为"韬姆"，今译"汤姆"。——编者注

[2] D. A. Thom：*Everyday Problem of the Everyday Child*，p. 44.

作则，儿童教育就根本没有希望。因此，要想教育儿童，必先教育父母，使父母们都能够肩负他们应负的责任。

（三）教师

当一个儿童成长到应受学校教育的年龄，他底行为，便同时受父母与教师等量的影响。于是，培养儿童健全的人格，除父母以外，教师也应负很重的责任。只要看一般儿童把教师的行为尊为至高无上的模范，把教师的言语视作不可违背的金科玉律，就足见教师对于儿童行为关系的深切。为着这，教师们不仅应该熟悉他所担任的功课，并且更重要的，他应该熟悉他所教的人。以前我们称教师为"教书先生"，以为教师唯一的责任，就在教书，可是现在知道这是太错误了。教师除教书以外，还有更重要、更神圣的工作，就是教人。西蒙兹①（Symonds）说："现代的学校，不仅是一个求知的机关，让学生学些国语、习字、算术、史地等功课，就算完了学校底任务的。整个的儿童进了学校，学校自然就有指导儿童全部生活的义务——不仅是知识方面，而且应该指导他们如何做一个社会的一份子，生活在社会的环境里面。"② 教育的目的，原是在使儿童的身心能有正常的发展，所以小学和幼稚园的教学目标，应该集中于儿童的生长和发展上。教师具备了心理卫生的知识，一方面知道如何适应每一个儿童的需要，一方面又知道如何处置许多成问题的儿童，才不致妨碍他们的生长。必须要如此，然后才能完成学校的使命。

（四）审判官

人的犯罪，大部分是和社会不能适应的结果，也可以说是心理失却健康的表示。所以做审判官的，应该熟悉罪犯的个别情形，给予适宜的措置，使他们的心理恢复健康，以后就不致再会犯罪。倘若审判官不从这里着手，但知用严峻的刑罚——恐吓、斥责、鞭打、监禁等等——这只能使罪犯不健全的心理，愈趋严重，结果一定是和社会愈不能适应，而犯罪的事实，也一定是层出不穷。所以无论是替罪犯个人着想，或是替整个社会着想，做审判官的都应当研究每个罪犯的人格，设法使他们恢复常态。但我们一想现在罪犯

---

① 原文为"赛蒙"，今译"西蒙兹"。——编者注
② P. M. Symonds：*Mental Hygiene of the School Child*，p. 2.

人数之多，便不得不承认心理卫生对于司法界贡献的重要。

（五）实业的管理者

学生从学校中毕业出来，便有一大部分人踏进实业机关的门，去谋生活，或是做店员，或是做工人。所以在这儿，管理者对于雇工的关系，正如学校中教师对于学生的关系一样。而且儿童在学校里肄业，年限是有一定底限制的；在实业机关中工作，却因为是选定的终身职业，时间很长，甚至会一生一世都在里面，过着遥遥无期的生活。因此，实业机关的管理者底一切设施，对于雇工身心的健全，自然影响很大。若是他们措置得不当，大批雇工的心理健康，无疑的都会全被牺牲的。倘若他们懂得心理卫生的原理，使每个工人都能各尽其长，从工作中获得满足与快乐，则不但各人的心理完整，得以保存，即从工作的效率上计算起来，也一定会增加不少。

九　心理卫生的有待发展

心理卫生是一种新兴的科学，还没有脱离幼稚的时期，因此，有许多关于人格发展的复杂问题，目前还不能够解决。恐怕还得再经历几十年的研究和试验，心理卫生才能达到成熟的程度。任何一种科学，都须经过一个很久长的试探时期，搜集了无数学者的心力，建设巩固的基础，然后逐渐地走向真理。心理卫生又何能例外？凡是研究心理卫生的同志，应该联合起来，共同努力，将各种矛盾冲突的学说，用明察审慎的态度，根据累积的经验，加以批判或修正，使它们更合于事实及需要；对于心理疾病的预防和治疗，效力也更加伟大。这是著者所热诚地期望着的。

十　结论

心理卫生是预防精神疾病、促进心理健康的学问。由于以往对于心理卫生的忽略，以致精神疾病像春潮一般急流而且泛滥着。这些心理上的疾病，使社会受到许多有形的（如经济）或是无形的（如道德）可怕的损失。为要免除这些损失，使社会有较现在更大的进展，心理卫生的提倡已是迫于眉睫了。并重地用着积极的与消极的方法，同时由医生、父母、教师等作为实施心理卫生的先驱者，如此，才能获得实际最大的成效。

参考书：（西文参考书以书籍为限，杂志论文不录）

1. 吴南轩：《心理卫生之意义范围与重要性》，《中大教育丛刊》第 2 卷第 1 期。

2. Beers，C. W. ：*A Mind That Found Itself.* 22nd. Printing. Doubleday. 1935.

3. Burnham，W. H. ：*The Normal Mind.* Chap. I. Appleton – Century. 1931.

4. Rosanoff，A. J. ：*Manual of Psychiatry.* Part Ⅲ，Chap. 7. John – Wiley. 1927.

5. Taylor，W. S. ：*Readings in Abnormal Psychology and Mental Hygiene.* Chap. I. Appleton. 1927.

6. Wells，F. L. ：*Mental Adjustment.* Chap. I. Appleton – Century. 1920.

7. Williams，F. E. （Editor）：*Proceedings of the First International Congress on Mental Hygiene.* 1932.

第二章 心理卫生运动的起源和发展

一 精神病人的待遇

在十九世纪以前，精神病人的待遇，是非常残酷不人道的。那时大家迷信精神病人是有魔鬼附身，必须加以监禁和虐待，所以病人就陷入很可怜的地位。虽然在二千年前塞尔修斯①（Celsus, 25 B. C.—50 A. D.）已经主张应该采用音乐、静默、读书、水浴以及在花园中散步等等，作为医治精神病的方法，可是曲高和寡，无人相信。直到1792年皮内尔②（Philippe Pinel, 1745–1826年）在巴黎的萨尔伯屈里哀精神病院③（The Salpêtrière）开始实行释放疯人的运动。他除去了院中锁疯人的铁链，改用较人道的待遇。可惜他的势力，当他死的那一年，还不能越出巴黎之外。但是他力辟精神病的原因由于魔鬼作祟的谬见，并主张用同情人道的方法去医治，却影响及后来一般人对于精神病的态度，极为重要。后来美国迪克斯④女士（Miss Dorthea L. Dix, 1802–1887年）继续努力，奔走呼号，为疯人请命，结果在美国及加拿大两国成立精神病院32所。虽然数世纪以来对待疯人的漫漫长夜，经这几个人的努力，已经渐见曙光，可是他们的事业，毕竟还未十分做完。因为精神病始终不能如身体上的疾病一般受到人们相等的同情，而且社会上对待精神病人的态度，仍不免冷酷和漠视；甚至直到现在，有很多的地方对待疯人，还没有超过十八世纪的标准。

---

① 原文为"塞而煞司"，今译"塞尔修斯"。——编者注
② 原文为"品纳尔"，今译"皮内尔"。——编者注
③ 原文为"沙比特利爱医院"，今译"萨尔伯屈里哀精神病院"（"巴黎女子疯人院"）。——编者注
④ 原文为"狄克司"，今译"迪克斯"。——编者注

二 心理卫生运动的起源

心理卫生运动的起源，是一段很有意义的故事。距今 30 年以前，美国康涅狄格州纽黑文市①（New Haven，Connecticut）有一位耶鲁大学②毕业生比尔斯③（Clifford W. Beers）因为患了精神病，曾在公立和私立的精神病院中度过了三年非人的生活。他深受病院中医生和看护种种残酷凶暴的待遇，又目击其他病人不能表示的痛苦，不自禁地受到深刻的激动。因此病愈出院之后，誓愿将他剩余的生命，贡献给一般可怜的精神病患者，替他们向各方呼吁，并终生努力从事于防止心理疾病的工作。他又把他在病院中的生活，用生动的文笔，写成一书，名叫《一个找着了它自己的心》（*A Mind That Found Itself*），于 1908 年 3 月出版。我们在还没有展开满载着纤丽底字句与深刻底描摹的他的本文之先，就可以发现著名心理学家詹姆士（William James）的一篇短序，内容是给予这书以最高度的称颂。出版以后，风行一时，二十五年以来，几乎每年都有再版。到去年（1935）的 3 月里，第 22 版本又问世了；说是一本不朽的名著，那真是当之无愧的。④

比尔斯更计划成立一个大规模的全国组织，来推进这种心理卫生的新运动。可是当时大家对于他的计划，都视作疯人的疯话，以为狂妄，自然更没有人会给他一些同情和赞助，甚至有人主张再把比尔斯送进精神病院去医治的。但等到他的名著——《一个找着了它自己的心》——出版以后，分送给许多社会名流，请求指示，结果却感动了不少的人。例如哈佛大学教授詹姆士（William James），纽约州立精神病院指导迈尔⑤（Adolf Meyer），康奈尔大学校长法兰德⑥（Livingston Farrand），约翰霍布金大学公共卫生学院院长韦尔奇⑦（William H. Welch）等，全是当时有声于世的名人，读了比尔斯

---

① 原文为"康奈惕克州纽海文城"，今译"康涅狄格州纽黑文市"。——编者注
② 原文为"雅鲁大学"，今译"耶鲁大学"。——编者注
③ 原文为"比尔司"，今译"比尔斯"。——编者注
④ C. W. Beers：*A Mind That Found Itself* 一书，美国 Doubleday，Doran & Co. 出版，定价美金 2 元 5 角。这书是比尔斯氏自述精神病的经过，文笔非常动人，出版了 25 年，销路不减。它是如何的受人欢迎，也就可想而知。后半部分是附录，收集了关于心理卫生运动的种种史料，都很有参考的价值。
⑤ 原文为"迈由尔"，今译"迈尔"。——编者注
⑥ 原文为"法兰特"，今译"法兰德"。——编者注
⑦ 原文为"韦尔区"，今译"韦尔奇"。——编者注

的著作之后，深被感动，都愿出来竭力帮助他计划的实现。比尔斯得到各方的赞助和鼓励，就邀集了同志 13 人，在 1908 年 5 月 6 日先成立了"康涅狄格州心理卫生协会"（The Connecticut Society for Mental Hygiene）。这是全世界心理卫生运动的第一个组织，也可说是心理卫生运动的正式开始。当时的发起人，除比尔斯本人以外，还有 Robert A. Beers（其父）、George M. Beers（其兄）、Rebekah Bacon 女士、J. K. Blake、Frederick S. Curtis、Allen R. Diefendorf 博士、G. Eliot 博士、E. G. Hill、W. G. Hoggson、A. McC. Mathewson 裁判官、E. S. McCall 博士、H. W. Ring 博士以及 A. P. Stokes. Jr. 牧师等 13 人，包括了大学教授、教会牧师、医生、审判官、律师、精神病学家、社会工作员和复原的精神病人及其家属。当开会的时候，大家应推举一人，作为该会的领袖。那时著名精神病学家迪芬多夫①（Diefendorf）就起立举荐比尔斯充任，并且宣布说：照他的判断，比尔斯已经完全健康了！② 比尔斯经过这位专家的鉴定，社会上一般人对他，自然另眼相看，态度与前不同了。

三 康州心卫协会的工作目标

康涅狄格州心理卫生协会的工作目标，有下列五种：③（一）保持心理健康；（二）防止心理疾病；（三）提高精神病人待遇的标准；（四）传播关于心理疾病正确的知识；（五）与心理卫生有关系之各机关合作。该会活动的对象，并非单独的个人，而已扩充到整个的社会。从这个小小的组织，便奠定了心理卫生运动的基础。

四 比尔斯的得奖

比尔斯以一个人一本书的力量，首创这种伟大的运动，他对于人类的功绩，实在是值得敬佩的。1922 年 6 月，他的母校——耶鲁大学——赠给他

---

① 原文为"狄分铎夫"，今译"迪芬多夫"。——编者注
② A. P. Stokes 在第一届国际心理卫生大会的演讲词：*The Founding Meeting of the Mental Hygiene Movement*（第一届国际心理卫生大会报告第一册，第 479 ~ 501 页。）
③ C. A. Winslow 教授在心理卫生运动第二十五周年纪念日（1933 年 5 月 6 日）在耶鲁大学的演讲词：*The Mental Hygiene Movement & Its Founder*（*A Mind That Found Itself*，第 22 版本附录，第 303 ~ 317 页）。

名誉硕士的学位。1932 年，法国政府授予武士章的荣誉。1933 年 5 月，美国社会科学研究所① （National Institute of Social Sciences） 又赠他金牌奖章。此外各国名人每年寄他的称颂函件，更是多得不可胜数。但这些对于他的不可度量的伟大贡献，仅只是一点些微的酬谢。

五　美国心卫委员会的成立

比尔斯并不以蕈尔一州的小组织为满足，他的本意，原主张全国一致总动员。他先成立康涅狄格一州的协会，不过是一个小型的尝试，以作全国组织的先驱。翌年——1909 年 2 月 19 日——美国全国心理卫生委员会（National Committee for Mental Hygiene），于比尔斯坚毅不断的努力中，终于在纽约正式成立了。比尔斯数年来朝夕系念着的梦想，遂以实现。开成立会时，出席者 12 人，除比尔斯外，更有詹姆士（William James）、迈耶②（Adolf Meyer） 等。最初的三年，因为缺乏经费，比尔斯不但不支薪水，而且不惜举债维持。也就为着这个原因，当时除奔走各方请求大家的援助合作以外，没有力量使他们能做出一些积极的工作。其后逐渐得到私人与团体的资助以及许多医生热诚的合作，才得将心理卫生运动，渐渐地纳入于科学的轨道以内。

六　州立心卫协会的继起

从美国全国心理卫生委员会走上灿烂的平坦大道之后，其他各州，由于得到它的鼓励与倡导，也分别成立各州的心理卫生协会，担负本州关于心理卫生的各种工作。这样的已有 29 州，共 65 所。③ 这些各州的协会与全国总会，虽然声气相通，彼此互相协助，但是组织上和经济上，却是各自独立，不相牵涉。

七　美国心卫委员会的工作

上面已曾提到，全国心理卫生委员会自得各方的资助之后，正如火车被

① 原文为"美国社会科学馆"，今译"美国社会科学研究所"。——编者注
② 原文为"迈尔"，今译"迈耶"。——编者注
③ See M. A. Clark：*"Directory of Psychiatric Clinics in the United States，1936"*，*Mental Hygiene*，1936（1），pp. 72 – 129.

搁置在整齐的轨道上，它的进展，简直不能以道里计了。那时候，既无经济不能维持的内顾之忧，又得到外界许多医生的通力合作，于是心理卫生委员会中的委员，得能专心致力于各种有成效的积极活动，乃成为必然的现象。下面所列举的几种具体活动，就可见全国心理卫生委员会工作的一斑。

（一）改善精神病人的待遇

调查国内各州精神病院对待病人的情形，建议改善的方法，在最初便已成为美国全国心理卫生委员会的重要活动之一。各处公私立医院因此而改进的，固然已有很多，但是对于病人的待遇，远在水准以下的，却仍不在少数。所以这种调查的工作，并不能认为已经完成，到现在还得继续进行哩！

（二）文字宣传

全国委员会更有一种重要的工作，是在于普及心理卫生教育方面的。1917 年该会出版的《心理卫生季刊》（*Mental Hygiene*），是代表全国委员会的正式刊物。内容范围很广，凡是关于人类适应的文字，全都一无遗漏地被登载着。且主义也很浅近，普通的人都能看懂，因为它原是一种宣传心理卫生的杂志，并非单供专家阅读的。每年定价美金三元，这对于一般杂志说起来，也是一个低廉的价格。这种刊物出版至今，已 20 年，流行很广，传播心理卫生的知识，影响最大，可说是最有力的一种文字宣传。此外各种不定期的刊物、报告和小册子，由全国委员会出版，供给大家免费阅览的，也颇不少。

（三）口头宣传

全国委员会的第一任医学指导萨蒙①博士（Dr. Thomas W. Salmon），第二任指导威廉姆斯②博士（Dr. Frankwood E. Williams）和第三任指导欣克斯③博士（Dr. Clarence M. Hinkes），教育群众，更为努力。他们利用自己流利的口才与动人的叙述，到处演讲宣传，使大众对于心理卫生，有一个明确的认识。这样，他们在人们心底里所唤起的适当的反应，更不是仪器所能衡

---

① 原文为"沙而蒙"，今译"萨蒙"。——编者注
② 原文为"威廉士"，今译"威廉姆斯"。——编者注
③ 原文为"欣克司"，今译"欣克斯"。——编者注

量的！他们三位对于人类幸福的贡献，将永久不会泯灭。

（四）诊察儿童

更进一步，全国委员会已经注意到心理疾病的治本方法，那就是努力于儿童指导诊察所（child guidance clinics）的设立。当时几个心理卫生运动的领袖，都知道要预防心理疾病，应该在儿童时代，加以适当的指导。威廉·怀特①（William White）曾经说过："儿童时代是实施心理卫生的黄金时期。"因此，全国委员会在1922年发起筹设儿童指导诊察所的运动，一经提倡，各处都随波逐浪似地纷纷组织。美国这种诊察所正式成立的，自1922年以后，已有五百所以上；② 各种行为异常的儿童，来所就诊和求治的，仅就1932年一年计算，已在五万人以上。

（五）训练精神病医生

自从心理卫生运动鼓吹改良疯人待遇以后，各处需要有专门学识的精神病医生，就很迫切。因此，训练专门的精神病医生，也成为全国委员会的一种刻不容缓的积极活动了。为着要适应这种需求，该会更于1931年特设"精神教育分会"③（Division of Psychiatric Education），专以计划各大学医科精神病医生的训练。它的目的有二：（1）引起医科学生对于精神病学的兴趣，使以精神病医生作为终生的职业；（2）给予一般普通的医科学生关于精神病的基本知识。

八　国际心理卫生运动的发展

全国委员会的活动，不仅是限于美国国内，同时向国外宣传，以引起全世界对于心理卫生的注意。1918年，加拿大全国心理卫生委员会——第二个全国的组织——正式成立。凭借了美国已有的十年经验，可资借镜，所以加拿大委员会的工作计划，不必经过尝试时期，开始就是很严密的，并于翌年——1919年——刊行《加拿大心理卫生杂志》（*The Canadian Journal of*

---

① 原文为"威廉·花忒"，今译"威廉·怀特"。——编者注
② See Y. S. Stevenson & G. Smith: *Child Guidance Clinic: A Quarter Century Development*，1934.
③ 原文为"精神病教育部"，今译"精神教育分会"。——编者注

Mental Hygiene），作为推广心理卫生教育的工具。法国心理卫生联合会（The French League for Mental Hygiene）继起，于 1920 年成立。比利时全国心理卫生联合会（The Belgian National League for Mental Hygiene）又次之，成立于 1921 年。再后二年——1923 年——英国全国心理卫生理事会（British National Council for Mental Hygiene）和巴西全国心理卫生联合会（Brazilian National League for Mental Hygiene）先后成立。1924 年，匈牙利全国心理卫生联合会（Hungarian National League for Mental Hygiene）成立。1925 年，德国心理卫生协会（German Association for Mental Hygiene）和日本心理卫生协会（The Japanese Mental Hygiene Society）成立。1926 年，意大利心理卫生联合会（Italian League for Mental Hygiene）成立。① 此外如阿根廷②、奥地利③、古巴、捷克斯洛伐克④、芬兰、印度、新西兰⑤、南非联邦、西班牙、瑞士、苏俄、土耳其、智利、挪威、瑞典等国，也相继起来组织全国的心理卫生机关。最近，中国也追随着这些先进国之后，成立了中国心理卫生协会，在民国二十五年（1936 年）四月十九日开成立大会于首都南京，发起者 228 人，赞助者 145 人。到现在止，世界上有全国心理卫生组织的国家共有 32 国⑥。自从 1908 年美国发轫以来，不到三十年的时间，心理卫生运动的发展，已经遍及全世界，不可不说是迅速的了。

九　美国全国委员会的工作经过

美国全国心理委员会的工作以及贡献，这里限于篇幅，不能详细叙述。比尔斯著有一本小册子，名为《二十年来的心理卫生：1909～1929》⑦（*Twenty Years of Mental Hygiene*，1909 – 1929），叙述美国全国委员会的工作经过，非常详尽，可供参考。此外普拉特⑧（Y. K. Pratt）同样有一篇文章，

---

① 见吴南轩《国际心理卫生运动》，《中央大学教育丛刊》第 2 卷第 1 期。
② 原文为"阿根庭"，今译"阿根廷"。——编者注
③ 原文为"奥大利"，今译"奥地利"。——编者注
④ 原文为"捷克斯拉维亚"，今译"捷克斯洛伐克"。——编者注
⑤ 原文为"纽西兰"，今译"新西兰"。——编者注
⑥ 见 *The International Committee for Mental Hygiene*（*A Mind That Found Itself*，第 22 版附录，第 371～373 页）。按原书附录第九章又谓，有全国心理卫生协会的组织的国家共有 35 个（见原书第 410 页。如加入中国心理卫生协会应为 36 国），不知孰是？
⑦ 此书由 The American Foundation for Mental Hygiene 于 1929 年出版，共 259 页。
⑧ 原文为"迫拉忒"，今译"普拉特"。——编者注

题为《二十年来的心理卫生》，登载在美国《心理卫生杂志》1930 年 4 月号，也将美国心理卫生的工作，作一个纵的报告，很有参阅的价值。

十 心理卫生的国际组织

比尔斯自从首创美国全国心理卫生委员会后，就在他心里成长了进一步的志愿，想成立一个国际的组织。1918 年加拿大全国心理卫生委员会成立，国际化的空气，遂益浓厚。比尔斯于 1919 年 2 月 4 日在美国全国心理卫生委员会会长沃尔特·詹姆斯[①]（Walter B. James）的家中，召集美国和加拿大两国的同志，筹商组织国际心理卫生委员会的事项。当时先成立一个"组织委员会"，比尔斯被推为该会的秘书长，负实际执行会务的责任。1922 年 12 月 11 日，"组织委员会"举行第二次会议于纽约，到会的有美、加拿大、比利时三国的代表，议决请比尔斯到欧洲去宣传，并接洽一切，以引起各国对于国际组织的兴趣。1923 年春，比尔斯亲赴欧洲，并于是年 5 月 28 日在法国巴黎召集第三次"组织委员会"，参加的竟有英、美、法、意、比、丹麦、挪威、西班牙、捷克斯洛伐克等九国的代表。大家都希望 1925 年能在美国华盛顿召集国际心理卫生大会（The International Congress on Mental Hygiene），再在这个大会中，产生一个永久组织的国际心理卫生委员会（The International Committee for Mental Hygiene）。可是因为缺乏经费，未能实现。1927 年春季，比尔斯再度赴欧，参加 6 月 2 日在巴黎召集的第四次组织委员会，这次出席的代表，竟包括 14 个国家。各国对于国际组织的兴趣，发展很快，于此可见。1928 年，美国心理卫生基金会（The American Foundation for Mental Hygiene）接受凯恩夫人[②]（Mrs. J. I. Kane）的遗产美金五万元，拨充召集国际大会之用。因此，延迟好多年的国际心理卫生大会，终于在 1930 年 5 月 5 日在美国华盛顿开幕了。

十一 第一届国际心理卫生大会

这久已在许多人期待中的第一届国际心理卫生大会，确能算是一个代表

---

① 原文为"华耳氒·詹姆士"，今译"沃尔特·詹姆斯"。——编者注
② 原文为"甘夫人"，今译"凯恩夫人"。——编者注

国际的大会。各国到会的代表，共 3042 人，代表 53 国，真极一时之盛！我国亦有五个代表参加，并由汪博士（Dr. T. H. Wang）在大会中报告我国心理卫生的情形。大会中的各项提案和宣读的论文，由威廉姆斯（F. E. Williams）编成详细的报告，共二厚册，1643 页。这是研究心理卫生运动者不可缺少的参考资料。① 第二届的国际大会，本定于 1936 年 7 月 27 至 31 日在法国巴黎举行，但因为近来全世界的不安静，所以执行委员会已经发出通告，大会将延迟到 1937 年 7 月，开会日期定在 19 日至 24 日。地点则仍在巴黎。预料那时各方参加的代表，必定更加踊跃。

第一届的国际大会，会期共 6 日——5 月 5 日至 5 月 10 日——除去讨论各种问题以外，并有一个最具体而有永久价值的结果，就是产生了一个国际心理卫生委员会，在 1930 年 5 月 6 日正式成立。成立的日期正是比尔斯创立康涅狄格州心理卫生协会的第二十二周纪念日。它的组织宗旨是："完全从事于慈善的、科学的、文艺的和教育的活动，尤其关于世界各国人民心理健康的保持和增进，心理疾病心理缺陷的研究、治疗和防止，以及全体人类幸福的增进。"② 现任会长是美国著名的精神病学家威廉·怀特（William A. White）。比尔斯是秘书长。名誉会长 6 人，名誉副会长 53 人，我国刘瑞恒先生，亦被推为名誉副会长之一。国际委员会虽然正式而且永久的成立了，可是也许因为组织太大，不易推进的缘故，还未能充分发挥它应有的功能。不过从我们展开了心理卫生运动的历史来看，经过多少学者和专家的心力交瘁，居然得能在二十五年那样一个短时期中，成立了如此伟大的国际组织，这里，我们便可见心理卫生运动推广进展的趋势的一斑了。

十二　我国的心理卫生

心理卫生，已经引起全世界的注意了。"除我国外，日光照临之地，几于无处不有心理卫生运动的踪迹。"③ 只有中国，虽然最近已经成立了中国

---

① *Proceedings of the First International Congress on Mental Hygiene* 由国际心理卫生委员会在 1932 年出版，因限于经费，只印 3500 部，除分赠各处外，只有少数余存出售，每部定价美金 5 元。（出售处：The International Committee for Mental Hygiene，50 West 50th Street，New York City，U. S. A.）

② See *Proceedings of the First International Congress on Mental Hygiene*，pp. 42 - 43.

③ 见吴南轩《国际心理卫生运动》，《中大教育丛刊》第 2 卷第 1 期，第 39 页。

心理卫生协会，开始做推进心理卫生的工作，可是社会人士对于这个重要问题，还很淡漠。不仅如此，一般精神病患者还是受着歧视和讥讽，甚至戏弄。所谓精神病医院，真如凤毛麟角，而且这仅有的几个，差不多都是监狱式的拘留所，锁链桎梏，尚不脱十八世纪的窠臼，距理想的待遇，相差不啻天壤，更谈不到治疗了。至于乡村内地，一般人认神经病有恶鬼附身，须用桃枝毒打，非如此不能驱鬼治病的，更是数见不鲜！在有些地方，对于精神病人，更有种种陋俗。例如杭州东岳庙，每逢废历七月，有一个"审疯子"的风俗，到了那时候，正如节日的赛会一般，前往观看的，比肩接踵，像山涛怒发似地，轰动全城，真不愧是每年一次的盛举！在这儿，是把疯人当做犯罪的囚犯看待，由"东岳大帝"加以审讯。审时有算作"东岳大帝"底命令的执行者，将被审的病人严刑拷打，真是惨无人道！而且还有人以为愈打得剧烈，则愈有"治愈"的希望，因为鬼自然也怕刑罚的。这种愚昧的观念，可笑又复可怜！浙江算是教育发达的一省，杭州又是浙江的省城，以杭州尚如此，其他闭塞的乡村，如何待遇疯人，那简直是我们所不能想象并且不敢想象的了。卫生署长刘瑞恒先生，在心理卫生运动二十五周年纪念日寄给比尔斯的表示称颂的信中，曾说："我们现在所需要的是一个中国的比尔斯。"① 真是有感而发之言！

十三　心理卫生最近的趋势

心理卫生本来属于医学的范围，最初参与这个运动的人，也大半都是医生。但自心理卫生运动的重心从治疗转移到预防方面以后，心理卫生和教育便发生了密切的关系。从教育的立场，注重儿童行为的训导、健全人格的培养，这才是心理卫生最近的趋势。

十四　结论

心理卫生运动，发源于一个复原的精神病者——比尔斯，由一州的组织，而扩充到全国，而扩充到全世界，都是他一个人努力的结果。比尔斯的

---

① 见心理卫生运动二十五周年纪念日比尔斯演讲辞（*A Mind That Found Itself*，第 22 版本附录，第 432 页）。

功绩，真不是几句话所能表示的！现在既有了国际卫生委员会的永恒的组织，而各国又都悉心研究，以期深造。心理卫生将有如何更大的发展，决不是我们现在所能估量的！可是回顾自己国内，除了少数人有新的觉悟之外，一般人对于疯狂原因的见解以及对于精神病人的待遇，都还与十九世纪以前无异，这样，我们能不羞愧吗？诚然，我们需要着如比尔斯一般坚强的意志与无休止的努力，但我们不能愚痴地等待着一个中国比尔斯的到来。每一个人都可以做比尔斯的！每一个人都应该做比尔斯的！愿所有努力于心理卫生运动的同路人，都用着这种信念、这种责任心去努力吧！

参考书：

1. 吴南轩：《国际心理卫生运动》，《中大教育丛刊》第 2 卷第 1 期。

2. Barker，L. F.：*First Ten Years of the National Committee for Mental Hygiene*. 1918.

3. Beers，C. W.：*The Mental Hygiene Movement*. 1923.

4. Cross，W. L.（Editor）：*Twenty – five Years After：Sidelights on the Mental Hygiene Movement and Its Founder*. Doubleday. 1934.

5. Howard，F. E. & Party，F. L.：*Mental Health*. Chap. 17. Harper and Brothers. 1935.

6. May，G. V.：*Mental Diseases*. Chap. 7. Boston. 1922.

7. Ruggles，A. H.：*Mental Health：Past，Present and Future*. Williams and Wilkins. 1934.

8. White，W. A.：*Forty Years of Psychiatry*. Nervous and Mental Disease Publishing Co. 1934.

9. Williams，F. E.（Editor）：*Proceedings of the First International Congress on Mental Hygiene*. 1932.

第三章　心理健康的标准

一　心理健康的标准

假定你到医院里去检查体格，你的体重和身长相称，目力、耳力都很好，没有痧眼，牙齿整齐无齲，扁桃腺正常。心肺都健全，皮肤洁净，营养充足，消化力也强，大便每日一次，其中并无寄生虫，体温37℃，脉搏每分钟72次，全身姿势优良。于是，医生说："你的身体是健康的"，因为这些都是身体健康的标准。同样的，一个人的心理是否健康，也有它的标准，可以测量。自然，心理的标准，不及身体标准的具体与客观。那么，什么是心理健康的标准呢？

（一）像别人

同类的生物都是相像的。动物和植物都由形状性质的相似而归成属类。同类的生物虽然彼此相似，却并非绝对相同，我们决不能找出同样的两头猫、两只兔、两个人。就是树叶和稻谷，若是加以仔细的观察，也和人的手纹一样，没有两片或两粒是完全相同的。至于人类间的个别差异，更是显著：有的胖，有的瘦；有的高，有的矮；有的聪明，有的愚笨；有的敏捷，有的迟缓；有的强健，终年不生一病，有的孱弱，常与药炉为伴。各人的差别如此之大，简直使许多人对于"人类相似"的一句话，发生疑问。

但是这些差别是有限制的。各人的体长虽然不同，而超过普通长度五寸以上的人，究属少数。各人的体重虽然相异，而超过普通重量50磅以上的人，也是不多。最长的人总不致比最矮的人高一倍。据柯克帕特里克[①]（E–A. Kirkpatrick）的意见，"假使男女两性分别比较，则普通成人体长的

_____

① 原文为"开耳派屈力"，今译"柯克帕特里克"。——编者注

差异，总在一英尺范围以内，最长的人倘若比最矮的人高上二英尺，真要算是绝无仅有的了"。[①]

各人生理上的变化，也非常小。成人的脉搏，每分钟总在 70 次左右，假使速度的变化太剧烈，生命就有危险。人类的体温，总在 37℃ 相近，上下超过两三度，病也就很严重了。人体骨骼的构造，大致是相同的。内脏各器官的地位和大小，各人所差，也极微细。据统计家的调查，在任何不经选择的团体中，常态的人——就是彼此差异很少的人——总占绝对大多数。惟其大半的人类是相似的，所以以全人类为对象的生理学、心理学、社会学等，才能存在。

精神病学中的无限制联想测验，目的就在发现某人的联想反应是否和普通人一样，借以诊断他有无病态。这方面的研究，当归功于肯特[②]和罗山洛夫（Kent and Rosanoff）的贡献。他们择定了一百个单字作为刺激字[③]，逐一由主试念给被试听。被试听见每个刺激字之后，就立刻把他心里所联想到的第一个字说出来。这个测验所根据的理论基础，就是常态的人底联想反应字，应该大致是相同的。亨、罗二氏曾把这一百个字测验过一千个人，然后把各人的反应字，统计起来，汇成一张标准表：哪几个是普通反应字（common reaction words），哪几个是个别反应字（individual reaction words）。譬如刺激字是"桌"字，大多数的人都回答"椅子"，"椅子"便是普通反应字；但是有人听见了"桌"字之后，竟联想到"死"字，这便称做个别反应字。因为由"桌"字而联想到"死"字的人，在一千人中所占的比例是极小的。任何被试者的反应字都可以和这张标准表对照，看他一百个反应字中，有几个属于普通的，有几个属于个别的。一人的普通反应字愈多，心理也愈健全，个别反应字太多了，便是病态的表现。

一个常态的人，总愿意和别人一致，不愿独异。六指只眼的人，往往自惭形秽，深感不安。面上有红斑或是他种缺陷的，自己也常认为是一种莫大的遗憾。他们常被人讥笑，被人怜悯，但从不被人羡慕。所以"像别人"是心理健康的第一个标准。倘如一个人的思想、举动、言语、好恶、态度、服装等，都和人不同，显然地他的心理是不很健康的。譬如现在大家都剪发

---

① See E. A. Kirkpatrick: *Mental Hygiene for Effective Living*, p. 26.
② 原文为"亨特"，今译"肯特"。——编者注
③ 亨特和罗山洛夫所用刺激字的中文译名表，可参阅萧孝嵘著《变态心理学》，正中书局，第 112~114 页。

了，有人还固执地留着辫子，这人的心理是不健全的。小孩子大半都爱活动，跑跳吵闹，不肯安静，但有一个却终日独坐一隅，默默无言，这人的心理也是不健全的。国土被别国侵占去了一百多万平方公里，大家都痛心疾首，认为非常耻辱，有人却嬉笑自若，无动于衷，这人至少在心理上也是不健全的。至于头发应不应该剪？小孩子跑跳吵闹对不对？国土失去，痛心疾首有无用处？这些都是另一问题。心理学对于行为的价值，是不加以估计的。凡是大家都如此，而有一人例外，从心理学的观点来评判，这人多少不能算为常态。

但是失常也有两种：一种是病态的失常，一种是完整的失常。前者自然是心理不健康的表示；后者却不一定是心理上不健康的。例如孙中山、爱迪生①、牛顿、亚里士多德②等人，或则有功国家，或则有功人类，或则留下了不朽的理论和名著：他们都做了常人所不能做的事体，但是他们有着坚毅不拔的精神，集中努力的勇气。他们的行为是一致的；他们的人格是完整的。这种完整的失常，不但丝毫不带有病态，也许还可以说是极其健康。所以心理卫生的目的，一方面固然在改造病态的失常者，使他们的行为能符合常模；但另一方面，却并不压抑这些完整的失常者，勉强每个人都趋于一致。相反地，心理卫生应该培植这种特殊天才，充分发展，使人类社会，能有进步和生长的希望，不致停滞在一个水平面上，永远不动。

（二）和年龄相符

所谓"像别人"，还得有一个附带的条件，就是指像与自己年龄相仿的人。人的行为，总是随着身心的发展而逐渐改变，所以各年龄的人，他们的兴趣、态度和能力，都不相同。成人有成人的嗜好，儿童也有儿童的嗜好。少年人所最喜争逐的事物，在老年人看来，也许会觉得毫无意思；反之，也有同样的结果。所以一个人的行为，一定要和他的年龄相称，才能被认为健康。有许多小孩子的举动像老头子，又有许多老头子的举动像小孩子，这些都是变态的。中国人素来是敬老的，以为老者的行动，应该是少年人甚至幼年人的模范，值得他们仿效。因此假使有一个小孩子，穿了宽大的长袍马褂，举止斯文，不轻易言笑，做出一种久经世故、老态龙钟的样子，完全是

---

① 原文为"爱逖生"，今译"爱迪生"。——编者注
② 原文为"亚理斯多得"，今译"亚里士多德"。——编者注

一个具体而微的老人，那他就会从看见他的人那里，博得几声"少年老成"的美赞。其实，这几乎是我们所不忍叙述的，这样的"小老头子"，正是已经被成人错误的观念和教育，戕害了他的心理健康呢！与这种情形相反的一端，那就是有许多大人却脱不了小孩的习气。往往有20岁以上的人，还是躲在父母的羽翼下，像一只未成长的小鸟似地，需要着随时的照料与保护，他们不能离开家庭，自营独立的生活。著者尝见有好几位同事，夜里必须回到自己家里去住，不能独自宿于校中。因此他们所从事的职业，自然也就受了地域的限制，不能到外埠去。这些人的人格，都是没有获得健全底发展的。

普通所谓年龄，总指实足年龄①（chronological age）——以生后年份计算，但是我们如果用发展年龄（developmental age）——表示身心成熟的程度——来做标准，一定更较适当。各人身心发展的速度，不是成一水平线的；实足年龄相同的人，发展年龄并不一样。所以，一个小孩，假如他身体上和心理上的成长，都早熟一二年，他行为的标准，也应该提高一二年；反之，他身体上和心理上的成长，迟熟一二年的，则其行为的标准，也应该降低一二年了。

我们训练儿童，必须要顾到他们的年龄。若是叫儿童做超过能力的事，对于心理健康是很不相宜的。一般父母往往爱子心切，对他们有过分的奢望，总想他们能做超越的工作。例如父母常常希望子女在学校中能跳级，至于他们的年龄和能力是否相称，那却从来不曾加以思考。这样的结果，孩子们对于功课，常不能应付，而且易产生畏难和自卑的感觉。强其力之所不能而勉为支持，影响于心理的健康很大。万一后来竟因成绩不及格而致留级，儿童遭遇到失败和自己的欲望不能满足，心理上的损失就更大了！又常见有许多家庭，因为羡慕历史上某神童7岁能赋诗的传说，自己的子女在三四岁的时候，就教他们识方字，读唐诗，不管他们能力能否胜任，只一味逼迫着死念死记，希望他们也能挤于"神童"之列，传为千古美谈，但是结果常是非常不幸的。同样，我们也不应该使孩子们常常做过分简易——那必须是从他们的年龄和能力比较而得的评断——的事，太多次因一举即成而引起的骄傲与自满，正如太多次由挫折失败而产生的失望与自卑，有着等量的危险。凡使儿童做超逾能力或是毫不费力的事，这些都是忘记了儿童的年龄，

---

① 原文为"生活年龄"，今译"实足年龄"。——编者注

不足为训的。这里有一句警惕着人们的西谚："适合你的年龄"（be your age），我们应该悬诸座右，奉为圭臬。

（三）能适应他人

交际的能力，也是心理健康一个最重要的标准。同时，常和朋友过从——尤其是常和年龄、能力相仿的人来往——不但能维持心理健康，并且是获得心理健康的一种方法。有许多罪犯，在监狱中过了十多年惨淡孤独的生活，一旦期满释放出来，行为显然的会和常人异样，甚至变成疯狂。那些湮没在荒村僻地的隐士以及与尘世隔离的僧道，因为极少与他人接触的缘故，性情也常是乖僻的。在以往的监狱中，凡系重罪犯，都是彼此隔离，单独监禁的。现在知道这种办法，摧残罪犯的心理健康，很不人道，简直和使罪犯生肺病一样的残酷。所以各文明国家，最近已经废去了长期单独监禁的办法；凡是须受几年以上监禁的囚犯，都常有彼此接触的机会。

当一个人渐渐离开了朋友，喜欢用孤独的生活来折磨自己，心理上已开始现出不健康的趋势。这些人大部分的时间都默默地沉湎于独自的幻想之中，他们从想象中满足现实中所不能得到的一切。久之，不自觉地养成了一种逃避社会的习惯和态度。他们以为社会上所有的人，不仅没有一个和他们表同情，而且都在讥笑他们、侮辱他们，甚至设法谋害他们。他们没有朋友，只有仇敌。他们憎恨一切的人类，因此和这人类的集团——社会——愈离愈远，程度高深的，竟会变成一种严重的精神病，叫作"精神分裂症"[1]（schizophrenia or dementia praecox）。

学校中的教师，普通常认为训育上成问题的，是一般会吵会闹不安分的儿童；对于那些性情孤僻、落落寡合的孩子，常是不加注意。其实，后者的严重性，要远过于前者。愈是沉默孤独的儿童，心理愈不健全，也愈应该受特殊的注意和迅速的矫正。

假如同伴只限于同性一方面，或者只有一个朋友，绝不与其他的人交结；或是专和年龄较大（或较小）的人在一起，这些人换了一个环境之后，便不会适应。所以对于心理健康，都不相宜。最理想的同伴，应该是年龄相仿，而且包括异性的。在和许多朋友接触之中，儿童自然学会了应付的技巧。有时候他领导，有时候他服从，他能把这一些处置得很适当，因为过去

---

[1]　原文为"少年痴"，今译"精神分裂症"。——编者注

的经验已经将在团体中生存的方法告诉他了。人是属于社会的动物，永不能脱离社会而独立。所以我们应该鼓励儿童，从小就多和旁人在一起游戏，以充实他团体生活的经验，培养合作同情的态度，避免独自幻想的趋势，这是很重要的。尤其是独子，家庭内没有兄弟姊妹在一起生活，父母更应该在家庭以外，供给他交接朋友的机会，练习对于他人的适应。我记得美国有一位儿童教育家曾经说过："和无论怎样不好的朋友在一处，它的危险性总比较没有朋友要小一些。"这句透彻的话，真是值得我们注意的。一个孤独的人，纵然未必变为疯狂，可是这种特异的性质，终究是人格上的缺陷，对健康的发展有非常底危害的。

（四）快乐

常有人以快乐与否来断定一个人有无疾病，这是很恰当的，因为快乐对于无论身体或是心理的健康，都有关系。快乐表示你身心的活动很和谐，很满意；不快乐表示你至少有些地方不能适应。快乐表示心理的健康正和体温表示身体的健康一样准确。[①] 但体温的升降，有体温计可以测量；快乐的程度，却至今还没有量表能够精密地测量出来。精神病学家虽然也有几种研究感情的测验，可以推知一个人快乐的程度，可是终究还不能怎样准确，因此大都仍得根据病人自己主观的报告和对于病人言语表情的观察。正如从前的医生，在体温计还未发明的时候，须依靠个人主观的感觉来确定病人体温的高低一样。

一个态度乐观的人，做事积极，对任何事都安放下一种希望，无论遭遇到什么困难，并不畏怯，像一个战士般地，用尽可能的勇敢去征服它们。这样的人，他的心理常是健康的；反之，一个人如常常被失望和灰心的铁链锁住，囚禁在抑郁的狱中，心理上就有了毛病。快乐的程度愈低，心理不健康的程度也就愈高。但是，一个人总有不幸的遭遇，例如疾病、挚友死亡、财产损失等等，当这些不幸的事压到心上的时候，倘想避免不快乐的情绪，自然是不可能的。但是一个心理健康的人，虽然遇到如何的不幸，他不久就能重新适应，不致常处于抑郁的环境之中。例如一个人的知友死去了，他自然会受着伤感与惨痛的袭击，但那只应该是短时期的，假如他竟因此永远怜悯自己，陷于抑郁的深渊，那就不是常态的现象了。

---

① See J. J. B. Morgan: *Keeping a Sound Mind*, p. 6.

　　快乐虽然是健康的标准，我们却不可直接去寻求。我们应该力谋自己对于环境的适应，而使快乐成为自然的结果。这样间接地得到快乐，才是对的。假如你生活中有种种不能适应的事实，任它存在，不去设法消弭，而在另一方面，却直接地去寻求快乐，那仍是无济于事的。譬如有一个人，常因为很微细的事体和他的妻子冲突，以致家庭中乐趣毫无，他不想正当的方法去解决，只是酗酒或是沉湎于其他暂时的肉体的享乐，希望用这样强迫的手段，使自己遗忘了这深刻的创痛。这样，当他稍稍清醒的时候，他将会感到更不可遏抑的苦痛。还有些人当不快乐的时候，故意找一些表面的理由来欺骗自己，说是非常快乐。这种方法，造成心理的冲突，也只能增加不健康的严重性。

　　不快乐是不能适应的表示，所以当你一有不快乐的情绪产生，你就应当非常注意，不可忽略。不快乐应该是一个刺激，驱策我们去找寻痛苦的原因，等到原因被发现之后，记着，不要用畏怯来贻误自己，你应当再鼓起勇气，力谋适应。正本清源，才是正当的途径。

　　（五）统一的行为

　　心理健全底人的行为是一致的、完整的；反之，心理不健全底人的行为是分裂的、矛盾的、互相冲突的。犹之一个国家，内部各派的意见完全一致，对外政策也大家相同，自然是一个强盛的国家。若是内部的意见，彼此分歧，各有各的主张，互相攻击，不能统一，这个国家一定已濒于危境。健全的人格也正缺不了这种"统一"（integration）的要素。所以伯纳姆①（W. H. Burnham）说："健全的人格就是统一的人格。"② 人格统一的人，无论做什么事，常是按部就班，有条不紊，并且专心于工作上，带着一种坚强的毅力。他们遇到一个问题，便能集中全力，去求得圆满的解决，决不三心两意、有头无尾的。若是时常在慌张惑乱的态度中做事，而且没有一定的计划，一刻儿做这样，一刻儿又做那样，这就是心理不健康的开始。同样的，心理不健全的人，思想也纷杂到不可分析，宛如一堆错综多结的乱丝，找不出一点头绪。他们的言语，支离琐碎，毫无组织，当他们正在描摹天空的云，忽然又会叙述地上的蚂蚁，使听者莫名其妙。他们和人谈话，因为思想

---

① 原文为"勃痕"，今译"伯纳姆"。——编者注

② See W. H. Burnham：*The Wholesome Personality*，p. 216.

时常游移的缘故，也不能对一个问题，支持很长久的时间，常会在谈论一件事的时候，忽然又转到另一件事上去。这样的"语无伦次"，极不是健全的人所应有的现象。有些心理不甚健康的教师，在教室中演讲，就有这种情形，致使学生不能一贯地笔记下来。总之，兴趣时常移动、注意不能集中、思想不时矛盾、处置事件毫无秩序的人，就是行为不统一的表示，他们在心理方面，多少是失去了健康的。所以我们应该常常训练自己，在工作的时候，把注意完全集中在活动上面，专心致志，心不外骛，用全部的精力去对付。这是统一人格的训练，也就是心理健康的训练。

（六）适度的反应

心理健康的另一种表示就是适度的反应。一个人开始变态不能适应的时候，反应的强度上，常先起了变化：或者容易兴奋，或者异常淡漠。固然，人的个性差异很大，有的反应敏捷，有的反应迟缓，但这些差别也有相当的限制，反应敏捷决不是反应过捷，而反应迟缓也不是没有反应。假如有人情绪偏于两极端，他的心理也必是不健全的。譬如突然听见一声响声，稍微震惊了一下，这原是常态的反应，若是有人竟因此大惊小怪地哭喊起来，好似泰山倒在身旁的危险，这样过度的反应，就表示他的情绪不稳固，人格容易倾覆的。同样，凡是遇到一点小危险、小不幸、小损失，或其他无足重轻的小事，情绪即刻异常强烈的人，心理上必已失去了平衡。所以如果自己稍微受点挫折，就不能容忍，兴奋起来，憎恨着甚至仇视别人，这就是心理失常的先兆。当然，我们可以推知，时常大哭大笑的人，心理也是不健康的。但是偶尔或一二次的大笑，可以发泄神经内蕴藏的力量，也很有益于卫生。据伯纳姆的意见："在某种限度以内的兴奋，对于心理方面，正和一二次激烈运动对于身体一样的有益。"[①]

在另一极端，没有反应或反应过于微弱，也是心理不健康的表示。例如有人听见他母亲死亡的消息，毫不悲戚，若无其事，没有一点表示。无疑地，这人是病态的了。再如那人听到母亲死亡，并不如常人一般地不自禁会流泪，而只以轻喟微叹来结束这一个悲惨的故事，好像死者与他之间，仅有极浅泛的关系。这种过弱的反应，也是表示着心理的不健康。某人在某情境中所生的反应，和常人相反的，例如见了使常人恐惧的刺激，反而感到有兴

---

① See W. H. Burnham: *The Normal Mind*, p. 656.

趣，像这样反应不适当，亦是心理不健康的人才会有。

对于儿童，一种最有价值的训练，就是缩短他们情绪表现的时间，或是把情绪的力量，移转到较有效率的适应上去。情绪的存在，对于各方面的效率，都会减低。所以我们如用讥笑辱骂或恐吓去加深或延长儿童的情绪状态，实在是一种很大的错误。但是我们如果设法去抑制儿童任何情绪的表现，这会使神经系统受到极大的压迫，对于心理健康，有更坏的结果。我国因袭至今的古训，一直是教人态度深沉，"喜怒不形于色"的。一般在社会上占有优越地位的士大夫，都主张压抑自己的情绪，以为情绪显露在外面，便是失去了庄严和体统。可怜我们受了这种不适当的训练，情绪从小便受了极大的拘束，试问怎样能够得到常态的发展？

（七）把握现实

心理健康的人，常能直面现实的环境，有一个明确的认识。不健康的人，却往往因为不能适应的缘故，而逃避现实。例如有一个亟待解决的困难问题横在面前，健康的人必能坦白地认识困难，并找出症结所在，设法得到妥善的解决，或是奋勇地克服它。不健康的人，却没有勇气去应付：他们或者把困难问题，暂时抛诸脑后，不去想起它，以为悬搁些时，困难就可消灭；或者竟否认困难，以为这个问题，本来就不紧要，容易解决，聊以自慰；或者把责任推向别人，卸脱自己的肩子；或者从想象的世界中，得到满足，不从实际去努力。这些逃避现实的行为，都是心理不健康的表示。

人当与现实的环境不能适应的时候，自然会像一个战败的兵士一般，退息到想象的世界中去，希冀避免实际问题的困难；在那空虚的想象中，他那与现实环境不合的情结① （complex），得能任意放纵和发展，而使他满足了自己。这种变态的出路，心理学家称之为"白日梦"② （daydream）。这样屡次地从自己的空想中获得满足，对于实际的环境，一定分外感到不易应付。疯人的各种变态行为，亦大半是逃避现实的结果。有许多人的欲望，在现实的环境中不能满足，就造成一种有系统的妄想 （delusion），以为自己是世界上唯一的成功者，或者自以为是帝王，是世界的巨富，他们甚至详尽地幻想着帝王与巨富的生活，仿佛身历其境一般。有些人却造成了另一系统的妄

---

① 原文为"心组"，今译"情结"。——编者注
② 原文为"昼梦"，今译"白日梦"。——编者注

想，认为有人在妒忌他、谋害他，全世界的人都是他的仇敌。虽然他的境遇很可怜，可是他自以为毕竟是一个英雄，所以才会遭人嫉妒。这些精神病者对于他们实际所处的环境，是完全不认识的。所以"一个天天擦地板的女仆，也许会自以为是世界的女王；一个拾香烟头的可怜人，也许会自以为是万能的豪富。"①

逃避现实更有一种结果，是想象的疾病（imaginary illness）。这种疾病的原因，并不是机体上真有什么损坏，不过是因为现实中有困难，希图借此避免应付的麻烦而已，所以叫作"想象的疾病"。一个国家的行政当局遇到外交上发生问题，无法解决的时候，常会称病休息，因此可以暂时延搁一下。欧洲大战的时候，很多的军士生一种奇异的病症，叫作"弹震神经症"②（shell shock），他们到前线作战，一听见炮弹的声音，立刻发生肢体麻痹、感觉丧失等现象，调到后方医院休养，病就会慢慢好起来。但当他们重新被送上战场的时候，病又会立刻再发。据医生的检查，弹震神经症并没有身体上的原因，只是由于贪生怕死的欲望，想逃避作战的义务罢了。

至于有许多人的想象，含着设计的性质，预备后来实施的，这种建设的想象，自然和逃避现实的白日梦，不可同日而语。

白日梦，在想象当中过生活，是不能适应环境的表示。"这是一种很有价值的表示，因为大都发生在心理不健全开始的时候，我们可以及早注意矫正。庶不致变成严重的疾病。"③ 因此，我们必须认清我们自己所处之环境，想方法去适应，勇敢地把困难承受下来，再从实际上去努力，克服障碍，切不可畏难而退。那些逃避现实的方法，都是没用的人自己骗自己，无裨实际的呀！

（八）相当尊重他人的意见

心理健康的人，对于他人的意见或主张，必能相当尊重，虚心容纳，而同时自己仍有主见，并非一味盲从。假使自己毫无主意，完全惟他人之命是从，人说好他也说好，人说坏他也依附，这样也不是理想的人格。反之，个性很强的人，常一意孤行，刚愎自用，固执自己的主张，绝对不肯接受他人

---

① See B. Hart：*The Psychology of Insanity*，4th ed，pp. 50－51.
② 原文为"弹震病"，今译作"弹震神经症"。——编者注
③ See J. J. B. Morgan：*Keeping a Sound Mind*，p. 133.

的意见。这样的人，决不能和他的同伴相适应，必致常起冲突。

我们应该把自己的主张和判断，与他人的互相比较，用相当的自信保存自己的观念，用虚心的诚意接受人家的主张，然后作一个精密的考虑；同时再注意到一般专家的说法和自己的有无不同，这样便不致流于主观太强之弊了。

二　结论

普通的人常是彼此相似的。假如一个人的行为，迥然离开了常模，便是心理失常，往往是不健康的表示。所以，适当的行为是心理健康的第一个标准。但是我们得注意，失常不一定是病态的。世界上有许多名人，成就了轰轰烈烈不朽的大事业，虽然他们和常人两样，可是他们统一的人格、积极的精神以及面对现实的不断奋斗和努力，都表示他们心理健康的程度，要远超于常人之上。他们代表了另一极端的人物。心理卫生所要防止的是病态的失常，而不是健康的失常。岂但如此，心理卫生的最高理想，正要使全民众都能向着健康的大道，勇往迈进。所以，心理健康的标准是什么？我们可以列举下列几点：完整的人格，快乐的情绪，适当的行为，虚心的态度以及现实环境的认识和适应。

参考书：

1. Burnham，W. H. ：*The Normal Mind*. Chap. 20. Appleton – Century. 1931.
2. Hollingworth，H. L. ：*Educational Psychology*. Chap. 17. Appleton – Century. 1933.
3. Kirkpatrick，E. A. ：*Mental Hygiene for Effective Living*. Chap. 11. Appleton – Century. 1934.
4. Morgan，J. J. B. ：*Keeping a Sound Mind*. Chap. I. MacMillan. 1934.
5. Wheeler，R. H. and Perkins，F. T. ：*Principles of Mental Development*. Cliap. 1 and 2. Crowell. 1932.

第四章　健全的人格

一　形成健全人格的两个因子

在上一章我们已曾叙述到心理健康底几个重要的标准，并且下了一个正确的结论：凡行为和这几个标准相符合的，他底人格便算健全。可是形成健全的人格（healthful personality），那就是说要做到这些标准，又被两个因子——常态的天赋和适宜的环境——所决定。为着想使读者得到较清晰的概念，在这里有如下的分别的讨论。

（一）常态的天赋

常态的人，总是占绝对大多数，所以假如一个人底天赋的一切，都和普通人一样，就很容易找到和他相仿的人做同伴。因此，心理的发展，也便能走上正常的路。那些能力过高或过低的人，因为人数很少，所以平常所接触的，大半都是和自己不很相类的人。一个人处在和自己能力不等的团体中，是很难适应的，心理自然不易健全了。

假使一人的天赋，和常人异样，无论是身体上或心理上有了缺陷，对于健全人格的发展，都会是一种重大的障碍。独眼、聋耳、跛腿、麻面以及智力较低的人，由于他们身心上的某一部分失了常态，对于寻常的环境，很难适应。所以他们的性情，常是很怪僻的。他们不能适应环境的原因，据说并不在缺陷的本身，而在于旁人对他们的态度。只要看社会上一般人对于那些有缺陷的人，不是常毫不留情地掷给他们以有意的讥笑和戏弄吗？他们既然只能得到旁人轻蔑的歧视，对于自己的缺陷，便不可避免地产生一种过度的感觉。他们时常自怨自艾，抱憾终生。有一些人以为残疾者的心，每较常人狠毒，因此就更憎厌他们，这简直是一个荒谬的错误！也许有些残疾者确是较常人残酷，但记着，这种变态的心情决不是与他底残疾同时产生的。同样地，它是由于那种不利于他的环境孕育而成。当他们时常遭遇到不能忍受的歧视，因而对他们所接触到的一切人、物，发生激愤和憎恨的时候，变成残酷凶恶原是一件可能的事。所以他们的凶狠，决不能说是一种先天带来的罪恶；从而，它更会随着外来歧视程度之加深而变成格外剧烈。试想处于这种环境之中，如何能产生健全的人格？所以有缺陷的人，最好和他的同病者，生活在一起，使彼此之间，并不感觉特异，更不会得到轻视、讥笑的待遇。这也就是盲哑院、低能院等机关，已经获得显著的效果的原动力。因为歧视是不会产生于有着同样的缺陷的人群中的，并且，在那些场合，他们能与能力相等的人竞争，也是一种重要的利益。譬如聋子和耳聪的孩子，因为生理上的优劣，彼此竞争是很不公平的。跛子和长腿赛跑，他的必然失败，也自是在意料中的。但在残废院中，聋子只和聋子竞争。跛子只和跛子竞争，大家都有成功的机会，对于自己的缺陷，便不会十分地注意了。所以残疾儿童的父母，极应采取这种政策，把儿女送到残废院中去教养；若和常儿在一起，常会因屡遭失败而产生一种自卑的感觉，成为人格上永久的疾病。

这是一个几乎不能使人相信的事实：略微有点缺陷的人，比较缺陷很深的人，反而容易产生心理异常的疾病。一个全身瘫痪不能移动的人，常能得到大众的怜惜和同情，适应较为容易；一个一足微跛的人，却最容易受到大众的讥笑和歧视，因此适应反而困难。所以索性是低能或者有严重的缺陷，问题还小；稍微和常人不同的人，关系倒大，应该格外注意。

有缺陷的人，最好能和同病者处在一起。可是疯狂的人却是例外。自然，我们对待疯子的态度，应该和对常人一样，不应有些微的歧视。但是让许多疯子，共同生活，互相接触影响，很少见到常态的行为，这并不是一种适当的方法。有许多人都以为疯子的最理想的环境，莫过于私人的家庭。因为在家里，一则病人可以得到家人的安慰，再则又可减少和常人两样的感觉。最近丹麦已经采用这种主张：精神病人并不移住医院，而由医生到病人的家里分头去医治和指示一切。施行以来，效果显著。在这儿，病人的家属对待病人的态度，是最关紧要的，若是把病人锁在家里虐待，不听从医生的指示，那可又当别论了。

同样，罪犯合住在一起，也是不相宜的。所以有许多人批评监狱制度，认为不良。甚至有人说监狱是犯罪的专科学校，因为在那儿，各种犯罪的课程，如奸淫、抢劫、贩卖违禁品、吸食鸦片等等，都应有尽有，包括得非常完备。所以有一个偶然犯罪的罪犯，被拘禁在监狱中之后，和许多经验丰富的老罪犯朝夕相处，受了他们的熏陶和指导，一旦释放出来，反而变成职业的罪犯了！所以罪犯住在一起，不但不能发展成常态的人格，反而有增加变态的趋势。

生来身材特别高大或特别矮小的儿童，往往不能适应，会变成有问题的儿童，尤以身材高大的为甚。希利①（William Healy）发现有许多身材过高的儿童，并没有其他身体或是心理的缺陷，但在一些集团，如家庭或学校中，都不能适应。因为一则这些儿童自己有了"我已长大了"的错误的观念，就常会离开与他同年龄、同能力的一群，而喜欢和他们身材相仿的人在一起。换一句话说，便是因为自己身材高大，就常和年龄较大的人为伴，能力既不相等，适应自感困难。二则旁人也常当他们大人看待，从身材上推测他们的能力，对他们有过度的希望。所以当他们成功的时候，好像是应该的，得不着奖励；但若遭遇到失败，却会受到过分的责备。我们不是常可以听到大人这样责备儿童说："看你的样子这样大了，连这点事都还做不来吗？"这样，儿童渐渐地对一切的兴趣都减退了，为着没有一个快乐的效果作为第二次做事的鼓励，这也是难以适应的一个原因。

至于身材矮小的儿童，因为大家都当他比其本身年龄更小的小孩看，所以还比较地容易适应。但是也有一层危险，就是很容易受到大人过度的保护。为此，大人们不敢信托他们做负责的事；而他们的错误，也会受到过分的原谅。这样，有许多能力所及的事，因为大人不让他们有尝试的机会；正如一管有着一个锈了的钥匙的锁一般，他们的想象和创造得不到充分的启发，渐渐地他们真不能做那些事了，他们的进步非常迟缓，然而却不自觉，且常以此自满，终于变成一个呆子了。

智慧的定义，也有人定为适应的能力，所以智力可以帮助儿童适应环境。天赋智力较低的人，心理容易失常。根据许多调查的统计，疯狂和罪犯，以智力较差的人为多，这正是证明他们的不能适应。智力低的儿童，恰如身体上有缺陷的儿童一般，假使常和普通儿童在一起，因为各方面都竞争不过，常易产生自卑的感觉。对于健全人格的发展，也是一种妨碍。所以在低能院中或学校中将智力较低的儿童，另外组成一班，使他能和智力相仿的儿童在一处工作或游戏，不会屡遭失败，换言之，不会时常受失望的打击，必定要快乐得多了。

---

① 原文为"希来"，今译"希利"。——编者注

只要在适宜的环境中，无论智力较高或较低的儿童，一样都有发展健全人格的可能。主要的原则是：具有各级智力的儿童，应该和他年龄能力相仿的儿童，多相接触。愈是在竞争的团体中，显明的表示出成败，而且很容易受到一般羡慕或轻蔑的，愈应该如此，否则便和心理健康有害。

一个天赋有缺陷的人，所处的社会环境，往往和常人不同。这种缺陷，如果很是明显，容易被他人所注意，或者常自己想到别人对他两样的态度，适应必定愈加困难。反之，假如这种异常的部分，比较隐蔽，不易被人觉察，或者虽然觉得而并不表示奇异，或者自己并不关心这个缺点，那就比较容易有常态的发展了。有缺陷的人，神经常是过敏的，向跛子作一个善意的微笑，往往会发生误会，被认为是在耻笑他。所以我们对于有缺陷的人，应该非常留意，不可丝毫露出异样的态度，使他们感觉到难堪，以致驱策他们走上不健全的道路。

有缺陷的人，如果常是受到旁人的讥笑，为着要去除这种苦痛的难堪，他们往往会避免同伴，养成孤僻的行为。怯弱者逃避现实，退向自己的幻想中去获得满足；强硬者则故意反抗，产生种种反社会的习惯。后者不但和本人心理健康有很大的危害，就是社会也常蒙损失。我们又怎样可以不注意呢？

无管腺分泌异常——太多或太少——常是产生变态行为的原因。它对于情绪的变化，关系更大。有些人容易兴奋，有些人却异常淡漠，推究原因，大半由于无管腺分泌失常所致。所以生来分泌太多的人，应该施行手术，减少它的分泌量；生来分泌太少的人，也应该另外注射一种内分泌精，补充它的不足。最近有许多精神病者，都因为经过无管腺分泌量的治疗，而恢复常态。从这里，我们可以看出两者密切的关系了。

（二）适宜的环境

健全人格的发展，决不能单只凭借常态的天赋，它必须还要看环境是否适当。譬如一座房屋，要它牢固不倒，固然用的材料要坚固，但是另一方面还得视环境中有无意外的发生。假如常有飓风、地震等变故，纵使材料如何坚固，也经不起这些暴力的摧残，而终至于倒坍。人，也正是如此。所以要培养健全的人格，适宜的环境，也是不可少的。

一个理想生活的环境，自然不是有非常困难，不能适应的；但也不是毫无困难，太容易适应的。适宜的环境必须使住在此环境中的人，要花相当的精力和辛劳。简单得像一条直线似的环境，缺少适当的刺激，使人应有的自然发展受到阻碍；太困苦的环境，也容易使人失望灰心，都不利于心理健康。

家庭生活美满的人，容易有正常的发展。反之，家庭中常发生变故的，如死亡、离婚、重娶或再嫁等等，因为遭受风波，所以不易获得健全的人格。同样的，有家庭组织的人，比较没有家庭随处流浪的，少有心理异常的问题。凡是家庭内父母、兄弟、姊妹、夫妇、子女都全，有彼此接触适应的机会的，才是最适宜的家庭环境。

环境突然变易，因为缺少准备，适应比较困难。例如从家庭生活忽然改为学校生活，从乡村突然迁移到都市，从一种职业换到另一种职业，从一种经济状况换到另一种经济状况。虽然环境的改变是富于刺激性，足以发展人的适应能力，但是太多或是太大的转变，也会使适应发生困难，和人格的发展有害。现代的文明，减少了人们由改变环境所受到的震愕。交通的便利，各地报纸的流通，以及电报、电话、邮政不断的往来，使我们对于别种环境，都早有了精神上的接触，所以环境的改变对于人格发展的影响，已经不如以前的剧烈了。

但是从相反的一端，现代的文明也正是促进人们变态的原动力。著者已经在上面提及，现代的文明形成了一个错综复杂的环境；而这个多变更的环境，又使人们产生一种不稳固的情绪。一切人事都趋于尖锐化，只消轻轻一击，人格立即便会破碎了。因此人们很易失却心理上的平衡，尤其是智力较低的人，因为他们本身所具有的适应能力，已经是很薄弱的。

二　遗传与环境

在这儿，我们遇到一个当前的问题，便是：对于人格的发展，遗传和环境，究竟哪一种比较重要？这个问题在心理学中，已经有很长的争论，此地没有篇幅可以详细讨论。不过总括起来，不外两派：一派主张一个人人格的发展，全被先天所决定；另一派立于相反的地位，以为人格的形成，全凭环境的势力。这代表两个极端的意见，其实都不适当，而且会使人误以为遗传和环境是彼此独立的。遗传和环境互相关联着，不能分离，决不是背道而驰各不相谋的。农夫种稻，希冀着丰富的收获，不但要选择优良的种子，并且要用肥沃的泥土，以及滋养的肥料与充足的灌溉。好的种子，必须种在好的泥土中，得到好的营养，然后才能有好的收获。人类遗传和环境的问题，也应该同样看待。所以要想发展成健全的人格，天赋的遗传和后天的环境都很要紧。不过遗传是固定的、不变的，除出慎选配偶实行优生以外，是人力所不能及；环境却是可以改良的。

凡是培养儿童人格责任的父母或教师，不可过分看重遗传，忽略自己的责任；更不应该用遗传的名义来掩人耳目，借此推诿自己的责任。我们应该利用适当的环境，使儿童先天的能力，得到一个最大可能的发展。农夫要得多量的收获，固然最好是先有优良的种子；但若把它们不经意地撒在瘦瘠坚硬的土地上，也不经过一番应有的努力，那么纵然它们是出自优种，又何能获得丰满的生命？由此可知，肥沃的泥土，适宜的天气，谨慎的保护，这些也都是不可或缺的。即或种子不是顶好，农夫仍应竭他们的能力，去改良环境，以冀得到较多的收获。决不可因为种子的欠佳，便索性不去理会，肥也不施，草也不拔；这样的结果，一定更会遭到不堪设想。所以无论是父母或是教师，不管儿童的天赋是厚是薄，都应该一样的努力改善环境，培植他们长大起来，发展成健全的人格。

三　发展儿童人格的条件

伯纳姆（W. H. Burnham）曾经贡献过八个条件，为发展儿童人格的参考。[①]这就是改善环境的方法，使儿童能处于适宜的环境之中，得到正常的发展。

（一）保存儿童统一的趋势

统一的行为，原是心理健康的一个标准。当人们注意集中向着一个目标的时候，就表示着人格的统一。儿童生来有注意的力量，所以统一是生物天赋的趋势。我们应该保存儿童这种自然的趋向，不让有分散的机会。当儿童专心致志地从事某种工作，从心理卫生的观点看来，正是一种统一的训练。可惜我们最容易忽略这点，例如当孩子们正在聚精会神地运用他们的想象和创造，用积木建造他们理想的美屋，大人往往会对他们作别的差遣或呼唤，致使他们一贯的精神也随着工作中止了。这种情形，当儿童读书的时候，也许比较少见；反过来说，在儿童游戏时最容易碰到，譬如儿童玩沙泥，甚至

---

① See W. H. Burnham：*The Wholesome Personality*, pp. 192 – 213.

就会遭受到故意的禁止。因为在现在，我国一般的家庭，还是贬抑着游戏在儿童时期应占的地位。但无论是有意或无意，这样不时地去干涉儿童的工作或活动，分散他们的注意，对人格发展而言，总是很不相宜的。

（二）儿童的工作

伯纳姆以为发展人格最便利最有效的方法，莫过于做有价值的工作，使能全神贯注。所以我们应该供给儿童各种工作的机会，任他们自己去选择适合兴趣的工作，因为只有如此，注意才会集中。大人指定的工作，不一定就是儿童所愿意做或喜欢做的，也许更会相反地使他们感觉不到丝毫兴趣的，这样又怎能引起他们一贯的注意呢？所以，最紧要的，我们应该让儿童有自由选择工作的机会；而且那些工作，最低限度也该是具有一般的儿童性的。我们决不能把许多极困难的工作，给儿童选择。这种合理的计划，在现代的学校中，已经渐渐实现。幼稚园的新教学法，不是都在提倡儿童的自由活动吗？教育上的几种新方法，如蒙台梭利制度① （the Montessori system）、设计教学法（the project method）、道尔顿制（the Dalton plan）等，都有着注重儿童自由工作的一个共通性，虽然在实行的方法上，有着若干相异之处。现在，甚至在大学中，也渐有这种让学生选择工作的新趋势：毕业的论文，是一种很重要的工作，它不正是给学生以自由选择和独立工作的权利吗？总之，在新式的学校中，自由活动，已经代替了强迫的工作了。唯有自己选择的工作，才会专心去干；也唯有自己选择的工作，才会有益于人格的发展。

（三）困苦的应付

过度的困难和阻碍，使人时常失败，对心理健康有害，但是如果能面向困难，克服困难，却可以增加势力，使人格格外统一。所以无论何人，都应有应付困苦的经验，然后才能生存在这世界之上，否则往往会被淘汰。著名园艺学家伯班克② （Lutter Burbank）对于植物的种植，有几句经验谈，可作为一般父母及教师训练儿童的南针。他比较仙人掌和玫瑰花适应环境的能力。③ 仙人掌几千年来受尽了风霜的侵蚀，雨雪的摧残，因此适应的能力也

---

① 原文为"蒙脱梭利制度"，今译"蒙台梭利制度"，由意大利幼儿教育学家蒙台梭利所创。——编者注

② 原文为"勃朋克"，今译"伯班克"——编者注

③ See L. Burbank and W. Hall: *The Harvest of the Years*, p. 239.

最强。无论在热带、寒带或沙漠中，都能照常发展，丝毫不受恶劣环境的影响。伯班克曾把一株仙人掌高悬树上四年，再取下移植到泥土中，居然不到十天，仍能复活。他又曾把仙人掌放在麻布袋上，距地四尺，不久它的根居然能穿过了麻袋，自己伸到土中去。至于玫瑰花一向是受人保护惯了的，一点疏忽，便会死去。因为它从未有困苦的经验，所以适应的能力也差多了。人类也和植物一样，娇养惯的儿童，一生没有遇到艰难，一旦碰到小小的阻碍，就会手足无措，不能应付。因此我们教育儿童，必须使他历尽艰险，克服困难；累积起丰富的经验，对于恶劣的环境，才能应付裕如，不致被环境所吓退。卢梭（J. J. Rousseau）在他的名著《爱弥儿》中曾说过："苦痛为人间底运命。人生所到底地方，即伴有苦痛。设不与苦痛相会，则无论做什么事，都是不行的。所以在婴孩时代，使他尝婴孩相当的苦痛，以练其身体，乃为极幸福的事情。"[①] 又说："我们单想去保护儿童，这个实在是不完全的，凡儿童如变为成人，必使他自己能够保护自己，必使他足以支持运命的打击，必使他能够忍受贫富；而于必要的时候，虽冷如冰岛底白雪中，热如玛儿他岛底赤岩上，必使他都能居住。"[②] 又说："由经验所得，娇养惯底儿童，往往容易死亡。……锻炼儿童的身体，使他不论季节、气候、风土底变化，不论饥渴，不论疲劳，都能承受；即投入于司搭格司底海中，亦担当得起。"[③] 在中国，二千年前的孟子，已经有了这种主张。他说："故天将降大任于是人也，必先苦其心志，劳其筋骨，饿其体肤，空乏其身，行拂乱其所为，所以动心忍性，曾益其所不能。"[④] 总之，困苦的应付，身心的磨练，都能增加自信力，不畏艰难，使儿童敢直面困难，设法解决，不致见而远避。有这种经验的儿童，长大起来，自能有统一健全的人格。

（四）持久的态度

凡要想保持心理健康的人，对于心理卫生的原则，必须能继续实施，历久不倦，假如一曝十寒，效力自然很微。所以持久态度的训练，亦是人格发展底一个有力的帮助。

重复本来最易使人厌倦。任何足以激动情绪的情境，在第一次经验的时

---

① 见《爱弥儿》，魏肇基译，商务印书馆，第14页。
② 见《爱弥儿》，魏肇基译，商务印书馆，第8~9页。
③ 见《爱弥儿》，魏肇基译，商务印书馆，第13页。
④ 见《孟子·告子》。

候，纵然可以使人情绪极度紧张，可是出现几次之后，刺激的力量便会逐渐减弱，不易唤起强烈的感情了。商店的广告时常变换式样，就要希冀保持它的刺激性。重复不仅会使情绪麻痹，无论何事，只要重做一次，也会使人厌倦不快。现在且举几件日常的事为例：做好的稿子被墨水沾污了，重写一次；复算一篇算错的账目；对于儿童的指导，因为他们未曾注意静听，把讲过的话再述一遍……这些都足使人感觉厌烦。消极方面的经验，也是如此。听人重述已听过的故事或演讲，虽然讲得非常流利动听，总是乏味的；一部小说当第二次看的时候，兴趣便不及第一次看时的浓厚了；报纸、杂志上重复的辞句，一再出现，也会使读者异常惹厌。同样的例子，不胜枚举。我们对于这种麻痹化的结果，应该设法预防，因为有许多习惯，都需要天天继续实行，不能随行随辍、有始无终的。不但如此，只有做事有恒心的，人格才能算为完整。若是兴趣容易转变，做事极易厌倦，丝毫没有毅力的、健康的程度，一定很低。所以儿童从小就应有这种持久态度的训练，使他们每日都能专心地从事于工作，以求人格的完整和统一。

（五）适应的训练

各人心理健康的程度，既然要看适应的能力而定，所以儿童幼时，就应该给予适应环境的特殊训练。在各种不同的训练方法中，最好的是将儿童放在自然的环境中，任他自己去应付。许多环境的势力中，气候要算是最重要的一种。亨廷顿[①]（E. Huntington）曾说过温带气候之所以适宜于心理的活动，就因为它富于变化。所以一个人如居于气候时常改变的地方，学习对于各种温度的适应，那于健全人格的发展，是显然地有利益的。

假使儿童所居的地方，得不到环境改变的利益，我们便应该给他们某种特殊的训练。至少如幼稚园中的陈设，应该不时换新的布置，或增加些新鲜的玩具。时常改变的环境，可以训练儿童适应底能力的。因此，多次的校外参观和郊游，正是儿童幸福的捷径。此外还有一事，我们应得注意的，就是儿童遇到新环境，应该让他自己去适应，切勿过度地帮助他。最可怜的要算是富贵人家的小孩了，他们的父母和仆役替他们准备好了一切，不用他们自己费一点心。他们简直没有练习适应新环境的机会，怎么能有健全的人格呢？卢梭也曾说过："诸君倘使常常指示儿童，常常对儿童说：'到这里

---

① 原文为"亨听吞"，今译"亨廷顿"。——编者注

来'，'去那边去'，'止'，'做这个'，'不要干那些事'，则是使儿童变为愚钝。倘使诸君的头，常去指导儿童的手腕，那么儿童的头，对于他自己变为不必要。"① 又说："无论什么事，教师有以权威去命令的习惯，则儿童除被命令之外，什么事都不去做。没有命令，他虽饥而不敢食，虽乐而不敢笑，虽悲而不敢泣，虽一换手，一动足，都不敢行。甚而至于不得容许，将不敢呼吸。诸君若代为儿童去思想各种事物，那么再要儿童去想什么？诸君既为他代想，儿童对于不论什么，就无思想的必要，诸君为儿童底安宁幸福十足地尽力，儿童自己，遂以为不必去担这种忧虑。这样一来，儿童不论什么，都靠着诸君的判断，自己什么事都不去做。……这种儿童，你不教他息，他只管会吃，除去你的命令，他不知道自己的肚子饱不饱。"② 因此，记着，让儿童自己去练习适应，不要过分的帮助他们；给予适当的指示，仅在他们需要的时候。

（六）睡眠的反应

睡眠和人格的关系，素来是很少有人注意的。其实我们一生有三分之一的时间花在睡眠上，譬如你活了 60 岁，睡眠的时间便实足有二十年，所以睡眠的重要，也就可想而知。最近法国变态心理学家克拉帕瑞德③（Claparède）认睡眠不是一种消极的状态，而是一种积极的反应。他以为睡眠并非因为疲劳，乃是防止过度底疲劳的。我们如果承认克氏底主张，那么睡眠对于人格的关系，就显得格外密切了。

睡眠的功用，既然在防止精力的疲竭，结果可以巩固人格，自属不言而喻。凡是日间足以分解人格的势力，如紧张、冲突、忧虑、怕惧等等，一到睡眠，便会自然松懈，失去势力。所以睡眠的习惯，非常重要，必须从小养成。尤其在儿童时代，充分的睡眠，对于统一人格的发展，似乎格外重要。有许多心理疾病，都由于睡眠失常而起，因为睡眠的时间太少，正表示分解人格的恶势力异常跋扈，人将时刻停留在紧张的状态之中。

（七）情绪的控制

情绪是一种骚动的状态。愤怒和怕惧，都会使人身体颤栗，语言无序，

---

① 见《爱弥儿》，魏肇基译，商务印书馆，第 75 页。
② 见《爱弥儿》，魏肇基译，商务印书馆，第 75 ~ 76 页。
③ 原文为"克拉泊来"，今译"克拉帕瑞德"。——编者注

动作失了调节；在身体内部，也有许多有害生理的变化，例如消化停止，血压增高等等。换句话说，剧烈的情绪是一种破坏人格的势力，我们应该加以控制。但是不幸得很，我们对于情绪的知识，到现在还是异常浅薄。情绪怎样可以改变，我们也还不很明了。至于训练情绪的目标，也不曾很具体的确定，甚至有许多人误以为情绪的控制就是情绪的压抑。其实，情绪过度的压抑正如过度的表现是一样的有害。我们应该使情绪有正当的出路，把情绪过分的力量导向有益的工作。例如图画、雕刻、塑造等艺术品以及文学的创作，都是发泄情绪的处所。歌德①（Goethe）在抑郁的时候，据说做一首诗，就可将不快的情绪消灭尽净；在我国的古人中，也不乏许多"有感赋诗"的例子。所以我们应该从事于有兴趣的工作、游戏、艺术以及种种社会活动，使情绪得到正常发泄的机会。

（八）幽默的性质

幽默的空气，包含着快乐和希望，所以也是发展健全人格的一个重要条件。善于幽默的人，处于任何沮丧困苦的境遇中，必能将严重紧张的情势，缓和松懈。幽默可以使人发生轻松的感觉，减低心理冲突的程度，所以有人称它为精神的消毒剂（mental disinfectant）。例如做错了一件事，善于幽默者往往一笑置之，不以为意；不善于幽默者，却因此烦恼愤懑，郁郁不乐，并且时时会想到这个错误，而自怨自咎。幽默的人不但容易使朋友接近，而且对于人生，必有一更远大适当的态度。伯纳姆说："有几种职业，例如教师，幽默就是最重要的性质之一，虽然一般教师常是缺少这种性质的。"②他在他的名著《常态的心》中又说："教师而不幽默，是件最不幸的事体。"③一阵开心的大笑，可以使许多不快意的事，一扫而空。所以幽默是去除隔阂最好的方法。演说家当向一般有敌意的群众演说时，也常利用这种方法，先讲一段有趣味的故事，以转变听众的态度。幽默既然有消除内心毒素的功用，对于心理健康，自然有很大的裨益。可惜一向未曾被人注意，所以普通一般人常缺少这种性质，或虽有而不充分，仍旧不能排除内心的抑郁和冲突。因此，培养幽默的性情从心理卫生的观点上看来，不能不算是一种

---

① 原文为"哥德"，今译"歌德"。——编者注
② See W. H. Burnham：*The Wholesome Personality*，p. 211.
③ See W. H. Burnham：*The Normal Mind*，p. 41.

急务。

以上八个条件，是有裨于健全人格底发展的。近来人格上发生疾病的很多，我们为预防起见，在训练儿童的时候，对于伯纳姆所提的八种要件，自应加以深切的注意。

四　结论

健全的人格，小半由于遗传，大半由于环境所决定。一个天赋较劣的人，若能一直生长在适宜的环境中，仍然能获得健全的发展。所以我们必得使环境（包含生活的训练）尽可能地理想化。分析地说，按照伯纳姆伟大的贡献：让儿童在一个有着适度的困难与变化的境地里，自动地去谋适应；训练他们有恒心地专注于他们所选择的工作；不要让情绪毁损他们的健康，更与此相反地，利导他们的情绪去发展想象和创造；使他们有充分的安恬的睡眠，培养他们幽默的态度；在这种情境中孕育成的人格，一定会是健全的。

参考书：

1. Burnham，W. H.：*The Normal Mind.* Chap. 2. Appleton – Century. 1931.

2. Burnham，W. H.：*The Wholesome Personality.* Chap. 6. Appleton – Century 1932.

3. Dorsey，G. M.：*The Foundations of Human Nature.* Chap. 10. 1935.

4. Howard，F. E. and Party，F. L.：*Mental Health.* Chap. 5. Harper. 1935.

5. Kirkpatrick，E. A.：*Mental Hygiene for Effective Living.* Chap. 7. Appleton – Century. 1934.

6. Riggs，A. F.：*Intelligent Living.* Doubleday. 1929.

7. Rosanoff，A. G.：*Manual of Psychiatry.* PartⅡ Chap. 25；Part IV chap. 8. John Wiley. 1927.

8. Taylor，W. S.：*Readings in Abnormal Psychology and Mental Hygiene.* Chap. 23. Appleton. 1927.

第五章　破坏人格的势力——怕惧

一　怕惧的影响

破坏人格的势力，是分裂人格底统一的，所以我们必须消灭它，不让存在，才能使心理臻于健全之境。这种势力很多，现在只能提几个最重要的：第一种是怕惧。怕惧使动作失去调节，使有秩序的行为变得纷乱。试想一个手无寸铁的人遇见一只猛虎的情形是怎样的？他一定慌乱异常，不知所措。是呼救好呢，还是奔逃好呢？是爬上树去躲避好呢，还是用石子吓退老虎好呢？……各种可能的方法，都会一齐挤上来，结果便造成纷乱的状态。再试想戏园失火的情形，那种争先恐后秩序混乱的样子，也不难想象的。人们当怕惧时，不但外表的行为，显得慌乱无序，就是内部生理方面，也同时起了骚动，失去常态。剧烈的怕惧，甚至可以使人不能行动，完全失了自主的机能。所以怕惧是一种分裂人格的主要势力。

二　怕惧的类别

怕惧分两种：一种是建设的怕惧，[①] 对于个体生存以及社会适应，都很需要。譬如怕危险，怕毒药，怕人批评，这些都是应该有的怕惧。若是有人在车水马龙的马路中心横冲直撞，而自以为胆大，这人一定会被汽车撞死；有人狂吃苍蝇吃过的食物，毫无顾忌，这人也一定会生病。至于不畏人家物议，抱着"笑骂由他笑骂，好官我自为之"的态度的人，一旦任为公务人员，也一定会有一个糟透的结果。凡是小心、谨慎、仔细等等，都可以包括在建设的怕惧之内。严格地说起来，心理卫生是由于怕惧心理疾病而产生

---

① See D. A. Thom：*Everyday Problems of the Everyday Child*，p. 150.

的，又何尝不是建筑在怕惧的基础之上呢？至于另一种破坏的怕惧，则是恰与前者相反，怕着不应怕的东西，那才是一种破坏的势力，对于人格的发展才有害。例如怕动物、怕空地、怕高楼、怕生人、怕血、怕死、怕黑暗等等，都是不必要的怕惧。布兰顿[①]（S. Blanton）也以为理想的儿童，并不是什么都不怕的；见了应该怕的东西怕，不应该怕的东西不怕，才合乎我们的理想。[②]

麦独孤（W. McDougall）分别怕惧的情绪（emotion of fear）和怕惧的情操（sentiment of fear）底不同。[③] 他以为前者的产生，生理上必随着一种骚动；后者却不过是一种态度，没有什么生理上的变化。所以情绪是暂时性的，情操是带有永久性的。陆志韦用"畏惧"这一个名词来代表麦独孤的怕惧情操，很是适当。[④] 例如我们常说的"畏难""畏热""人言可畏"等等，都是对某种事物的态度，和怕惧不同。这个区别是很确当的，因为他所说的畏惧相当于建设的怕惧，而他所说的怕惧，才是指破坏的怕惧而言哩！可是在人们所有的怕惧中，属于建设的很少，应归入于破坏的却很多；所以是一个严重的问题，值得我们注意。

三　原始的怕惧

儿童先天怕惧的东西极少，据华生（J. B. Watson）最近在实验室中研究，发现怕惧的原始刺激，只有大声和悬空二种。[⑤] 学会的刺激，却有无数。小孩子怕猫、怕狗、怕巡捕、怕黑暗以及怕其他许多非原始刺激的东西，全都是学会的。

四　怕惧的起因

怕惧是如何学会的？大概不外乎三种情形：第一，凡一种本来不怕的东西，只要和我们已怕的东西联在一起，即可变为可怕。例如小孩本来是不怕

---

① 原文为"勃兰顿"，今译"布兰顿"。——编者注
② See S. Blanton and M. R. Blanton：*Child Guidance*，p. 148.
③ See W. McDougall：*An Introduction to Social Psychology*，pp. 126－128.
④ 见陆志韦《心理学》，商务印书馆，第 10 页。
⑤ 见《华生氏行为主义》，陈德荣译，商务印书馆，第 266 页。

黑暗的，但是他怕大的声音，有一天他在黑暗的地方，偶然听到了大声，因此，他以后就怕黑暗了。小孩子见了火光，本喜用手去玩弄，但若灼伤过一次之后，火和痛的经验联在一起，从此他就怕火，不敢再去玩弄了。又如小孩本来不懂得"怕"字的意义，听见父母说怕，他丝毫也不怕；但只要当他遇见他所怕的东西的时候，父母在旁边"怕呀！""怕呀！"的叫几声，使"怕"字的声音和可怕的刺激联合一起，他便学懂了"怕"字的意义，以后听到父母嘴里叫"怕"，就会引起怕惧的反应了。这样一种无效的刺激，因为和有效的刺激在一起，几次之后，便能产生后者所能引起的反应，在心理学上叫作条件反射[1]（conditioned response）。有许多变态的怕惧，如怕空地、怕小室、怕人多等等，大都皆肇源于儿童时代的条件反射。因为这些情境，并非他们真怕的东西，不过在他们的经验中，这种情境曾和真怕的刺激，联合在一起罢了。但是事过境迁，他们忘记了以前的经验，只知道怕，不知道为什么怕了。

由条件反射而产生的怕惧范围极广。因为一个由条件反射而生的怕惧，正像原始刺激能影响于它本身一般，往往又会对另一情境发生条件反射，而使那情境也成为一种怕惧的刺激。再把前例在此引用：如一个小孩因在黑暗中偶然遇到怕惧的原始刺激——大声——黑暗与大声造成一个联结，以后他便怕黑暗了。但因老鼠时常在黑暗中出现，渐渐地它们也成为他的一种怕惧。又如有些人怕看见死人，连带地就怕盛纳死人的棺木，更因此而怕停柩的庙宇。这样由甲至乙，由乙至丙，甚至由丙至丁的辗转交替，就如工厂中机器的大量出产般，使人们的怕惧，增加到一个不可估计的巨数。在这里，我们当能看出条件反射对于怕惧的影响。而且，正因为这种复杂的蔓延，使人们对于怕惧的原因，简直无从记忆。

学会怕惧的第二种情形叫作泛化[2]（transfer）。我们对一种东西发生怕惧之后，见了与它形状性质相似的东西，也都会怕了。例如有人被疯狗追过一次，他以后不但见了疯狗怕，见了所有的狗都怕了；不但见了狗怕，见了四只脚和狗相像的动物也都怕了。陈鹤琴曾经举过一个类化的实例：[3]

　　一鸣到了一岁零三个月的时候，他母亲用黑墨涂在乳头上，要断他

---

[1] 原文为"交替反应"，今译"条件反射"。——编者注
[2] 原文为"类化"，在此处今译"泛化"。——编者注
[3] 见陈鹤琴《家庭教育》，商务印书馆，第 96 页。

的奶。他看了黑乳头，就不要吃奶了。后来给他吃素来所喜欢吃的葡萄饼干，他看见饼里有黑的葡萄就怕，也不要吃，但把葡萄取出，他就要吃了。过了几天，给他一块外国的黑糖，他看见它是黑的，就不要吃；又过了一个星期，他看见桂圆的黑核就有点害怕。

学会怕惧的第三种情形是模仿。儿童不仅模仿大人的种种言语举动，而且对于情绪态度，亦往往在不知不觉中，随着父母学会。所以假使父母怕狗、怕黑暗或是怕响雷等，就很容易将这种怕惧转移给他们的子女。有些人常将这种现象，误以为是遗传，其实并不，完全是因为小孩模仿的缘故。所以父母自己如果有无谓的怕惧，应该非常留意，不使在子女面前表现出来，免得小孩子遇到相同的情境时会发生同样的情绪。更应注意的，切忌故意装出怕惧的样子来恐吓子女。

总之，儿童的怕惧，大半是学会的。小孩在 3 岁时，怕惧的东西极少；但进了幼稚园，怕惧的数量，渐渐增加起来；进了小学，怕惧更多了。这种学会的怕惧，虽然各人之间也许会有若干相同，但决不是千篇一律的，因为它们须视各人的经验而异。所以各人都是怕惧，而各人所怕的东西不同。有许多人怕狗，有许多人却怕鬼。我所怕的，不见得就是你所怕的，反之亦然。所以往往有他人的怕惧，在我看来是非常幼稚可笑的；同时，我的怕惧，在他们看来，也许会觉得是同样的无谓呢！

五　怕惧的肇源期

怕惧是很容易学会的，而且多半肇源于儿童时代；可是学会之后要取消它，却十分困难。所以我们——尤其是父母——应该非常留意，不可教小孩子怕这样，怕那样；同时更应该保护儿童，勿让有交替怕惧的机会。因为怕惧一多，不但妨碍工作，而且可以使人失去自信力和勇气，甚至一切生活的环境，都不能适应，成为人格上永久的缺陷。汤姆（D. A. Thom）说："一个胆小退缩的军士，并非在战场上造成，而是在婴儿院中造成的。"[1] 这是一个明确的指示，给予我们以严正的警惕，使我知道应该如何注意到儿童的怕惧！

---

[1]　See D. A. Thom: *Everyday Problems of the Everyday Child*, p. 157.

六　怕惧对于学习的阻碍

在学习方面说，怕惧可使各种学习，发生阻碍。拿口吃来说吧，最近心理学家发现有许多口吃的人，原因并不是机体上的缺陷，而完全基于缺乏控制的能力。口吃的人当要说话的时候，先就陷于恐惧状态之中，怎么还能自然流利呢？弗莱彻[①]（J. M. Fletcher）发现口吃的人倘被叫到讲话，每分钟脉搏数平均增加到九十，有几个最高的，竟增加到一百二十次。[②] 口吃者愈焦急，口吃的程度反愈剧烈；愈怕说不清楚，往往更是说不清楚。所以口吃的人如和熟人闲谈，或是听者表示不去注意他所说的一切，或是他夹在旁人的声音之中一同唱歌或读书，或是和小孩或动物去谈话，他口吃的程度，一定减低不少，甚至有时可以完全与常人说话一样地发音，没有一字重复。他当一人独处的时候，自语读书，也常无口吃的现象。一般口吃的人说话最困难的时候，便是回答旁人的问题。如感觉到有人注视着他并在等候他的回答，他常是格格不能出诸口的。根据了这，对于口吃的儿童，我们切不可嘲笑他，责骂他，或时时提及他的缺陷，以引起他的怕惧和自觉。我们须谨记着，许多的例证都明白地告诉我们：口吃的原因是在于怕惧抑制的势力。所以要矫正口吃首先要解放他的怕惧和紧张；若是想用嘲笑和责备的力量来希望他改正，这正是背道而驰的蠢法呀！

七　轻视怕惧的危害

一般人常轻视怕惧。无论在学校或家庭里，脾气不好的孩子，每被认为成问题的儿童；怕惧多的小孩，大家却不以为意，不知许多精神病的根源，都由于怕惧而起。一般无知的父母和教师，以为儿童应该有怕惧，而且愈多愈好，这样他们才能安分守己，所以常喜欢恐吓儿童，养成儿童许多不应有的怕惧，实在是错误的观念。这些人因为要使儿童服从听话，觉得恐吓是最简捷见效的方法。他们只顾到眼前的便利，而忽略永久的危害了。许多人常

---

① 原文为"弗来秋"，今译"弗莱彻"。——编者注

② See J. M. Fletcher："An Experimental Study of Stuttering"，*American Journal of Psychology* vol. 25，pp. 200 – 252.

拿警察或医生作为恐吓儿童的工具，不是说："警察要来捉你了！"便是说："医生来挖眼珠了！"使警察和医生成为儿童脑中恐怖的印象。实际警察和医生都是于我们有利益的：当我们有危险的时候，可以得到警察的帮助；有病的时候，可以请医生来诊治。如果小孩子怕了警察和医生，那么在必要的时候，他们也不敢求助于警察和医生了。著者有一位亲戚，他家的仆人，常用外国人来恐吓小孩子，到后来他家的小孩子，一见了外国人，便惊慌失措，哭着要逃，甚至连兆丰公园都不敢去（因为兆丰公园的游客中，西洋人很多），养成了这样懦弱的习惯，不但使个人人格的发展有了阻碍，便是对民族前途，也是大不利的啊！我们应该知道儿童的情绪是不可以随便拿来玩弄的，因为偶一不慎，危险很大。贤明的父母和教师，都知道儿童的眼睛或耳朵是不可以任意拿来做试验品的，对于儿童的情绪，也应该抱同样的态度。

八　成人的各种怕惧

成人的怕惧，除出了由于儿童时代养成的以外，伯纳姆（Burnham）分析成下列的五类。①

（一）不明白

凡是不明白的东西，都足以引起我们的怕惧，这是一种普遍的原因。无论文明人或野蛮人，都是如此。在天文学未曾发达的时候，有许多气象上的现象，人们因为不明了的缘故，都有点害怕；如同雷电、彗星、地震、日月食等等，都会被认为是灾难将临的恶兆，见了异常惊恐。人人都怕死，正因为死是神秘的，死了之后究竟怎样，谁也不知道！恰如莎士比亚（Shakespeare）所说，死后的国家是还未发现的境界，只见一批一批的人去，却未曾见有一人转来。又如前几年大众对于苏俄的情形，不很熟悉，都用神秘的眼光望着它，不知它葫芦里究竟卖的什么药，所以世界各国对于苏俄，差不多都抱着害怕的态度，认为是洪水猛兽，非常危险。可是近几年来到苏俄去游历参观的人很多，随着对于它的了解程度，也逐渐加深了，才觉得并没有什么可怕，而且反有许多地方，很可供我们效法。另有一个例子：凡是新发

---

① See W. H. Burnham: *The Wholesome Personality*, pp. 298 – 305.

明的东西，大家见了都不敢轻易尝试，也正是因为不明白的缘故。当火车初发明的时候，很少的人敢以此代步，现在却不然了；可是对于飞机，大家都还有点害怕，恐生危险，不敢轻易去乘坐。但那是必然的，我们可以逆料，不久的将来，人们会把飞机看的如火车一般安全，那时候，航空旅行也将成为一个普遍的现象了。总之，不明白就觉得不放心、不安全，所以怕惧。最近科学的发达和知识的增进，已经减少了无数的怕惧。等到宇宙间的一切，我们都能彻底明了之后，怕惧也就不能存在了。

（二）疾病

为着一般人对于生理的知识，非常欠缺，对于疾病，往往发生两种谬误的态度：有些人轻视疾病，等到它已临到头上，还是漫不经意，更谈不到预防了；但是在相反的一端，却有许多人作无病只呻。这些人自以为有病，或者时常想着疾病将要袭击他了，因此非常怕惧，而实际这些怕惧，大半都是不必要的。这里有一段神话，描写怕病的害处，虽是故事，可是却能对事实作确当的影射。据说有一个回教僧徒在路上遇见虎列拉神，回教僧问他到哪里去，虎列拉神回答说："到某城去杀死二万人。"后来那回教僧在他的归程上，又遇见了虎列拉神，回教僧责备他说话不守信，说："你说只杀二万人，怎么现在杀死了九万人呢？"虎列拉神回答说："不，不，我只杀了两万人，其余的是被怕惧杀死的呀！"德国著名心理卫生家福伊希特斯莱本①（E. Feuchtersleben）也曾举过一个有意义的实例。② 他报告一个病人，心里总是怕死着急，病也渐渐地沉重，后来医生对他说这病已经不能医治，没有恢复的希望。他自知绝望，反而把生死置之度外，倒非常安恬镇静，不像以前的焦急了，这样一来，竟把分裂的人格重归统一，不久病竟霍然痊愈。所以我们对于身体，固然应该有相当的注意，但也不可过分的怕惧，如俗语所说地："把痱子当作背疽。"一点轻微的疾病，好似遭遇到绝大的灾难，成天地把自己沉浸在杞忧之中；这样，破坏人格的势力一经存在，无论对于身体和心理，都有危害。

（三）损失的危险

财产的损失，也是一般人所常怕的。有些人怕金钱的损失比怕生病还要剧

---

① 原文为"福区脱尔彭"，今译"福伊希特斯莱本"。——编者注
② See E. Feuchtersleben：*Zur Diatetik der Seele*.

烈。很多的人是生了病不肯花钱求医的，这就证明一般人是如何处心积虑地要避免金钱的损失。在现在各种职业都没有保障的时代，各人都存了一个"五日京兆"之心，置身在不断的忧虑和怕惧之中，不但对于事业没有计划，不能发展，而且那一种不时的失业的恐慌，对于人格的统一，又将是如何的一种毁损！

（四）谴责

无论儿童或成人，都怕受人谴责。这本是一种建设的怕惧，对于人们的社会适应，原属有益。但是神经过敏，时刻地顾虑害怕，以为有人在批评责备，这样对于心理健康，也是有害。而且不仅怕谴责一种如此，凡是建设的怕惧，只要过度之后，也都可以和破坏的怕惧一般地有害。

（五）噪声①

大声本是怕惧的原始刺激之一，甚至轻微的噪声，也可使人心神不安，成为破坏人格的一种势力。莱尔德②（D. A. Laird）报告他关于白鼠的实验③。他把白鼠分作两组：一组受噪声的骚扰，另一组却居于比较安静之处。结果后者的食量较大，发育亦较快。莱尔德断认为噪声产生怕惧，而怕惧又使消化迟缓，血压增高，所以两组发生差异。莱氏又说近代城市，各种噪声很多，如电车汽车的声音、机械声、汽笛声等，终日不绝；都市的烦嚣，使我们的神经时时紧张，没有弛缓的时候，影响神经系统很大。所以城市中的居民，照莱氏的意见，每天应多睡一小时，庶几能以较多的休息，补偿日间神经的紧张。布里格斯④（V. L. Briggs）在第一届国际心理卫生大会的会场中，也曾大声疾呼，反对近代都市生活的噪声。他以为汽车的肇祸，大半都由于路上车辆的噪声过高，使行人发生怕惧，忙于躲避所致。而且在医院中对于被汽车撞伤者的观察，常可发现他们受噪声的震惊，已经很久。⑤又有医生研究噪声对于生物的影响，据说，幼年期的动物，受了噪声的影响，它的发音显然受了阻碍，而且长大起来，神经也容易不坚固。⑥此

---

①　原文为"声浪"，今作"噪声"。——编者注

②　原文为"来尔特"，今译"莱尔德"。——编者注

③　See D. A. Laird："*Noise*"，*Scientific American* vol. 139，pp. 508 – 510.

④　原文为"勃列格"，今译"布里格斯"。——编者注

⑤　See W. H. Burnham：*The Wholesome Personality*，pp. 302 – 303.

⑥　见肖《都市的骚音》，《申报月刊》第 4 卷 4 期，第 88 ~ 89 页。

外还有许多精神病学家，也都深信噪声刺激之结果，可以使人神经不巩固，离婚，甚至于疯狂；而许多不幸的意外事件，也因此产生了。

近几年来，欧、美各国，对于噪声的危害，已经引起大众的注意。1929年，纽约首先成立纽约减噪委员会①（New York Noise Abatement Commission），用科学方法研究如何能减低噪声。接着伦敦等市也有"非声法律"的颁布，即对于声音过大的机车，非必要的汽车喇叭，以及在医院、学校附近作种种的高声等，都在取缔之列。最近法国巴黎且将在市中设立一个无声区域，希望成为"欧洲的无声之城"。② 近来外国不但各种机械的制造，务使噪声减至最低，例如新出的打字机、汽车等，噪声都不如以前之甚，而且各工厂中，也都有防音装置，减低工作时噪声的强度。可惜在我国，却还没有人注意到这点呢！

九　消灭怕惧的方法

怕惧对于整个人格的发展，既有障碍，那么我们怎样去消灭它呢？消灭怕惧的方法，虽有不少，但有些都是无效的。现在提出几种如下。

（一）移去刺激

这是最简单的，却不是最有效的。有些人以为要消灭怕惧，只要把怕惧的刺激，移开一个相当的时期，待到自然地忘记之后，就不会再怕了。但是事实上怕惧往往不能忘记的。移开怕惧的刺激，并不能保证以后重又遇到时不再产生怕惧。所以这不是一个治本的方法。华生（Watson）报告琼斯③博士（Dr. Jones）的实验，④ 说一个小孩怕田鸡，于是把田鸡移开，在两个月中，不让这小孩有看见或接触田鸡的机会；可是以后他看见了田鸡，怕惧的反应仍和以前一样，丝毫没有减低。

移去刺激不但绝少成效，而且有时是事实所不容做到的，因为有些刺激的出现，是不能受人力的控制。例如有人怕狗，要使他出去的时候不遇见狗，当然是很难的；又如有人怕响雷，要使夏季雷不作声，自然更办不到。

---

① 原文为"声浪防止委员会"，今译"纽约减噪委员会"。——编者注
② 见浩《非声运动》，《申报月刊》4 卷 1 期，第 164 ~ 165 页。
③ 原文为"钟士"，今译"琼斯"。——编者注
④ 见《华生氏行为主义》，陈德容译，商务印书馆，第 293 页。

因为人类的环境，异常复杂，我们不能完全由自己的意志加以控制，那么，要使所有怕惧的刺激都绝对没有出现的机会，又岂是可能的呢？

（二）刺激屡现

这种方法适与前法相反。有些人以为要消灭怕惧，只需和怕惧的刺激常常接触，习惯之后，自然就会不怕。这在心理学中，叫作消极适应（negative adaptation）。例如著者上动物心理的课程，常拿美国白鼠做实验，女学生初见白鼠的时候，总难免有些害怕，不敢用手去接触，有时她们的手无意中和白鼠碰了一下，便会吓得大喊起来。可是日久之后，因为天天见到白鼠，怕惧的程度也就渐渐减低，终至敢把白鼠放在手中玩弄了。作者还有一个朋友最怕吃辣，但是他的夫人却最喜吃辣，她不但每天制许多辣的菜肴佐饭，而且强迫她的丈夫也吃辣味。没有多久，我的朋友居然也要吃辣味，并且竟"甘之如饴"了。这是消极适应的又一个例子。可是这种方法，只能适用于程度不高的怕惧。若是小孩子怕某种动物，异常剧烈，你强迫他去接触，结果只能增加他怕惧的程度，这是很危险的。正如强迫儿童去做他不愿做的事一样，反而会增加他的厌恶。华生（Watson）也说，用这种方法的结果，有时怕惧的程度，反会增高，成为刺激综合的现象。[①] 所以这也不是一种有效的方法。

（三）重建条件反射

这个方法，华生认为是取消怕惧最妥善的方法。人们的怕惧，既然是因条件反射的作用而学会，我们可以再凭借条件反射的作用而取消它。"解铃还须系铃人"，经过两次的条件反射，所以叫作重建条件反射[②]（method of reconditioning）。现在引用华生所举的例子来说明：[③] 3 岁的孩子比得，很怕兔子，华生要想用重建条件反射的方法来解除他的怕惧，于是当比得吃饭的时候，把兔子关在笼中，放得很远，以后每当比得吃饭，就把兔子提出，并且距离也一天一天地移近，到了最后，比得可以一边用手吃饭，一边用另一只手去玩弄放在膝上的小白兔。他对于兔子的态度，已经变成积极的反应

---

① 见《华生氏行为主义》，陈德容译，商务印书馆，第 296 页。
② 原文为"二次交替"，今译"重建条件反射"。——编者注
③ 见《华生氏行为主义》，陈德容译，第 300～304 页。

了。他不但不怕兔子，便连和兔子相似的东西——棉花、皮毛、羽毛、白鼠等——见了也都不怕了。总之，重建条件反射的原则，是把已怕的刺激和愉快的经验联在一起，使怕惧受愉快的影响，而渐被克服。所以这是最有效而且毫无危险性的方法。

（四）知识

人们的许多怕惧，是因为缺乏知识而起，所以科学知识的增加，可以除去无数不必要的怕惧。譬如当美国开掘巴拿马运河的时候，有许多工人染了黄热病，当时的医生都不能推知病因，只得束手待毙，因此大家对于这病，无不恐怖异常，似乎再没有任何危险比黄热病更可怕了。可是现在我们知道黄热病的起源，是由于蚊虫的传染，科学的研究，更发明了专治黄热病的特效药，我们因此便无须害怕了。疟疾，在以前，也曾被人误认是一种极严重的病症，现在大家的态度却不同了。著者有一亲戚，他家本有两个小孩，不幸大的中途夭折，因此他们便如惊弓之鸟，以后每逢小孩体温稍高，就陷入极度的惊恐，求医问卜，以为又是不治之症。假如他们稍能具备一些医药常识，能够分辨病的轻重，又何至于如此呢？可是一知半解的知识，有时反可暗示怕惧，却又不可不慎。初读变态心理的学生，每听到教师讲过一种心理疾病的症状之后，就好像自己也有这种疾病一样。其实教师没讲过的时候，他根本不知道有这种病，当然不会怕惧，讲过之后，反而怀疑起来了。理查兹①（E. L. Richards）曾举过一个实例：② 某校一个儿童，一天忽然昏去，四肢冰冷，心跳加速，但不久即愈。几天后又第二次昏倒，这次的时间却延长到一天。他的手掩在心上，嘴里喊着："要死了！"医生检查他的心脏，丝毫没有病变。仔细调查的结果，才发现在他病的前一天，教师在上卫生课时，曾通知过他们吃水果应当小心，否则把果核咽下去是很危险的。他因此想起自己曾经咽下几粒苹果核，万一它们竟滑入气管，跟着循环的血液，流到心房，必可置他于死地。这种绝端的恐惧，才是他真正的病源。后来经过医生对他详细解释，病竟不再发了。这两个例子，从表面上看来，好像都是说明知识可以产生怕惧。其实这些都不能算是完全的知识。真正充足的知

---

① 原文为"李嘉特"，今译"理查兹"。——编者注
② See E. L. Richards："Hypochondriacal Trends in Children"，*Mental Hygiene*，7，p. 55.

识，确是和怕惧不两立的。摩根① （J. J. B. Morgan）说："愚笨和不安定产生怕惧，知识和保障却拒绝怕惧。"② 伯纳姆也说："知识完全的时候，所以怕惧，将统统消灭。"③

（五）调节的活动

防止怕惧的另一方法是有目的底动作。我们只要使注意集中在工作上，或专注于某种有价值的事体，怕惧就永不能获得出现的机会。战争的时候，在前线的军士，与常人所臆测的相反，他们常是不怕的。他们说，他们没有时间去怕惧，这是一句透彻深刻的话！美国波特④上将（General Porter）根据他平日的观察，认为在后方保管材料的军士，不需要什么动作的，才是最困苦的工作。他又报告有一位最勇敢的军士，有了保管材料的经验以后，向人说，他情愿上前线作战，假如以后他再被派来做这种工作，无疑地，他会被吓得逃走的。⑤ 初次演讲的人，一走上讲台，看见台下许多人眼望着他，自己成为大众注意的焦点，一种恐惧的情绪，便不可遏抑地升起来了；但是他若能把注意集中在他要讲的说话和动作上，不顾台下的人，怕惧自然就会消灭。救火队员当火烧的时候，常奋不顾身地救人灭火，而怕惧从不会闯入他们的思想，这些都是调节的活动足以取消怕惧的明证。

（六）直接的动作

直接动作的意义，就是做你所怕做的事，"Do the thing that you are afraid to do"。你怕这样东西，偏向着它凝视，如此的结果，常会改变你本来底态度的。这和以前"刺激屡现"的方法，表面有些相似，其实却并不相同。"刺激屡现"是被动的，就是强迫人去接触他所怕惧的东西；而"直接动作"却是主动的，面向怕惧的刺激，完全出于自己的志愿，并不受旁人的勉强。所以这两个方法，虽可作为一件事的两面看，但因为主动和被动——自愿和强迫——的不同，结果也就迥异了。直接动作的结果，常是有效而没有危险的；反之，刺激屡现的结果，却常会发生很大的流弊。所以你如怕在

---

① 原文为"毛根"，今译"摩根"。——编者注
② See J. J. B. Morgan：*Keeping a Sound Mind*，p. 69.
③ See W. H. Burnham：*The Normal Mind*，p. 433.
④ 原文为"包特"，今译"波特"。——编者注
⑤ See W. H. Burnham：*The Wholesome Personality*，p. 321.

人前讲话，偏要时常练习在人前演讲；怕一个人，偏偏常和他接近；怕做这件事，偏要干一下；怕睡不着，偏偏故意醒着不睡：这样，常是最好的方法。著者故乡有一种风俗，凡是死人睡过的床，当尸体移开后的第一晚，死者的家属，便必须睡上去，因为这样才可以减少怕惧，否则以后便不敢再睡在这床上了。这个方法，就是直接动作的一个好例证。当飞行生练习飞行的时候，如偶然失事坠地，没有受伤，训练的教官必立刻就再给他飞行的机会，让他继续练习。若是就此停止，必致愈想愈怕，终至不敢再飞行了。儿童在游戏时，不留神跌了一跤，或是受到一些微伤，如擦破了皮等，教师决不可露出十分可怜他的态度，他应该以"不痛的！""勇敢些！""再来！"这一类的话来鼓励儿童，增加他的勇气，使他重又兴高采烈地加入正在继续游戏的一群。这些，都是深合直接动作底原则的。只是有一点我们必得注意的，儿童的直接动作常须经过有力的暗示，才能实现。因为儿童不如成人一般，会对自己的行为做若何评价，或是对行为的结果，有若何预估。倘若有一件事已被他认为可怕，他决不会想一想这种怕惧是否正当，而后设法消灭。所以在那时候，我们应该给以适当的帮助，如前例一般，使他们不以此为怕惧，或者对于征服怕惧，产生强烈的自信，这样他们才会勇敢地去承受一切。当然，这是不能与被动的"刺激屡现"相提并论的。

十　消灭怕惧的基本要则

我们要取消怕惧，第一先要承认自己的怕惧。可是有些人有了无谓的怕惧，因为原因太幼稚，说出来不体面，所以讳莫如深，根本加以否认。明明怕做这件事，他却告诉人并非是怕做，不过他不愿做而已。某君怕鬼，夜里不敢一人出门在街上走。但在现在这样科学昌明的时代，再要怕鬼，很有点说不过去。因此他夜里不出门的理由，便不是怕鬼，而是怕强盗了。这种自欺欺人的态度存在一天，怕惧便一天休想消灭。我们应该直面怕惧，征服怕惧，不可以掩饰怕惧，逃避怕惧。

十一　教师对于儿童怕惧的责任

小学教育的目的，原在促进儿童身心的健康。教师的任务，也是教人——培养完整的人格——比教书更为紧要。所以学校应该是消灭儿童怕惧的场所，是一个儿童的乐园。可是事实上，现在的一般学校，往往反是儿童怕惧的养成所。教师常拿不及格、留级、警告、退学等等来恐吓学生。更有些教师，因为要表示"师道尊严"起见，一天到晚执着教鞭装出一副凶狠的样子，使儿童见了毛骨悚然，畏之如虎；教室就像是一个坟墓，再找不出一些活跃的生气。我常见有许多活泼的小孩子，一进了学校，便显得面黄肌瘦，心事重重，再不见绮丽的微笑浮在他们唇边，儿童应有的快乐的精神，全被恐怖的浓雾蒙蔽了。在这种学校中，儿童没有欢乐，只有恐惧。教师好似审判官，学生是待决的囚徒，如何能不凛然危惧呢？我们希望贤明的教师们，能够深深地认识怕惧对于儿童人格发展的阻碍，纵不能取消儿童已有的怕惧，至少也不应再增加些新怕惧。凡是恐吓和讥笑，应该和戒尺一同被摒除于新式学校之外。伯纳姆说："发现及去除儿童的怕惧，是关心儿童心理健康的教师底先务之一。"①

十二 结论

过度的建设的怕惧和破坏的怕惧，都是破坏人格的一种强势力；换一句话说，也即是发展完整人格底一重巨大的障碍。所以我们绝不能对此忽视，致造成许多不幸的结果。人类的原始怕惧极少，无数的怕惧都是在儿童时期或由条件反射，或由类化，或由模仿而学会。据伯纳姆的分析，成人所惧怕的各种事物，均可按其性质归入"不明白""疾病""损失的危险""谴责""噪声"五类。人类怕惧的数量既是如此地惊人，而怕惧的结果又是使人惶悚，则消灭怕惧必然地成为心理卫生当前急务之一；关于这一种工作，父母和教师负有相等重要的责任。消灭怕惧的方法应是积极的不是消极的，应是自动的不是被动的，这就是"重建条件反射""知识""调节的活动""直接的动作"所以优于"移去刺激"与"刺激屡现"的理由了。

参考书：

1.《怎样做父母》第九章，章衣萍、秦仲实译，商务印书馆。

---

① See W. H. Burnham: *The Normal Mind*, p. 435.

2. Burnham, W. H. : *The Normal Mind*. Chap. 14. Appleton – Century. 1931.

3. Burnham, W. H. : *The Wholesome Personality*. Chap. 9. Appleton – Century. 1932.

4. Howard, F. E. And Patry, F. L. : *Mental Health*. Chap. 6. Harper. 1935.

5. Morgan, J. J. B. : *Keeping a Sound Mind*. Chap. 3. MacMillan. 1934.

6. Watson, J. B. : *Behaviorism*. Chap. 7. and 8. Norton. 1930.

7. Williams, T. A. : *The Treatment of Emotion*.

第六章　破坏人格的势力——失败

一　失败对于人格的影响

破坏统一人格底另一种主要势力是失败。考查许多精神病的原因，大半都由失败而起。考试的失败，爱情的失败，投资的失败，事业的失败，都足使人心理失常。根据苏州福音医院精神病部医生的报告，该部病人最普通的致病原因，就是"抱负太高，所志不遂"。① 纵是轻微的失败，如果次数太多，结果产生自卑的感觉（feeling of inferiority），以为事事不如旁人，对于一切都怯懦着，这于健全人格的发展，也是一种非常严重的危害。

二　失败与自卑的关系

凡是身体上或心理上有缺陷的人，不能和普通的人竞争，自然失败的机会较多，所以容易产生自卑的感觉。阿德勒②（A. Adler）认为自卑感觉的起因，完全由于器官有病。③ 别人看得见的东西，他们看不见；别人听得见的声音，他们听不见；别人能做的事体，他们不能做。因此他们自己感觉到不如旁人，就会由失望而丧失勇气，甚至什么事都不敢尝试了。在小学校中，每年有成千盈万的儿童，因成绩不及格而致留班降级，仔细考查原因，十分之九是因为他们身体上有疾病而未曾被发觉之故④。美国著名训练低能儿的专家弗纳尔德⑤

---

① 见张耀翔《自觉心理》，国立暨南大学《教育季刊》1 卷 2 期，第 73 页。

② 原文为"阿德诺"，今译"阿德勒"。——编者注

③ See A. Adler：*A Study of Organic Inferiority and Its Psychic Compensation*。

④ 见章颐年《慈幼教育经验谈》，《儿童教育》6 卷 7 期，第 56 页。

⑤ 原文为"法来而"，今译"弗纳尔德"。——编者注

（W. E. Fernald）最近在国家教育学会①（National Education Association）席上，表示意见，他说训练低能儿童所遇到的一种极大困难，就是自卑的感觉；有了这种感觉，结果会使许多能力所及的工作，都没有勇气去尝试；更有些低能儿童，却故意做出些惊人的罪恶，以弥补他们这一方面的失败。②儿童常是抱着"不能流芳百世，亦当遗臭万年"底态度的。正如塔夫脱③博士（Dr. J. Taft）所说："儿童常希望得到别人的注意，不能用好的举动求得，即以坏的举动求得。"④ 总之，一般低能儿自卑的程度，常高于他们实际低能的程度，这成为训练低能儿童的唯一致命伤。

三　自信与失败

无论做什么事，要想成功，"自信"是必需的。倘若从事于某一种工作，自己先没有把握，结果每致失败。越王勾践，被夫差大败于夫椒，逃到会稽，又被围困，不得已卑辞厚礼以请降。但是他并不因失败而灰心，始终有报仇克吴的自信力；终究，在他坚毅的努力中，强大的吴国被他毁灭了。这足见任何重大的困难，只要我们有坚强的自信力，总不难征服而达到目的；最怕的是自己先不相信自己，以为已经绝望，束手待毙，那才是无可救药。可是，偶或的失败虽有时反能成为一种努力的兴奋剂，屡次的失败，却只会使人灰心失望，勇气消失。所以成功是和自信互为因果的：成功可以增加自信，自信也可促进成功。所以一个人愈成功常愈会成功，愈失败也免不了愈会失败。一个屡遭失败的人，他自信力的日渐减少，成为一种无可避免的倾向，试问怎样还能担负责任？因此，儿童偶尔失败，教师如时常向他提及，或是讥笑他的短处，实在是最愚蠢的方法。因为如此，徒然摧残儿童的自信力，使他感觉自卑和失望，造成严重的悲惨的结果。

四　留级对儿童心理健康的妨碍

我们试看目前的学校，不但不能供给儿童成功的机会，反而只见有大批

---

① 原文为"全国教育会议"，今译"国家教育学会"。——编者注
② See W. H. Burnham：*The Normal Mind*，pp. 453 – 454.
③ 原文为"塔虎脱"，今译"塔夫脱"。——编者注
④ See J. Taft：*"Problems of Social Case with Children"*，*Mental Hygiene*. July 1920，pp. 537 – 549.

的儿童，如败北的士兵一般，失败了退出来。根据美国斯特雷耶[①]
（G. D. Strayer）从前的调查，学校中所有的儿童，至少留级一年的占全数
25%。[②] 在我国，学校中失败儿童的数目，没有全盘的统计，但张文昌调查
73 个中学的结果，留级人数每校有 23% 弱，[③] 和美国的统计也不相上下。
我们再看许多中等学校，一年级招进新生 50 名，等到毕业那一年，剩下的
却不到 30 人，更足见留级问题的严重。其中自然也有许多是由于家庭经济
以及迁移等原因的，可是因为留级退学而被淘汰的，一定是占大多数。学生
被留级或退学，他们金钱上的损失，固然很大，而精神上的损失，更其严
重。推孟[④]（L. M. Terman）说过：“学生留级，不但是学生的失败，也是学
校的失败。”陶知行也以为留级和生长的原则相反，曾经做过一首打倒留级
歌，说是替“留级妖怪”送行。[⑤]

> 今年留一留，
> 明年留一留，
> 留到那年才罢休？
> 父母也羞，
> 同学也羞，
> 小小眼泪像雨流。
> 花儿也愁，
> 草儿也愁，
> 生长如今不自由！
> 不自由，不自由，
> 把它从字典里挖出来，
> 摔到天尽头！
> 摔到天尽头！
> 从今小孩儿，
> 一级也不留。

---

① 原文为“司曲来由”，今译“斯特雷耶”。——编者注
② See G. D. Strayer：“Retardation of Pupils”，*In Monroe's Cyclopedia of Education*，5，pp. 169 -
171.
③ 见张文昌《中学教务研究》第五章。
④ 原文为“推蒙”，今译“推孟”。——编者注
⑤ 见陶知行《打倒留级》，《儿童教育》4 卷 9 期，第 544～545 页。

但愿一般办理学校的人和教育行政当局，能够深深地记着推孟和陶知行的说话。

五　会考制度的流弊

我国自从举行毕业会考以来，每年失败的学生，数目较前大增。以浙江省做一个代表：民国二十一年（1932年）度春季，浙江举行第一次初中毕业会考，全省初中核准应行毕业的学生共558人，会考及格准予毕业的仅140人，占25%；[①] 反方向地说，就是会考失败的竟占了四分之三。这个比例，岂不可以惊人？此后浙江中学会考的成绩，固然较前大有进步，可是结果因有一二科不及格应行补习或有三科以上不及格而要留级的，仍旧不乏其人。民国二十二年（1933年）六月，浙江高中第一次毕业会考，及格的也只占了60%，即有40%的学生遭遇失败。[②] 民国二十四年（1935年）四月，全省师范学校又开始举行会考，参加者共计409人，及格者仅203人，不到二分之一，失败的学生竟占全数50%强。[③] 浙江一省如此，其他各省市，也不难推想而知。所幸小学毕业会考制度，已经取消，否则对于儿童心理健康的戕害，当更不堪设想了！

六　儿童与失败

著者所以特别要提出这一节——儿童与失败——是希冀引起特殊的注意，因为失败对于儿童的危害当更甚于成人，换一种方式说，儿童比成人更经不住失败的打击。当成人遭受到任何一种失败的时候，只要那不是极严重的，他底累积的社会经验每会教导他以各种排遣之法；在达观的态度里把这一次的失败渐渐地淡忘了。但这些在儿童却是不能的，他们底生活经验浅薄得太可怜了，这些差不多不能给予一些有力的帮助。正与桑代克底"效果律"相符，那种不快乐的失败，单纯只能给他们以强烈的不快乐的情绪，使他们对那失败的事，不愿作再度的尝试；甚至，渐渐地成为一个对什么都怯懦着的

---

① 见《浙江省二十一年度春季初中毕业会考特刊》。
② 见《浙江省二十一年度第二学期中小学毕业会考特刊》。
③ 见民国二十四年（1935年）四月二十一日杭州《东南日报》：师范毕业会考学生第一览。

弱者。所以我们必得加意地当心，不使失败强暴地毁损了他们健全的发展。

七　儿童失败的原因

当我们看到前面那些统计之后，立即就可以发觉到学校中失败儿童的百分比，高到如此惊人！这确是当前一个值得注意的问题。偶尔的失败是有益的，是必需的，这理由我已曾在上面提及；可是屡次失败或是处处失败，却是非常不幸。为要使儿童避免不适当的失败，首先，我们必得推究到儿童失败的原因。失败的原因很多，重要的约有下列几种。

（一）没有适当的身心测验

儿童初进学校的时候，虽然有许多学校要举行所谓"入学考试"，但是适当的身体和心理的测验，却都付缺如。只要入学考试及格了，不管有无疾病，一起收了进来。大半的学校对于儿童身心的疾病是不加注意的，近视眼、聋子、低能儿等，不但自己不知道，就是父母和教师，也都未曾发觉，让他们和寻常儿童做同样的工作，这真是最可怜的事了。其实，时常头痛和牙痛的儿童，工作的效率，已绝不能与常儿相比，何况感觉器官有病或是智力太低的呢？教师的责任，在发现儿童的疾病，加以救济或矫正。所以当儿童入学的时候，必须给他们一种细密的身体和心理的检查，庶几有疾病的，可以及早设法救治，不致入校以后，因为工作不能胜任，一再失败，而永陷于万劫不复之域！美国全国父母教师联合会最近组织一种夏季巡回视察团，在学校未曾开学之先，由医生分赴儿童的家庭，检查他们的身体，有无疾病。[①] 这种设施，真可以补学校行政之不足。

（二）重教不重学

儿童的失败和教师教学的方法，也有密切的关系。一般人以为教师的责任，只在于"教"；书教得好的，自然被称为好教师。这样过度重视"教"的结果，便剥夺了学生学习的机会。教师教的时间愈多，学生学习的时间就愈少。我们须知道成功的要件，在于积极的努力和工作。学生在校，既然全是消极的被动，没有自己工作的机会，难怪没有成功的希望了。在另一方

---

① 　见章颐年《慈幼教育经验谈》，《儿童教育》第 6 卷 7 期，第 57 页。

面，兴趣也是走上成功之路的一个指针。名教育家桑代克告诉我们，真正的兴趣是由不断的努力产生的。实际不仅如此，它们且是相互有着正面的影响；恒久的努力产生了兴趣，兴趣又使努力更为激增。这样循环着，愈有兴趣而愈肯努力，"成功"自然不难拭目以待了。但努力当然要自动的，实地去做的；要不给他们以自动的机会，只叫他们听从着如戒尺一般严冷而且乏味的教训，这样要想引起他们底兴趣和努力，恐怕是很困难吧！所以，教师们应该一反以前传统的重教不重学的旧态度，多给儿童适当的工作以及自动的机会，这样才能鼓励儿童成功。否则，若是教师只顾自己准备，上课时滔滔不绝口若悬河的讲书，不顾学生的工作，结果成功的是教师，而可怜的学生，都不免一起失败了！

（三）忽略个性差异

教育心理学告诉我们，人类的个性差异是很大的。一级的儿童，虽然已经经过选择，但是程度的差异仍是非常悬殊。斯塔奇[①]（D. Starch）说："一级中最优儿童的工作可以比最劣儿童多25倍或好25倍"。[②] 又说："小学三年级算学最好的儿童可以和八年级算学最坏的儿童相比。"[③] 此外他更做了一个调查，发现小学八年级的学生，每九个人中有一个人的能力和中学二年级普通学生的能力相等；有二个人的能力和中学一年级普通学生的能力相等；有三个人是刚合八年级的程度；有二个人却只有七年级学生的普通能力；还有一个的能力却只相当于六年级的普通学生。[④] 无论在哪一个学校中，同级的学生，最好的和最坏的相比，最差好几年程度，这是很显著的事实，无可否认。但是一般教师对于这个事实常是忽略的，他们用同样的教法和教材来处置这一群能力不等的儿童。较愚笨的学生，不能与他人并进，自然是失败；聪明的学生，觉得缺乏兴趣，不去努力，结果也是失败。推孟（L. M. Terman）曾经特别指出聪明的儿童容易留级，以引起大众的注意。有些教师，虽然知道儿童的个性差异很大，可是在现在班级教学的制度之下，也觉无能为力，只好眼看着许多儿童因为工作不适合，战败了退回去。

---

① 原文为"司搭趣"，今译"斯塔奇"。——编者注
② See D. Starch：*Educational Psychology*，p. 28.
③ See D. Starch：*Educational Psychology*，p. 37.
④ See D. Starch：*Educational Psychology*，p. 39 – 40.

（四）迷信平均发展

近来我国教育行政当局和学校的迷信各科平均发展，也造成了许多失败。我们可以在许多本已成为名著的《教育概论》中，发现"小学教育的目的是在于多方兴趣均齐发展"那一种冠冕的理论。但儿童的性格，对于各科决不是一律相近的：有些人近于文学，不擅数理；有些人却偏于数理，不长文学；也有些人爱好音乐、美术，其他的科目，往往置诸不问。现在要截长补短，使各科都能有平均的发展，不但是不必要，而且也是违反儿童的天性的。勉强儿童去从事于不相宜的工作，当然失败的机会很多。下面所叙述的故事，虽然是寓言，但是很可为迷信平均发展的先生写照。①

在太古的时候，所有的动物，可以分做爬的、跑的、飞的和游泳的四类。当时有一个学校，是专门训练动物底发展的；它的原则是：理想的动物应该四样都会才行。假使一只动物有了很长的翼翅，但是很短的腿，便应该竭力训练它跑路，庶几可以与它的飞行齐美。所以鸭子不必再游泳了，终日蹒跚着练习赛跑；鹈鹕也一天到晚振着它的短翅学飞；老鹰自然也不必再飞了，应该努力去练习跑路才对。

这种都算为教育的。动物的天性，置之不问；为了它们自己和整个社会的利益，动物应该有平均的发展，力谋彼此的相似。

凡有不愿受这种训练，而喜发展自己天赋所特长的动物，便为大众所不齿。"偏狭"，"浅见"，"一技之长"等等的名词，就一起加到他们的身上。因此，如有敢藐视该校底教育原则的，必会遇到种种特殊的困难。

所以，任何动物，必须能爬、能游、能跑、能飞，并且达到规定的标准，否则便不能毕业。鸭因为天天学跑，不再游泳，后来游泳的肌肉退化，简直不会游泳了。加之，他天天受呵斥、刑罚，以及其他残酷的待遇，终于忍辱离校。

老鹰学习爬树，也是老没有长进。虽然它同样能够飞到树顶，但是因为不是照着规定做，就被宣布无效。

有一只变态的鳗，长着两只大胸鳍，他能跑、能游、能爬树，也稍

---

① See A. E. Dolbear："Antediluvian Education"，*Journal of Education*，68，p. 44. In W. H. Burnham："Success and Failure as Conditions of Mental Health"，*Mental Hygiene*，3，pp. 387–397.

微能飞一下，于是，他便被推举在毕业式中致答辞了！

现在一般学校的训练儿童，和这个太古时候动物学校的教育原则，又有什么两样？教育部颁布的中学规程第六十二、六十三两条，不是明明写着"学期成绩三科不及格，或仅二科，但其科目在初中为国文、英语、算学、劳作四科中之任何二科，在高中为国文、英语、算学、物理、化学五科中之任何二科之学生，均应留级一学期；学期成绩仅有一科不及格，或有两科，但非如前条所规定的学生，可以在第二学期补考一次，倘仍不及格，仍须留级"吗？[①] 所以中学生在十几门科目中，只要有一科的学期成绩不能及格，就有留级的危险。至于毕业会考，也明白规定："会考各科均须及格，始得毕业"。[②] 从此便可以看出教育行政当局底重视平均发展了。许多学校因为要应付会考，把不会考的科目，一律停授，专门加紧准备要会考的功课，这和小鸭停止游泳天天学跑，岂非又如同出一辙？这样过度的提倡平均发展，结果造成了失败空前的记录，所幸许多教育家已经着眼到会考对于学生身心健康的损害，竖起反对底旗帜，[③] 希望不久这会考制度便会消灭。

（五）家庭底过失

有许多儿童在学校失败，却是因为家庭的过失。有些父母，非常苛刻，对于自己的子女，吹毛求疵，求全责备，因此养成了儿童的自卑感觉。他们是那样堪怜地被推入沮丧与灰心底陷阱，所有少年的志愿、热情和勇气，全都从他们身旁去得远远地了。任何工作，还没有开始，已先不寒而栗，自然处处会遇到失败。还有些父母，对他们的儿童作超能力的奢望，例如希望子女能越级或早点毕业，二年级还没有读了，却要换个学校，跳上半年或一级；又如小学还没有毕业，就想进中学。这种劣等的习气，足以代表一般家庭的态度。至于跳了之后，工作是否能胜任，那却完全未曾顾及，因此而被留级或仍降入原班的很多。这个过失的责任，自然应该由家庭来担负。也有些家属，不能和学校合作，或是在儿童前任意批评学校底设施和教员底教

① 见《修正中学规程》。
② 见《修正中等学生毕业会考规程》第九条。
③ 参阅余家菊《会考问题之商榷》，《中华教育界》第 22 卷第 6 期；陆殿扬：《毕业会考实际问题研究》，《江苏教育》第 4 卷第 3 期；赵轶尘：《怎样防止会考的流弊》，《中华教育界》第 22 卷第 12 期，第 1~7 页。

学，使儿童对于学校和教师，失去信仰；或是儿童回家以后，任他们无限制地嬉戏，夜深不止。这些都是失败之源。更不幸的是有些父母把孩子当作他们底附属品，当作生命底点缀，把儿童随心所欲地纳入自己底典型，正像对待无生命的衣饰和帽饰一般。每常见有的父母自己有了不良的嗜好，便也让儿童深陷其中或是渐渐倾向于彼。例如父母喜欢赌博，就让儿童将课余回家的时间，浪费地消磨在"观战"之中，这样不但造成了目前的失败，甚至奠定了永恒的危害！还有些父母，常把他们底孩子带往任何交际应酬的场所，至于缺课的多少，儿童学业的荒芜，以及那些场所是否适合于儿童，却是他们从未顾念到的。他们带着孩子，引以为荣，也正与孩子们将玩偶炫耀于人前相似！由于这样而引起的失败，除了家庭之外，我们还能归咎于谁呢？总之，家庭教养底不当，也促成了许多失败。

（六）不明失败底危害

伯纳姆说："学校中失败底儿童，就是精神病院底候补者。"[1] 可是一般教师能明了失败对于儿童底危害的却不多。有许多教师反以不及格学生多为荣耀，他们常在人前夸耀他班上不及格的大量学生数。他们以为学生不及格的众多，才能表示他教学认真。姑不论学生底不及格，是否是教师底光荣；纵使是的，教师为了自己底荣耀，而拿学生做牺牲品，于情于理，也都说不过去。还有许多私立学校，因为学生的人数和学校底经费有关，于是录取新生的时候，不很严格。一学期后，大批学生淘汰出去，一方面又另外招进了大批新生；这样循环不已，人数永远不会减少，而学校底经济遂能维持其水准状态。这也是以学生做工具。纵使这样玩弄青年，对于学生心理底健康，无所损失，我们已经要加以反对，何况结果又常是很严重的呢！

正因为有许多教师不明失败底危害，他们频数地向儿童提及已往的失败，甚至当着儿童底面告诉别人。当儿童做出一些错误的行为或是又遭遇到失败的时候，我们常可以听到直接的呵斥："从来也没有看到你做好一件事过，你自己想，这样容易的事也不会做！"或是间接的讥刺："你瞧，这孩子多愚笨！什么都不成！"真的，他们有时还以为这样会使儿童因感到羞耻而奋发，正是一种良好的教育法呢！但是，结果却适得其反！孩子正在因自

---

[1]　See W. H. Burnham: *The Normal Mind*, p. 480.

己底失败而被沮丧所覆掩的时候，得不到安慰与鼓励，所有的却仅是一些无同情的责备，他们因此便怯懦了，自卑了，或是忿激了！从此他们再不会感到教师是亲切的朋友，只觉得他可怕或是可憎。所以责备儿童以失败只是播下更多失败的种子。

在我国教育界中，最近常可以听到一个流行的名词，就是"提高程度"。其实提高程度的流弊很大，断送在这个名词之下的儿童一定不少。教师常惑于"提高程度"底意义，把过于艰深的工作，指定给初学的儿童做。照理在开始的时候，应该尽选容易的工作，使儿童能够获得成功，养成他底自信力。我们应该效法体育人材底训练。体育教练常用极简单的运动，教新进的运动员去练习，然后逐渐加深，使他们慢慢学习到繁难的技术，决不是"一蹴而就"。固然有许多人底失败是由于懒惰的结果，可是教师们更应该知道，失败也可以成为懒惰的原因。不见有很多的儿童，因为教师指定的工作太多、太难，便索性不去理会吗？

我国中小学的学生，课程繁重，远过于外国。一个小学生，差不多从早到晚，成天地没一些空闲。在校里不必说，傍晚回家以后，还要做日记、抄笔记、演算草、看课外读物，无时不在紧张忧虑之中，这样日积月累，对于心理底损害是很大的。若是再加以多次失败，那简直要把他们底人格，分裂得支离破碎了！这也是因为对失败底危害，不能认识的缘故啊！

八　教师对于减少儿童失败应有的注意

我们期望减少儿童在学校中的失败，除出对于上述的六种原因，应该设法消弭外，教师们倘能再注意到下列几件事，收效自然更宏了。

（一）明了成功对于心理健康的重要

教师底责任，在给每一个儿童以适当相宜的工作，使他们可以得到成功和满足。唯有成功才能鼓励我们底勇气，唯有成功才能增强我们底自信，也唯有成功才能固结我们底人格。新式精神病院医治精神病的方法，已不像从前单叫病人睡着休息；最新的疗法，却是给病人一种简单而有趣的工作，让他们得到成功的机会，心理底健康就不难恢复。类似地，低能院也已由慈善机关变为教育机关了。每一个低能儿都得做些极轻易的工作，来发展他们有限的智力。巴克①（L. F. Barker）说："一个小孩极不应该使他感觉到不如旁人的，这种自卑的感觉，为害很大，甚至一个低能的人，最好也不让他自己知道是低能。所以，我们应该把低能儿和普通儿童分开，不让他们在一起竞争。"② 在学校中，教师所用的几种老法子——警告、记过、"吃大菜"、通知家长等——都是失败的刺激，对心理健康有害。唯有供给成功底刺激，才是最妥善的方法。

（二）有解决问题的态度

近来教师研究儿童心理的虽很多，但似乎没有什么成效，因为学校中失败儿童底数量不但没有减少，反而继续激增。推究它底症结，多半在教师缺少解决问题的态度。一般教师不认学生底失败是一个严重的问题，他们能找许多原谅来卸脱自己底责任。儿童底失败，可以归罪于他们天赋低下的智力，懒惰的习性，太多的外务；倘离开儿童说，又可以是由于编级不当，班级太大，以前教师底不良，父母管教底失妥。诸如此类的理由，不必苦思便可随意列举出许多。自然，这些都是造成失败的原因，但是教师如果不去仔细研究，轻易地就把过失推向别人身上，认为不可挽救。这种逃避问题的态度，实在不是贤明的教师所应取的。所以教师们应该认为学生失败是一个急迫的问题，积极地设法去解决，决不可用"无可造就"四个大字来自欺欺人。儿童底智力，固然各人不同，但充分利用个人高低不等的智力，无可推诿地，那是教师底责任。

（三）了解成功底真义

真正的成功，要看儿童本人心理上的态度，所以小孩子做些简单的动作，会感到高度的兴趣，因为在他们看来，击一下铁锤，也算是成功的。大一点的孩子，就不能以这样简单的工作为满意了。他们需做些自己以为有意义、有目的底活动，才算成功。机械的动作，在普通成人看来是最乏味的，但低能儿和小孩子却很愿致力。实现自己底理想是最大的成功。所以成功底程度，并不以工作底困难而定；只要能满足儿童底欲望和理想的，不论工作是大是小，是难是易，是复杂是简单，都是一样的成功。教师若能认清了这

---

① 原文为"巴扣"，今译"巴克"。——编者注

② See L. F. Barker: "How to Avoid Spoiling the Child", *Mental Hygiene*, 3, p. 251.

一点，便不会禁止孩子们从事于他所认为无意义的工作，或是勉强他们做他所认为有价值的事了。这样，对于儿童健全人格底成长，实是一个有力的帮助。

（四）认识儿童成功底唯一方法在有自由工作的机会

教育家已告诉我们，儿童只有从自己不断的做，才会发展，单靠父母、教师底教训是无效的。三百多年前，夸美纽斯①（J. A. Comenius，1592～1670年）已经在他底大著《大教学论》②（Great Didactic）中，提倡儿童底自动，作为学习底要旨。直到现在，"自学辅导"的方法，还是一个流行的口号。可惜这仅是一个口号而已，能实行的并不多。教师对于儿童自己底活动，不是加以干涉或禁止，即是过度的帮助。当儿童发现了一种新方法的时候，教师就会立刻制止他说："照我这样做！"现在的儿童，实在太少自动的机会了。他们没有自由；他们不能创造；他们只许依样画葫芦地模仿。教师规定了工作，命令儿童做，这是教师底成功，不是儿童的成功。有许多教师一方面不让儿童有自由工作底机会，一方面又深觉儿童对于规定工作的缺乏兴趣和注意。他不知道他所用的方法，正是阻抑儿童兴趣和注意的方法。幼稚园的原则，本来是特设一个环境，让儿童能够毫不受到干涉地过他们自由的生活，但是现在一般幼稚园，悬着刻板的日课表，清晰地规划各科的界限——正如中小学一样——固定儿童底工作，不让有自由选择的机会。真正能让儿童充分自由活动不去加以干涉的幼稚园教师，试问究竟有几人呢？

（五）能利用失败底价值

失败并非是完全有害的，适当的失败，可以表示我们能力底限制。凡是超过能力的事，就可不必徒劳地去尝试。一个从来没有遇到失败的人，往往以为天下无不可能的事，好像移星换月，都是可以随心所欲而见诸事实的，这实在是幼稚的见解。而且这一种美丽的幻梦，将使他在第一次遭遇失败时，受到较旁人更深的打击，因为他从没有想到过失败，也从没有接受失败的准备。还有的失败是因为忽略要点的缘故，我们应该训练儿童找寻失败底原因，加以特别的注意。经受了一次失败，以后工作，自然要格外谨慎，预

---

① 原文为"科末尼司"，今译"夸美纽斯"。——编者注
② 原文为《教学法》，今译《大教学论》。——编者注

备也将更为完密了。俗语说："失败为成功之母"，正是这个意思。

（六）知道竞争的危险

竞争是学校中教师常用的方法；教师常利用竞争来鼓励儿童底进步。但是结果的危险，往往是出于意料之外的。竞争可以使各人间底差异，格外显著，一方面养成骄傲的态度，一方面养成自卑的感觉。若是能力相仿的人，互相竞争，有时这方胜，有时那方胜，胜败不是一定的，害处还小；但若与能力不等的人竞争，一方始终是胜利，一方始终是失败，不但败的一方会失望消极，胜的一方也会自矜自诩，不求进步。商店里竞争，彼此跌价，结果双方都蒙不利，促成营业的失败，所以竞争在商业上，也已变成穷途末路了。许多同业公会，都把货物定出划一的价格，任何一家店都不得贬价出售。这正是有鉴于竞争的失败而谋的补救法。学校中也应该用团体竞争来代替个人竞争，因为团体竞争含有合作的意义。团体中的各分子，看自己能力底大小，来担任各种不同的工作，各尽所长，各竭其力，替团体谋福利。在团体竞争中，只有团体的成功，没有个人底成功；有时为了团体底利益，且须牺牲自己底声誉。在球类比赛的时候，常可以看到有训练的球员，每把球传给旁人，打入网中；若是单顾自己底表演，不和同队的人合作，这是为人所不取的。但是竞争的团体如果太久，没有改变，也会互相仇视，往往以伤害对方为目的，造成了战争的局面。所以学校中的团体，最好能时时改组，并不固定，今日为敌，明日为友，这样，团体竞争的缺点，便可免除了。

（七）了解过分催促底不当

"一寸光阴一寸金"，我国自古就有惜时的教训；而近来的生活，又处处重视速度，以"快"为成功的条件之一。在小学校里，自然也逃不出这个定律；各科的测验，无不以速度为标准。这样侧重速度的结果，常可以看到教师频频催促儿童底工作，使他们不能从容地尽力。"快点！""快点做！"这些催促的声音，常可以从教室中传出来。有时教师发问，学生也没有思索的余地，正要回答，教师已经等不及，先讲出来了。固然，速度是表示效率的。真正优良的成绩应是兼有着两方面——质的精良与量的丰富。我们不反对天然的速度，我们却不可不反对人工的催促。我们应该让儿童有充分的时间，去处理他自己底工作。督促儿童，固是教师底责任，可是教师应用督促的方法，却要非常审慎，不可流于催促。无论做什么事，过分的催促对于儿童总是不相宜的。伯纳姆举过一个实例：[①] 某儿几何的成绩，异常恶劣，简直做不来，常被同学所揶揄，于是教师吩咐他离开教室，让他独自慢慢去工作，先从简单的问题入手，居然得了一百分。这个成功的刺激使他相信自己底能力，因此格外努力，进步很快；毕业的时候，居然名列前茅！倘使他底教师不让他有慢慢工作的机会，而只一味地催促他、责备他，结局的悲惨和不幸，自不难想象得到的！

九　结论

多次的失败将人推在永远的颓丧与自卑底深渊中，成为破坏人格的一种跋扈的势力。留级、退学以及毕业会考，全是失败的强刺激，足以使学生底人格发生可怕的分裂，因此都该被消灭的。现在的学校中，既无适当的身心测验，又乏儿童自动工作的机会，勉强个性差异很大的儿童受同一的训练，还勉强他们尽力于性所不近的科目。由于不明了失败底危害，教师和父母更轻易将失败掷在儿童头上，所以儿童失败的可能性委实是太大了。因此，欲使儿童有健全统一的人格，减少他们底失败实是一种要策。除了消除上述的多种原因之外，教师自身底修养也是非常紧要，所以教师该明了成功底真义和它对于心理健康的重要；不要忽略了给予儿童以自动的机会，并且善用失败底价值；避免竞争底危险；有解决问题的态度；更不要对儿童底工作过于催促，致使他们失去了思考创造的时间。这些，都是能免除儿童失败而助长他们人格底完整发展的。

参考书：

1. Burnham，W. H.：*The Normal Mind*. Chap. 15. Appleton – Century. 1931.

2. Burnham，W. H.：*The Wholesome Personality*. Chap. 12. Appleton – Century. 1932.

3. Ide，G. A.：*Why Children Fail? Chapman and Grimes*. 1934.

4. Morgan，J. J. B.：*Keeping a Sound Mind*. Chap. 8. MacMillan，1934.

5. White，W. A.：*The Mental Hygiene of Childhood*. pp. 129 – 151，189 – 190.

---

① See W. H. Burnham：*The Normal Mind*，p. 471.

第七章　破坏人格的势力——冲突

一　冲突对于人格的影响

心理的冲突（mental conflicts），不用说，也是破坏人格的一种重要势力。一个政治紊乱的国家，中央政府无权统制，眼看着那些军人政客，各霸一方，彼此对峙，互相争雄，结果破坏了国家的统一，形成分立的局面。同样地，心理上的势力，如果各不相容，发生冲突，人格也会有分裂之势。冲突正和战争一样，能把和平宁静的空气，扰乱得异常紧张。所以心理冲突愈剧烈，愈长久，心理状态也愈不安宁。哈特①（B. Hart）在他一本小册子《疯狂心理》里讨论心理冲突，最为详尽；他并且断言种种疯狂，都由冲突而起。②

二　冲突的概念

要明了冲突的概念，最好莫如引用哈特所举的例子：③ 假如一个人爱上了别人底妻子，他的心里自然会受到两种相反势力的袭击：一方面在想那女子，一方面又要顾到道德底制裁和结果底不良。在这种两不相容的情境之下，结果就产生冲突。我们每个人都有冲突的经验，描写冲突的戏剧、小说，古今中外，尤其是更仆难数。总之，人在婴儿的时代，没有羞恶的观念，生活全受欲望所支配；等到后来，经验底增长使他逐渐发觉个人的欲望

---

① 原文为"哈忒"，今译"哈特"。——编者注
② B. Hart：*The Psychology of Insanity*，1932，4th Ed.，The MacMillan Company。我国有译本，系照原书第3版翻译，书名《疯狂心理》，李小峰、潘梓年二君合译，北新书局出版。第六章《冲突》和第十二章《冲突的重要》，更有一读之必要。
③ B. Hart：*The Psychology of Insanity*，p. 94.

并非完全都能实现，常受社会风俗、习惯、礼教等底限制。因此，欲望和道德相冲突了；理想和现实相冲突了；原始的冲动和教育的势力相冲突了！

三 心理冲突底发展

我们现在且从发生心理学（genetic psychology）底立场，来研讨心理冲突底发展。心理冲突在什么时候发生？这个问题是很难回答的。虽然弗洛伊德[①]（S. Freud）以为人之冲突是与生俱来，可是一般心理学家研究底结果，却断定心理冲突，并非从小就有。伯纳姆说："我们在很小底婴儿身上，很难找到心理冲突底证据。"[②] 瑞士生物学家皮亚杰[③]（J. Piaget）最近对儿童人格底发展，做过一番很有价值的科学研究，[④] 也以为在六七岁以前的小孩是很少有心理冲突的。人在婴儿时代，除出了身体上的痛苦以外，常是无忧无虑，不知其他。所以吃饱以后，只要身体上没有刺激去骚扰他，便会自然地睡去。成年的男女却不仅以获得身体舒适为满意，他们有更高、更远的志愿，需要满足。婴孩生下不久，他们从经验上知道要去除身体底痛苦，母亲是大有帮助的。因此，他们不直接去寻求身体的舒适，却间接地设法获得母亲底称许，作为达到目的底手段。等到年龄渐长，环境逐渐复杂，而经验亦渐次丰富之后，他们把这种获得母亲称赞的要求，扩充到环境中其他的人，希望得到社会大众的赞许。他们根据了社会上的好恶，造成了自己行为的标准。例如大家都反对欺骗，他们于是努力于行为底诚实；又如大家都颂扬勤劳，他们便努力工作。他们依据社会的要求，定下了整个行为的规律，并且即以这种规律来测量自己。当他们发觉自己的行为不能符合标准的时候，便会感觉到异常的不安。在这里，我们可以看出儿童和成人的区别：儿童是和产生身体痛苦的环境作战；成人却和违反标准的行为作战。成人已经把战场从外面移到身体里面了！成人的冲突底对手常不是环境或他人，乃是自己。自己和自己的内部冲突，才是心理的冲突。所以，我们如果在一专制而严格的环境中养育成长，因为要得到那些吹毛求疵的大众底称赞，自己行为的标准，便不得不随之提高，因此，发生的心理冲突，也较严厉。假如生长在一

---

① 原文为"弗洛特"，今译"弗洛伊德"。——编者注
② See W. F. Burnham: *The Wholesome Personality*, p. 343.
③ 原文为"辟轧"，今译"皮亚杰"。——编者注
④ See J. Piaget: *The Language and Thought of The Child*.

个比较自由的环境中，行为的标准，并不很高，心理冲突自然也就不很猛烈。

但是，自己所定的行为规律，并不处处都能一致的，有时一种行为，会和在同一道德观点上的另一种行为相反，以致彼此也起了内部的冲突。例如，战场上的军士，对于忠于国家及恪守和平两义，常会犹豫不决；一般人对于忠于母亲或忠于妻子，也常是不知适从的；有时父母向我们说的话和教师说的不同，我们也会不知究竟应该服从父母还是应该服从教师。又如一个年老病重的妇人，她的儿子又突然死去，这个不幸的噩耗，是否应该告诉她，尤其是当她问到她儿子的时候。倘若谎她说没有死，这显然是欺骗，不诚实；倘如真的告诉她说死了，必然地会增加她底疾病，也许更因此而产生最悲惨不幸的结果。又如当一个朋友做了不应该做的事体，倘替他代为隐瞒，严守秘密，这是通同作恶，欺骗大众；但若给他宣布，这又是对于朋友，太不忠实。这种"处于两难"的例子，真是不胜枚举的。处在这种场合，无论他选择哪一方面，另一方面的标准，就一定不能顾及，所以在心理上也会发生内部的冲突。

四　从冲突的必然性说到冲突底价值

实际，每一个人在他底历史中，必定遇到过许许多多的冲突。莫斯①（F. A. Moss）说："无论哪一种人，哪一种生活，冲突是不能避免的。"② 要想避免心理的冲突，在目下还没有尽善的方法。所以心理冲突对于破坏人格底影响，与其说是冲突的本身，毋宁说是应付冲突的不当。摩根（Morgan）说："应付心理冲突的方法，决定一个人的将来，还是达到心理健康，还是变成心理疾病。"③ 我们倘使能把内部的冲突很圆满地解决，精神上不但不会有什么损失，反而会觉得愉快。冲突的解决是有裨于心理底发展的。心理冲突固然使情绪紧张，但是这不过是唤起我们底注意，叫我们赶快去小心应付。等到问题解决之后，紧张的状态，自然也就消灭。若是我们对于所生的冲突，不去设法解决，而一任这种紧张的心理状态延长下去；或采用一种无效的方法，暂时敷衍一下，那才会对于心理健康，发生妨碍。譬如我们走路

---

① 原文为"摩司"，今译"莫斯"。——编者注
② See F. A. Moss：*Applications of Psychology*，p. 194.
③ See J. J. B. Morgan：*Keeping a Sound Mind*，p. 40.

不小心，脚触着了石块发痛。痛乃是一种警告，引起我们对于环境的注意。若是我们并不因痛而改变走路的方向，仍旧向石块走去，也不设法把石块移开，结果必致再撞痛了脚。若是我们因为脚痛，仅仅坐在地上哭泣流泪，或者怨天尤人，认为是别人的过失；或者以为荆棘遍地，因此就不敢前进。这些也都是无补于事的。所以撞痛了脚以后的应付，当更重要于撞痛脚的本身。现在假定我们能很满意地解决了这个困难，虽然脚上受了点小小的痛苦，但是我们从这次的教训，却获得了不少经验，以后不至于再会有同样的事实发生了。这样看来，脚上所受的些微痛苦，对于我们底生活，不是有很大的帮助吗？这个例子正足以说明心理冲突对我们的关系。若是冲突初起的时候，我们能立刻有适当的解决。不但可以丰富我们生活的经验，同时也足以促进我们人格的发展。

五　解决冲突的方法

心理冲突既然很普通，而且不易完全避免，我们便应该注意到解决冲突的方法。这些方法很多，有些能够使人继续他们美满的生活，毫无阻碍；有些却剥夺他们工作的能力，不能有完美的适应。现在举几种较为普通的方法如下。

（一）药品

去除心理冲突的一种最古老而且最普通的方法，谁也知道是服用某种药品或强烈的刺激物，例如鸦片、亚氧化氮、酒精以及他种麻醉剂等等。人们当心理冲突异常剧烈无法解决的时候，常会求助于麻醉性的药物，一扫心中的积闷。詹姆士（Willian James）曾经报告过他自己的经验，服用这些药物之后，凡是内心所蕴藏底矛盾的哲学理论和冲突的见解，都会肃除净尽。[①]但是药品只能暂时使心境糊涂，不能忆起那些冲突，它的效力是暂时的，不是永远的。若是继续服用，不但会变成习惯，而且所用的药量必然要逐渐加多，这对于整个的健康，有着极大的危害。

（二）搁置

有时内部的冲突非常紧张，而一时又不易找到适当的方法来解决，于是

---

① See W. H. Burnham: *The Wholesome Personality*, p. 345.

暂把冲突搁置一旁，不去理会，希望它能自然地消灭。虽然有许多简单的冲突，经过了相当的时间之后，会得自己忘记或是不解而决；但是搁置究竟不是一种最有效的方法。它往往只能暂时和缓紧张的空气，静待最后的解决。所以严格说起来，搁置不能说是解决冲突的方法，它只把要解决的问题延搁些时间而已。而且倘若遇到亟待解决的冲突，不容你采用消极的搁置，那时候它便完全无能为力了。

（三）逻辑分隔法① （logic – tight compartment）

这也是解决冲突的一种方法。他们把两种互相反对的行为标准，同时都保存在心中，而一方面却不使两者之间有所接触，让它们各自占据一个区域——逻辑分隔法——去进行发展。好像一个音乐队，里面的队员各人奏各人的曲调，不管和同队所奏的是否调和。这是哈特底一个适当而且巧妙的比拟。他们此时受一种标准的管理，彼时又听另一种标准的指挥。他们让两种标准都能满足，而不相冲突。有些人对于朋友之间，金钱来往，手续非常清楚；而对于公款的进出，却常是不明不白。又有些人竭力提倡尊重女子人格，到处演讲，发挥男女应该平等的"宏论"，但仔细一调查他们的家庭，暗中"金屋藏娇"却都还不止一处。这种言行不符的伪君子，都是靠了逻辑分隔法来掩盖自己底冲突的。这样两系不调和而又隔绝地单独发展，程度严重一些的，竟把整个的人格，完全分裂成两个或数个独立的人格；在变态心理学中，不乏这些双重人格或多重人格的例子，其实都是不敢应付冲突的结果。

（四）合理化② （rationalization）

我们有时假借一种理由来原谅自己违反标准的行为，这种解决冲突的方法叫作理由化。例如当一个人受了冲动到妓院中去狎妓，他可以托辞为要体验社会罪恶的真相。类似地，吸鸦片的人常拿治病作为吸食的借口；饮酒的人也总说酒有辟除瘟疫的效力。当一个学生准备出去游玩，而同时又觉得应该在校温习功课的时候，往往会安慰自己说："我已经接连用功了好几天，为自己的身体着想，也该有一个休息的时候了，读书固然紧要，可是健康的

---

① 原文为"论理封锁区"，今译"逻辑分隔法"。——编者注
② 原文为"理由化"，今译"合理化"。——编者注

身体却更必需呀！出去消遣一下吧！"于是前一种欲望，遂占了优势。这些假借的理由，起初往往用来欺骗别人，后来却大半都用来欺骗自己。譬如在前例中，并没有人禁止他出去，他却假借了一种理由使他自己相信他所要做的事是对的；换一句话说，他凭借了一种假托理由来解决了他心理的冲突。合理化固然解救了无数人的内部冲突，但是过度之后，不但幼稚可笑，而且也是一种精神病——妄想狂——的张本。[①]

（五）投射（projection）

更有人把违反行为标准的过失推到旁人身上，借以免除自己的责任，这种方法，谓之投射。不用功的学生考试不及格，常怪题目不好，或是教师不公。有人天天酗酒，说是受他父亲的遗传。还有人犯了罪，推说是社会的压迫，朋友的引诱，使他无力抵抗。更有人由于自己的不谨慎，烧毁了房子，还不肯自认疏忽，说是运气不好，归罪于天。有的人暗自觉到自己底某种过失，但他却苛刻地批评甚至痛骂别人同样的过失，借此避免了那种惭愧的不安，得到心理上表面的平伏，这是表现投射的另一种方式。我们做了无论怎样不好的事，总可以找到别人来担当过失。这种怨天尤人以推卸自己底责任的方法，使我们对于问题的焦点，不去设法解决，自然也是不足为训的。

（六）压抑（repression）

冲突的另一种结果是压抑。两种相反的行为或观念，经过一番剧烈的战争之后，强的把弱的整个排挤出去，冲突自然消灭了。哈特（B. Hart）举过一个简单的例子，说明压抑的性质：[②] 设有一人，以前有过某种过失，由此而引起的不安与惭愧一直存在着，所以每次想到这事的时候，悔恨之余，就会觉得非常苦痛，因此他把这个苦痛的经验，完全排挤到记忆之外，免得再惹起烦恼。弗洛伊德也曾举过一个压抑的实例[③]："一个女子平时很敬爱她的姐丈，她以为这是至亲骨肉应有的情谊，自己却不曾知道她对于姐丈的敬爱实出于寻常亲戚情谊之上。有一天她和母亲正在外面旅行，猝然间得到她姐姐底病耗，匆匆地回到家里，可是她姐姐已先死了。在灵床前面，她心

---

① 关于理由化的养成，请看 J. J. B. Morgan：*The Psychology of The Unadjusted School Child*，第十二章，第 8 ~ 185 页。

② See B. Hart：*Psychology of Insanity*, 4th Ed. , p. 106.

③ 见朱光潜《变态心理学》，商务印书馆，第 82 ~ 83 页。

头忽然浮起一个念头，自己向自己说：'现在他自由了，可以娶我了。'她登时就觉得这个念头可羞恶，把它极力压抑下去。此后她就得了迷狂症，把灵床前一番经过完全忘记。"所以弗洛伊德以为我们一生中所有的遗忘，有许多并不是自己消灭的，乃是一种有意的压抑，是费了心力把那种不快乐的经验拒之于记忆之外的。简明地说，我们所忘记的常是我们所不愿记得的。达尔文（C. Darwin）曾说他观察的事实，假使和他的理论相矛盾的，必须立刻记录下来，否则极易忘记。[①] 但是被压抑的观念，并非完全消灭，不过是被排挤出去，把它固有的功能夺去。它依然存在着，并且时常在暗中和战胜的标准相对峙；压抑愈严厉，反抗也就愈强，这种被压迫的观念，常会在本人的行为中，间接地表现出来。有许多精神病，都是由过度的压抑而起的，所以用压抑来解决冲突，实在是最危险的方法。

（七）工作

用工作来解决心理冲突，自然是比较安全的。当我们欲望和所定的标准冲突的时候，立刻去努力从事于一种工作。一方面使注意集中在工作，不致再为那种欲望所骚扰；同时欲望所蕴藏的力量，也可借工作而发泄。例如人的性欲，本是很强的欲望，但是在文明的社会里，永远不许自由发泄，因此有许多人就努力于诗歌、美术等等的创作，他们性欲欲望的力量，既已借此发挥，心理冲突，自然也就不会剧烈了。不仅如此，由于那种强力的善用，所产生的不朽的结晶，将给予将来的人类以更丰饶伟大的遗产。

（八）高级的统一

这是面向冲突，权衡轻重，用客观的态度来决定一个解决的办法，伯纳姆称这种方法为"高级的统一"（integration at a higher level）。[②] 这自然是一种最妥善的方法，因为结果，可以促成完整统一的人格。伯纳姆借用霍尔特[③]（E. B. Holt）的例子来说明：[④] 有一位生长在乡村的女孩子，受她母亲的教育很深，后来到了一个大城市进大学。有一天，一位素识的少年约她去看戏，这戏虽然情节卑陋，但确是轰动一时的。她一方面不愿拒绝这位少年

---

①　See P. Sandiford：*Educational Psychology*，p. 248.

②　See W. H. Burnham：*The Wholesome Personality*，pp. 346 – 350.

③　原文为"霍尔脱"，今译"霍尔特"。——编者注

④　原例见 E. B. Holt：*The Freudian Wish and its Place in Ethics*。

的要求，一方面又回忆起母亲的教训——她母亲曾经叮嘱她不要到戏院去的。她应该怎样办呢？因此，就不免发生了心理的冲突；这个冲突自然使她内心非常苦痛。但是她继而一想，她母亲所以反对她去看戏的理由，是因为怕她受到戏中不良的暗示，假使去看有教育价值的戏剧，她母亲当然会改变态度的。因此，她立刻复少年一信，说明她很愿意赴约，不过提议去看另一种富有意义的戏，那少年自然是同意的。她的冲突便由此解决了。这便是"高级的统一"的表现于事实。

又如有一少年，初进大学，父亲给他二百元，作为一学期中的费用。这二百元的数目，除出了缴学膳费、书籍费、杂费之外，还有来往川资、邮票、理发以及无数的零星用处，都得在此款内开支，所余的自然是很有限了。开学的时候，适逢国内空前的水灾，遭难的有十几省，许多慈善机关和政府机关，都在筹募款项，拯救灾民。这位少年看到了报纸上登载募捐的广告，颇有将所有款项悉数捐助之意，但是他又想到他所携带的钱，都有正当用途，不能移作别用。于是，他的恻隐之心和自己的需要便起了冲突。要应付这种冲突，有下列各种的方式。

第一种最简单的方式，就是把救灾这回事，整个地忘记。他当初固然受了报纸宣传的激动，但不久就有许多新的兴趣去吸引他；进了学校之后，更有不少工作需要他的注意。在这种情况之下，救灾这种没有切肤之痛的事，自然是很容易被忘记的。

第二种普通的方式，虽然他对于遭难的人民有很深的同情心，但是他转念一想，这种全国的灾荒，理应由政府想法去救济，否则也应由那些富商大贾出些钱来赈灾。为什么他们都不拔一毛，反而要他没钱的人来捐助？而且他所有的钱也实在太少了，总共不过二百块钱，即使悉数捐了去，也是杯水车薪，无济于事。何况他的钱都有正当的用途，并没有一宗浪费。找到了这许多理由，他觉得他的不捐一文是可以原谅的。

更有一种方式是和"投射"相仿。他以为募捐的经手人，都是靠不住的；以前曾有好几次的赈灾捐款，都被他们半途中饱；可怜的一班灾民，仍旧没有得到丝毫实惠。他并且能举出许多实例来证明他自己底说话。他想：若是募捐的人，都能廉洁自守，涓滴归公，凡是国民，自然应该踊跃输将，尽国民一分子的义务；但是办理赈灾的人，既都是暗中的窃盗，那又何必去送冤枉钱给他们用呢？这样，他把不捐钱的过失，又推在别人身上了！

还有一种解决的方式，是比较地少见的。他感觉到灾民的苦痛可怜，就如自身经受着疾苦一样。因此，他把所有余剩的金钱，全部捐助赈灾，情愿自己受苦。他既不留一钱，生活自然异常困苦，衣服褴褛不堪；发长数寸；时常挨饿；更不同人交际……一切必需的开支，都停顿了。但是他对于这种窘迫的生活，不但没有一句怨言，而且非常高兴，以为他已经救活了无数人的生命，简直是在步基督、甘地的后尘。他虽然解决了他的冲突，但是这种解决的方式，究竟也不是顶聪明的。

最后我们可以举到"高级的统一"的方式：他考量两方面的情形和需要，他以为救济灾民固然是要紧的，但是他的进大学求学，将来对于社会人群，也有贡献，不能完全牺牲。因此，他把本学期中必不可省的一切费用，拟成一张预算表；自然，赈灾的捐款，也列入其中。他站在整个社会的立场，审度自己的责任，就这样统一了内部的冲突。用客观的态度解决问题，总是值得大家效法的。

总之，解决冲突，应该先认清事实，从根本上设法，切不可抹煞事实，仅在表面上敷衍。不顾事实的解决，决不是真的解决；只能算是治标，不能算为治本。这样，冲突虽然暂时被隐盖住，但以后仍会出现，也许程度会比前更高的。

六 教育者底责任

我们不但自己要明了解决冲突的原则，更紧要的，就是当青年或儿童有心理冲突的时候，教师们或是作为他们生活的顾问的人，也应该立刻和他们坦白地讨论，发现症结所在，然后再徐徐导入正轨。和青年们讨论他们心理上的问题，态度应该很自然而又很诚恳，否则看得过于严重，反而会使他们缄口不言，或托辞以告。舍曼①（M. Sherman）说："情绪上有冲突的儿童，对于父母、教师的态度，最会多疑，往往不肯实告。结果表面上无关大体的小节，纵然很是明显，而真正的冲突，仍是悬而未决。"② 指导青年，使他们勇于应付冲突，且能对之作正当的解决，这是我们从事于教育的人们不能推诿的责任。

---

① 原文为"西门"，今译"舍曼"。——编者注
② See M. Sherman: *Mental Hygiene and Education*, p. 152.

七　对于青年冲突的错误的见解

我们对于青年们的冲突，常有三种错误：第一，许多人都以为青年们的冲突，不久自己会得解决；意思就是说：我们不必去管它，迟早它自己会找到满意的结果。其实冲突假如没有人去解决它，决不会自己消灭的。青年们有了冲突，心理上非常紧张，自然急于要找一条出路。可是若没有人从旁指导，他们自己找到解决的方法，也许会和人格的发展有害的。第二，许多人常劝青年们忘记他们的冲突；以为只要不去想到它，冲突就会消灭。其实也不尽然。每一种经验，多少会在心理上留些痕迹。叫他们忘记冲突，实在就是叫他们隐瞒冲突。冲突既然没有解决，后来自然会有再现的可能。而且即或是暂时的忘记，有时也未必可能；因为一种剧烈的心理冲突，在没有得到适当的解决之前，常会产生不断的骚扰与苦恼。第三，又有许多人以为心理上的冲突和困难，只要变换一个环境，便可以完全解决，没有问题。其实，最要紧的还在分析冲突的成分以及它们和环境间的相互关系；假如不做这种工作，单单劝人改变环境，则舍本逐末，常是无济于事的。物质的环境虽然改变了，而旧时的冲突依然存在。心理卫生学又告诉我们，我们指导青年，不仅替他们解决了目前的冲突，即算满足，并且应该指示他们处理冲突的正当方法，让他们能够自己解决。唯有这样，才可以预防以后冲突将产生的许多危险。儿童能不依赖成人，而准备自己去应付困难，这才是心理卫生底目的。

八　结论

每一个人的社会环境都随着年龄而逐渐复杂，那时候，人们底欲望常会与社会底标准相抵触，因此发生了心理冲突。这种冲突，有时甚且会产生于同一道德观点的两种相悖的行为之间。冲突极易使人格分裂，倘若对之忽视，简直可成为心理健康的致命伤。一个人不可避免地要遭遇许多冲突的经验，所以心理卫生告诉我们的决不是在于徒劳地铲除冲突，而是用如何最妥善的方法来解决冲突；而且，对冲突的适当应付，是可以增进生活经验促进人格发展的。在各种解决冲突的方法中，我们不应该采用麻醉一时的药品，或是将冲突作暂时的搁置；不应该怯懦地逃避处置，让两种相反的行为都保存在心中，或是假托一种理由来自欺欺人；也不应该把过失推在别人身上，以卸脱自己底责任；更不可以在冲突的两端中，使强的把弱的完全压抑下去，那是一条最危险的走入疯狂的捷径。相反地，我们应该将不可实现的欲望的力量，发泄在正当的工作上；更妥善地，我们要直面冲突，分析冲突，权衡两者底轻重，求得"高级的统一"。不仅对自己如此，我们还应该指导儿童和青年，勇敢地适当地而且自动地解决他们底心理冲突，使他们底人格发展，臻于完善。这正是提倡心理卫生的积极的任务。

参考书：

1. Burnham，W. H.：*The Wholesome Personality*. Chap. 10. Appleton – Century. 1932.

2. Hart，B.：*Psychology of Insanity*. Chap. 6，7，8 and 9. MacMillan. 1932.

3. McDougall，W.：*Outline of Abnormal Psychology*. Chap. 11. Scribner's. 1926.

4. Morgan，J. J. B.：*Keeping a Sound Mind*. Chap. 2. MacMillan. 1934.

5. Moss，F. A.：*Applications of Psychology*. Chap. 11. Houghton Mifllin. 1929.

6. Taylor，W. S.：*Readings in Abnormal Psychology and Mental Hygiene*. Chap. 11. Appleton. 1927.

7. White，W. A.：*Mechanisms of Character Formation*. Chap. 4 and 12. MacMillan. 1918.

8. White，W. A.：*Principles of Mental Hygiene*. Chap. 2 and 3. MacMillan. 1919.

第二编　各论

第八章　心理卫生与医学

一　各国心理病院人数的统计

心理卫生的产生，本来由于改善精神病人的待遇而起，它和医学的关系，不用说是很密切的。而近来心理疾病的普遍和逐年病人加速率的增加，格外使现代的医生对于心理的知识，不容忽视。美国全国心理卫生委员会资料统计部主任布朗① （F. W. Brown） 曾经把各国心理病院的数目及在院的病人统计成一张颇有价值的表格，以供我们的参阅。②

表 8 – 1

国　　别	报告年代	心理病院数目	心理病院病人数
阿根廷	1928　1929	7	13100
澳大利亚③	1928　1929	35	21584
奥地利	1928　1929	9	11504
比利时	1928	47	18213
巴西	1929	1	512
加拿大④	1927	23	20253
捷克斯洛伐克	1928	19	13993
古巴	1929	2	3517

---

① 原文为 "白郎"，今译 "布朗"。——编者注
② See F. W. Brown：*"A Statistical Survey of Patients in Hospitals for Mental Disease and Institutions for Feeble - minded and Epileptics in 32 Countries"*，Proceedings of the First International Congress on Mental Hygiene，2，p. 786.
③ 原文为 "澳斯大利亚"，今译 "澳大利亚"。——编者注
④ 原文为 "坎拿大"，今译 "加拿大"。——编者注

续表

国 别	报告年代	心理病院数目	心理病院病人数
多米尼加共和国①	1929	1	191
英格兰	1928	169	122635
爱沙尼亚②	1928	5	1048
芬兰	1928	28	4793
法兰西	1928	39	32926
德意志	1927	260	117341
匈牙利	1928	29	5827
冰岛③	1929	2	136
英属印度④	1928	13	8550
意大利	1928 1929	147	64503
日本	1928 1929	19	3122
拉脱维亚⑤	1928 1929	7	2255
新西兰	1928	8	6160
巴拿马运河区	1929	1	608
波多黎各⑥	1929	1	28
罗马尼亚	1929	11	4710
俄罗斯（中央）	1928	72	25602
萨瓦多尔⑦	1929	1	131
苏格兰	1929	51	19050
瑞典	1928 1929	77	17131
瑞士	1928	41	12649
土耳其	1928 1929	5	1355
南非联邦⑧	1928	9	8037
美国	1929	383	338251

① 原文为"多米尼根共和国"，今译"多米尼加共和国"。——编者注
② 原文为"爱斯唐尼亚"，今译"爱沙尼亚"。——编者注
③ 原文为"爱斯伦"，今译"冰岛"。——编者注
④ 指英国在1858年到1947年所统治的印度次大陆，包括今印度、孟加拉国、巴基斯坦和缅甸。——编者注
⑤ 原文为"莱特维亚"，今译"拉脱维亚"。——编者注
⑥ 原文为"卜特尼科"，今译"波多黎各"。——编者注
⑦ 原文为"沙尔瓦多"，今译"萨瓦多尔"。——编者注
⑧ 原文为"南非洲联邦"，今译"南非联邦"。——编者注

续表

国　别	报告年代	心理病院数目	心理病院病人数
委内瑞拉①	1929	1	324
总　计		1523	899039

　　此表所列的人数，是依据各国心理病院所填报的数目的，但有许多医院，未曾填报，所以此表人数仅代表各国心理病院一部分的人数，而非代表病人全体。例如美国公私立心理病院本有 564 所，而填送报告的只 383 所，就是一个明证。假使各国所有的心理病院，都一律将住院的病人填报，也还不能包括全部精神病人的数目。因为在目前精神病学还未昌盛的时候，患精神病而在家中调养，不进医院的，还是很多，这些人便无法统计。还有些轻微的心理失常，并不需要住院医治的，也常被忽略而不计算在内。所以一国中心理上有疾病的人，假使能像调查户口一样地精密统计起来，数目一定是着实可惊的。

二　精神病者人数的激增

　　假如逐年的统计，都表示精神病人有逐渐减少的趋势，那也可使我们在无限忧虑之中，稍稍得一些安慰。但是事实恰是相反，精神病人的数目，每年只见增加。以美国为例：1910 年，全国州立心理病院收容病人计 187791 人；1920 年，增加到 232680 人；[2] 1927 年的统计，数目又见增加；[3] 到了 1932 年，州立心理病院的病人数，已超过 318000 人以上。[4] 至于病人在每十万人口中所占的比例，在 1910 年是 204.2；1918 年是 217.5；1920 年升到 220.1；1923 年稍降，比例为 218.5；1927 年，又升到 226.9。[5] 其他各国的病人，也是相仿。所以从进心理病院的人数看来，逐年数目的增加，已经成为一个不变的趋势。虽然近来一般人对于精神病渐有明白的认识，因此进医院求治的也日渐增多；但是最近精神病学的进步、医治及预防的方法，

---

① 原文为"温尼梭拿"，今译"委内瑞拉"。——编者注
② See Pollock and Furbush："Patients with Mental Disease"，*Mental Hygiene*，5，p. 145.
③ See H. M. Pollock："State Institution Population Still Increasing"，*Mental Hygiene*，12，p. 103.
④ 前表中所列病人数，系公私立心理病院之总人数，此则单系州立病院之病人，故数较少。
⑤ See E. R. Grooves and P. Blanchard：*Introduction to Mental Hygiene*，p. 34.

都较以前有效，这方面病人减少的数目，应该可以和前面所说的知识进步的结果——就诊于医院者日众——相抵销。心理疾病既然是如此普遍，且又是每年大量地增加，它已经成为医学中一个异常严重的问题，不但专门的精神病医生，应该注意研究，就是一般的医生以及所有与医学有关的人们，对于心理疾病的认识和了解，也是责无旁贷的了！

三　预防工作的重要

据详细研究和估计的结果，[①] 美国纽约一州，大约平均 22 人中，有 1 人迟早要进精神病医院。民国十九年（1930 年）度，我国全国小学幼稚园的儿童，共计 10948949 人，[②] 假使借用美国的估计，那么其中就有 50 万人，将会发生严重的精神病。这些精神病，大半都是可以预先防止的。倘若我们能从事预防的工作，训练儿童养成健康适应的习惯，这 50 万未来的病人，便大半都可以逃避了精神病的危险。著者波洛克和马尔兹伯格[③]（Pollock and Malzberg）二氏的结论是这样说："在现状之下，精神病的发生，当可按照估计的比例，无甚出入；非等到心理卫生的原则能够推行较广的时候，发生的次数，大约不会有多大减少的希望。"而且，在美国心理病院中的病人，完全治愈的仅占 20%；经医治而稍愈出院的也大概占了 20%；死在病院中的竟占全数二分之一以上。精神病既然治愈的机会很少，所以我们如要想减轻精神病的损失，预防的工作，比之医治，当更为重要了。

四　自杀犯罪与精神病的关系

自杀和犯罪，也和心理疾病有密切的关系。由于心理上的变态，不能适应社会常模，于是，顽强的，为着要实现不为社会所容许的私欲，犯罪了；怯懦的，为着要避免欲望与现实的冲突，自杀了。总计美国每年自杀而死的约有 22000 人；希图自杀而遇救的，每年有 35000 人。[④] 美国全国心理卫生

---

① See H. M. Pollock and B. Malzberg: "Expection of Mental Disease", *Mental Hygiene*, Vol. 13, pp. 132 – 163.

② 见《中国教育年鉴》丁编，第 146 页。

③ 原文为"梅滋堡"，今译"马尔兹伯格"。——编者注

④ See *The Notional Committee for Mental Hygiene*（*A Mind That Found Itself*, 22 ed, p. 321.）

委员会曾把这些自杀者的历史，仔细研究，发现心理失常的约占半数，但其中大多数都是可以预防的。斯特恩斯①（A. W. Stearns）博士调查美国麻省167个自杀者的原因，其中65人是心理疾病所致。② 他说："精神病是自杀的最主要原因，这儿，65人——或33%——都有精神病的症状，是和近代一般人推测的结果相符合的。"促成自杀的心理原因，总不外失败和怕惧两种。因为太多次的失败，最容易陷人于消极厌世，而强烈的怕惧也常会使人不敢再直面人生，努力奋斗。费尔班克③（R. E. Fairbank）研究过100个自杀者的经过，其中有三分之一是以前曾经自杀过而没有成功的，又有三分之一虽未有自杀的尝试，却曾向他们的亲戚朋友讲过自杀底企图的。④ 这证明自杀者多半早就有了自杀的倾向，所谓一时悲愤的刺激，至多也只是一个导火线罢了。所以，倘能事先改善他们的环境，决不会有这种不幸的结局。单就上海一市而论，据上海市社会局的调查，自杀的人数，年有增加；民国二十三年（1934年）一年中，自杀者就有2325人，不能不说是一个严重的问题，值得大家注意的。

至于犯罪的，也大半心理上都不健全。依据对于监狱中罪犯的分析，心理变态或有其他心理缺点的约占三分之一至二分之一。一年中犯罪的人数，自然比较每年自杀的及进心理病院的，更为广泛。其实，正与自杀一般，罪犯也不是一朝一夕造成的，都是由于心理失常或习惯不良所致。所以倘能从小注意预防，或发现得早，立刻加以补救，无疑的，必能把以后罪犯的数字减得很少。心理疾病既已成为趋入自杀与犯罪的捷径，那么，谁来负这种预防和补救的责任呢？不用说，医生们又是义不容辞的了。

五　目前医生对于精神病的漠视

虽然目前心理疾病是如此普遍，而一般医生却仍以为他们的主要职务，只和身体的疾病有关。齐格勒⑤（L. H. Ziegler）博士在1931年发表他研究

---

① 原文为"司登"，今译"斯特恩斯"。——编者注

② See A. W. Stearns："Suicide in Massachusetts"，*Mental Hygiene*，Vol. 4，pp. 752–777.

③ 原文为"范朋克"，今译"费尔班克"。——编者注

④ See R. E. Fairbank："Possibilities of Prevention by Early Recognition of Some Danger Signals"，*Journal of the American Medical Association*，Vol. 98，pp. 1711–1714.

⑤ 原文为"谢格楼"，今译"齐格勒"。——编者注

的结果①：他访问过的 95 位医生中，只有 28 位表示对于神经方面，很有兴趣。他报告的 93 位医生，其中只有 12 位承认对于心理疾病，有很浓厚的兴趣；56 位，略有兴趣；25 位，却自称毫无兴趣。他报告的 99 位医生中，有 46 位自认对于心理卫生，一无所知；48 位，则略知一二；自以为有足够心理卫生底知识的，只有 5 位。这几乎可说是一个不吉的现象，尤其是在现在，专门的精神病医生极为缺乏的时候；纵然待到特别有许多人侧重于精神病的研究与治疗了，但一般的医生还是必须具备丰富的心理卫生知识（当然，同样地，精神病医生也一定要有足够的生理卫生知识）。因为身心的相互影响与关联，极为密切，生理的疾病每能诱发心理的疾病，心理的疾病亦常易招致身体的不适。一个优良的医生，必须兼备两方面充分的知识，然后才能明察疾病底原因，而对症治疗。所以目前这种医生忽视心理疾病的态度，一日不改变，则心理疾病对于社会的祸害，也一日不会减少。

六　心理疾病之影响于生理

有许多表面上像是身体上的疾病，而实在肇源于心理上的问题。对于这种疾病，医生假使没有精神病学的训练，便只能束手无策。例如患忧郁病的病人，常常自己报告他的症状是乏力、心跳、头痛、肚痛、胸部作痛，或是背痛、失眠、头晕、呕吐等，虽然言之凿凿，而其实都无身体上的根据。当一班对于心理问题毫无兴趣的医生，遇到这种病症，常是笑为无病，或是劝病人停止工作，易地调养；或是劝病人忘记他身体上的痛苦；或是乱投些无关痛痒的药品，给病人带回家去常服，而对于真正的病源——心理上的问题——却丝毫未曾触及。这种"隔靴搔痒"的办法，徒然使病人常常换医生，常常换医院，但症候却始终未减。结果病人由不信任、疑惑，从而转入失望。其实这种疾病的原因，都是心理上或情绪上有了问题，不能解决，才转变成身体的症候，所以必须要有细心的研究和同情的医治，才会有效。若单单注意病人自述的身体上的痛苦而忽略根本的心理冲突，这种治标的方法，不但无用，有时反而有积极的危害的。

---

① 　See L. H. Ziegler: "Mental Hygiene and its Relation to the Medical Profession", *Journal of American Medical Association*, 97 (16), pp. 1119 – 1121.

七　生理疾病之影响于心理

心理卫生的知识，对于一般医生医治许多身体上的疾病，也是有益。当病人获得了某种重病，医生向他宣布诊断结果的时候，就好像向他宣布死刑一样的痛苦。基尼尔佩林①（G. Genil - Perrin）博士对于梅毒，曾有下列一段说话：②

> 梅毒的发现，对于一位有自觉心的人，可算是一件莫大的悲剧。他眼看着生活的大门，已经在他前面关上了！他以为他已经生了可以羞耻的疾病，将被不齿于人类。组织家庭的希望，自然也就完全毁灭，他想和生麻风的一样，远遁于世界之外。假使他是已结了婚的，那种道德的捍击，将格外严重。他一方面深惧被他妻子发觉他的不贞洁，同时他又怕惧会传染到他的妻子和子女身上。他于是想出种种的托辞，为他独宿的借口，以希望能避免和他妻子的性交。这种怕惧传染而起的道德上的震动，有时竟非常厉害，甚至可以促成病人的自杀。所以一个初患梅毒的病人，极需要道德的援助和鼓励，这就是心理卫生和梅毒发生关系的一点。

此外如生肺病或心脏病的病人，一经医生证实，情绪上也会发生强烈的震动。尤其是肺病，病人不但须牺牲了他的职业，而且须舍弃了家庭，去另过一种完全异样的生活。他的起居饮食以及身体的活动，统统不能自由，全部须受到束缚。他不能再凭借工作来发泄他的忧虑，也不能再从活动上面得到冲突的出路。在这样一个拘束的环境中，平素健全的人，恐怕都不易适应，何况他本来是有病的人呢？肺病和心理的关系，不仅如此，据最近许多医学专家的研究，肺病和心脏病的原因，竟有许多是由于心理上的骚动所致。心理的原因消灭之后，往往肺病和心脏病的症候，也立即会得减轻；反之，倘心理的原因重新出现，旧病也常会复发。所以有效的医治，必须对于病人生理和心理的生活，双方兼顾，不能单管身体一方面，就算尽了责任的。

---

① 原文为"甘列迫林"，今译"基尼尔佩林"。——编者注

② G. Cenil - Perrin："*Syphilis and Mental Hygiene*"，Proceeding of the First International Congress on Mental Hygiene，Vol. 1，pp. 406 - 437.

八　心理卫生与儿科妇科

儿科和妇科医生，似乎尤其应该有受心理卫生训练的必要。很多研究的结果都告诉我们：精神病和各种犯罪的习惯，都不是到了成人之后，一旦发生的，肇源常在很小的时候。所以儿科医生对于发现心理疾病的征象，加以治疗，使它不致延误下去，渐渐发展成严重的精神病，实在负着很重大的责任。儿科医生自然不仅是注意儿童机体上的疾病，就算尽职；儿童的全部生活，他都应该了解得非常清楚。换一句话说，他对儿童心理的成长及发展，作有兴趣的努力的研讨，应该恰如他对儿童身体方面的致力一般。有许多儿童的问题，在小的时候好像是无关紧要，但是却剧烈地影响于后来的心理健康。例如不要吃饭、做夜梦、睡眠时需要父母陪伴、遗尿、手淫、性的早熟、奇异的举动、畏羞、妒忌、白日梦、筋肉抽动、怕惧、好斗、残忍、谎语、偷窃、反社会的行为等等，都需要医生细心研究，及早矫正。因为这些情形都和后来的不能适应，有密切的关系。更明显地说，它们成为变态的础石。儿童行为问题的发生，大半都由于无知父母教养不当之故；所以除非儿科医生能充分利用心理卫生，指导父母以教育儿童的优良方法，他的责任仍是没有完成的。

至于妇科医生，和儿科医生一样，也特别需要心理的认识。生理上的变化，常使许多无知的妇女，发生恐慌，结果影响到心理的发展。例如有许多少女，事先没有准备，骤然看到月经的来临，顿被一种异常的羞耻和怕惧所袭击。这种心理上的震惊，自然对于心理生活，有很大的妨碍。因此当每次月经来的时候，她们常会充满了厌恶和怨恨，以致引起慢性的精神病。又如有许多妇女，因为得不到正当的性知识或是畏惧受孕，使夫妇之间，不易适应。其实女子在生产时的死亡率，最近因为助产方法的改良，已经减得很低；一般妇女的怕惧生育，大都还是根据无稽之谈的一种无谓的恐惧。妇科医生在这些地方，就应该详细解释，辟除误会。医生的说话，因为容易获得大众的信仰，所以见效也格外容易。此外，容貌上有缺点、不能生育、堕胎、手淫、过肥或过瘦、生殖器发育不全等等，也不只是单纯的身体上的问题，每有无数心理的因子，错综其间。医生假如忽略了这些心理的问题，舍本逐末，一定不会有圆满的结果的。

九　心理卫生与性的问题

性的问题，一向是被认为秽亵不雅，所以在男子方面，也不易得到正确的知识，因此常有许多心理失常的原因，是基于性的误解。拿手淫来说吧，一般人都认为手淫对于身心，有极大的戕害，可以引起许多严重的病症，如虚弱、失眠、健忘、阳痿、早泄、不育、神经衰弱、愚笨、疯狂等等，甚至斫伤致命。所以无论是父母、教师、医生或是社会上关心青年的人，对于青年的手淫，无不警惕恫吓，竭力禁抑；有些不学无术的医生，还故意在报纸上宣传手淫的危险，借此卖药敛钱，一方面还可获得爱护青年的美名，真不愧生财有道！以致一般犯手淫的青年，无不忧虑恐惧，以为不仅是犯了不赦的罪恶，而且成为不可挽救的致命伤，极度的悔恨与羞愧袭击着他们，甚至有好多人果真发生了上述的种种病症。其实这些病症，与其说是手淫的结果，毋宁说是心理上忧急的结果。最近开明的医生，都一致承认手淫的害处，远不如我们理想之甚。布兰查德①和马纳塞斯②（Blanchard and Manasses）二女士也曾说过这样的话："我们敢断言错误的态度，比较手淫的本身，更为有害。手淫在身体方面，假如不是极端的过度，大致没有什么损害；而且，它对于弛缓性的紧张，更有显著的用处。一般已经接受了错误的观念，以为手淫有害身心的青年，应该给予彻底的矫正。"③ 周调阳曾用问卷调查我国专科以上的男生，关于手淫的问题，得到这样的结果："此问有 3 人未答，他们究竟曾否犯了手淫，不得而知。其余的人，答犯了的有 301 人，占 86% 弱；答未犯的有 50 人，占 14% 强。这 50 个答未犯的当中，是否各人确为未犯，尚有可疑之点。因为有些答案，系写了之后又涂改过来的。惟无论如何，86% 的比例，是已经确定了的。"④ 至于女子手淫的百分比，据著者所知，在我国还没有过大规模的调查，但是戴维斯⑤博士（Dr. K. B. Davis）调查美国大学女生 2200 人的结果，得到下列的结论："普通一般人总以为手淫是男孩子的问题，其实，

---

① 原文为"勃兰家"，今译"布兰查德"。——编者注

② 原文为"门奈赛"，今译"马纳塞斯"。——编者注

③ See P. Blanchard and C. Manasses：*New Girls for Old*，pp. 33 – 34.

④ 见周调阳《中国学生两性之研究》，《心理杂志选存》上册，第 148 页。

⑤ 原文为"台维司"，今译"戴维斯"。——编者注

普通女子犯这种恶习惯的，当在50％以上。"① 从手淫如此普遍的事实看来，其为害决不如一般人所传的厉害，已可想见。黄翼有一段说话，说得最清楚："手淫据可靠的研究，在事实上极为普遍，至对于身体损害的程度，至今没有确切的科学的结论。一般书籍，对于手淫之害，常有如火如荼的铺张，但大都是受教育的动机所驱使，想借此儆戒青年，勿染恶习，而不是根据科学的证据而发的。新近精神病学家多相信手淫者所受最大之损害，是在心理方面：手淫的人恐怕有伤身体，本来怀着忧惧，常常听见论手淫之害的叙述，更加惊疑；或者自己暗示种种症状，又增许多烦恼；一面对于自己不正当行为，发生道德上、美感上的憎恶，时常感受良心的谴责，几次立志要改，结果总是再犯，更加上了失望自弃之感。在这种心情之下，精神的健康自然大受摧残，越发不能自拔。在生理方面的损害虽无定论，但这种心理的损害更为重要，似是新近学者所公认。"② 一位具有心理卫生知识的贤明医生，倘能对于青年种种性的问题，有适当正确的指示，顾到他们心理冲突的危害，不用传统的恫吓抑制的方法，使无数有为的青年，都被拯救，不致再沉沦海底。这样，他对于社会的贡献，已是不可计算的了。

十　心理卫生与医院情况

医院中的种种情形，从心理卫生底眼光看来，有改善底必要的也很多。例如病人在医生诊治之先，须先在拥挤黑暗的待诊室中，等待很久；诊断的时候，又非常草率，而医生一副冷淡无情的面貌，不但不能使病人因愉悦而感到病体的轻松，反令人望而生畏。他们并不详研病因，更不指示病人应该如何注意，照症状开了一张药方，便算完了他们的责任。当病人有所询问的时候，他们也常不耐烦回答，有时还要加上几句恫吓讥笑的说话。在我国的几个大都市，病人要看医生，还须先请个熟人介绍，否则就恐怕不能得到多大的益处；更有许多不道德的医生，惟利是图，每不顾病人底心理健康，把病底危险性铺张叙述，使病人旦夕忧虑，借以敛钱。病人到医院诊察之后，除出付了诊金换得一纸药方之外，对于自己的病情，往往仍是一无所知，和没有诊察以前一样。我国严正的医生，肯仔细诊断的，固然也有，可是生性暴躁，不能忍耐，对于病人毫

---

① See G. L. Elliott: *Understanding the Adolescent Girl*, p. 75.

② 见黄翼《青年心理卫生问题》，《教与学》第1卷2期，第27～33页。

无同情底态度的，确也不在少数。从心理健康一点来考虑，每一个病人，对于他自己的病情，以及应该怎样注意和预防病势的进步，都须有极清楚的认识。这样，病人的心理方面，才准备恢复健康了。

又如医科大学的附属医院，常拿病人作为活标本，教授当着许多学生面前，毫无顾忌地随意讲说。这种公开的办法，不但不能对病人表示丝毫同情，简直可说是非常残忍。尤其有些人，生了不名誉的疾病，不愿有第二人知道的，对于这样的情形，更会使他们精神上感受异常的苦痛。我们单为了学生的利益，而任意拿病人来作为牺牲品，这实在是很不公道的。巴西特[①]（C. Bassett）曾举过这样一个例子：[②]有一位医科教授找到了一个患遗传性梅毒的小孩，他认为是个极好的实例，于是把小孩叫来作为教室演示之用。他把小孩身体上的斑痕，逐一指给学生看。而且他每年都用这个小孩来做演示，并没有想到这种表演对于儿童人格是有非常危害的。这个才只13岁的儿童，因为屡次听到关于梅毒种种可怕的知识，深自感觉到前途的绝望；并且他因为满身都有了梅毒的符号，更觉得非常羞耻。因此，他不敢到街上去，为的是怕被路人发觉他的秘密。如有人向他注视一下，他更是自愧不胜；甚且即或是不经意的一瞥，他也会当作是恶意的歧视。他已经成为一个神经过敏的人了。他时常遭受痛苦的袭击，次数既多，对于心理健康的损失，自然很大。再者，这些附属医院，常用不收诊费的方法，来吸引许多贫苦的病人；同时还可挂上慈善的招牌，真是一举两得之策！但是这样利用病人来做演示范本的结果，不但会使一般病人失去对于医生的信仰，而且容易使他们产生一种不平的观念，以为贫苦的人应该受人玩弄，因此引起仇恨的感觉或是其他不适当的情绪反应。著者认定凡是医生都应该仁慈为怀，体恤病人的苦痛，获得他们的信仰以后，治疗疾病的收效，也就格外容易；否则不但无补于事，反而增加病人心理的难堪，或竟可说添上一些疾病。病人来看医生，原是希望医生能够减轻他们的疾苦，他们视医生为唯一的救援。医生们明白了这一点，不负病人的希望，才能被冠以贤明的荣誉。

十一　心理卫生对于医学的最大贡献

心理卫生对于医学最大的贡献，当然在重视疾病的预防，促进人类的健

---

① 原文为"巴塞脱"，今译"巴西特"。——编者注

② See C. Bassett：*Mental Hygiene in the Community*，p. 35.

康。可惜现在一般医生，对于这个医学的最高理想，多半还不能了解。只要看一看医院中的医生，不是都个个坐在很舒适的摇椅上，等待病人去诊治么？他们对于增进民众健康的计划，又何曾花过一分钟的功夫？在我国几个大都市，最近总算已设立了处理公共卫生的机关，可以在积极一方面尽一些力；但是它们的工作，却仍旧以偏于治疗方面的居多，偶尔替当地小学生检查一次体格，或是替民众种一回牛痘，打一下霍乱预防针，已经算是在民众健康方面，尽了最大的努力。至于健康指导的工作，儿童幸福的工作，或父母教育的工作等等，差不多都未曾加以过问。所以在医学界中，亟应举行一种心理卫生的运动，以引起一般医生对于健康的兴趣，辟除历来侧重治疗的见解。而学校中的校医，负着全校员生健康的责任，必须对于他们身心两方面，都能尽力指导，以期臻于健康之域，因此对于心理卫生的认识，尤其是刻不容缓。

十二　心理疾病的预防

心理的疾病，和身体的疾病一样可以预防，即使症象已经显露，若是在初起的时候医治，也必能收事半功倍之效。但欲使疾病的预防获得良好的效果，首先当清晰地探得病的原因。我们必须能把原因加以控制，然后才可使疾病不致发生。例如在病菌没有发现以前，许多病都是无从预防的，等到知道了某一种病是由于某一种病菌的原因之后，只要设法不让那种病菌传入身体，疾病自然就可防止。所以发现了疟疾的原因是蚊子做媒介，那么灭蚊就可使疟疾绝迹；发现了天花的原因是由于某种病菌，那么种痘就可以增加抵抗的力量。在神前许愿祈祷等等迷信方法之所以无效，就是因为这些方法和病的原因没有丝毫的关系。不顾原因的预防，一定会失败的。所以，我们必须先晓得了心理疾病的原因，然后才能谈到它的预防和医治。

十三　预防工作进步迟缓的原因

无可讳言地，心理疾病的预防，进步却很缓慢。原因有三：第一，心理疾病大都包括许多因子，不像身体上疾病的简单。除出了中毒、受伤、传染等近因之外，还有家庭、学校等环境的影响，有时更夹着先天遗传的因素。我们倘若只除去了一二个少数因子，而不能把全部的因子排除，往往还不能使病完全避免。第二，我们对于分析原因这方面的知识，也还太嫌欠缺；某种心理疾病究竟因为哪种特殊的原因所产生，大半都不很知道，所以更谈不到什么控制。第三，心理卫生的知识还不普遍，许多父母和教师，简直连心理卫生的意义也不懂得。同时他们不知道训练儿童的方法关系儿童的心理健康很大，因此对于儿童的行为，缺乏适当的指导。这也是阻碍进步的一个原因。

十四　预防心理疾病的几种普通方法

诚然，等我们知道了心理疾病的原因，然后预防起来，才不致无的放矢。例如瘫痪是由于梅毒所致，所以我们假如要预防这一种心理疾病，便应当先设法使人不染梅毒。瘫痪的原因既除，瘫痪的病症自然不会发生了。惜乎目前对于其他各种心理疾病的原因，不能尽如瘫痪这样明了，还有待于将来的研究和发展。现在且将预防心理疾病的几种普通方法，分述于下。

为了便利起见，我们暂且把心理疾病的原因，分为两大类：一类是先天遗传下来的；一类是后天获得的。其实这两类的界限很难划分，所以处置的方法，有时也不能截然相异。关于遗传的心理疾病，一向都以为是很多，但是最近的统计却告诉我们心理疾病中，遗传所占的比例并不高。由于这，充分地显示出因袭观念的错误。以往因为我们对于疾病真正的原因，不很清楚，就都不正确地推在遗传身上，所以有许多人误以为遗传是疯狂的主要原因。精神病者底子女，往往因为教养不当，且终朝从这样变态的环境中成长起来，难免不在无形中受到沾染，以致行为怪僻的很多。这也容易使一般人误会是遗传的结果。这样妄用遗传来做解释，对于心理疾病的预防，不但没有帮助，而且显然会造成很大的障碍与危险。请看邦德[1]（Hubert Bond）的说话[2]：

> 乱用遗传的名词，可使很多人发生异常的恐慌，结果或者促成他们精神病的产生，或者使他们想逃避理想恶劣的运命而自杀。凡是研究心理疾病这一个问题的人，自然不能否认有几种心理失常的确是由于遗传

---

[1] 原文为"朋特"，今译"邦德"。——编者注

[2] See H. Bond: "Prevention and Early Treatment of Mental Disorders" in J. C. R. Lord: *Contributions to Psychiatry, Neurology and Sociology*, p. 12.

的缘故，但是我们应当非常审慎，不可妄用。当两个有血统关系的人，偶然一同发生了精神病，假定没有把事实细细考虑过，决不可就贸然的归咎于遗传。否则不良结果的产生，是绝无疑问的。作者曾有许多事实的证明，格外使他对于随意采用错误的遗传统计的一回事，不得不加以坚决的反对。

在另一方面，用遗传的名义来担当一切精神病的过失，只会有碍于预防工作的发展。因为一般地说来，遗传是不易控制的，于是，精神病几乎被认为是不治之症，极少有人想到这是可以预防，而肯尽心致力于斯。那样，整个心理卫生的前途，不是也将黯淡无光了吗？虽然据可靠的材料，低能的产生，遗传确是一个很重要的因素，大半的低能儿都是由于先天智力的欠缺。但心理疾病之由于遗传的，实在很少。在重性的精神病方面，差不多只有精神分裂症（dementia praecox）及躁狂抑郁症①（manic - depressive psychosis）二种和遗传有点重要的关系。② 癫痫（epilepsy）有时亦认为是遗传的，但是究竟是否，也还有疑问。迈尔森③（A. Myerson）就坚决地断定遗传对于癫痫是不重要的。④ 至于轻微的心理疾病，大半都是幼时养成的不良习惯，和遗传更没有关系。

（一）先天精神病的预防

现在我们姑且假定遗传是产生某种心理疾病的因子，那么应该如何去补救？这个问题可以分做两方面来实施。

1. 预防不适者的生殖

所谓预防不适者的生殖，就是对于生有遗传疾病的人——例如低能、精神分裂症、躁狂抑郁症等等——在生殖方面加以一种限制，不让他们底疾病，遗给后裔。近代的优生学（eugenics）虽然已发现了好几种限制生殖的有效方法，可惜和风俗、感情、习惯各方面牵涉的太多，实施起来，颇感不易。但亦不妨将各种方法，略述于后，以供留意此问题者之参考。

---

① 原文为"兴奋颓唐癫"，今译"躁狂抑郁症"。——编者注
② See F. A. Moss and F. Hunt：*Foundations of Abnormal Psychology*，p. 244.
③ 原文为"马耶生"，今译"迈尔森"。——编者注
④ See A. Myerson：*Inheritance of Mental Diseases*，p. 725.

（1）隔离。这种预防的方法，就是把有精神病的人，和家庭隔离开来，另外住在一处。自然，要想这个方法有效，除非把病人永久隔离不可，尤其是在能够生殖的期间，更有隔离的必要。低能儿和重性精神病人，在各文明国家里，最近都已有低能院或精神病院，加以永久的隔离。但是那些智力稍低的和患轻性精神病的，又将怎么办呢？还有许多精神病人，他们的症状，直到后来才显著的，对于这些人，又将怎样办呢？假使我们主张把行为怪僻或智力稍缺或有精神病嫌疑的人，都一律施以隔离的处置，这在事实上是绝对不可能的；不但会受到社会上极大的反动，并且也没有这许多机关和房屋来收容这大量的病人。但是，事实上这些轻性的病人倒比重性的病人更为危险。白痴（idiot）或无能①（imbecile），极不易找到配偶；纵使结了婚，因为他们生殖机关未曾发育完全，也常不致生育。疯狂的人也同样不会有很多的子女的。只有那些行为稍为古怪的，或是智力稍为欠缺的，才会和常人一样地生下许多小孩子呢！

（2）剥夺生殖能力。第二种防止遗传心理疾病的方法是用外科手术，使病人不能生育。凡是疾病的程度不深，或是有精神病嫌疑的人，而同时又觉得无单独隔离的必要时，便可采用这种方法，使这种疾病不致再蔓延开来。美国已经有二十几州为了改进种族提倡优生起见，定下了剥夺生殖能力的法律，强制执行。但是实际上病人被施行手术的并不多，所以对于预防心理疾病，直到现在为止，还没有什么显著的成效。

（3）节制生育。节制生育虽然也是限制病人生殖的一法，可是目前一般人的提倡节制生育，与其说是讲究优生的缘故，毋宁说是为了经济的关系。实施节制生育的人，反而倒是知识阶级和社会上的优秀分子；至于心理上不甚健全的人，却都还不能明了节制生育的意义。所以要使节制生育有优生的价值，除了传播节育的方法之外，适当的教育，使大家认识节制生育对于人类和种族的贡献，似乎格外来得重要。

（4）限制结婚。欧美各国，对于低能者和精神病人的结婚，法律上都加以限制，政府不发准许结婚的执照。可是施行以来，也无大效。唯一的原因，就在发给结婚执照的人，根本没有精神病学的知识。他们并不知道来请

---

① 低能中最低的一级为白痴，他的智商在20以下，能力不及普通两岁的儿童。白痴常是一无所能，有的连吃饭、走路都不会。无能是较白痴稍高的一种，智商在20至50之间，能力等于普通三岁到六七岁的儿童，能做些擦地板、推斩草机等简单工作。

求结婚的人，究竟有无心理的疾病。其次，结婚执照的滥发，法律执行的不力，也是减少效力的原因。所以，倘若来请求结婚的人，都能先经过心理学家的仔细研究，并给他们各种心理测验，以断他们心理上是否正常，然后再发执照。这样严密的办法，功效自然较大。但是性欲是人类极强的冲动，那些心理上有缺陷的人，纵然被政府禁止结婚，但他们尽可以采用不经正式婚仪的同居。因此，法律的限制，于事实上该亦不会有多大的裨益吧！

2. 预防已有遗传倾向底人的心理失常

假使限制不适者的生殖，不能彻底地做到，社会上便免不了有精神病倾向的人存在。那么，我们对于这班人有无方法使他们不致发展成真正的精神病呢？自然，遗传的性质是很难改变的，我们惟有在他们的环境方面，加以防范，使他们安宁平静的生活，不使因某种骚扰的刺激，受到情绪上的紧张和兴奋，而致激发他们潜隐着的先天倾向。但最近生理实验的工作，更有一种有价值的具体发现，就是先天遗传的倾向，有几种也有改变的可能。美国卡奈基研究院（Carnegie Institution）对这方面的研究，证明由于内分泌失常的先天精神疾病倾向，可以设法使之消灭。史密斯①教授（Prof. P. E. Smith）曾用发育不全的老鼠做试验，注射一种黏液腺的分泌物，便能将它不能生育的毛病，完全治好。史密斯的结论如下：

> 这个研究着重在一种事实，就是遗传的性质，在普通的情况之下，仍可用特殊的方法，加以改变。遗传不过表现一种倾向，决非是固定不变的。我们对于内分泌器官的知识，逐渐增多，格外使遗传的性质有随意改变的可能。②

这方面的研究，在目前还不过是萌芽时期，逆料将来当有更大的发展。总之，我们对于有遗传疾病倾向的人，应该时时刻刻地留意。在他们症状未曾发生之前，就设法预先消弭；或者在症状刚发生的时候，便能立刻认识，及早处理，也可免了更深陷的延误。我们日常有规律的生活，适当的身体健康习惯，常能给予心理健康以积极的帮助，例如休息睡眠的时刻、食物的分量、娱乐的选择等。对于这些，我们只需能稍稍加以一点注意，便可避免了许多的心理失常了。

---

① 原文为"司密司"，今译"史密斯"。——编者注

② See *Carnegie of Washington：Exhibition Representing Result of Research Activity*，p. 21.

(二) 后天精神病的预防

先天遗传的心理疾病，其实只占了很小的一部分，大部分还是后天获得的。有许多心理疾病，虽则被人家认为是遗传的缘故，倘若仔细地分析起来，结果还是由于环境的关系。所以要预防这类的疾病，关键就在环境的控制。环境的范围很广：从横的方面看，由简单的家庭到复杂的社会；从纵的方面看，由胎儿一直到老死；到处并且随时都有发展心理疾病的可能。有些是因为中毒；有些是因为受伤；有些是因为情绪上的骚动；也有些是因为不良的习惯。我们现在不能把所有由于环境的心理疾病和控制方法，一一加以讨论，只能选择几种主要疾病的预防，作为讨论的代表而已。

1. 受产前和产时影响的心理疾病

人类受环境的影响，从胎儿在母亲腹中就开始。母亲的疾病和毒素能影响到胎儿的发展，已是公认的事实。所谓先天性的梅毒，其实就是在胎儿时代被传染的。孕妇内分泌的失常，也能连带影响胎儿内分泌腺的发展。有人做过这样一个试验：当牝狗受胎之后，把它大部分的甲状腺割去，生下来的小狗都有颈肿病的。这个例子很明白地告诉我们，母亲液腺的变态，可以影响到腹中的胎儿。这些都是受产前环境的影响。母亲们当怀孕的当儿，应该深切注意，不让胎儿受到有害的影响。至于产时头部和身体的受伤，更产生了无数的局部瘫痪和低能。关于这一点，助产技术的改进，当然是唯一、最好的预防法。

2. 受酒毒或药毒的心理疾病

最有效的预防方法，莫如除去疾病的原因，所以要避免这种疾病，唯一的方法，就是把产生疾病的毒素，加以限制。倘若我们能把酒禁绝，没有人再酗酒，自然可以减少许多精神病，至少因中酒毒而引起的精神病，不至于再会发生。但是禁酒的方法，用法律来禁止似乎不及用教育的力量较为有效。因为只有使人们彻底明了禁酒的意义与酒精的危害，才会自动地与酒隔绝，用外力来强制常是徒劳的。在事实上，美国以前禁酒的时候，中酒毒的精神病人，不但没有减少，反而比较不禁的时候增高。观乎此，可以知道方法的选择也是大有关系的。

3. 受梅毒传染的心理疾病

麻痹性痴呆[①] （paresis） 是一种很严重的心理疾病，患此者智力显出强

[①] 原文为"瘫痪"，今译"麻痹性痴呆"。——编者注

度的退化。运动失调（locomotor ataxia）是运动神经上有了损坏，使动作失去调节。少年麻痹性痴呆（juvenile paresis）和麻痹性痴呆一样，不过前者由于先天性梅毒，发生在儿童时代，后者常发生在中年时代而已。这三种病的原因都是由于梅毒，所以只要防止梅毒的传染，这些心理疾病，便可不致产生。梅毒的毒菌在人的血液里面，过了五年、十年或十五年之后，便会渐渐侵害到神经系统，结果影响神经的活动，产生显著的症状。对于梅毒的传染，现在已有很有效的预防方法；而在梅毒初起时，加以治疗，也极容易断根。但是梅毒的传播，都由娼妓及杂乱的性交而起。现在世界上几乎没有一个国家没有娼妓和乱交的现象，尤以大都会为甚，这可以说是现在这一个不健全的社会底一般症状。我们可以预断，在整个社会没有走上理想的道路之前，这种现象的存在是绝不能避免的。这样的病态既然在延续下去，又加以人们传染到梅毒以后，往往自觉羞耻，秘不告人，因此迁延贻误。所以关于梅毒预防的问题，虽然这方面的知识已经非常普遍，但是前途似乎还不很可以乐观呢！

4. 液腺失常的心理疾病

有许多心理疾病是由于液腺失常而起，倘若能早一些认识，加以治疗，后来便不致变成精神病。例如甲状腺分泌太多的人，极易兴奋，往往坐立不安，动作不停。倘若预先能把甲状腺割除一部分，便不致于此了。甲状腺分泌太少的人，恰与此相反，他们常是毫无生气，行动迟缓，甚至对任何事物，都是异常冷淡。倘若能在幼时注射一种内分泌精，自然也不致于此了。总之液腺的失常，本来是可以疗治的，只要注意得早，心理疾病也可防止了不少。

5. 情绪紧张的心理疾病

情绪和精神病的关系是绝大的。不但精神病人的情绪，多少有点异常——或是过度兴奋，或是过度淡漠——而且长时期的情绪紧张，也很容易造成精神病。例如神经衰弱（neurasthenia），就大半非因工作过劳的缘故，而是由于忧虑过度所致。所以情绪紧张的人，常会发生失眠、容易兴奋、注意不能集中、食量减少等等的症状。患者不明白这些症状的原因，往往非常忧虑。愈忧虑，这些症状的程度也愈加深，结果遂使完整的人格，全部瓦解。至于因为情绪上的冲突，找不到适当的出路，因而酿成精神病的，更是不可胜数。我们要想避免这方面的疾病，应当给予每个人以成功的机会，使他们度着稳固恬静的生活。做父母或教师的人，更应该明了情绪紧张和心理疾病的关系，凡是责骂、讥笑、干涉、压迫等等足以引起儿童情绪紧张的刺激，都须一扫而空，勿任存在；另一方面更须供给适宜的工作，使情绪的力量，得能借此发泄，无暇再想到忧虑。这样，自然可以防止大部分精神病的产生了。

6. 不良习惯的心理疾病

有几种轻性的心理疾病，如同"歇斯底里"① （hysteria）② 等，是因为有了不良习惯的结果。病人的奇怪反应、妄想、失去感觉，或是带着强迫性的冲动，都不是无缘无故产生的，乃是基于病人经验中某种不良的交替。所以要预防这类疾病，只需控制儿童时代的环境，避免错误的交替以及能产生不良习惯的经验而已。心理病学家都承认儿童时代饮食、睡眠、排泄的习惯，养成得不好，或有偷窃、残忍、嫉妒、怕惧、自卑等问题，都和后来的不能适应有密切的关系。所以在欧美各国，有儿童行为诊察所（Child Guidance Clinic）的设置，专门指导儿童的行为，导入正轨，并且矫正多种恶习惯。各学校中也请有心理卫生的专家，作学生生活的顾问。这些地方，颇值得我们效法。因为在变态的症状显著以后，不但医治比较困难，而且病人和他的家属朋友，都会感到无穷的痛苦；至于经济上、时间上的损失，更是不用说了。

十五　儿童行为诊察所的目的和方法

我们要知道心理卫生和医学的关系，则对于儿童行为诊察所的目的和方法，更是不能遗漏的。根据美国全国心理卫生委员会社会诊察部主任史蒂文森③ （G. S. Stevenson）的叙述："设置儿童行为诊察所的目的，是为了诊察或指导儿童行为上以及人格上的问题。"④ 这种工作，自然不是很轻易的，因为处理儿童的问题，不仅是处理一个儿童，同时他的家庭、学校、友伴等等，也都须一并顾及——这些多少和发生的问题有关系。所以一个儿童行为诊察所的组织，必须有一位专门的心理病学家，一位普通的心理学家和一位

---

① 原文为"歇士得利亚"，今译"歇斯底里"，又称"癔病"。——编者注
② "歇士得利亚"缺乏适当的译名，日文译作脏躁症，亦有译为迷狂症，似均欠妥。此病症状极复杂，程度亦轻重不等。自失去感觉、动作失调、局部妄动一直到睡游、双重人格，都是歇士得利亚病。如欲知其详细，则 Janet：*Major Symptoms of Hysteria* 一书，应当一读。
③ 原文为"司替文孙"，今译"史蒂文森"。——编者注
④ See G. S. Stevenson："*The Children - Guidance Clinic - its Aims，Growth，and Methods*"，Proceedings of the First International Congress on Mental Hygiene，Vol. 2，pp. 251 – 275.

社会工作员（social worker）。当一位问题儿童被送到所里来诊治的时候，除出了听取儿童家长的报告之外，对于儿童本人实施的工作步骤：第一，须举行一种社会检查（social examination），由社会工作员对于儿童的家庭、学校，以及过去和现在的环境，加以精密的研究，发现与问题有关的因子。第二，由心理学家举行能力测验，测量儿童的智慧及工作的能力。第三，再须经过详细的体格检查，检查儿童的神经和液腺，有无变态；这种检查，大半也由心理病学家来举行的。然后才轮到心理疾病检查（psychiatric examina-tion），在儿童的谈话和工作中，审察异常的所在。最后，把四种检查的结果汇合起来，对于这个问题，作一个总鸟瞰。造成问题的各种因子，既然都已明了，矫正起来便不难了。美国一国，这种儿童行为诊察所最近已有五百多所，并且诊察所的工作，也扩充到与儿童习惯养成最为有关的父母教育以及其他各种具体研究。一方面对外用了宣传的方法，使父母们能有儿童心理卫生的常识；一方面对内努力地从事研究，使以后指导问题能格外见效。其他各国，同样性质的诊察所，最近竭力推进，不遗余力。希望我国至少几个大都市中，能在最近也有儿童行为诊察所出现。这不但是儿童的福利，就是对于民族的前途，也大有裨益。

十六　结论

人的整个健康是包含身体与心理两方面的，并且心理疾病与身体疾病又互为影响。因此，为保持并增进人类健康的医学，也必须同时两方兼顾，才能得到最大的效果。现在心理疾病的普遍，更使我们确立普通医学与精神病学的关系；而亟须矫正社会人士——尤其是负着人类健康责任的医生——对于心理疾病的漠视，并促进他们积极的注意和兴趣。心理疾病不仅造成了许多自杀和犯罪，并且与医学上所特别注意的性病、儿科及妇科，有直接的关系；在另一方面，目前一般不适当的医院情形，如医院设备的简陋、医生缺乏同情的态度、草率的诊断，以及用病人来作为活标本供给演示之用等，依据心理卫生的原则，都有亟于改善底必要的。至于心理卫生对于医学的最大贡献，乃在疾病的预防，尤其是心理疾病的控制。事实告诉我们，人们的心理疾病每是在幼时先种下了失常的种子，然后才发展严重的。这里，儿童与心理卫生的不可分离的关联是谁也不能否认的了。要使儿童的人格获得正常的发展，而建立日后的健康基础，儿童行为诊察所是最值得我们提倡的。心理卫生还注意到预防一般心理疾病的方法。要是我们把心理疾病的原因归纳入遗传的与环境的——或是先天的与后天的——两种（虽然我们该承认遗传的影响常是极微细的），则对于前者我们可以采用预防不适者的生殖与预防已有遗传倾向的心理失常两种方法；而对于环境所造成的心理疾病，应该设法消灭环境中引起心理疾病的刺激。因为唯有去除疾病的原因，才是预防疾病的根本办法。可是人类的环境，错综复杂，不易控制，而心理疾病的原因，又到现在尚未能完全明白，所以这方面的预防，要想有显著成效，还有待于心理卫生家的研究和努力。

参考书：

1. Bentley，M.（Chairman）：*The Problem of Mental Disorder.* Mcgraw – Hill. 1934.

2. Campbell，C. M.：*A Present – day Conception of Mental Disorders.* Harvard University Press. 1924.

3. Crane，G. W.：*Psychology Applied.* Chap. 15. Northwestern University Press. 1933.

4. Franz，S. J.：*Nervous and Mental Re – education.* Chap. 6 and 12. MacMillan. 1924.

5. Howard，F. E. and Party，F. L.：*Mental Health.* Chap. 12，13，and 14. Harper. 1935.

6. Janet，P.：*The Major Symptoms of Hysteria.* MacMillan. 1924.

7. Kirkpatrick，E. A.：*Mental Hygiene for Effective Living.* Chap. 14. Appleton – Century. 1934.

8. Moss，F. A.：*Applications of Psychology.* Chap. 13 and 14. Houghton Mifflin. 1929.

9. Moss，F. A. and Hunt，T.：*Foundations of Abnormal Psychology.* Chap. 9 and 10. Prentice – Hall. 1932.

10. Rosanoff，A. J.：*Manual of Psychiatry.* Part III，Chap. 8. John Wiley. 1927.

11. Taylor，W. S.：*Reading in Abnormal Psychology and Mental Hygiene.* Chap. 25. Applenton. 1927.

12. White，W. A.：*Principle of Mental Hygiene.* Chap. 4. MacMillan. 1919.

第九章　心理卫生与父母

一　父母教育的重要

心理卫生的实施，最好是在儿童时代就开始，为着儿童时代是建立健康底柱石的时期；所以父母们对于如何教养儿童，如何给予儿童底行为以正当的指导，如何养成儿童健康的习惯和处置他们不适当的反应，都应有充分的知识。但是事实上，一般父母们对于这些艰巨的工作，却很少有什么准备。速记生、汽车匠、侍者、店员、机械师的助手、理发师等等，都须受相当时期的训练，但是负有教养子女重任的父母，却反而视为人人可做。他们担荷这种重任，绝对没有想到他们对于这方面的知识，是否可以让他们去冒险尝试一下。近来普通简单的职业，固然需要训练；而比较专门的职业，例如医生、看护、牧师、教师等等，因为对于人类的关系，更为密切，所以需要训练的时间也更长久。但实际医生、看护、牧师、教师等职务，对于人类的接触，究竟还是断续的，所以他们的责任，比诸时时刻刻和小孩相伴的父母，却又轻松得多。那么，现在的社会对于父母们丝毫不给予如何做父母的教育和训练，岂不是一件怪事？陈鹤琴曾说过下列一段说话，值得我们注意[①]："父母好像是人人可以做的，做父母的这种职业，好像是一种儿戏，也可以说是一种偶然的事件。我们晓得养蜂有养蜂学，养蚕有养蚕学，养牛有养牛学，栽花有栽花学，甚至于养鸡养鸭，都有专门的学识。我们要栽花一定要请花匠；我们要养蜂，一定要请懂养蜂的人去养。但是我们对于教养小孩子则不然，差不多任何人都可以教，任何人都可以养的；好像教小孩子比栽花、养蜂都来得容易，小孩子的价值还比不上花木和牛马似的。"这一段话，说得非常透彻。做父母的人，不仅是供给子女的衣食住，送他们进学校

---

① 见陈鹤琴《谈谈做父母的条件》，《儿童教育》第 5 卷第 1 期，第 39 页。

念书，便算尽了父母的责任；父母对于子女还有更重要的工作要做，便是教养他们，使他们长大起来，能够成为适应环境的快乐者。这种繁重的工作，岂是可以率尔从事的？

到现在还有许多人相信做父母是人类的天性，无须学习的。他们以为当人们做到父母的时候，便自然会懂得教养子女的方法。自然，每个父母都爱他自己的子女，但是爱是一件事，贤明的教训却又是一件事。只是看社会上一般父母对于其子女的过分溺爱，适足以贻误子女这一种普遍的情形，便可以使我们明了纯情感的爱和适当的教养，是不容混为一谈的了。"父母爱子女便一定会教子女"，这句话在逻辑上已经讲不通，在事实上当然更不能符合。伍利①（H. T. Woolley）说过："依赖母亲的本能去教养儿童与依赖占获的本能去谋生养家，是一样的愚蠢。"② 做父母的在事先既毫无准备，一旦自己做了父母，不免暗中摸索，瞎找些教育子女的方法。这样地尝试错误，自然对于小孩的身心，常易发生损害。可怜世界上不知有多少儿童，竟做了他们父母盲目试验的牺牲品！

二　家庭教育与父母

实际，在我国古代的哲学家，已经有不少人承认家庭教育的重要。《礼记》的《曲礼》和《内则》两篇，关于教子弟的标准和方法，就说得很多。此外如《颜氏家训》《朱子家训》等，也都是父母教育子女的法则。虽则其中所讲的不见得都和现代的原则相符合，可是他们对于家庭教育的注意，却是无可否认的事实。《三字经》中说："养不教，父之过"，这寥寥六个字，更把父母对于子女的责任，表达得非常简明。西洋的哲学家柏拉图（Plato）和亚里士多德（Aristotle），首先对于父母问题，发生兴趣。卢梭（Rousseau）、洛克（Locke）、康德（Kant）三位对于父母和儿童的问题，更有极大的贡献。他们的思想和言论，影响于后来的人很大。及至斯宾塞（Spencer），更在他一本讨论教育的小册子里，有过这样明显的说话："诚恳地说，儿童的生存死亡，他们的成就毁败，都依赖着他们的教育，而我们对于将来做父母的人教养儿童的方法，竟从未提及，这岂不是一桩奇异的事体？我们

---

① 原文为"胡儿楼"，今译"伍利"。——编者注
② 见陈选善《什么是父母教育?》，《儿童教育》第5卷第1期，第13页。

将后代的命运，完全交给了盲目的风俗、冲动和妄想——再参以愚蠢的乳母的意见，偏执的祖母的主张，这岂不是一种怪异的现象？假使一个商人，对于算学及簿记，没有一点知识，就开始经商，我们便要斥其愚蠢，预断他将来有不良的结果。假使在没有学解剖学以前，一个人去实行解剖，我们一面不免诧异他的大胆，一面更不免可怜他的病人。但是做父母的对于教育儿童应遵守的原则——身体方面的，道德方面的，知识方面的——一点没有思虑过，就要实行教养儿童这最艰难的工作，反而不能引起我们对于当事者的惊愕，对于受害者的怜惜。"①

三　父母缺乏教养知识的原因

虽然中西的哲学家，都一致地注意儿童的家庭教育，但是一般做父母的人，对于做父母的方法，仍旧盲无所知。推原其故，约有二种。第一，学校的教育，一向都注重于文字知识的灌输和抽象思考的训练，至于日常生活的基本技术，常付缺如。父母应该怎样做？教养子女应该用什么方法？我们根本不能从学校中学得这方面的知识。在国外少数几个新式的大学里，最近才有关于父母教育课程的开设。第二，教养子女的方法，一向便缺乏科学的研究。古时哲学家和教育家所主张的，也未必能尽善尽美，例如提倡"扑作教刑"为教子弟的主要方法，正大有考虑研究的余地。最近医学和心理学的发达，以及心理卫生的勃兴，对于儿童人格的发展，心理疾病的预防和治疗，优良习惯的养成，儿童的保育和维护，才渐渐地积了不少科学的材料，以备已经成为父母或是准备做父母的去采用。最近几年来，无论国内和国外，凡是提倡儿童教育的人们，都大声疾呼地在那里提倡父母教育，因为父母们倘若没有受过相当的训练，不知道怎样做父母，要想实施儿童教育，就正如缘木求鱼，根本上是不可能的。最近一般教育家对于父母教育的注意，并且有很多的书籍杂志，在这方面作积极的宣传和推进，正是儿童幸福前途的新曙光。

四　中华慈幼协会的宗旨及工作

我国首先提倡儿童幸福的团体，当推中华慈幼协会。该会成立于民国十

---

① See H. Spencer：*Education – Physical，Moral，and Intellectual*，p. 23.

七年（1928 年）四月，它的宗旨是"提倡维护及保障中国儿童之权利，并以种种可能的方法，为儿童谋求幸福"。① 该会现在的工作，分（一）儿童保障，（二）儿童救济，（三）儿童卫生，（四）儿童研究，（五）社会教育五种。由于这些精密的工作，我们便可知道它是如何不遗余力地期望它的宗旨完全能成为事实！

五 我国父母教育底近况

首先，中华慈幼协会于民国二十二年（1933 年）二月发行《现代父母月刊》一种，将现代教养儿童之方法与经验介绍于一般为父母者以及准备为父母者。② 中华儿童教育社也深感到父母教育的急待注意，在《儿童教育月刊》第 5 卷第 1 期，特出"父母教育专号"，以示提倡。至于政府方面，除规定每年 4 月 4 日为儿童节外，有明令公布学历二十四年（1935 年）度——二十四年（1935 年）八月一日起到二十五年（1936 年）七月三十一日止——为中华民国的国定儿童年，以促进儿童的福利。儿童年开幕的那一天，教育部长王世杰向全国作无线电广播演讲，报告从儿童年开幕以后，政府所要努力的几种实际设施，第一种便是"实施父母教育，以宣传爱护儿童的思想，并使其保护方法科学化"。③ 全国儿童年实施委员会又订定父母会组织大纲，发交各地方依法组织，并定每星期开会一次，由许多父母合聚一堂，共同来讨论教养儿童的问题，作为地方儿童年的实际工作之一。欧美各国父母会、父母教育研究会、父母教师联合会等等的组织，近来已很普遍，收效亦很显著。我国现在既有政府的提倡和教育界同志的努力，父母教育的种子，已在萌芽，将来发扬光大，儿童所受的幸福正是无穷，真是值得庆祝的一回事呢！

六 父母教育的实施期

实施父母教育的方法，例如组织父母会、设立父母教育补习班和父母教

---

① 见吴维德《中国的慈幼事业》，《现代父母》第 1 卷第 2 期，第 24 ~ 26 页。
② 《现代父母月刊》全年 10 期，预定大洋 1 元，寄费在内，上海博物馆路 131 号中华慈幼协会出版。
③ 见王世杰《儿童年与儿童福利》，《教与学》第 1 卷第 2 期，第 1 ~ 6 页。

育商询处等，虽然对于儿童教养的方法，不无贡献，可是等到做了父母以后，再来研究；尤其是已经造成一些或多或少的错误后再谋改正，成为"亡羊补牢"之举，未免太晚。所以唯一妥当的方法是把做父母的知识和技术，设置特别科目，列入于各级学校课程以内。美国许多大学，已设有父母教育系，专门造就做父母的人才。我国一般人因为误解《大学》"未有学养子而后嫁"的说话，以为教养儿童的方法，等到做了父母，再学不迟，真是极大的谬误。中华慈幼协会有鉴及此，特与民国二十三年（1934 年）七月，呈请国民政府通令全国各中等以上学校，今后应特别注重父母教育，除添设父母学、儿童学、家庭教育等课程外，并须举行父母教育演讲或组织儿童学会，使一般将要结婚的青年男女，能够了解儿童的生理与心理，明晓一切儿童问题的解决。[①] 中华慈幼协会主张把父母教育提早到中学来训练，可使较多的人得到这方面的知识，这自然是一种进步的见解。可是在目前的中国，能进中学的，也还是少数中之又少数。依据教育部十九年（1930 年）度的统计，每一万人口中，中学生仅有 11.07，[②] 其余 9700 多人都没有进中学的机会。他们或是进到小学毕业为止，或是连小学也未曾进过。所以父母教育的课程，列在中学内已嫌太迟，应该在小学中就开始。我国各省近来都在积极扩展义务教育，一个国民在没有获得做父母的基本知识之先，他所受的义务教育便不能算为完成。美国有几个新式的小学，已经试验过，结果虽是很小的男女孩子，对于父母教养子女的问题，也感到异常的兴趣。[③] 现在我国小学，课程已经非常繁重，似乎再无余地可以另行加入一门新的科目，这是一个事实。但是倘若我们能把那些传统的抽象科目，略略减少一些分量，而代以一门实用的父母学，它对于将来人类幸福的贡献，必将远超过算术、国语、史地的传授，这是可以断言的。

七　父亲对于家庭教育的责任

著者所以要特别提出这一点来，是因为家庭教育一向被认为是单独母亲底责任，至少，母亲底责任远超父亲，而父亲可以极少过问甚至不必过问

---

① 见《民国二十三年之中华慈幼协会》，《现代父母》第 3 卷第 2 期，第 58 页。
② 见第一次《中国教育年鉴》丁编，第 103 页。
③ See C. Bassett：*Mental Hygiene in the Community*，p. 172.

的；这实在是一种错误的见解。我们翻开历史一看，古今中外有很多人的成名都是得力于母教。孟母迁家三次，以教孟子，卒成大儒。宋朝欧阳修 4 岁丧父，家极贫寒，母亲以芦秆划地，教他知书识字，后来在文学上有了很大的成就。岳飞的尽忠报国，也因为从小得到他母亲教训的缘故。因为历史上对于这些贤母，大书特书，所以格外容易使一般懒惰的父亲推卸责任。其实孟轲、欧阳修、岳飞都是自幼失怙，因此势不能不由母亲独当其责，并非他们的父亲都站在一旁，袖手旁观；更有一种原因，在这父系制度的社会里，妇女一向是被视为无足轻重的，因此要是子女做了一些善举，人们以为是极难能可贵，往往给予她们以超逾其行为本身价值的赞美和称誉；这也就是历史家在多少带一点夸张的叙述里，将她们底伟举特别记载下来的理由。历史上的名人，有藉于父教的，亦何尝没有？只是因为历史学家未曾把他们特殊地表彰出来，不被人注意而已。教养子女，父亲应该和母亲负着等量的责任，不应该让一方面独任其劳。张官廉说："'男子主外，女子主内'，这是畸形社会里的信条——儿童在生理上是父母二人的结晶，在他的人格里，也应有父母二人对等的成分。"① 一个贤明的父亲，对于儿童的教育，一定非常关心；只有父母二人的合作，才能造成身心健全的儿童。

八　父母对于儿童的关系

父母对于儿童的关系是非常密切的。第一，儿童自初生以至长成，全赖父母的养育。6 岁以前，儿童还没有进学校，朝夕和父母接触，这期间的易于受熏陶，自是不待言的。6 岁以后，虽则进了学校，可是儿童在校的时候还是有限，不及在家庭的时候多。所以父母的陶冶，影响仍是很大。第二，一般儿童心理学家都承认儿童从 1 岁到 5 岁是最重要的时期，在这时期内所养成的种种习惯，足以影响将来人格的发展。许多人的精神病，都是肇源于儿童时代的不良习惯。所以，培养儿童良好的反应，造成身心健康的基础，这种责任，除出父母以外，更有何人能够负担？第三，儿童时代的可塑性最强，好习惯容易养成，坏习惯也容易消灭。年龄渐长，人类的可塑性也渐减退。所以作为儿童底扶植者的父母，应该尽可能地在幼年时代培养一切优良的习惯，不要失去这个机会。第四，儿童是富于模仿性的，很易感受父母本

---

① 见张官廉《现代父母与儿童》，《现代父母》第 1 卷第 3 期，第 2～5 页。

身行为的暗示。有很多的例证告诉我们，凡是父母的争闹、怨恨以及不适当的人生观，对于儿童的影响，为害之烈，不亚于其他的传染病。

九　父母溺爱儿童的危害

父母对于儿童不适当的溺爱，养成儿童过分的依赖性，这是很危险的。往往有许多事，应该让儿童自己做或是可以让他们自己做的；由于那种依赖的习惯，他们便不会做不能做了。有许多父母——尤其是母亲——实在太爱子女了。在家庭内，替他穿衣服、洗脸、喂他吃饭、和他同睡、陪他进学校。小孩一声喊，立刻就到。假如他哭了，想尽种种办法哄他；有些小孩更常以此来要挟父母，达到他所希望的目的，因为他们从经验中知道那时候父母总会允诺他们底要求的。子女进了学校之后，父母又每每不顾是非曲直，一味帮着他们，责备教员。倘若遇到和小朋友吵闹，由于对他们盲目的爱，父母不但放纵他们，有时甚至还会夹进去帮忙。儿童自己应做的一切工作，差不多都由父母替他们代劳。这样的结果是造成儿童骄傲的态度与软弱的实力；而且父母如此地剥夺儿童学习的机会，他们底依赖性便由此养成了。离开了父母便不能适应，便不能生活，他们不得不一生一世当寄生虫，这是何等的不幸！

普通一般父母，常把他们的子女，看得太小。这种错误的观念，实在也是因为那种过分的爱宠，迷住了他们底眼。一个 5 岁的儿童，常会被当作两岁的儿童看待；10 岁的儿童，在父母心里，也像只有五六岁了。儿童本来可以做的工作，父母总以为他们还不能做。五六岁的儿童，母亲还喂他们吃饭；八九岁的儿童，母亲还替他们洗脸；10 岁以上的儿童，进学校还要有人陪送，不敢让他们一人独走，许多完全是子女自身的事体，父母都不让子女自己选择，自己判断，总是代庖。子女要交朋友，父母替他选择；子女要进学校，父母替他选择；子女要就职业，父母替他选择；甚至子女要找寻配偶结婚，父母也替他选择。姑不论父母所选择的是否恰能适合于子女，单就子女在这种环境中长大起来，完全没有独立自主的能力这一点来说，已是足够可担忧的了。

父母溺爱儿童的另一种不良的结果是造成儿童底怯懦。有许多父母使儿童几乎一刻不离地依在身畔；不让他们在黑暗中行走；不让他们有一个时间独自留在空屋里；不让他们见到一点血……于是，许多无谓的怕惧，都在儿童心里根深蒂固地成长了。作者曾亲自看到一个儿童每天被仆妇伴送到幼稚园来，那仆妇便整天地留在学校里，直到散学。每一个户外活动或是休息的时候，那孩子便习惯地靠在她身上或竟坐在她怀里，像一个婴孩似的，许多活泼的孩子们欢笑着在滑梯上自由上下，或是坐在玲珑的三轮车上，但是那孩子却只是用一种胆怯的眼光望着他们。有时他被这一片眼前的热闹激起了儿童好动的天性，要从仆妇底羁绊中挣脱出去；但是她将他搂得紧紧地，并且说："宝宝，你不记得妈妈底话？要跌跤的呢！跌跤多痛啊！"他虽然有些怀疑，但是终于又听从了。这样，那仆妇也就尽了她底名义上是照顾实际却等于软禁的任务。据说那孩子还从不被允许独自上下楼梯呢！可是他的年龄却已6岁了。这样的孩子，长大起来会成为如何一个怯懦者，我们真不难想象得到的。而且这样荒谬的溺爱又何止一二个父母如此！因为爱子女，反而削弱他们生活的能力，这是多么可怜的蠢举！

父母过于疼爱儿童，还有一层危险，就是容易使儿童到大来还保持着婴儿的态度和习惯。他们简直不能离开父母而自营独立的生活。子女到了成年的时候，在心理上应该和父母的情绪联系，告一结束，而另外向外去发展。这种独立的基础，从小就应准备妥当，长大后才能从容适应。但是不幸得很，一般父母——尤其是母亲——常把子女当作所有物看待，管在身边，一刻不离，生怕他会越篱飞去。年纪已经很大的孩子，父母见了还是"心肝""小宝贝""好囡囡"的乱喊，结果会使他们也谬误地以为自己是属于父母的；一旦突然要离开父母的时候，精神上感觉到异常的痛苦。所以有很多的人不能离开家庭到远地去求学或做事，就是这个缘故。甚至有人不愿结婚，因为结了婚势必要和父母分开。霍林斯沃思①（L. S. Hollingworth）曾经举过两个患思家病的详细例子，现在引证过来，以见一斑："一个19岁的孩子，因为时常想家，学校里的功课，大受影响，因此被送去受心理检查。一调查他过去的历史，他在普通的年龄，进了本地一个小学，成绩很好。毕业那年，刚巧14岁，他的父亲送他到远地一个预备学校去读书，准备升大学。他在校住了两礼拜，时常哭泣，不要吃饭，不能看书，常想回家。他的母亲看了这种情形，心中异常不忍，就又带他回来，改进本地的一所中学……等到中学毕业以后，问题又发生了。原因是他本乡没有大学，这个18岁的孩子，就被送到东方的一个大学去。他的生活是非常可怜的。他没有一个朋

---

① 原文为"霍林华"，今译"霍林斯沃思"。——编者注

友，体重减轻了十磅，仍旧不能用功看书，常常偷着在暗中哭泣。他写封信回家去，说校中的饭菜很坏，因此他的胃口不好，甚至心脏也变弱了。这些身体上的症状，果然不久都一一显露，结果还没有到圣诞节，他又被送回家去了。他的母亲见爱子归来，非常快活；喜欢他，伺候他，并且说他的身体太差，不能进大学的。但是医生却说这孩子各方面都健康，没有疾病。因此他的父亲决定再送他到另外一个距离较近的大学，可以时常回家的。但他在那儿，照样的有许多困难。同宿舍的一班孩子，都是蛮而粗鲁；教师也枯燥无味，不久他竟得了一种很重的咳嗽病。这时他已经 20 岁了。他的父亲觉得这样下去，前途很是危险，因此送他去受心理检查，想获得些正当的指示。心理测验的结果，这孩子的智力很高，在普通大学四年级生以上，所以大学的功课，他一定不会发生困难。那么，他的失败，当然不是由于笨拙，而必另有其他的原因。考查他家庭的历史，一切也都很好。他的很多近亲之中，也不曾有一个不能工作的人。他的两个姊姊，也没有什么毛病。等到查到这孩子和他父母的关系，才发现从小他母亲就非常疼爱他；一点小病，就叫他睡在床上，不要起来；不让他自己读书，他的母亲常读给他听；而且在情绪上他母亲和他联系得异常牢固。到 19 岁的时候，每天晚上他母亲还要替他铺好棉被，伺候他睡觉，她当着大众之前依旧叫他'好心肝'。她常说：'他是母亲的宝贝'，'他向来不和其他的少女来往的'。每天总有特别的菜烧给他吃。因为有这些缘故，所以这孩子到大还被他母亲保留着婴儿的态度……后来心理学家贡献了一种补救的方法，劝他在暑假中，到外埠去做些工作，稍微赚些钱，最好是劳力方面的工作，使他可以不致有损害心和胃的怕惧。然后再送他到西部男女同学的大学里，结束他大学的课程。这个提议，他的母亲非常反对，但他的父亲却努力求其实现。这孩子二十年来所养成的思家病，竟因此渐渐地被医好了。"①

有些父母，对于子女的要求，百依百从，事事姑息，就因此养成了他们许多坏习惯。父母往往以为这样是深挚地爱子女，其实却是害了他们。小孩子生了一次大病以后，脾气常会变坏；正因为他们在有病的时候，父母对他们特别注意，看护得格外周到。这意思并不是说儿童病时不应该加以周到的照顾，而是说父母往往因为孩子有病，放纵并且过分原谅他们。孩子病了，

① See L. S. Hollingworth：*Psychology of the Adolescent*，pp. 44 - 46. 书中尚有一例，叙述一个患思家病的女孩子，情形和前例相仿的，所以此处不再举了。

父母不许旁人去惹他们一下。所有要求，无不允诺；就是兄弟姊妹，也都得让他们一步，不能计较。全家的人都把这个病孩子另眼相看，他自己也就威风地高倨，于是他变成了一家的中心人物！这样等到病好之后，自私、逞强等坏习惯，也都种植得根深蒂固，牢不可破了。父母常因此而忧虑徬徨，以为一病竟使他孩子的行为变得如此之坏。其实何尝是病的缘故呢？还不是应该父母自己负责的？据许多心理学家的报告，甚至有些小孩子，因为要想获得父母特殊的注意和优越的待遇，故意装出病来或延长病的时期，来达到这个目的呢！

十　培养儿童独立人格的必要

综合上面所说，锻炼儿童充足的处事能力，以及培养他们坚强然而并不执拗的那种善良的性格与适当的情绪，以期儿童底生活有一个健全的发展，这显然地是很必要的了。关于儿童实力底训练，自然我们必得提早他们的学习。吃饭，让他们自己动手，菜肴狼藉满桌，或是满脸黏着饭粒，并不要紧。我们得知道这是学习中所必经的过程。一个人要想学会自己吃饭，必须经过这个菜肴狼藉的时期。穿衣服，脱鞋袜，也让儿童自己来动手。起初时虽然比较费事，然而这也只是一个短暂的必经的时期，学会之后，自然简便了。迈尔斯①（G. Myers）的《现代父母》（*The Modern Parent*）中，有下面一节话②："我们自己也是避苦求乐，舍难就易的。教儿童做某事比较困难，自己来作，倒比较省事。譬如教 5 岁儿童戴手套，教他自己戴，也许费了20 分钟的时间还教不成功。如果由我们替他戴，恐怕不要 1 分钟的时间，就会戴好了。所以为舍难就易计，宁愿代劳。至于他学成了，自己能戴的时候，我们便可以减省将来的麻烦，这一点，似乎没有想到。我们所唯一注意的是目前的现在。将来如何，我们是不大留心的。更坏的是儿童教育整个被忽略了。因为我们只顾现在代他劳作，完全没有顾及他人格的陶冶和养成。"由于这种以事实为根据的正确的理论，我们可以相信，倘若父母不怕眼前的麻烦，并且信任子女，让他们自己处理日常的事务，让他们从小就有负责的机会，大半的儿童，都能符我们的希望的。

---

①　原文为"迈尔士"，今译"迈尔斯"。——编者注

②　见《怎样做父母》，章衣萍、秦仲实译，商务印书馆，第 199～200 页。

其次，关于儿童健全的独立态度的养成，我们该注意到应使他们与父母间的情绪联系，随着年龄的增长而日渐疏隔。许多做父母的人，平时对于子女，都是不肯"割爱"，认子女是父母的私有物。当子女有了异性朋友的时候，有些父母以为他们竟抛弃了自己，另外爱上他人，心中不禁大为感伤！叹一口气说："孩子大了，心也变了！"这种父母，真是荒谬之至！黄翼说："世俗父母，常不知青年应该独立，辄以子女脱离掌握为自己的损失。特别是寡妇独子，尤易以子女为自慰自娱之具，长欲其依依膝下，诚恐其羽成飞去，此种爱情大有害于子女，实为最自私自利之爱情。"① 所以父母应该从小训练儿童，养成自主独立的态度。儿童一天一天的大起来，父母和他们情绪上的关系，也应该一天一天的疏远起来。当一个孩子处处表现着要自决自立，不愿父母过问他的事件，正是得到了常态的发展，父母绝对不必因此悲伤的。

十一　父母对于儿童过严的危害

父母待子女，太宠爱固然不好，失之过严，也是同样的不当。我国素来以"扑作教刑"悬为家庭教育的圭臬，再加上"不打不成器""棒打出孝子"等等的传说，于是就形成了所谓"慈母严父"的家庭。父亲常自以为是一家之主，处处要小孩子服从，绝对听他的说话。而且经验告诉他，要儿童服从，怕惧是一种最简易的方法，所以特别严厉。孩子见了父亲，就像兔子遇着猎狗一样，甚至连话也不敢说。儿童在这种无情冷酷的环境中长大以后，往往养成了自卑、胆怯、畏缩、怨恨、多幻想等坏习惯；也有竟因此树立了处处反抗的态度。父母告诉他的说话，他像没有听到似地，完全置诸不理；父母对他的希望，他故意使他们失望。这种孩子进了学校，一定不守规则；进了社会，也一定不守法律，对任何权威，不顾是否合理，都要顽强地加以反抗。这对于人类，会是如何大的一种损失！

正因为上面所曾提到的，父母对于儿童的严厉是异常无情冷酷的刺激，于是，另一种不良的结果很容易的产生了，那便是孤僻性情的养成。父母与子女几乎可说是终朝相处的，那么这种长时期的严峻如何剧烈的影响到儿童的情绪，真是不言而喻的了。没有爱（虽然这一点不是父母所肯承认的），

---

① 见黄翼《青年心理卫生问题》，《教与学》第 1 卷第 2 期，第 29 页。

没有同情，没有安慰……再没有什么能温暖孩子们底心！整天地他们被困在愁城中，担忧着一点微小的错误立即会招来严厉的责备或惩罚。渐渐地他们这样的感觉更加扩展强烈了，他们觉得没有一个人善意的给予关心体贴，没有一个人是他们底朋友，他们宁愿默默地将自己沉浸在孤寂里，在危险的幻想中求得满足。

假使有一个父亲用武力打伤了他子女的身体，致成残废，我们一定要责备他的残忍。可是一个父亲因为严厉无情的态度，摧毁子女底心理健康，使他们心理上受了重伤，虽和前者同样地不人道，反而能够得到一般人的颂扬，说他是"严格训练"，"教子有方"，岂不是一件矛盾的事体？

十二 父母对儿童的正当态度

父母应该明白他们是子女的顾问和朋友，并不是赏罚是非的法官，也不是独奸燃犀的侦探，更不是神圣不可侵犯的主宰，所以他们的态度，应该不宽不严，和蔼可亲；使儿童敬，但是不可以使他们畏；更须使他们愿意对父母没有一点隐秘，坦白地陈述一切，觉得父母是他们最亲切的帮助者。只有在这样和平、快乐、同情、友爱的空气中长大起来的孩子，才会有和平、快乐、同情、友爱的人格。

十三 父母不应推卸责任

儿童的许多坏习惯，实在都是教养不当的结果，所以父母应负责任。但是一般父母，在事先既是漫不经心；等到儿童的坏习惯已经养成了之后，多半仍是好整以暇，以为无关紧要。他们中有的也许知道儿童的坏习惯应该从早设法消灭，可是一想到这种工作的艰苦困难，便自然而然地把问题丢在一边，不再加以过问。他们似乎以为任何问题，只要不承认它，便不会存在。一般父母因为不愿意多花精力时间去研求补救的方法，因此对于子女的缺点，常常加以否认。纵使子女坏习惯已经非常显著，不容掩饰，他们也会想出些理由来安慰自己，说："他现在还小，大起来自然会好的。"他们更从亲戚朋友中找出些似是而非的例子来证明自己主张的无误。其实，习惯决不会过了些时而自己消灭，相反地，它只有继长增高的倾向，假如不设法消灭它，结果必致根深蒂固，牢不可拔，永远成为人格中的一部分。

人们不但用年龄小的理由来原谅并解释自己子女底坏习惯，假使有的父母向人叙述子女底坏行为时，他们更会用这种论调来劝慰。这实在是一种普遍的并且危险的错误。要使儿童获得健全的人格，我们必得承认儿童期的重要，而且彻底认识儿童期就是人格基础底奠定期。

十四 教养儿童的基本原则

父母应该明白自己的责任，在帮助子女发展健全的人格，养成适当的习惯，使成人以后，能够适应社会生活，不感困难。这是父母对社会对国家应有的责任。德国自希特勒秉政以后，对于有子女而不教养的人，一概处以极刑，以为忽视国民责任者戒。讲到教养子女的方法，千头万绪，自然不是在这寥寥一章以内所能写得完的；阅者必须另看专书，才能详尽知道。在这儿，作者不过综合各家的意见，编成下列几条基本原则。

（一）以身作则

儿童是最喜模仿的，所以大人的一言一语、一举一动、一喜一怒，都无形中影响儿童很大。父母无论要想使儿童建造一种习惯或消灭一种习惯，都得先留意儿童的环境之中，有无可使儿童模仿的性质存在。常看见有许多父母怪他们的子女脾气不好，而没有想到自己却常常敲台拍桌的骂人；又有许多父母恨他们的子女要说谎，而没有想到自己允许儿童的事体，常是说了便算，并不实践；又有许多父母责怪他们的子女要选择菜蔬，而没有想到自己在吃饭的时候，常是这样菜不合口，那样菜不要吃；还有许多父母担忧他们的子女怕惧太多，而没有想到自己看到一只野狗，也会高声大喊起来。诸如此类的例子，不胜枚举。这些儿童的坏习惯，都是他们父母行为的反映。父母们倘能反躬自省，必定会哑然失笑，不致再单独责备他们的子女了。所以，假如小孩子有了一种坏习惯，我们必先反省自己有没有这种习惯给他们模仿；假如要想小孩子养成某一种习惯，我们也应该以身作则，先做个榜样给他们看。我们要子女诚实，必先自己诚实；我们要子女勤劳，必先自己勤劳；我们要子女对人有礼貌，必先自己对人有礼貌；我们要子女心理健康，必先求自己的心理健康。这样供给儿童模仿的机会，在不知不觉中，潜移默化，效力是最大的。陈鹤琴说："做父母的一方面要以身作则，一方面还要替小孩子选择环境以支配他们的模仿。"①

(二) 交替指导

交替指导又叫作替代的原则，意思就是说我们应该用他种活动来代替要取消的活动。活动是儿童时代的主要生活，决不是消极的禁止所能够遏抑得住的。倘若他找不到活动的正当出路，仍会继续地犯另一种不良的习惯，所以贤明的父母一定因势利导，找一种好的活动来替代坏的行为，使儿童的冲动得能改向发泄。单是禁止，总是无效的。即或他被迫不得不放弃那以浓厚的兴趣致力着的事情，但是因为没有旁的工作可做，也许他反会把那种活动的力量，发泄到比原先更坏的一种行为上去，那时候情形便愈糟了！消极制止的另一种无效的表现是当你开始禁令的时候，儿童因为怕受谴责，暂时不敢继续，但隔了不久，或是当你离开他的时候，你底禁令便将完全失效了。所以当你看见一个小孩用笔在墙上乱涂，或是用剪刀乱剪头发的时候，与其高声大喊："不要涂墙壁！""不要剪头发！"不如乘这机会，给他一张白纸，让他画画，或是给他一张画报，叫他把人像剪下来。这样当然要好得多。我国一般父母，对待子女的传统方法，只有"不许"两个字。"不许吵！""不许叫！"不许这样，不许那样，代表了大多数家庭教养子女的唯一方法。惟其不知道应用替代的原则，而只是一味的消极禁止，所以难怪"言者谆谆，听者藐藐"了！阿利特②（A. H. Arlitt）在他的名著《父母学》（*Child from One to Six*: *Psychology for Parents*）中，举了好几个交替指导的例子："一个16个月的婴儿，将地板上的软毛捡起来放入他的口里；后来给他一个盛碎纸的小筐，他便不再放入口里，把捡起的东西都放入纸筐。"③ "又有一个小孩扭弄厨房的煤气管，母亲告诉他可以拿一小块破布擦摩火炉下面的铁柱。那是孩子的地方，煤气灶上是母亲的地方，小孩擦铁柱，母亲弄煤气灶。"④ 这些都是能利用替代活动的好例子。阿利特并且说："如果找不到替代的事情，儿童常常宁可受顿责罚，亦不肯误过一件不许做的乐事。"⑤ 从这里，更显得消极禁止的徒然了。

---

① 见陈鹤琴《家庭教育》，商务印书馆，第 20 页。
② 原文为"亚丽德"，今译"阿利特"。——编者注
③ 见《父母学》，张官廉译，第 34 页。
④ 见《父母学》，张官廉译，第 34 页。
⑤ 见《父母学》，张官廉译，第 35 页。

(三) 父母一致

父母对于训练小孩子的方法，应该有一致的态度，否则一个严厉，一个放纵，时常发生争执，对于儿童有莫大的害处。普通的父母，因为经验不同，观点两样，所以指导儿童，意见往往不能一致。倘他们能平心静气地讨论，互相商榷，不难得到共同的结论；最忌的是当着儿童面前，彼此争执起来，使儿童无所适从。一个相信体罚，一个认体罚是最要不得的方法；一个禁止儿童吃闲食，一个却以为小孩子吃点零食，并不要紧；一个要小孩子整天地念书，一个却以为小孩子游戏比念书更重要；一个主张对小孩应讲理，一个主张不必讲理由，我们应该训练儿童绝对地服从；一个责罚儿童的时候，一个常出来阻挡；一个不准儿童用钱，一个偏在暗中给钱与儿童用。这样的例子，实在是举不胜举。当儿童发觉父母之间，一位的主张为其余一位所不赞同时，究竟依从哪一位才对？这在儿童看来，是极感困难的。父母教导子女，倘若不能使子女有所适从，这就不能算为教育。而且儿童知道他不顺从父亲（或母亲）的意思，他的母亲（或父亲）必会庇护他，更是"有恃无恐"，置父亲（或母亲）的言语于不顾。倘若他知道父母是一致的，主张相同，他们只有一个标准，自然容易服从了。不仅如此，有些小孩见父母为了他们的事体，而彼此发生争执，他们就洋洋得意，以后会故意再闹一下子，以引起父母的冲突。而且这冲突的本身，无形中使儿童沾染好争暴躁的性情。这种危害，也是不容忽视的。迈尔斯（G. Myers）在《怎样做父母》一书中，有下面一段话，很可供我们参考："如果夫妇间的争执是关于儿童应做或不应做的事，且若是当着儿童发生的，哪怕他们的争执怎样平静，怎样周到，终于儿童有莫大的害处。这种害处影响于儿童的幸福之大，谁也不能企及。夫妇间有了这样的争执，可说是家庭教育上最大的障碍，任何障碍都不及这样厉害。试思幼弱的儿童身居其间，是多么困难？俗语说：'一人不能事二主'，儿童这时正是如此。"① 陈鹤琴也说："在小孩子面前，做父母的大家意见不合，不特使小孩子无所适从，而且或者也引起他轻视父母之心。"② 总而言之，聪明的父母，纵使训练儿童的意见，彼此不同，也决不在儿童面前，发生冲突；他们必暗暗地在一块仔细商量讨论，这样，后来他

---

① 见《怎样做父母》，章衣萍、秦仲实译，第 33 页。
② 见陈鹤琴《家庭教育》，商务印书馆，第 106～107 页。

们所用的方法和手段，乃能一致。父母之间倘能有这种合作的精神，则不但训练儿童，容易见效，而且家庭的爱情也无疑会一天一天的浓厚起来了。

（四）避免恐吓

因为要使儿童立即服从，恐吓就变为最普通的一种方法；但是恐吓儿童，不但是无用，而且是不可恕的。倘使你告诉儿童的说话，后来真的实现了，这不能算为恐吓；唯有你预告的结果，事实上并不会实现的，这才叫作恐吓。许多父母常利用无意识的恐吓，来控制儿童的行为，例如向儿童说："你再哭，我要把你关在黑房间里去！""不要响，猫来了！"可是小孩子仍旧继续着哭闹，不但猫没有来，连黑房间也不曾关。因此产生的结果，不外乎两种。第一，养成小孩子许多不必要的怕惧。猫是家畜，不会伤害人，而小孩子应该常和动物作伴，从小养成他研究动物的兴趣与爱护动物的习惯；黑暗更是不应怕的；可是现在他因为父母恐吓的结果，见了猫也怕了，黑暗的地方也不敢去了。我们在第五章中已经说明怕惧是一种分解人格的主要势力，设法消除还来不及，怎么还能叫小孩子怕这样怕那样呢！其次，当儿童发觉猫没有来，也不曾关，他知道是在欺骗他，于是对于父母的说话，便失去了信仰。父母既然希望在自己的教导和帮助之下，使儿童长成身心都很健全的人，要是不能引起儿童的信仰，怎么还能使他愿意去咨询父母底意见呢？所以这两种结果都是不相宜的。

（五）不以自己的理想做目标

有些父母因为在自己的经验中，某种欲望受到了阻碍，或是某种事业有了成就，因此就造成了一种牢不可破的偏见，作为训导子女的标准。这实在是件错误的事体。个人的能力不同，兴趣互异，我们断不能责成子女来满足父母所不能达到的希望，或是继承他们底志愿。可是社会上这样的父母实在太多了！关于这一点，且曾在以前提及。例如有一个父亲自己没有机会进大学，认为是一种莫大的缺憾，于是给他的儿子学文史，进高中，希望将来能够升入最高学府，实现自己底遗志，以一光门楣。其实从这个孩子的兴趣、倾向、智力及其他各方面看来，学技能比较进大学要适宜的多，但这些却从未曾被考虑过的。再如有一个父亲，是一位工程师，毕生致力于工程，他对此极感兴趣，而且在这种事业上有了卓越的成就。于是他决意要把他的儿子造成第二个自己，他要儿子继承他的事业，而且偏执地坚信着他底希望一定能得到最完全的满足。在这种情形之下，当然他是不会顾虑到他儿子底个性是否与他相似的。在我国，由于传统观念的深入人心，这种错误更是数见不鲜；因为要保持"书香门第"的令誉，就不能使子女走入"文"以外的另一途，即是一个普遍而明显的实例。又如有一个父亲，自己幼时曾受过极严格的训练，他的父亲待他非常残酷，常施鞭挞，他身受到这种剧烈的痛苦，因此产生了一种情绪的偏见，就是对于指导训练的价值，发生怀疑。他对他的子女，绝端放任，丝毫不加拘束。这些孩子长大起来，因为缺乏家庭教育，一切行为都毫无规律，和社会的风俗不能适应。还有一位父亲，因为他的妻子不幸得到传染病而死，因此变成了惊弓之鸟，保护他 5 岁的孩子，无微不至，甚至禁止他出外去和其他的小孩在一起游玩，深恐再被传染。有时这小孩偶尔有点小病，他父亲更以为大难将临，又将遭遇与以往相同的不幸，为此惊慌得了不得。这孩子终日在恐惧忧虑的空气中度生活，到了 10 岁，还不知怎样和别的小孩同玩，因此变成一个孤独不快乐的孩子。上述的例子，都表示父母养育子女的态度，常受自己某种经验所支配；不管儿童身心的情形，只一味的希望他们来满足自己不能实现的欲望，或是继承自己所感觉兴趣的事业。难怪结果不但不能成功，反而有时养成儿童反抗的态度。

（六）实践诺言

凡是答应儿童的，必须做到，不可以骗他。如果预料做不到或不愿做的事体，就不必允许他；既然已经答应了，必得实践诺言，不能失信。例如有好些父母因为要暂时得到儿童的服从，允许买几本新书给他看，或是另外的东西给他玩，敷衍一下；等到事过境迁之后，买书的事，早已抛诸九霄云外。可是儿童对于他父母的说话，却始终没有忘记，过了几天，不见他父母买新书给他，心里难免要发生疑问，觉得父母是在欺骗他。有时父母并不真忘记了自己的说话，乃是有意的想不践约，以为只要不提起，小孩子便会忘记了。其实小孩子是决不会忘记的，甚至儿童后来问起，还有些父母仍旧拿"下次买给你"的说话来搪塞，这更是不可原谅的了！所以有许多小孩子不信仰他们的父母，或甚至于也撒谎话欺人，都是这样日积月累，受父母的熏陶所造成的。

十五　母亲怀孕期的影响于儿童人格

从心理卫生的观点看来，儿童时代不健康的习惯，都是后来不能适应的主要原因，所以父母对于儿童的训导，负着很大的责任。正因为儿童在很幼的时候，就容易受父母的影响，因此父母本身的态度是至关重要的。在这儿，有一点值得我们注意：就是许多母亲在怀孕的时期中，会呈现着忧虑恐惧以及其他种种的心理冲突，这些情绪上的态度，不但可以妨害她自己身心的健康，并且足以影响儿童将来人格的发展。在这科学昌明的时代，我们自然不再相信古时"胎教"的传说，以为母亲的思想和行为能直接影响胎儿；可是母亲在怀孕时的情绪态度，常会继续保持到小孩诞生以后，因此影响到她和儿童的关系。许多有孕的母亲，因为听到产妇容易死亡或变成残废等等无稽的故事，对于生产，异常怕惧；更有许多母亲，因为怀孕时期的种种不便和行动的受了限制，对于自己的怀孕，发生厌恶；也有许多母亲，深恐生产以后，容颜衰老；或者因为家庭经济的不宽裕，多添一小孩，就会多加一分痛苦，因此更日夜担忧着未来的种种问题。倘若她本来不希望有小孩子的，那么怨恨的程度，必定更高。因为有孕而产生的恐惧、忧虑或怨恨，结果无疑地会影响她后来对于小孩的态度。所以母亲的怀孕，实在是心理卫生上一个严重的问题，和"教养子女"同有指导的必要。

十六　身体卫生的关联于心理卫生

我们提倡儿童的心理卫生，并不就是忽略了他们的身体卫生。身体和心理有着密切的连带关系，许多的生理疾病，都可以在心理上发现真正的病由；同样，许多的心理疾病，也都可以在生理上找到变态的根据。所以一个身体健康的人，才容易得到心理的健康。试想一个时常被病（指身体上的）侵袭，不堪痛苦的人，又如何能保持他精神的愉快呢？无论是心脏病、肺病、脑病、花柳病、血压的失常、神经的中毒、液腺的变化，都足以损害心理健康，在人格上发生显著的症状。我们如果要讲心理卫生，这些身体上的疾病，必须首先加以治疗和注意。可是我们一查在家庭里的儿童，有很多的小孩身体上是有疾病的。根据美国白宫会议①底调查报告，55526 个未入学儿童身体检查的结果，发现下列的病症。

---

① 美国前总统胡佛（Herbert Hoover）于 1930 年 11 月在美国华盛顿，召集儿童教育专家及从事于儿童幸福的工作者三千人，举行白宫会议，讨论儿童健康和保护的问题。会议结束后，各组都有详细的报告，由 Appleton – Century 公司出版。

表 9－1

病症	人数（人）	病症	人数（人）
眼	3094	足	2722
耳	1830	过轻	10196
齿	29850	皮肤	1152
扁桃体	21179	疝气	675
腺肿	12402	腹	914
鼻	1636	割去包皮	3128
心脏	1347	其他	3292
腺	7644	共　计	105732①
姿势	3885		

看了这个统计的数目字，我们已经觉得可惊，在这贫弱多病忽视卫生的中国，小孩子有病的，一定更多。父母倘不注意及此，那么提倡心理卫生，效率必等于零。因为这些疾病的结果，对于身体和心理的健康，都有妨害。及早的诊治，自然可以免去后来许多麻烦。

十七　结论

儿童时代是人格胚胎的形成期，因此儿童时代的教育——多半是家庭教育——极为重要。那家庭教育的实施者——父母，既不可溺爱儿童，致削弱他们人格的独立，又不可过于严厉，致毁损他们心理的健康。他们应该合作地来教导子女；以身作则，避免偏见；用积极的替代来调换消极的遏抑；不对儿童作无意识的恐吓，用认真负责的态度向儿童说话，并且留意到他们身体的健康。当然，必须是贤明的父母，才能做到这些。总之，父母的态度和教养儿童的方法，影响儿童后来的行为很大。一个小孩子将来的心理是否健全，其权大部分操于父母之手。所以，我们要想减少心理有病的成人，必须从根本着手，使每一个做父母的人，都有做父母的知识和技能。因此，父母教育的提倡，实在不容再缓。著者现在借用陈鹤琴的说话，作为本章的结束："我坚决地相信：父母教育是儿童教育的基础。中国哪一天有了美满的

---

① 因为一个儿童有生好几种疾病的可能，所以共计的数目比检查的人数多。

父母教育，然后才会有美满的儿童教育！"①

参考书：

（一）《父母学》，张官廉译，中华慈幼协会。

（二）《怎样做父母》，张衣萍、秦仲实译，商务印书馆。

（三）陈鹤琴：《家庭教育》，商务印书馆。

（四）陈鹤琴：《怎样做父母》，《教育杂志》第 25 卷第 12 号。

（五）陈征帆：《中国父母之路》（中华慈幼协会）。

（六）吴南轩：《儿童的心理卫生》，《教育杂志》第 25 卷第 12 号。

（七）吴南轩：《问题儿童之心理卫生》，《中大教育丛刊》1 卷 2 期。

（八）许逢熙：《心理卫生的基础工作》，《教育杂志》25 卷 9 号。

1. Blanton，S. and Blanton，M. G.：*Child Guidance.* Century. 1927.

2. Blatz，W. E. and Bolt，H.：*Parents and the Pre – school Child.* Morrow，1929.

3. Burnham，W. H.：*The Normal Mind.* Appleton – Century. 1924.

4. Grane，G. W.：*Psychology Applied.* Chap. 13. Northwestern University Press. 1933.

5. Fisher，D. C. and Gruenberg，S. M.：*Our Children*：*A Handbook for Parents.* Viking. 1932.

6. Grooves，E. R.：*Parents and Children.* Lippincott. 1928.

7. Grooves，E. R. and Grooves，G. H.：*Wholesome Parenthood.* Chap. 1 – 7，9 – 15. 1929.

8. Howard，F. E. and Patry，F. L.：*Mental Health*，Chap. 8. and 9. Harper. 1935.

9. Mateer，F.：*Just Normal Children.* Appleton. 1929.

10. Mowrer，W.：*The Family.* Chap. 7 University of Chicago Press. 1932.

11. Rosanoff，A. J.：*Manual of Psychiatry*，Part III，Chap. 10. John Wiley. 1927.

12. Thom，D. A.：*Everyday Problems of the Everyday Child.* Appleton – Century，1933.

13. Thom，D. A.：*Normal Youth and Its Every – day Problems.* Appleton – Century. 1933.

---

① 见《父母学》，张官廉译，陈鹤琴序。

第十章　心理卫生与教育

一　教师对于心理卫生的责任

形成儿童人格底责任，除父母以外，第二当推教师了。正确地说来，儿童自被送入学校以至离校，每天都应该在一种完整的培养中：丰富的知识，强壮的身体与健全的精神。以往那种偏向知识的畸形发展早被这进步的时代所摒斥了。因此，教师一方面是儿童底知识指导，一方面又是儿童底行为顾问。许多心理失常的人，都由于习惯养成得不好之故。虽然儿童的习惯，在入学以前——家庭里——已经奠定下基础，可是教师们极不应该将培养儿童健全人格的责任，诿诸父母而置之不顾。第一，儿童时代的可塑性最大，在家庭里养成的坏习惯，教师倘能及早发觉，并予以适当的训练和教育，还可以纠正过来。如果置之不理，那么变态的程度，必致日渐加深，最后陷于不可救药的地步。第二，在现在"父母教育"还很幼稚的时候，儿童有许多身体上或情绪上的坏习惯，常被父母认为无足重轻，轻易地忽略过去，亟待教师来处置。因为他们比起一般的父母来，多少已步上了较为前进的教育底阶段。第三，有许多儿童，在家庭中本来身心都很健康，但一进了学校以后，因为环境的不良、教师处置的不当，以及整个学校行政的疏忽，以致身心两方面，都呈现了病态的现象的，尤其是数见不鲜。对于这一层，教师自然更应该负全部的责任。第四，儿童在求学时代，他工作和游戏的时间，大半都在学校中度过；照普通计算，一个儿童早晨八时到校，下午四时离校，经过为八小时，而儿童的睡眠时间当在十小时左右。这样，已可证明他留在校中的时间，极为久长；不消说学校教育对于儿童人格底发展，有着很大的影响了。本章所要说的，就是从心理卫生底立场，来讨论教育的设施和方法，目的在使目前的教育系统，如何可以适合学生的心理健康，避免变态的发展。作者深信教育的最重要目标，在于使儿童身心两方面，都获得正常健全的生长。学校必须达到这个目标，才能算尽了它的使命。所以倘若家庭教育和学校教育有了改良，社会上心理失常的人数，一定可以大量地减少。这是我们从事于教育的人所应当注意的。

二　对初入学儿童应有的注意

儿童初进学校，一旦从家庭的环境改变到学校的环境，常会不能适应。他们在家庭里，所接触的，都是熟人；一切事体，有父母代劳；饮食，又都能适合胃口。总之，家庭中的一切，都是为他们所熟稔和习惯了的。进了学校之后，不但这些原有的权利，不能再继续享受，而且学校是一个新环境——一个没有熟人的陌生环境——所看见的都是素不相识的生人，老师不像父母这样慈爱，同学又不像弟兄这样熟悉。在学校里，儿童得自己负起一切生活的责任，不似在家庭中的有所依靠。在这种情形之下，新生开始时的适应，自然是很不容易。所以许多儿童，初进学校，总是哭闹不已，吵着要回家；有的儿童怕受父母、教师的责罚，勉强留在校里，可是精神上却异常痛苦，失去了心理的健康；更有的儿童，竟因此养成了极端内向的人格，变成严重的精神病。这种适应的问题，自然是新生最易发生。幼稚园和低年级的教师，对于这一点，所以尤其应该留意。倘若开始的时候，没有把适应的习惯造成，以后困难问题，便会愈来愈多，错综复杂，更感棘手。幼稚园和一年级的教师，无疑的应该多把时间花在儿童的研究上面，将一班新来的儿童，作仔细的个别观察、诊断和处置。他们一方面更应该体贴地替儿童设想，给他们种种便利，使不觉有离家之苦；并用亲切的态度对待儿童，减少他们的孤寂和失望。这样才能逐渐引起儿童对于新环境的适应。我们深信，这种适应能力的训练，才是基本的教育，比较教识几个字或教唱几支歌，更为重要，也更有意义。所以学校中最先采用心理卫生底原则的，当推幼稚园和一年级的教师了。

三　家庭影响儿童的适应

儿童对于学校环境适应的快慢，要看他在家庭中所受的教育如何而定。倘若他底父母很早注意到习惯的训练，供给和邻近儿童一同游戏的机会，鼓励独立自主的生活；他进了学校，便较易适应，不致会发生大困难。可惜社会上只有很少的儿童得到这种家庭的训练，大半的儿童都在那错误的或是浅薄的家庭教育里被忽略了。他们因为在家里放纵惯了，早已养成了公子哥儿的脾气，一来便使气任性，到了校里，就会感觉到处处要受拘束，不能自由。这是必然的结果，因为那种集团的有规律的学校生活，自不能与一般的家庭生活相比，而且在学校中，也决不会有人溺爱他纵容他如父母一样的了。还有些儿童，因为在家庭里被视作永远的小宝贝，致使他们到大还保存着婴儿时代的说话和态度；这些特殊的说话，除出了自己的父母或保姆以外，别人就很少能听得懂。更有些儿童，在家庭中缺少营养、睡眠不足、工作过度或是身体上有了疾病，未被发觉，一旦进了学校，对于校中的工作，也容易厌倦烦扰，缺少兴味。这些儿童对于学校适应的困难，都是在家庭中就栽下了根苗。可是一般父母，能充分懂得做父母底知识的，求诸现代，实在是凤毛麟角，不可多得。因此除积极提倡父母教育之外，只有借教师底努力，从事于"亡羊补牢"的工作，把这些被疏忽的儿童，一个个出水火而登衽席。因为对于环境的适应，是后来一切心理健康的基础，在儿童时代来奠定这个根基，比较容易，只需花很少的时间、金钱和精力，就可以收获圆满的结果。倘若开始的时候，把这个机会轻易失去，以后的困难，处置起来，便须抛掷加倍的时间、金钱和精力了。

四　一般教师底误见

小学教师底责任，首在利用科学的方法，同情的态度，来研究儿童底人格，分析行为上的问题，求得适当的解决；至于国语、算学、史地等等知识的传授，尚在其次。可是现在一般教师，常过分注重后者而忽视前者。他们对于儿童的适应能力，很少积极的指导和训练，只偏重于事后的应付。所以，儿童底行为，必须要等到足以妨害教室中工作进行的时候，才会引起教师们底注意。一个儿童常在教室中吵闹，或是和旁座谈话，或是用纸团抛来抛去，扰乱了课室的秩序，就被认为成问题；另一个儿童常喜说谎，或是时常偷窃别人的东西，妨害了其他同学的权利，也被认为成问题。可是一个畏羞的、沉默的、孤僻的孩子，因为他比较安静，并不淘气，和教师工作及团体生活，都没有什么显著的直接的冲突，因此教师不但不会去注意研究这个儿童底一切，反而会认他是一个最能适应的孩子。但是一个心理卫生学家底观点，却正好与此相反。他对于一个不声不响内向发展的孩子，最为关心，认为这是人格变态的先兆，长大起来，往往有变成精神分裂症（dementia praecox）或其他精神病的可能。所以比较那些扰乱秩序或是公然反抗的孩子，实是要严重得多。教师们倘若有了心理卫生的知识，至少能获得正当的观点，不致再发生"舍重就轻"的重大错误了。

五　教师人格修养的必要

　　一个成功的教师，除出须具备充分并且正确的学识和优良的教学技能以外，本身人格的修养，也占着一个极重要的位置。教师希望儿童能适应，他自己先要能适应。许多教师自己心理已不健康，因此反影响到了儿童，这是多么可以痛惜的一回事！儿童在家庭里养成了的坏习惯，教师不曾发觉，或是不能替他们纠正，还只能算是教师消极的过失。若是儿童本来倒很健康，因为教师自己性情的暴戾，行为的怪癖，以及反应的失常，使无数活泼的儿童，都陷入了活地狱，就像由鲜明的蓝色转变到灰色一般，这才是教师积极的过失，不，岂但是一种过失，简直可以说是一种罪恶。所以一个贤明的教师，必得先明白自己困难问题之所在，做合理的解决；避免变态的出路，才不致自误误人。其实，教师底职业，根本就不比其他职业容易适应。第一，在一般人看来，教师似乎应该是一个能做模范的完人，他的一举一动，常被社会所注目，倘若他的行为有一点足以被人指摘的地方，就立刻可以影响到他的职业。这种情形，尤以荒僻落后的乡村为甚。所以教师要想维持他的尊严和地位，必须勉强抑制自己底欲望，使处处和社会的标准相符合，甚至他们的衣服和交际，都不能十分的自由。一般来说，年轻的女教师们，受到了这份职业的拘束，心理上更易发生严重的冲突。第二，在小学里，通常一班有四五十个儿童，他们又都是活动爱玩的孩子，这种管理的工作，本来就很繁重，倘若不是一个有特殊耐心的人来担荷这种艰巨，心理上必致受到过度的紧张，结果不是常和同事争吵，便是迁怒到儿童身上。幼稚园和低年级的儿童，刚开始脱离了无拘束的家庭生活，幼小的年龄与浅薄的经验使他们不能了解规律和秩序，因此他们是更不易就范的。现在我们已看到一个剧烈的冲突横在面前：幼稚园和一年级的教师底责任特别重，而他们所遭遇到的困难却更大，这自然会使他们更不易适应。第三，小学教师除了每天繁重的上课之外，课外阅卷等工作，常会占去几乎全部的空闲。他们很困难去享受一些自己所爱好的娱乐，或是做一些职业范围以外的自己喜悦的事，以恢复疲劳。每天只是无休止地工作着，上课、批改卷子、处理校中杂务……这种机械的生活，使他们对之厌倦，甚至感到人生就如一片无垠的沙漠似地干枯。在这种情境里，要能保持愉快而活跃的精神，努力向上的态度，谁都想得到该是不很容易的吧！第四，至于说到教师的待遇，更是微薄得可怜。据张钟元的调查，[①]我国小学教师的平均年俸为 195 元，平均每月只有 16 元强，在这物价昂贵的时代，以这样一个微小的数目，维持个人的生活，已是戛乎其难，更谈什么仰事俯畜？而且近几年来，学校也染了政治化，和政府机关一样，校长一更动，大批的教员便跟着宣告失业。际此人浮于事的时候，要立刻继续谋得一个职位又是极无把握的。在大都市中，甚至有许多教师是只被供给膳宿——或竟致只有两者之一——而不支一文薪水的。试想教师的生活如此不舒适，职业如此不稳固，如何不使他们时时沉浸在忧虑与彷徨之中？自然，这些心理上的不安，都足使教师外表的行为发生异常。所以每一个教师都应该先研究自己的问题，面向事实，了解原因，然后再设法补救。倘能减低冲突和紧张的程度，不但自身的人格得能完整坚固，同时也可不致贻累到无数天真的儿童！

六　教师底偏见

人们应付某一事物，常被自己的偏见所左右。教师们并不是超人，当然也免不了偏见。他们对待儿童的态度，常不以客观的事实为根据，而以个人的偏见为转移。有许多教师，对于服装整洁的儿童，常会不自觉地表示一种和蔼亲近的态度；反之，衣衫褴褛的穷孩子，纵使他们的成绩列在中等，也常会受到厌恶和斥骂。这种以贫富来分别待遇的标准，把贫富阶级的观念，从小就灌输到儿童纯洁的脑筋里，结果如何，不难想见。而且贫苦的孩子们，本已感到物质上的享受，不如旁人，何况更因此而遭遇到轻蔑和歧视？因此而产生的心理上的不良影响，真是异常严重的。也有些教师常厚待聪慧的以及面貌清秀的孩子，而薄遇愚蠢的和丑陋的孩子。儿童天赋的低下智力，以及与生俱来的不扬仪表，引起了教师的坏印象，便会立即发酵成憎厌他们的一切。但这些岂是孩子们的过失呢？一个怠惰的学生，可以发奋勤学，但是智力和容貌，都是先天早已决定的，不能自由改变。笨拙的孩子

---

① 见张钟元《小学教师生活调查》，《教育杂志》第 25 卷第 7 号。

们，原来就已较旁人不易适应了，何堪再受不平的待遇？这种适应上困难的增加，驱策他们走上心理不健全的窄径。更有教师但凭儿童一次过失，便埋下了恶劣印象的种子，心里存了这种偏见，以后这个儿童纵然没有其他的过失发生，也改不了教师对他歧视的态度，始终会被认为不可造就的坏蛋。而且他的坏名誉，会从下一级传到上一级，直到他离开学校为止。一位三年级的教师在学期终了的时候，预先警告四年级的同事说："吴子才下学期要到你的班里来了！注意他，他是一个要偷东西的小贼。"四年级的教师受了这个有力的暗示，等到开学之后，一看见那名叫吴子才的小孩子，无疑地就先存了"他是窃贼"的偏见，于是处处防范他，准备着捉住他的罪恶。一天，这位教师忽然失去了一个小银角，当他在心里暗自揣摩着谁是罪犯的时候，吴子才的面影，第一个浮泛到他眼前，"一定又是他故态复萌了"。这样，他毫不迟疑地被偏见所控制了，于是并不仔细调查事实的真相，就把子才叫来当着许多人面辱骂一场，或甚至毒打一顿；而且子才偷窃的坏名誉，随即更扩展地传播到全校竟至校外。假如子才否认是他偷的，教师又会骂他是放刁、撒谎，必强迫他承认使他俯首无辞而后已。在学校里，每有许多无辜的孩子，只因为有了不好的名誉之故，被人诬指为做坏事的主犯，众口一辞，不能自辩。类此的例子，实在不胜枚举，真是不人道的惨事！一件坏事发现以后，我们很容易就怀疑倒是一个已有坏名的人干的，这原是人类普遍的反应：侦探对待嫌疑犯的态度是如此，教师对待顽皮儿童的态度也是如此。可是一个天真的孩子，蒙了不白之冤，代人受过，为师长同学所不齿，这对于他心理的摧残，试问是如何的严重？所以教师们决不可以自己的偏见，作惩奖的标准；应该用毫无偏私的态度来观察事实的真相，研究原委；这样，他们底学生才真能获得实益。

七　智力分组的必要

就学校行政方面来看，也有许多地方，值得注意。第一是依照智力分组的必要。在过去，我国从小学一直到大学，都是实行单轨制的，换一句话说，就是每一个年级，只有同程度的一班；纵然有时因为学生人数太多，把一级分成几组，可是各组的教材教法以及测量的标准，也都还是一样。假使有学生功课不及格或是屡次留级，那只能归咎于他们自己不用功、太懒惰，或者竟有人认为学生留级是不可避免的必然现象。到最近，才有人对这种单轨制度的本身，开始发生怀疑，认为有改良的必要。欧文及马克斯①（Irwin and Marks）两氏曾调查美国小学一级中学生之智力，发现差异很大。② 五下的学生，年龄的差别从 9 岁到 14 岁，智龄的差别从 7 岁到 16 岁。但是教师却把这一团能力参差年龄不等的学生，当作一样的看待。他们要做同样的工作，受同样的训练，用同样的标准，结果，聪明的孩子，觉得工作太容易，毫无兴味；愚蠢的孩子，却又以为工作太繁难，拼命努力，仍是不能了解，追赶不上，那种经常的失败使他们完全心灰意懒了。这样的结果告诉我们，倘如要想给每一个学生都有最大发展的机会，至少从幼稚园到中学这一阶段内，须有三轨或五轨同时进行，才能适应这些能力不等的儿童。至于教材的内容、分量，以及教学的方法，各组自然应该彼此不同，因为适合于天才儿童的材料，决不能同时相当于低能儿童；在他们看来，也许完全是枯燥无味，反之亦然。因此所用的材料如与儿童的能力不相称，不但无益，反而有害。

在本书第六章中，我们已经说过失败是一种破坏人格的势力，它对于心理健康的危害很大。旧的教育制度，不顾儿童智力底高下，一概不分轩轾，一视同仁，因此智力较低的儿童，不能和其他普通儿童相竞争，以致屡次失败，受着教师和父母的交相责备，不但使他焦虑、失望、减少自尊心和自信力，甚至会使他发展成许多不健康的补偿行为，例如说谎、偷窃、逃学等等。所以学校应该把智力较低的儿童另成一班，利用他们有限的智力，做些比较简单的工作，使他们也同样能感到成功的满足，而尽他们的能力，继续发展。欧文和马克斯有下列一段说话，值得参考。③

　　铁匠不会因他不是一个法官而失望；煤气工人也不会因他不是一个医生而灰心。只有内心失败的感觉，才能摧毁人们底生命。但是倘若家庭及学校能够顾到各人的智力的话，失败的惨剧，当可不致产生。我们不能写出和莎士比亚一样优美的戏剧，可是我们并不觉得不安；同样的，愚蠢儿童不能计算银行的薄记，也不会觉怎样难过。唯有每天有人在你的背后，强迫你做你能力所不及的事体，又因为你做不了这种工作，天天的责骂你，讥笑你，结果才能使你完整的人格，完全毁坏。愚

---

① 原文为"马克司"，今译"马克斯"。——编者注
② See E. A. Irwin and L. A. Marks：*Fitting the School to the Child*, p. 29，42.
③ See E. A. Irwin and L. A. Marks：*Fitting the School to the Child*, p. 273.

蠢儿童在学校里受着繁重课程的压迫，所产生的结果，正是如此。

至于智力在常人以上的儿童，倘若学校对于他们，没有特别的课程和设施，社会所受的损失，也许更大。他们都是将来社会的栋梁，文化的发扬者，假使没有让他们所有的智力尽量发展，这与其说是他们个人的损失，毋宁说是全社会和全人类的损失。天才儿童留在普通班级里，对于通常教材，常会感觉单调、厌倦、无味，不肯十分努力，反而养成懒惰的习惯。所以学校里有许多成绩低劣的儿童，正是些聪明分子。他们因为缺乏适当的刺激，因此智力隐蔽在内，不能表现，还被人误认为愚笨，这是多可惋惜！压抑天才儿童的另一弊端是养成夸张的骄傲。关于这一点，我们也曾在以前提及。一班中极少数的天才儿童，他们并不费力地凌驾在一般儿童之上，时常得到教师底称誉，于是他们恰如井蛙窥天般地误以为一般人都在他们脚下，他们在一级中的地位即是在任何处所的地位。这样，他们甚至会由骄傲变成狂妄了。无论是骄傲的或是狂妄的态度，都是不能适应社会的；冲突开始在内心成长，不健全的根蒂，就被埋下了。

在欧美各国底小学里，特殊班级的设置，以适应这些特殊儿童的，已经比较普遍。就在中国，大都市中几个前进的小学，也都感到智力不等的儿童，有分班训练的必要。[①] 可是这种运动，在我国方在萌芽，亟须普遍推行，方能得到实效。依照教育部的统计，民国十九年（1930 年）度，全国小学及幼稚园有儿童 10948949 人。[②] 天才儿童及低能儿童各以百分之一计算，就有十一万人。平均 30 人一班，那么全国应该设置天才班及低能班各约三千六百多级，才能应付目前的需要。倘若政府因限于经费，不能同时举办，至少应该先在省会及大都市中，试办这种特殊的学级，才能充分利用各人底智慧，以供社会底应用。

八　特殊班级命名底商榷

此外，我们对于通常所用的"天才班""低能班"这些名称，似乎也有商榷底余地。天才班的学生，往往自以为尊贵，常会目空一切，养成骄傲的

---

① 例如国立中央大学实验学校，对于天才儿童，曾另设一班，以供研究。南京中学实验小学，也有专为变态儿童设置的特殊班级。

② 见第一次《中国教育年鉴》丁编，第 146 页。

态度；同时普通班的学生，因为自己不能挤于天才之列，又难免对于他们不发生妒忌底情绪。至于被安插在低能班的儿童，不消说常会受家庭和同学的耻笑，对于他们人格底摧残，也很剧烈。钱曾有过这样的意见："关于特殊儿童级之设施，在某种情形之下，确能收到特殊的功效；不过有时也会发生相等的危险。我们如果把一个神经质的或有抑郁倾向的儿童久留在特殊级里，则非特对他无所裨益，且能使其心理不健全的现象，趋于更严重的地步。因为他感到自己老被人当作是劣等的人物，且永远叫他承受这个不雅的徽号——特殊儿童，他将格外灰心、失望，甚至最后一点的自信心也会消灭了。"① 所以依据著者底意思，以为最好改用意义较为隐蔽的名称，如用数目字或字母来表示特殊的性质，替代这些意义显明的"天才班"或"低能班"等名称，使列在特殊班级的孩子本身和他的家属，都不知道他心理的等级，这样庶几可以保持它心理卫生的价值。

九　身体缺陷儿童底教育

除出智力不等的儿童，应该分别受特殊课程的训练以外，凡是身体上有缺陷的，也应该受特别的教育，不能和寻常的儿童在一起。那些缺陷极为重要的，如瞎子、聋子和哑子等，固然要进特设的盲童学校、聋童学校或哑童学校，就是近视、重听或口吃的儿童，也须受特别的训练，不能用普通学校的设备和教法；否则必使他们底困难，有增无已。美国在 1913 年开始试办第一班"节省目力"的特别班级（sight – saving class），已供视觉欠缺的儿童底需要；到了 1932 年，全国共有此种特别班 410 级，而事实上对于全部有这种缺陷的儿童说来，不到十分之一的孩子能享受这种利益，和需要还相差甚远。② 训练聋子和重听儿童的"读唇班"（lip reading class），在最近美国已有 82 城，有了这种特殊设施。但据专家的统计，学童听觉有疾病的占 14% 之多，③ 有限的几级读唇班，实在不敷需要。必须全国的小学，无论城市或乡村，都有这种设备，然后才能使听觉问题，不致趋于尖锐化。至于口吃的问题，和心理卫生更有密切的关连。布朗（F. W. Brown）曾经说过：

① 见钱《抑郁儿童之个案研究》，《中大心理半年刊》第 2 卷第 2 期，第 16 页。
② See the Handicapped Child（Report of the White House Conference），p. 89.
③ See C. Bassett：*Mental Hygiene in the Community*，p. 214.

"语言的困难是不能适应的一个最普通的因子……单说纽约城中的小学生，已经有五万个儿童有语言困难的疾病，可惜为他们的特殊准备，却是非常缺乏。其中有很多的儿童，因为得不到适当教师的教育之故，竟变成终身的缺陷。"[①] 其实口吃的起因，很少是因为身体上的原因，大都还是由于胆怯和情绪紧张所致。愈是口吃的孩子，说话的时候愈紧张；情绪愈紧张，说话便愈不清楚，这二者原是循环发生，互为因果的。假如能够设法减低患者紧张的程度，引起他们底自信，那么这种困难，不难去除。此外为营养不足的儿童，应该设置"滋养班"（nutrition class）；为了肺病的儿童，应该设置"户外班"（open air class）；为某种科目欠缺的儿童，应该设置"补习班"（restoration class）；为心理异常适应困难的儿童，应该设置"适应班"（adjustment class）。这种特殊班级的设置，一方面适合残废儿童底需要，可以矫正及补偿他们底缺陷，或至少使缺陷的程度，不再增加；另一方面让同类的儿童在一起，可以减少彼此差异的感觉，不致受嘲笑玩弄的难堪；而就工作效果上说，与同样有缺陷的人竞争，不致会被"望尘莫及"的羞愧所压倒，再没有进展的勇气；因此这真是一种两全之举。但回头一看我国的情形，除出几个著名的大都市，有少数慈善家，设置寥若晨星的几个残废教养机关以外，政府当局，简直无暇及此。著者很希望我们于提倡儿童幸福之余，切勿忘记了这一班可怜的残废儿童底前途，使他们也能感到"生"底美丽和光彩！美国旧金山的学校格温[②]（S. M. Gwinn）氏曾计算过27个重听儿童因留级所受的损失，有美金四千多元，他以为倘用这个数目来办理他们所需要训练的特殊班级，已是绰乎有余，可惜这种无形的损失，还未曾为人注意罢了！

十　"访问教师"制度的产生

自从学校底功能，一直传统地被认为是单纯灌输知识的机关以后，学校和家庭之间，便似没有接触联络的必要。学生到学校里来，每天读书、听讲、练习记忆。倘如他考得不好，成绩便不及格；倘若他犯了规则，便依照他过失的轻重受到责骂和处罚；严重的，甚至被认为不可造就，从校中开除

---

① See F. W. Brown："The Mental Hygiene of Speech Bulletin"，*Mental Hygiene Bulletin*，8（11）.

② 原文为"监督坤"，今译"格温"。——编者注

出去。教师们从没有想到把学生底困难问题，去和他们的家属谈论谈论，发现困难真正原因之所在；更不曾想到和家属共同商酌，研讨出一种办法，帮助学生克服困难，取得最后的胜利。他们以为学生工作不能满意，或是行为不好，只需给予相当的处罚，便算尽了教师底责任；有的甚至还迷信着逼得愈紧，责得愈严，学生便不会懒惰或是顽劣了。至于学生工作为什么不能满意？行为为什么不好？有什么方法可以帮助他们改进？这些问题，都不肯再去研究的。可是新式学校的办法，都不是如此。心理学家告诉我们，人类底行为是一种非常复杂的现象，它的产生，决非由于一种简单的原因，而是受无数因子的影响。所以一个儿童作业的优劣，行为的好坏，不但要看他身体健康的程度，智力的高下，还要顾到他家庭的状况、环境的情形，以及以往的历史等等。学校的影响，不过是许多因子当中之一种而已。考查儿童底生活，有很多时间是花在学校以外的环境中，不是教师所能控制的。可是这种校外的影响，决定儿童在校的行为，却有极大的势力。学校行政当局有鉴于儿童困难问题的解决，有了解他们校外生活的必要，于是"访问教师"的制度（visiting teacher program），由此产生。

十一　"访问教师"底责任

"访问教师"制度的产生，正是因为学校传统的方法不足以应付儿童问题之故。访问教师的运动，于1906年发源于美国。施行以后，颇著成效。访问教师底职务，是专门访问学生底家庭，调查他们底环境，搜集有关问题的材料，帮助校内级任教师和学生底家属，对于不能适应的儿童，作诊断和治疗的设计。所以访问教师是学校和家庭间的连锁，有了他们，学校和学生底家属，才发生了关系；而对于问题儿童的处置，学校和家庭双方并进，也就能收获更大的效果。诚然，访问教师底工作，不应该太侧重于问题儿童的处置；为了社会与儿童底福利，他们更应该竭全力于问题儿童的预防。担任访问教师的人，应该有充分心理卫生的知识和社会调查的技能，所以必须受过专业的训练的，才能胜任。这种制度的设立，使许多儿童在开始不能适应的时候，即被发现，立刻从事预防，免得程度日深，终至不可收拾。在我国，还未闻有这种制度的设立，这自然不仅是需要特殊训练的机关，还须有充分的经济能力底帮助。但在较为前进的学校里，已有"家庭访问"的实行，担任者系级任教师，其目的也是谋得与家庭联络，共同处置儿童底困难。这样，比较往昔丝毫不顾儿童底环境，单凭儿童表面的行为，与教师主观的偏见，来解决问题的，自然已显得异常进步了。但是一般的教师既未经过"访问教师"底特殊训练，另一方面他们本身的工作已经忙到喘不过气来，很困难再有闲暇多多地致力于这一方面的工作。因此，我们还是期待着"访问教师"的制度，能尽可能迅疾地存立。我们相信这正在激进中的时代该不会使我们失望吧！

十二　失败底危害

固然，儿童底困难问题已渐被注意而作详细的研讨，同时，学校行政当局更应该了解失败是儿童心理上的大打击。旧式的学校在学期终了的时候，把学生不及格的科目，用触目的红字填了成绩，毫不宽恕地报告家长，就算完了手续。这种举动，对于失败的学生，真好像是宣布死刑一般地残酷。他们接到了成绩报告单之后，羞愧和痛苦，沉重像一块铅似地压在他们心上，我们也不难想到他们底情绪上，受到如何可怕的打击！加之不能原谅的父母，严加责备；幸灾乐祸的亲友，从旁讥笑。各方的压迫，落在他们身上，他们成为恶意的注意底焦点，试问儿童如何能够忍受？于是他们或是怨恨了，或是自轻了。所以学校中办理教务的先生，应该明了失败的结果所引起的危害，对于失败的学生，在不妨害他们心理健康的条件之下，作一种较有同情的处置。学校方面至少要使儿童本人及其家长了解失败的原因，并积极的帮助他们，除去困难，使以后能逐渐适应，不致再有失败出现。这样，才真真能符合教育的本意。更有些学校以留级、降级、除名作为训育上惩罚的方法，自然更是不妥。因为儿童底行为不好，罚他把已做过的工作，重做一遍，这种办法，即或对于他们心理底发展没有妨碍，也不是情理上所能通得过的。惩戒中最易激发不良结果的，莫如当众的责罚，当一个儿童看到自己的过失被揭发在众人之前，且因此而受到各方唾弃的时候，他心理上难堪的程度，自然不难想见。在我们的经验中，都不难发觉过一个常被当众责罚的孩子，被全班的同学所不齿。他们会当着他的面说："不要去理他，他是一个坏孩子，常被先生责罚的。"于是那可怜的孩子没有朋友，也没有慰安与同情，甚至没有人与他游戏，没有人对他说话，他在学校里是孤独的，被冷酷的讥刺所围攻的。这样的环境，谁都不会相信他底心理能臻于康健吧！倘若教师们能用暗中的积极的训导代替当众的消极的责罚，我们真不能计算两者结果的相差呢！总之，过严的责罚，常使儿童的生活上，永远留下了创痕，他们始终不会忘了这种不公平的待遇，因此唤起怨恨和反抗的情绪，增加不健全的倾向。

十三　儿童逃学的处置

教师还有一种工作，从心理卫生的观点上看来，非常重要。就是对于时常缺席的儿童，须加以严密的注意，因为逃学常是儿童不能适应学校环境的第一种表示。逃学的儿童，流浪在外面，终日和野孩流氓为伍，参加他们的工作，共同去干违法的事体。等到这些不正当的经验成为习惯以后，再要设法矫正，往往已嫌太迟。所以教师一经发觉儿童的逃学，必须立刻设法调查，再用迅速有效的处置，使他们不致永远沉沦于恶劣环境而不可挽救。教师对于逃学的儿童，切不可加以恐吓或责罚，因为这样使儿童对学校的恶感更深，徒然增加问题的严重性，因之他们逃学的欲望，也就格外坚固而且强烈了。一种妥善的有效的处置，当先注意于原因的发现。儿童逃学的原因很多：或者因为教材枯燥，缺乏兴味；或者因为教师过严，怕受责罚；或者因为成绩恶劣，灰心绝望；或者因为同学不和，没有乐趣；凡此种种，都可以使儿童发生逃学的行为。逃学的本身，本来并不十分严重，但是因为逃学以后，终日与不良分子相处，受到不良的影响，日渐加深，才成为重大的问题。教师倘能发现个别原因之所在，去除这些原因，或是设法补救，必能见效。倘若摆起法官的态度，不问动机如何，只一味用机械的法律的手段，来制裁儿童底逃学，必致愈弄愈糟。略具心理卫生常识的人，必不出此！

十四　升学与就业的指导

我们离开学校之后，必得从事于一种职业。从那时候开始，我们底生活大部分都在这职业里经过。要是我们找不到职业，生活发生问题，终日被笼在抑郁和烦闷的气氛里，自然这是足以猛烈地毁损心理健康的。但若我们底职业不能使自己满意，或是在职业上遭遇到失败，也会使心理渐渐失常。由此，我们倘能获得一种职业，而且乐于这种职业，自己觉得胜任愉快，这对于心理健康的保持，很有裨益。所以一个新式的学校，对于在校学生职业指导的工作，是不能疏忽的。固然在有的地方，学校之外设立着职业介绍所或职业指导所，但这种机关极不普遍，而且学校中的导师与儿童朝夕相处，自然几倍地比较不相识的人熟稔儿童底个性。从这里我们可以看出，担任职业指导的工作，再没有比学校教师更为适当的了。学校里倘如设置了职业指导的组织，就可以指导学生选择一种和他性格能力合宜的职业，得到心理健康的价值。现在的学校里，常有许多儿童，智力本来很高，假如能升学，必能有极深的造诣，但因为学校中没有人负责办理升学就业的指导，因此离开了学校，改就一种意志不投的职业，埋没了一生，这是如何大的一种牺牲！更有许多儿童，先天的智力较低，却因为父母底期望，反而勉强升入中学，或是去投身在一种能力不及的事业中，不但白白地花去了许多时间和精力，所得到的却是终生的痛苦，这又是如何可惋惜的事！父母们对于子女，往往有过奢的希望，他们希望自己的子女个个能成大事业，并且正如我们在以前所曾提及地，他们还想子女来实现自己未曾满足的遗志，因此他们愿意子女所从事的职业，常和子女自己底兴趣、欲望和能力，不相吻合。所以一个有美术天才的儿童，因为父亲迷信银行事业的可以赚钱，结果进了商科；又一个智力不高的孩子，因为父亲要保持着"书香门第"的招牌，不愿子弟去改就他业，便勉强地升入中学；又有兴趣偏向文艺的孩子，因为父亲反对舞文弄墨，便将他送进了职业学校，结果历尽了艰苦，对于所习的职业，却还是一窍不通。因为儿童盲目地择业和升学，会牺牲终生的幸福，广义地说，人们既不能各尽所能，也即是全社会的一种损失。所以依据每个儿童底智力、体力、兴趣、性格以及家庭的职业，父母底希望，作详细适当的指导，实在是学校应做的工作。如果家庭的希望过奢，超于儿童之能力之上，或是与他们底个性不符，那么负有职业指导责任的老师，更应耐心地向儿童底父母解释，务使他们对于自己子女底能力和需要，有一更深切的了解。实行职业指导的结果，使人和工作，能互相适应，不致彼此凿枘，发生冲突，不但时间、金钱不致虚掷，而且由于成功与满足，快乐的程度，一定也能与日俱增，进于健康之域。

十五　中学教育与心理卫生

各级学校中，似乎以小学和心理卫生的关系最为密切。因为倘能在儿童时代，就发现人格的疾病，不但因为程度未深，容易补救；以及在可塑性最大的儿童时代，最易接受新习惯而被矫正，而且还可以省却中学行政当局的许多麻烦。正因为大家有了这种观念，所以小学校中，实施儿童心理卫生的方案的，比较日渐增多。而心理卫生这门科学，也已经能引起小学教育界同志底注意。至于中等以上学校，常以为学生底年龄已经长大，应该自己管理自己了，因此多还未注意到这个问题。其实中学生底年龄，适在青春时期；在这个时期以内，身体、心理和情绪底变化，异常剧烈，稍一不慎，就容易发生疾病。他们正在从儿童时代渡到成人时代，从家庭生活转变到社会生活，从受人统治的时期解放到自己管理的时期，从被保护的时期进而为独立的时期。而且性欲的需要，也开始旺盛；心理的冲突，逐渐加多。这个时期的青年，假如指导不当，结果的不幸，实有远出于我们理想以外者。各国精神病院所收容的病人，最普通的当推精神分裂症。据最近的统计，这种病人住院的数目，要占到全体精神病人 50%，[1] 事态的严重，也就可以想见了。精神分裂症虽有好几种，症状也彼此不同，但是病的产生，通常都在青春时期开始。近来有很多精神病学家都深信这种慢性的精神病，虽则到后来常是不可救药，但是假如在青春时期疾病开始的时候，就能注意到病人行为的变态，加以救济，则疾病也未始没有治愈的希望。[2] 中学生中如有特别害羞、胆怯、多幻想、喜孤独、缺乏兴趣、不喜活动、怕负责任、情绪冷淡等内向症状的人，就是精神分裂症的先兆，应该赶快研究和治疗，才能免去日后不幸的结果。这种工作，自然该由中学教育底负责者担荷起来的。

正和小学一样，中学生底升学就业指导，也是非常重要。在现在一般迷信进大学的人看来，以为中学既能毕业，升入大学，一定是毫无问题，不知事实上却有大谬不然者。大学中课程繁重，范围广大，非身心健全者，必不能从容应付，倘使事先没有仔细筹划，昧然跨进大学底门，必致半途而退，物质、精神两方面的牺牲，几乎不是我们所能估计的。常见有许多体弱多病，或是智力较低，或是充满了心理冲突不能解决的人，都不加考虑地奔向大学。在大学方面，对于学生的身体和行为，本来不很注意，所以结果不是体力不及，不能继续；便是不能专心向学，中途辍学。这在个人和家庭的损失，已是不赀，更不谈社会和国家的损失了。各大学每年自动退学或被开除的学生，人数很多，尤以一年级为甚。假使在未进大学以前，能够有精密的测验；进了大学以后，又有审慎的指导；那么便可省去不少无谓的牺牲。所以中等学

---

① 见吴南轩《儿童的心理卫生》，《教育杂志》第 25 卷第 12 号，第 30 页。

② See G. M. Campbell: *Towards Mental Health: the Schizophrenic Problem* (Harvard Univ. Press).

校对于将要毕业的学生，必须根据他们平日的学业以及各种测验的结果，指示他们将来应走的路径。凡是不适宜进大学的，应该鼓励他们去受相当的职业训练，这在经济方面和心理方面，都比较盲目地进大学，要好得多。从另一方面来说，在这特种的经济萧条弥漫到各地的时代，能担负子女大学教育底费用的，已是极为少数，因此中学校的职业指导，就更有注意的必要。

十六　大学教育与心理卫生

至于大学，不但应该实施心理卫生的原则，同时并负有传播心理卫生知识的义务。可是一般的大学，对于这两层工作，都欠注意。大学的行政当局都以知识的训练作为唯一的目标；他们但知督促学生获得学分，知识上面有了进步，便算尽了职责。学生底情绪生活是否有同样的进展，往往置诸不顾，以致学生底情绪年龄和教育年龄相差很大，也不被注意。其实一个人在社会上能否成功，情绪的适应也许比知识的因子，更为重要。在学校中成绩很高的人，一到社会，反而一无成就，这类的例子，不是常为我们耳闻目见吗？所以办理大学教育的人，首须认清大学底目的，在于培植生活的能力，使学生在大学中准备了四年之后，将来出去，可以得到更丰饶的生活。大学早已不仅是一个讲学的地方了，它有比讲学更重要的工作要做。大学生倘如只从学校中获得了抽象的知识，而对于具体的行为问题，未能了解，这可以说是大学教育的失败。有许多大学生毕业出来，不能适应环境，与现实冲突，成为社会的蠹虫，人群的害马，社会和国家，反而受了他们的损害，这就是因为情绪生活，没有受到适当的训练之故。所以青年在大学中，情绪应该和知识同样得到繁荣和生长，庶几可以免去后来不能适应的倾向。凡有足以妨害毕业后成功的因子，学校当局都应当乘他们在学准备期间，帮助他们，消灭这些障碍。这是大学当局不可推诿的责任。到这里为止，我们已把大学教育与心理卫生的关系，描画了一个简略的轮廓。为着要使读者不仅看到简单的外廓，并且更透视到内容，因此我们还得有一次较为清晰详尽的叙述，恰如下面所写的。

（一）录取新生的注意

大学实施心理卫生，应该从招生的时候就开始。我们知道要获得完善的美好的生活，单凭知识还是不够。所以大学如果想负起准备生活的使命，那么录取新生，就不应该单以投考者底学业成绩作为标准。有些人虽然在入学试验中显出了卓越的成绩，但也许仍是不适宜于进大学的；有些人所考的大学与自己底志趣不相投合，录取以后，徒然耗费他们底光阴和精力；更有些人心理方面不甚健全，进大学后，需要特殊的帮助，才能安然通过。所以大学的入学考试，不应该单包括知识方面的科目，必须对于投考者底整个人格，有彻底的调查。倘若每个大学都能够慎之于始，严格选择身心适宜的分子，那么一定能够预防日后大批退学的悲剧。虽然我们不能说这样的办法，可以避免大学生一切的适应问题，至少我们可以说会减低到最小的程度；而且也惟这样，大学教育才能认真地严肃地尽了它本身底责任。

（二）举行体格检查

自心理卫生的观点看，大学中还有一种工作，需要切实办理的，便是学生健康的检查。大学经费比较充足，不像中小学的竭蹶，对于学生身心健康的问题，本可以聘请专门的人才，办理这事。可是普通的大学，对于这种重要工作，多半漫不注意。每学期能够奉行公事样地举行一次体格检查的，已不多见，更不谈什么积极的计划了。体格检查的目的，乃是在考查学生底身体对于大学工作是否适宜，倘如发现了有什么疾病，应该立刻加以治疗，因为身体的健康是一切工作效率的先决问题。不幸一般学校，在检查的时候，既不认真；检查以后，又没有补救的方法。这种随便的态度使学生也失去了信仰，把体格检查视作毫无意义，往往到了检查的时候，托辞规避。结果这个本来很有意义的重要检查，终被当作例行公事，敷衍了事。总之，一校的校医，负有全校学生健康的责任，应该多做些积极预防的工作。学生身体上有了疾病，校医固然有发现的责任，但是发现疾病的目的，并不是在消极的证明某生有病，而免去他体育或军训的功课，却在积极的治疗，使他恢复健康的状态。这样才不致失去体格检查原来的意义。

（三）设置心理卫生部

身体的检查以外，心理的检查，也极重要。因为身体的健康虽与心理底健康密切地关联着，但身体底疾病并不就是心理底疾病，所以它们每不是在身体检查中所能发现的。为了适应这种需要，大学应该在行政组织上，设立一个心理卫生的专部，筹划全校学生心理健康的事宜，同时并备学生有困难时咨询。青年遇到了困难，自然极希望有人能够和他商量，帮助他解决。这种专部必需独立设置，和学校其他行政组织，在权力上不发生关系，尤其是和训育处的权限分清。换一句话说，它不受任何组织底统辖，也可以说它与别的组织平行地进展着。这样才能使学生把内心的问题，尽情倾吐，不致发生疑惧，有所隐瞒。训育处倘若发觉学生有失常的倾向，固然可以提交心理卫生部来研究；但是心理卫生部所研究探询到的一切，都应该严守秘密，不能因此而使学生获得行政上的处分。心理卫生部的职业，应该聘请心理学专家而且富有经验的人来担任，因为这是一种负有重责的专业，不是任何人可以滥竽充数的。部主任的地位，应和院长相等，借以表示他地位的重要，引起学生对他的信仰。最近有许多大学施行一种导师制，由校中重要教授兼任导师，指导学生各项问题。但是因为教授平时既有教务之繁，又未曾受过心理学的训练，而且对于这种指导的工作，亦不见得都有兴味，因此实际的成效，很为有限。他们和学生所有的是形式上的接触，表面上的指导；他们并不亲近地去过问学生底生活，探求学生底困难。从学生方面看来也不觉得他们是实际的生活指导，这样，自然多半失败了。我们要想顾全学生底利益和幸福，心理卫生部的设置，实不可少。

（四）宣传心理卫生

大学除了实施心理卫生，减少学生适应的困难问题以外，更负有宣传心理卫生的责任。宣传方面的工作，对内如敦请名人演讲，开设心理卫生课程等等，都足以使全校的员生，对于心理卫生这门科学，有一点概括的了解，并认识它在社会上的重要。对外如将研究所得，出版刊物，公诸他人，以唤起社会上一般人对于心理卫生的注意等。心理卫生的课程，必须注重实际问题的解决，不可徒然倾向空论，致使心理卫生变成"大学摇椅上的心理卫生"；务使学生读了这门功课之后，自己能够应用。所以教材最好用简易生动的文字来叙述艰深的学理，并且常常引用有趣的实例作为旁证；注意不要让枯燥的冗繁的专门名词出现在教材中，不但要使人容易看，而且要使人喜欢看。凡是担任初级心理卫生的教师，必须牢记着"简单实用"四个字，那么才不负开设这门学程的意义。

十七　心理卫生与师资训练

我们已经把自小学以至大学教育与心理卫生的关系分别叙述了，但一种优良的教育必须为优良的实施者所推动，因此我们当然不能忽略了这个严重的问题：心理卫生和师资训练的关系。这当然是一个复杂的问题，不是几个字或几句话所能概括的，现在列举如下。

（一）严择新生

在过去，教师这种职业，好像是很容易做的，无论何人，只需在师范学校毕业，就可以得到做教师的资格。而且政府因为要鼓励人家做教师，进师资训练机关的学生，大半都可以得到免费的优待，因此有很多的人，对于儿童，并无兴趣，其志本不在教育，不过因为经费和境遇的关系，或是贪图毕业后容易获得职业的便利，不得已而勉强进来的。这种分子愈多，教师的道德愈低，儿童底损失也愈大。所以师范学校对于投考的学生，务须严格选择，不可过滥。凡是兴趣不在儿童的人，纵使知识的科目，考得很好，亦应该加以拒绝。此外身体衰弱、智力过低和心理失常的人，也都是不适宜于做教师的；应该乘他们还未踏进师范学校大门的时候，就加淘汰，免得后来改业，反而发生困难。一个心理不健康的教师，直接就能影响到儿童，这种危害和不适当已是昭然若揭的了。身体多病的人，不但会时常请假，荒废职务，并且性情容易暴躁，不能忍耐。而儿童终日和憔悴病容的教师在一起，教室中底空气也显得病容地了，没有活跃，没有快乐，这些对于儿童底心理，如何能适宜呢？所以我们造就身体强健的教师，才真能提高教学的效能，值得被评价为对于儿童的一种贡献。至于智力，对于教师这种职业，关系更是密切。一个优良的教师，必具有机警的特性，能适应各个不同的儿童。他底教学技术，能够随机应变；他的训导方法，也能够彼此相异；他决不墨守成法，一成不变。这岂是愚笨的人所能做得到的？根据调查，教师的失败，有很多是由于心理上的原因，例如和同事不能合作，对儿童不能了解，人地不相宜，职务不满足等等，都不是因为教师底学力浅薄，而是因为他人格上发生了问题，与环境不能适应。暴躁易怒的教师，对于儿童的影响最坏。要之，欲使儿童的心理健康，应先求教师本身人格的健全，考试新生的时候，若加用一种人格测验，那么心理不健全的分子，就不难发现。师资训练机关，对于投考者底体力、智力以及人格的组织，都应有细密的测量；如果身体衰弱、智力低下，或是有心理失常的倾向和症状，对于将来的职务以及儿童人格底发展，都有妨碍，所以应该和学力测验成绩恶劣一样的不予录取。

(二) 侧重实用课程

现代的教师，既然已把注意的重心，自单纯的知识传授扩张到儿童整个人格的发展，则师范学校的课程里面，自然应该包括心理卫生、儿童研究、诊断学、社会学等实际应用的科目。现在分述于后。

1. 心理卫生和儿童心理

我国部分的师范学校课程标准，虽然也规定有心理卫生和儿童心理的教材，可是仅属教育心理学底一部分。一方面分量太少，无裨实用；而且担任的教师，也都是学校出身的经院派，他们但从书本上获得一些理论的知识，毫无实际临床的经验。什么是学习的定律？什么是统觉的原则？他们能谈得头头是道，但是假如遇到了一个儿童行为上的问题，他们便会束手无策。著者深感觉到现在师范学校里，不切实用的课程和材料太多，切于实用的课程和材料太少。例如几何、三角，日后服务小学时，简直一无应用的机会，但学校中却因袭地误以为是一门重要的科目。至于实际应用的材料，例如问题儿童的处置、心理健康的促进、精神疾病的诊断、情绪发展的训导，师范生都不能从学校里得到这些。一个完美的师范学校，不但须有心理卫生和儿童心理的课程，由富有实际经验的教师来担任，学生更须有临床实习的机会，练习应付问题的方法。因为实际的经验，常较从教室中听讲得来的抽象知识，更有价值。根据这一点，师范学校应该附设儿童行为诊察所，作教生实习处置问题儿童的场所，正如附设附属小学，供教生实习教学一样。现在各小学的训育，多半是失败了。我们常会听到偷窃的事件，不断地在一个学校中发生；或是骄傲的妒忌的火焰日炽。我们也常听到每天有许多儿童因不守秩序而受到责罚。这种种，正因为负有训育责任的级任导师，根本就没有处置问题的技能和学识的缘故。倘若师范学校里有了这种实用的课程，无疑地可以增进训育的效能和儿童底幸福，又何致会有现在这种盲人骑瞎马的情形呢？

2. 诊断学

与心理卫生相并，同为教师所必须稔悉的，乃是诊断疾病的知识。现在的师范学校中，虽然有"卫生"一门科目，但是非常不幸地，这些科目大都由生理学或是体育教师来兼任。他们知道人体里面有呼吸系统，有循环系统；他们又知道教室要多大，桌椅要多高，窗户底方向，黑板底位置；他们还知道一些简单的卫生习惯，如同刷牙、沐浴、吐痰入盂、不用公共手巾等等。这些经院派的教师，本身的知识就是从教室书本中得来，无怪他们所知道的全是些理论和空谈。我们知道耳、鼻、咽喉和眼睛的疾病，都足以妨害儿童的学习，但是他们竟不知道这些简单的疾病如何检查，如何诊察。他们不会听心音，不会验肺量，也不懂得扁桃腺肿胀的症状。总之，他们所知道的是卫生的理论，不是卫生的实际。为使师范生将来有用起见，卫生的科目，应该由小儿科医生来担任。我相信即使一个有经验的护士来教这门科目，也一定要比普通的教师好得多。他们可以指示学生几种儿童普通疾病的症状、起因、诊断的手续，以及治疗和预防的方法。这些实用的知识和技能，才是师范生所最需要的。美国校医联合会（Association of School Physicians）曾经提议请求政府规定凡是做教师的，必须受过儿童健康和卫生的训练，有发现普通疾病的能力，因为要使学校卫生的效率增高，非全体教师一致动员不可。

3. 社会学

教育和生活的关系，到现在是更形密切了。差不多没有一个人不承认教育的目的是生活的准备，培养儿童将来到社会上去的适应能力，也许更可以说学校即是一个小型的生活环境，教育即是生活底训练。所以首先，教师们对于现实社会的组织和问题，应先有一个深切的认识。过去教育的最大缺点，就是学校中所教的和社会上的实际生活，相差太远，学校和社会是分离的甚至隔绝的。学生在学校里关上几年，一旦毕业出来，踏进社会，常会目迷神眩，手足无措。他们所学的或是不切社会需要，或是不合社会事实。教师只知道关在学校里死教，学生也只知道关在学校里死学，环境中有什么变化，都一概不闻不问。他们全忘了学校以外，还有社会，更没有认清学校就该是社会中的一部分。儿童不能永远留在学校中直到他底生命终止，迟早他们总要脱离学校，把自己投入复杂的社会底怀抱。所以假使教师自身对于社会的认识愈充足，则给予儿童的准备也愈有用。在以前，教育部颁布的师范学校课程暂行标准中，本有"社会学及社会问题"一科目，指示师范学生社会生活的大概，立意至善，但不知为什么后来颁布的正式课程标准，竟把这门功课删去。起草的委员想不至会以为做教师的无须认识社会底真相吧！

正因为一个前进的小学教师所需要的实用科目，都为现在一般师资训练机关的课程所未备。因此一方面我们固然希望教育部能够注意到这一点，将师范学校的课程，速加修改，竭力减少理论科目，增加实用课程，庶几未来的新教师，都能帮助儿童身心的健全发展，达到教育底真理想；另一方面我们还希望地方教育行政当局，能够利用较为久长的暑假时期，聘请心理卫生、儿童健康以及社会学的专家，举办暑期讲习会，开设这些课程，把在职的教师，抽调训练，补充他们的不足。含有永久性的如设立一个小学教师咨询处或与此性质类似的组织，随时帮助教师解决偶发的特殊问题。这样，可以免去教师们的彷徨困惑，当一个难处置的问题横在前面的时候。当然，主持这种机关或组织的人，该由经过特殊训练并且具有丰富经验的专家来担任的。此外各大学所附设的暑期学校，倘也能添设这些中小学教师的应用课程，让教师们可以自由选习，给他们一种进修的机会，那么，直接对于教师底能力，间接对于儿童底幸福，得益都非浅鲜。

（三）特殊教育的师资训练

特殊儿童的教育，最近已经引起了大家的注意，可是特殊教育的师资，却是异常缺乏，有亟于训练的必要。例如教育天才儿童、低能儿童、盲哑儿童、聋耳儿童等等，都须有特殊的教材和方法，非普通教师所能胜任。而且他们因为先天有了缺陷，情绪上常有困难问题，不易适应，所以特殊班级的教师，更需要有足够的心理卫生的知识。可是现在的师资训练机关，专门造就普通教师，对于特殊儿童的师资，毫不注意。这种现象多存在一天，就是无数特殊儿童底不幸延长一天。美国前总统胡佛（Herbert C. Hoover）所召集的儿童健康和保育的"白宫会议"（White House Conference on Child Health and Protection），其中就有一个特别委员会，专门讨论特殊教育的问题；根据他们底报告，[①] 以为要想特殊教育有进步，当先从训练师资着手，这是多么含有至理的意见！愿我国教育家对此问题，深切地注意。毋使可怜的异常儿童，独抱向隅，不能享受良好教育的权利。

十八　结论

教育一方面是改善人类生活的工具，他方面又是人们适应社会的准备。整个地来说，教育的目的，是要造成一个完整的人格。无论是谁，倘若不经过教育（是指广义的不仅限于学校的教育），决不能适合一般常情，安然生

---

① 这本报告名叫 *Specific Education, the Handicapped and the Gifted*，由 Appleton Century 公司出版。全书共 604 页，实价美金 4 元。

存下去。心理卫生的目的，也是要使人们底人格获得健全的发展，能对生活环境作正常的适应。所以教育和心理卫生有着一个共同的目标：给予人们以完善的健全的生活。从这里，我们便可以看出它们之间的不可分离的关连。因此，良好的教育必要依据着心理卫生的原则，否则便不能尽教育的使命。自幼稚园以至大学，都应该一贯地实行心理卫生，发扬心理卫生；同时并须与家庭联络，使家庭教育与学校教育趋于同一途径。此外为要使特殊儿童（天才、低能、感官、欲陷等）也能与普通儿童一般地获得健全的发展，特殊教育的设施是最为必要的。使教育能适合心理卫生底原则，那么，一切教育的实施者——多半是父母和教师——必须先具有健全的人格和心理卫生的知识，然后才能知道指导儿童的方法，给他们以良好的影响。于是我们于提倡父母教育之余，又不得不注意师资的训练；谨慎地选择适当的学生，并且给予训导儿童的许多知识和实习。最后，我们该记得心理卫生底成长即是人类幸福的向荣，而这种倡导心理卫生的工作，是应该首先由传播文化的教育机关来担任的。要之，教育应该在心理卫生之下实行，心理卫生应该在教育之上发展！

参考书：

（一）徐则敏：《新旧训育观点的比较》，《儿童教育》第 6 卷第 7 期。

（二）黄翼：《学校训育的改造》，《中华教育界》第 21 卷第 7 期。

（三）黄翼：《幼儿心理健康个案研究法》，《教育杂志》第 25 卷第 12 号。

（四）曾以诠：《新来的幼稚生》，《教师之友》第 1 卷第 5 期。

（五）赵廷为：《所谓顽劣儿童》，《教育杂志》第 25 卷第 12 号。

（六）费景瑚：《幼儿入学所发生的问题和处置的方法》，《教师之友》第 1 卷第 5 期。

（七）费景瑚：《国立浙江大学教育学系培育院筹备经过》，《教师之友》第 1 卷第 3 期。

1. Averill, L. A. : *Educational Hygiene*. Chap. 14. Houghton Mifflin. 1926.

2. Bassett, C. : *Mental Hygiene in the Community*. Chap. 8. MacMillan. 1934.

3. Bassett, C. : *The School and The Mental Health*. The Commonwealth Fund. 1931.

4. Benson, C. E. ; Lough, J. E. ; and West, P. V. : *Psychology for Teachers*, Chap. 17 – 21. Ginn. 1933.

5. Burnham, W. H. : *The Normal Mind*. Chap. 8, 9, and 17, Appleton – Century. 1931.

6. Dexter, E. : *Treatment of the Child Through the School Environment*. 1928.

7. Dorsey, J. M. : *The Foundations of Human Nature*. Chap. 9. 1935.

8. Grooves, E. R. and Blanchard, P. : *Introduction to Mental Hygiene*. Chap. 8 and 9. Henry Holt. 1930.

9. Horn, J. L. : *The Education of Exception of Exceptional Children*. Century. 1924.

10. Pressey, S. L. : *Psychology and the New Education.* Chap. 1, 2, 5 and 6. Harper. 1933.

11. Irwin, C. A. and Marks, L. A. : *Fitting the School to the Child*, MacMillan. 1930.

12. Keeve, C. H. : *The Physical Welfare of the School Child.* Chap. 18. Houghton Mifflin. 1929.

13. Kirkpatrick, E. A. : *Mental Hygiene for Effective living.* Chap. 13. Appleton – Century. 1934.

14. *Mental Hygiene in the Classroom*, National Committee for Mental Hygiene. 1931.

15. Morgan, J. J. B. : *The Psychology of the Unadjusted School Child.* MacMillan. 1924.

16. Sayles, M. B. : *The Problem Child in School.* The Commonwealth Fund. 1931.

17. Sherman, M. : *Mental Hygiene and Education.* Longmans. 1934.

18. Symonds, P. M. : *Mental Hygiene of the School Child.* MacMillan. 1934.

19. Thom, D. A. : *Everyday Problems of the Everyday Child.* Chap. 18. Appleton – Century. 1933.

20. Wickman, E. K. : *Children's Behavior and Teachers' Attitude.* Commonwealth Fund, 1929.

21. Zachry: *Personality Adjustment in School Children.* Scribuer's. 1929.

第十一章　心理卫生与法律

一　心理卫生对于法律的贡献

心理卫生对于法律的贡献，一言以蔽之，在主张罪犯的个别研究、诊断和处置。这种主张，虽然产生较晚，可是司法机关里面，却早已有了革新的努力，成为这种正确的新理论底胚胎。例如单独拘禁的废除，特殊法院的设置，缓刑假释的推行，感化教育的实施，罪犯生活的改善，适当职业的训练等等，在各文明国家，都已先后实现。这种改变，虽然足以代表司法界的进步，但是仍旧不能打中罪犯问题的核心，得到圆满的解决。因为这种消极方面的渐进，对于罪犯的心理冲突、家庭状况、个人历史、身心疾病以及社会环境，都还未曾顾到；假如这些基本势力，没有调查清楚，纵使对于罪犯的普遍待遇，积极改进，也仍是"舍本逐末"之图，并非根本的办法。这样而想能够减少将来罪犯的人数，恐怕很少乐观的希望。所以法官的裁判，假如一天不根据罪犯过去历史和现在状况底研究，便一天没有治疗的价值。这就是现在的监狱中，都充满了再犯、三犯、四犯，甚至于无数犯的罪犯的原因呀！到现在，累积的事实已为我们证明了单纯的法律处置，决不能使人改过为善；唯有科学的个别研究，除去其犯罪的根本原因，才能使他以后不致再蹈法网。

二　犯罪原因的误解

自从近代医学的进步，智力测验的发明，精神病学的猛进，以及社会学的发达，对于智力的测量、精神病的诊断和治疗、人格问题的了解、家庭问题的分析、社会环境的调查，都有了精密的科学的方法。这些方法，无疑地应该应用到罪犯问题的研究。一向传统的见解，都把人类底意志有了过重的估值，以为人的所以犯罪，完全是有心做坏事，可以由他自己底意志而改善的。所以大家主张处置罪犯唯一的方法，便是使他受刑罚的痛苦，自然以后不敢再为非作恶了。而且为要施展刑罚底效能，对于罪犯，它应该非常严厉，这样才一方面可以警戒将来，一方面又可以使有心作恶的人，都不寒而栗，望而却步。"杀一警百"这类的说话，到处都可以听得到。甚至现在还有人反对监狱的改良，他们所根据的理由，便是监狱应该是罪犯受苦的地方。假如因犯们的生活，都快乐舒适，结果一定可以助长作恶；主观地推测起来，进监狱的人以及一个罪犯进监狱的次数，必会日渐增加。其实这种见解全是错误的。最近各方面的研究，都证明犯罪行为的发生，原因是非常复杂的，决非单纯个人的意志所能改变。只有把每个罪犯底人格和环境，经过详密的研究和调查，发现有关的因子，才能作有效的处置。过去法律对于罪犯的制裁，不可谓不严，但是社会上的罪恶，仍是层出不穷，有加无已，由此可知要想消弭罪犯，必须向别方面去努力，但凭严刑峻法，一定是无济于事的。

三　犯罪的原因

我们早经在前一章里提及任何一件事的发生，决非由单独一个刺激所引起，而是被许多因子错综关联地控制，犯罪自然也不能例外。要探得犯罪的原因，不待言地我们必得从罪犯身上以及与他们有关的事物上去寻求。罪恶底表现有着无数的方式，这些都是他们差异的个性与不同的遭遇所决定。因此最精确地说来，任何两个罪犯底犯罪原因，决没有绝然相同的，正如世界上决没有两个无丝毫相异的面貌一般。两个人同是由于贫穷而偷窃了五块钱，但他们致贫的原因以及贫穷的程度不会一即是二。这固然是证明了犯罪原因的复杂，可是我们不能说因此便不能对之作概括的观察。任何事物的演变必循着一定的法则，所以我们可以把这些原因底类似归并在一起，概述出一般的原因来。这里，我们还可以把它们分列入两个系统：一是属于罪犯本身的；一是属于他们底环境的。在下面，我们可以见到一个较详晰的分述。

（一）　本身的原因

本身的原因又可以分为：

1. 身体上的疾病

罪犯的身体上，有病的很多，这委实是一个值得我们注意的现象。蒙塔古①博士（Dr. Helen Montague）曾检查过送到儿童法院（Juvenile Court）来的犯罪儿童七百余人，发现其中79%，身体上带着疾病。② 她以为这种身体上的疾病，可以算为他们犯罪的一个重要因子。她又把犯罪儿童底身体和寻常学校中儿童的身体相比较，发现前者健康的程度，不及后者的一半。安德森③和伦纳德④（V. V. Anderson and C. Leonard）两位博士在法院中研究一千个犯罪儿童的结果，也说其中34.2%的儿童，身体上有很严重的疾病，需要立刻的医治。弗纳尔德⑤博士（Dr. Guy Furnald）调查美国麻省感化院一年中新进的罪犯562人，也有79%，需要内外科医生的治疗。这许多研究的结果，都明明白白地指示我们，任何社会处理它的罪犯，假如没有精密的体格检查以及医学设备，结果一定徒然花费了许多时间、金钱和精力。可是法院里有这种设备的，求诸现代，实在极为罕见。且不提我们中国，就是欧美各国的法院，对于罪犯疾病检查和治疗的手续，也是非常的不完备。

2. 智力低下

犯罪的原因，除出了身体的疾病之外，智力的低下，也得负一部分的责任。安德森（Anderson）测验了六个监狱中罪犯的智力，结果发现其中21.8%到35.6%是低能。他又测验四个感化院中罪犯的智力，低能的也占到从16%到33.5%之多。⑥ 国民政府主计处统计局科长汪龙调查江苏第一监狱的监犯819人。他用江苏省立无锡教育学院所编订的《非文字团体智力测验》去测量他们的智力。根据他的报告，以从半分到五分，和从十分半到十五分的两组人数为最多，⑦ 智力也较常人为低。库尔曼⑧（F. Kuhlmann）最近比较罪犯和普通人口的智力，发现两个团体中智商的分配，前

---

① 原文为"蒙太格"，今译"蒙塔古"。——编者注

② See Helen Montague：*A Study of* 743 *cases in the Children's Court. Hospital Social Service*，10（3），pp. 99 – 106.

③ 原文为"安特生"，今译"安德森"。——编者注

④ 原文为"利和赖"，今译"伦纳德"。——编者注

⑤ 原文为"弗来特"，今译"弗纳尔德"。——编者注

⑥ See V. V. Anderson："Mental Disease and Delinquency"，*Mental Hygiene*，3（2），pp. 177 – 198.

⑦ 见汪龙《江苏第一监狱监犯调查之经过及其结果之分析》，《统计季报》第 2 号［民国二十四年（1935 年）］。

⑧ 原文为"科尔门"，今译"库尔曼"。——编者注

者要比后者低得多。① 此外还有许多调查，都一致地承认罪犯的智力较低不必列举。唯有默奇森②（Carl Murchison）教授比较罪犯和美国陆军的智力，结果发现罪犯一般的智力，不但不较陆军为差，反而要高些。他说："不但是普通的比较，得到如此的结果，即便把各州的罪犯和它们本州的陆军，分别比较，结果仍是一样。"③ 但是智力低的人，缺乏判断力，不能辨别行为的是非，不能明了法律的意义，不能预料行为的结果，确是事实。所以，他们在某种环境之下，容易犯罪，这一点也是不能否认的。不过低能的人，除出了白痴以外，倘如社会能够给予适当的教育指导和职业训练，不让他们终日无所事事，和不良的环境接触，自然即不至于发生犯罪的行为。低能的人决不是带着有犯罪的天性的。至于白痴，虽然因为智力太低，不能受教育和职业的训练，但是他们连穿衣、吃饭都不会，自己的生活处处都需要别人的扶持，当然更没有做坏事的能力和机会。低能既然是犯罪的许多原因之一，我们研究罪犯问题，对此正应非常注意。可是事实怎样呢？我们只见到低能的人，一直来被社会所轻视甚至唾弃，认为是无可造就，没有受适当教育的机会。而法院里也并不请有专任的心理学家，测量罪犯底智力，做个别诊断的工作，只知一味的用刑罚去抑制犯罪。低能的人当然缺乏融会贯通的推理力，即或他对于已有过的罪恶因受苦痛的刑罚而不敢再犯；但他很容易又陷入于另一种犯罪而不自知。这样，刑罚又有什么实际上的效用呢？

3. 精神失常

精神病和犯罪的关系，只需一看罪犯有精神病的统计，便可了然。根据安德森的报告④，1917 年纽约公安局发现的案件，有 502 件的当事人受过心理检查，其中 58% 心理上是变态的。格卢克⑤（B. Glueck）博士在 1918 年发表他研究的 608 个罪犯心理状态的结果⑥，罪犯中心理异常的占 18.9%，而有确定的重性精神病的占 12%；合计起来，精神上有疾病的占 30.9%。此外儿童法院中对于犯罪儿童的心理检查，也发现心理冲突，情绪的不适应，以及心理上其他的疾病，应该列于儿童犯罪的主要原因之中。我们知道

---

① See F. A. Moss：*Application of Psychology*，p. 272.
② 原文为"茂切森"，今译"默奇森"。——编者注
③ See C. Murchison：*Criminal Intelligence*，p. 57.
④ See V. V. Anderson："Mental Disease and Delinquency"，*Mental Hygiene*，3（2），pp. 177 – 198.
⑤ 原文为"格来克"，今译"格卢克"。——编者注
⑥ See B. Glueck："Concerning Prisoners"，*Mental Hygiene*，2（2），pp. 1 – 42.

癫痫的病人，在发病的前后，常有一个异常兴奋的时期，在精神病学中，叫作"癫痫狂"（epileptic furor）。病人在这个状态之下，对于自己的动作，完全丧失了意识，因此常会发生犯罪的事件，例如杀死他的家属或其他毫不相干的人。等到兴奋的时期过去以后，病人不但不复能记忆他刚才所做的事，而且一切行动举止，都恢复到和常人一样。一个没有精神病学知识的人看了，决不会相信他的犯罪是由于精神病的缘故。还有妄想狂（paranoia）的病人，时常被一种恐怖的妄想所袭击，以为有人要谋害他。因此常会对于他理想中的仇敌，发生积极的攻击或伤害。其实他认定的仇敌，也许竟和他是素昧平生，丝毫没有关系，连做梦也不曾想到去谋害过他的。妄想狂的病人，除了这种有系统、有组织的妄想之外，一切都是常态的，不但言语、举动都和常人没有两样，就是思想，也很合于逻辑，所以除非经过精神病专家的鉴定，很不容易发觉他是心理变态的病人。更有一种带有冲动性的精神病，叫作"强迫"（obsessions）。这种病的患者常会不能自制地去干犯法的事情。有些病人专好放火，叫作放火狂（pyromania）；有些病人专好偷窃，叫作偷窃狂（kleptomania）；有些病人专好杀人，叫作杀人狂（homicidal mania）。这种病人，除非能探得病因，将他们根本的疾病治好，否则就不能改变他们犯罪的行为。更有人因为人格上有了缺陷，情绪很不稳固，容易兴奋，或是缺少自制的能力，因此也容易犯罪。有人因为心理上有了冲突，也会发展成犯罪的行为。例如有许多人犯罪的原因，是希望以此能引起他人对他的注意，以补偿他平时自卑的感觉；此外还有许多人，因为某种欲望，受了社会道德底束缚或制裁，不能满足，于是就发生一种犯罪的行为，算是对家庭及社会反抗的表示。社会对他们的处置愈严厉，反抗的程度也愈高。总之，精神病和犯罪的关系，非常密切。有许多人犯罪，根本不是有意要做坏事，完全是受了精神病的驱策。所以精神病一日不瘳，犯罪的倾向也一日不除。文明各国的法律，虽然都规定了精神病人犯罪，法庭可以减轻或免除他们的刑罚，并且送到相当的机关去疗治①，但是罪犯究竟有没有精神病，法官不知道，律师也不知道，罪犯自己更不知道，必须经过专家仔细的鉴定，才能明白；否则那种规定也只成为形式上的条文而已。现在的一般情形，不幸地正是如此呀！至于用刑罚来处置这些精神病的罪犯，换一句话说，用武

---

① 例如中华民国《刑法》第十九条："心神丧失人之行为不罚。精神耗弱人之行为，得减轻其刑。"又如同法第八十七条："因心神丧失而不罪者，得令入相当处所，施以监护。"

断和冷酷来代替谅解和同情，只有使他们心理不健全的倾向，更趋于严重；并且，与此成正比例地，犯罪也将更多地发生了。所以法院处置罪犯问题，企图有效，精神病研究的便利和帮助，实在是不可不顾到的。

（二）环境的原因

提到环境方面的原因，最近许多研究，都一致承认家庭和犯罪的关系。伯特① （C. Burt）在英国曾经从各方面研究过二百个青年罪犯的家庭，另外再选择二百个未曾犯罪的青年，作为控制组，用同一标准，互相比较。所以伯特所用的方法，不但非常详尽，而且很合乎科学的。他得到的几个重要结论如下。②

（1）贫穷。犯罪青年的家庭状况，贫苦的占 52.8%；不犯罪青年的家庭，贫苦的只有 38.2%。

（2）家庭解散。所谓家庭解散，包括父母双亡或一方死亡、父母离婚、父母分居等等而言，犯罪青年的家庭中，有这种情形的占 57.9%；不犯罪的，却只有 25.7%。

（3）管理不当。父母对于子女的教养，有的失之过严，有的失之过宽，有的竟完全置诸不闻不问，这些都可谓之管理不当。犯罪的青年，父母管理不当的，有 60.9%，而在控制组，父母管理不当的，只有 11.5%。

（4）家庭的不道德。犯罪青年的家庭中，有酗酒、争斗或犯性过等不道德的行为的，占 25.9%；不犯罪的家庭，有这些情形的，却只占 6.2%。

以上的比较，告诉我们家庭生活对于犯罪行为的影响。在这四种情形之中，贫穷虽然亦是一个普遍的原因，但比较起来，它的势力，自然不及其他三种更为重要。至于社会环境的影响，伯特也曾提到不良同伴及失业等几项，但从统计的数字上看来，显然是不很重要的。③ 希利和布朗纳④ （Healy and Bronner）两氏在美国研究四千个犯罪儿童的结果发现，家庭的流离、父母的疏忽、不适当的管理、家庭的不道德，以及不良同伴的影响，都是使儿童犯罪的主要原因。⑤ 所以他们底结论说："儿童底犯罪，除出了家庭的疏

---

① 原文为"勃脱"，今译"伯特"。——编者注
② C. Burt：*The Young Delinquent*，p. 51，62.
③ C. Burt：*The Young Delinquent*，p. 125.
④ 原文为"勃龙勒"，今译"布朗纳"。——编者注
⑤ See W. Healy and A. F. Bronner：*Delinquents and Criminals：Their Making and Unmaking*，chap. 12.

忽之外，实在找不出其他更重要的原因了。"此外的研究，也大都和伯特、希利等所得的结果相仿佛，不再列举。因为罪犯的诊断和处置，需要了解他家属和环境的情形，所以社会调查的工作，在法院中就成为非常重要。这种工作，应该由有训练的社会工作员（social worker）实地去访问调查，才能得到有价值的材料。现在各国的法院和监狱的组织中，大都没有这种人才，间或由司法警察去调查，他们不但没有兴趣，而且又缺少心理卫生和个案研究的知识，因此他们往往草率了事，敷衍塞责，或者仅仅观察到浮泛的表面，不会作更深的研究；他们实在是不适宜于这种工作的。这又是司法行政当局需要注意的一点。

四　罪犯的有效处置

犯罪的原因，既是如此复杂，我们对于每一个罪犯，应该从他身体的、智力的、心理的、社会的四方面，加以科学的研究和适当的处置。世界上决没有一种万宝灵丹，可以把所有的罪犯，都能"起死回生"般地使行为更新的。有效的处置，一定只有个别的处置。处置得愈早，罪犯的行为，也改正得愈早。我们为了罪犯本身的改造，应该用个别研究的方法；我们为了将来社会的安宁，也应该用个别研究的方法。

五　与罪犯接触的机关

我们讲罪犯的心理卫生，不得不提到和罪犯接触的机关，正如讲儿童的心理卫生必须提到家庭和学校一样。和罪犯接触最多的机关，当推公安局、法院和监狱，这些也即是与罪犯最有关系的地方。罪犯们"复活"了，得救了，或是被摧毁心理底健康，牺牲毕生的幸福，都要视这些机关的办理是否合宜而定。显然地，倘若他们没有改进，罪犯底心理卫生，便无从谈起。因此在这里，对于它们以往的弊端以及应有的改善，都有分别析述的必要。

（一）公安局

公安局是维持并保障公众安宁的机关，为要使这一目标实践，使一切的罪恶灭迹不消说是它必然的责职。更彻底地说来，它底最大的功能该在使社会上不再有一个使罪恶发生的人，这样，那无生命的种种罪恶便不致出现了。这里有两点我们须特别注意的。

1. 警察底责任

警察和人民有直接的接触，所以他们的影响也最大。警察应该知道他们底责任，不仅是执行法律，破获罪犯，并且须积极地教育民众，防止罪恶的发生。警察是民众的教师和顾问，他们必得用和蔼可亲的态度，引人为善，对于有犯罪嫌疑的人，更应循循善诱，使他们悬崖勒马，不致坠入深渊。欧洲的警察，个个都是实际的社会学家。他们对于管辖区域以内一切的事情，都很熟悉；他们知道有多少居户，有多少人口；他们知道各人底职业、嗜好和需要；他们还知道什么人有犯罪的可能，可以预先防阻。他们对于儿童的行为，尤其注意保护。这样，才不愧是社会教育底实施者。欧洲罪犯很少，多赖于警察底帮助。一个身为警察的人，倘如对于地方情形，了无所知，只知利用势力，敲诈恐吓，对于贫民苦力，又任意殴辱，毫无怜惜同情的态度，结果只能驱使善良的人们去犯罪。与政府设置警察的本意，岂不相悖？

2. 心理医官的设置

在大规模的公安局中，差不多都设有医官，替警察诊治疾病。可惜这种设施，只限于城市的警察，得能享受。乡村的公安机关，大都办理较差，设备亦很简陋，就无所谓医生了。近来很有人主张公安局的组织中，不但应该有普通的医生，并且应当有精神病医生，检查警察心理的健康。警察底工作，本来是繁杂而紧张，尤其在都市中，那些站立在街心的警察，不断的喧嚣和尖锐的噪声，极度地而且长时间地刺激着他们的神经，不能有片刻的松弛。这种工作，情绪不稳固或者神经容易冲动的人，自然就很难胜任。我们看到了大都市中警察自杀或杀人的新闻，听到了警察毒打嫌疑犯强迫招供的惨酷消息，觉得这种提议，实在是非常正当而且急需的。心理医官的设置，一方面可以检查入伍警察底人格和情绪，是否适宜于他们所预备从事的工作；如果发现心理不健全的，便可事先淘汰。同时倘如警察底心理上有了冲突，也可以有研究和治疗的机会，不致后来造成惨剧。而且对于捕获的嫌疑犯，也可以有一次精神病的检查，这于犯罪的侦察，更有帮助。让精神病医生和罪犯来作一度谈话，常可以把一件复杂的案子，得到圆满的解决，这比较强迫招供的惨无人道，自不可同日而语了。

（二）法院

其次，讲到法院。谁都知道它是罪犯被鞫询与宣判的所在。但我们该注意它不仅判决了有形的有罪或无罪，并且是判决了无形的心理健康的摧折或保持；它不仅是有着有形的毁损罪犯底身体或财产的权威，并且是有着无形的毁损罪犯底整个人格的权威。本着这几点不易为人注意的地方看来，现在法院可以批评而亟需改良的处所就很多，现在将我国法院最显著而重大的缺点列举如下。

1. 缺乏儿童法院

法院审讯的时候，法庭中挤满了旁听的人，和看把戏似地听罪犯招供犯罪的经过。他们对于罪犯，不但没有同情，而且常加以冷酷的讥笑和讽刺。审判官又盘问追诘，穷鞠不已，故意使罪犯底思想，陷于昏乱，容易承认。凡此种种，都丝毫未曾顾到罪犯底利益，一个成人的罪犯，尚且不堪忍受，何况是儿童的罪犯！他们在众目昭彰之下，被宣布了罪状，简直愧悔交并，无地自容。有的因此产生了羞恶自卑的感觉，永远不敢抬头，怕和别人接近；有的却因为自己的名誉，已经失去，不能恢复，便索性去做坏事。幸而现在各文明国家，为了保障儿童底福利，对于儿童犯罪，都设置了特别法庭去审问，叫作儿童法院①（Juvenile Court）。在这里完全采取非正式的形式，审讯的时候，绝对禁止旁听，连新闻记者也在拒绝之列，以保全儿童底颜面，使他有改过自新的勇气。我国刑法上，对于儿童犯罪，虽然有特殊条文，规定"未满十四岁人之行为不罚；十四岁以上未满十八岁人之行为，得减轻其刑"，但是至今仍没有一所儿童法院的设置。儿童犯了罪，和成人一样地受审问，我们试想一想，他们心理上所受的刺激和损失为何如？自从国民政府规定民国二十四年（1935 年）度——自民国二十四年（1935 年）八月一日至民国二十五年（1936 年）七月三十一日——为全国儿童年，并通令全国，切实施行儿童幸福事项之后，对于推行义务教育、限制童工、禁止贩卖妇孺人口、救济流浪儿童等等，都能加以注意，见诸实行，独设置儿童法院一层，未见提及，实在是一个瑕疵。

儿童法院的工作

儿童法院的主要兴趣，不在审判儿童是否真正犯罪，而在研究儿童为什么要犯罪。一个理想的儿童法院，要能利用科学方法，把儿童

---

① 据《大英百科全书》所载，英、美、法、德、日本、西班牙、荷兰、比利时、瑞士、瑞典、挪威、丹麦、芬兰等国，均已设有儿童法院。苏联对于儿童犯罪的事件，由教育机关来处理，不经普通法院之手。

不能适应的因子，分析得清清楚楚，再联络他们的家庭和学校，使这班不幸的孩子，都能够得到同情的有效的处置。这种正本清源的办法，才真能使儿童犯罪的数目，逐渐减少。因为儿童的犯罪，都是受了环境中恶势力的支配，或由于心理上的疾病，以致渐渐形成了外表症状，所以决非用呵斥、训诫、恐吓等等方法所能见效。而且他们是环境的牺牲者，为好为坏，本来就不由自主，倘若造成他们犯罪的恶势力未曾除去，纵使儿童自愿悔过，也仍旧不会有什么效果。我们处置犯罪儿童，不应单问他犯罪的一种行为，应该从他整个人格以及环境方面来研究，发现他的需要；正如现在失业人数的激增，不应完全归咎于失业者的怠惰，而应从客观的现实，研究一切造成失业的因子，然后再谋革新一样。所以儿童法院不是一个执行法律的机关，而是一个实施教育的机关。假使办理得有效，不但可以发现社会上恶势力的所在，加以补救，并且可以唤醒整个社会，使对于处置不能适应的儿童，有一层更深切的了解。这种新组织对于儿童福利影响之大，自然是不言而喻的。

2. 不问犯罪原因

普通法院对于成人的罪犯，也缺少积极的贡献。法律本来就只问所犯的罪，不问犯罪的人的。犯了什么罪，就应该受什么罚。至于什么人犯罪？为什么犯罪？这些问题，法庭大都不加过问。虽然最近政府公布的新刑法，已经有顾到犯罪动机的倾向，[①] 不过仍是用来作为判刑的根据，所以着重之点，依然在于刑罚，而不在于如何使犯人以后不致再有此动机。在犯罪的根本原因没有解决之前，对于罪犯将来的适应以及社会治安的保护，全是徒然的。例如一个在饥饿线上挣扎着的人抢东西，一个色情狂的人强奸幼女，一个酒徒开车肇祸，一个妄想狂的患者杀人……这些都不是拘禁或罚款所能医治，必须设法把各人底根本困难解除，才能担保他们以后不再以身试法。否则出狱之后，抢东西的仍会去抢东西，强奸幼女的仍会去强奸幼女，开车肇祸的仍会肇祸，杀人的也仍会去杀人。我们只需一看罪犯中不少屡次犯案的

---

① 例如中华民国《刑法》第五十七条，就分明规定着：科刑时应审的一切情形，尤应注意下列事项，为科刑轻重之标准：一、犯罪之动机；二、犯罪之目的；三、犯罪时所受之刺激；四、犯罪之手段；五、犯人之生活状况；六、犯人之品行；七、犯人之知识程度；八、犯人与被害人平日之关系；九、犯罪所生之危险或损害；十、犯罪后之态度。

老手，便可证明刑罚的失败。① 他们并不是"怙不畏法"，实在是因为他们心理上的疾病和环境中的压迫，仍然存在，病根未除，自然难免再发。这种根本原因的去除，断非刑罚所能为力，非常明显；刑罚除了为被害者泄忿以外，对于改变罪犯的行为，极无帮助。所以将来的法院，一定会移转重心，不再认刑罚为改善犯罪行为的有效方法，而偏重到人格的检查，原因的分析以及根本困难的救济了。

3. 判决迟缓与滥行羁押

法院还有两种极大的缺点：一种是判决迟缓，延长涉讼当事人心理紧张的时期；一种是滥行羁押，使无罪的被告感受身体、精神的双重痛苦。阮毅成曾经发表一篇文字，将这两种弊端，充分发挥。② 他批评前一种缺点说："现在中国各级法院，拖延讼累，已成为普遍现象。大凡案件不入法院则已，一入法院，便不知要拖延多少时候，才能结案。往往案甚轻微，但因须经种种程序，以致犯数月之罪，羁押经年；处十元之罚，开庭十次。"阮氏又说："全国人民因诉讼迟延所受的痛苦，实已不忍想象。"关于滥行羁押，阮氏又有这样的说话："刑事被告一旦被命羁押，身体行动，失其自由，卫生健康，即受损失，精神痛苦，名誉毁败，更不待言。且若该被告是一家中之生产者，则收入立行停止，全家咸将陷于冻饿。但一般法院决不顾及此等影响，每每率予羁押。在押日期，两个月内案件得告一段落者，已算迅速，慢者往往押至百日以上，案尚未结……其在各县，甚有羁押若干年，案经若干任县长、承审员，从未曾宣判者。"这确是一般的实情。我们时常都可以听到有人被逮捕的消息，而他被捕所根据的理由，却常是极抽象而无实证的。为要供给这种非正式的以及尚未宣判的嫌疑犯底驻足之所，看守所的制度普遍的盛行着。按看守所底名义及其本意，原该是被捕者在未经宣判前的临时羁押地，但事实却为我们证明了臆测底错误。多少人被掷在看守所的囹圄里，焦灼地等待着鞫讯，能早一些恢复自由。但他们底希望立即被毁灭了，他们只能像已被判决无期徒刑的因犯一般，望着漫天的高墙，透过小窗的那一块天色，默默地让混在悲愤与烦懑中的悠长的岁月，刻划在自己底心

---

① 根据汪龙调查江苏第一监狱罪犯的报告（见《统计季报》第二号），819 犯人中，初犯占 85.7%，再犯占 5.7%，三犯占 8.6%。但这个统计不很可靠，作者汪龙就说："犯罪者为减轻刑事上之责任，每以初犯自承。我国因法院之组织，尚不如欧、美之完密，同时指纹学之应用，亦尚在幼稚时代，因之对于自承初犯者之究竟曾否犯罪，常至无从查考。"
② 见阮毅成《所企望于全国司法会议者》，《东方杂志》第 32 卷第 10 号，第 22～33 页。

上。他们不知道哪一天能被审问，更不知道哪一天能释放。这样地有经过几月甚至逾年的。关于这两种缺点的叙述，已可以在这里停止。因为仅就这一些，已足够使我们相信罪犯因判决迟缓和滥行羁押在心理上所受的损失，委实是无可计算，比较身体的刑罚，更不知要重大几倍。但这两种缺点，并不在法院制度的本身，而系于审讯案件的法官，假如法官能顾到罪犯底幸福，加以改革，原是轻而易举的。

（三）监狱

和罪犯接触的第三种机关是监狱。当一个罪犯被判决拘禁之后，立刻送到监狱中去执行，于是罪犯们便必得经过一度或长或短甚至终生的监狱生活了。罪犯被释后的能否适应，须视他在狱中时的情况而定，因此我们对于监狱制度的重视，乃是理所必然的。现在一般监狱有什么缺点？应如何改良？怎样才是一个完善的监狱？这问题，都是我们亟待讨论的。

1. 现行监狱制度的缺点

现行监狱制度，有两种绝然相反的方式，最普遍的一种是群犯杂处的，另一种则是单独拘禁的。两者之间，没有一种是妥善的，今分述如下。

（1）群犯杂处的危害。这种监狱制度是最为常见的，这种监狱究竟是怎样的呢？我们且看菲什曼①（J. F. Fishman）底叙述："监狱的污秽龌龊，远出于我们意料之外。其中关着的有男有女；有判决的囚徒，有待审的罪犯。此外还有已经招供的和未曾承认的，身体健康的和身体有病的，初次犯罪的新手和屡次犯案的积贼，也都一视同仁，监禁在一起，无所谓隔离。其中又是臭虫、瘪虱、蟑螂以及其他小虫底大本营，成群结队，猖獗异常；臭气扑鼻，更要使人作三日呕。成千的男女，关在里面，不必做一点事，但各人都有充分的时间和机会，去领略各种犯罪的方法。监狱实在是一个罪恶的大熔炉，纵然是世界上最不适宜的材料，一经过里面的锻炼，也都会变成十全十美，毫无缺憾。"② 我们再看德国罪犯学家利普曼③（M. Liepmann）的报告："监狱当中的黑暗，简直不能用文字来描写。已经判决的囚犯和无罪待审的老百姓，都关在一起，并无分别。他们没有适当的工作，也没有适宜

---

① 原文为"费须门"，今译"菲什曼"。——编者注
② See J. F. Fishman: *Curcibles of Crime*, pp. 13 – 14.
③ 原文为"李柏蒙"，今译"利普曼"。——编者注

的户外运动。至于监狱里面的光线、空气以及卫生情形，不说一句过火的话，直和猪圈马厩，相差无几。而且大多数监狱，所容纳的罪犯，都已超过规定的数目两三倍。"① 我们只需一看监狱中连最低限度的生活要求，都不能有，至于罪犯体格的检查，人格的测验，社会环境的视察，以及其他对于罪犯有益的事务，自然更谈不到了。一个偶然犯罪的人，拘留在这种环境里面几个月或者一年多之后，他所受到的恶劣影响，自然不难想象。现在的监狱，不但毫无教育的意味，而且是传播疾病的机关；至于各种罪犯，杂居一处，互相影响，害处更大。有人把监狱比作罪犯底专门学校，因为其中各种犯罪的课程，都很完善，而且有充分的时间，供给罪犯们任意学习。偶然的罪犯，经过它的训练之后，可以变成专门的罪犯。正如一个人进了某种专门学校，培养成某种完善的特殊才能一样。这个比拟，真是幽默得耐人寻味。国家每年出巨款，办理监狱，而结果徒然造成了多量的罪犯，损失已经不赀，对于罪犯本身，使他更深地陷入罪恶，自然更是有弊无利，所以这样的监狱制度，实有急于改良的必要。

（2）单独监禁的弊端。我们看了上面这一段，也许会想要避免罪犯的互相影响，使罪犯能迅速改过，单独监禁正是最有效而安全的处置，但是又将立即发觉到这是谬误的。监狱中薰莸杂处，固然不可，但是罪犯单独监禁，终日没有和他人接触的机会，他心理上所受的痛苦和摧残，也不是一般人所能想象的。单独监禁的制度，发源于美国的宾夕法尼亚州②（Pennsylvania）。当时把监狱分成无数的小室，每个囚犯各占一间，彼此不容许有见面的机会。罪犯整天地被锁在小室之中，起居、饮食、大小便，都在里面，不能越雷池一步。无论罪犯的刑期是多么长久，也都是一样的待遇，除了监狱的职员以外，简直没有和任何人接触谈话的机会。以为罪犯在这种静寂的环境中，可以反省自己底罪恶，有悔悟的可能，不知人是社会性的动物，需要有合群的生活，在团体中彼此互相刺激，才能得到常态的发展。若是一个人离开了同伴，单独监禁了若干年，很少有行为不变成变态的。怀特③（W. A. White）说："这种罪犯很多的发生重性精神病，而且单独监禁了长久之后，一旦释放出来，可以看见他们在监狱门前，无目的地徘徊漂泊，简直不能再

---

① See M. Liepmann："American Prisons and Reformatory Institutions：a Report"，*Mental Hygiene*，12（2），pp. 225 – 315.

② 原文为"本雪而文尼亚州"，今译"宾夕法尼亚州"。——编者注

③ 原文为"花哀脱"，今译"怀特"。——编者注

和这现实的世界相适应。他们底身体和心灵，都已经被挤的粉碎了。"[1] 监狱的目的，本在训练罪犯，恢复他们适应的能力，使他们异日回到社会上去以后，能变成一个有用的分子。但是单独监禁的结果，适足以毁灭它所要致力的目的。现在各国的新式监狱中，虽然已经明了了单独监禁对于罪犯心理的危害，加以废止，可是迷信单独监禁有助于悔过反省的，仍是不乏其人，所以这种惨酷的制度，欲使绝迹于世界之上，恐怕还须经过相当的时期呢！

2. 监狱的改良

现行监狱制度既然有如许缺点，当然是亟待改良，以增进罪犯底乃至全人类底福利。一个监狱要想不负它的使命，必须使罪犯出狱以后，能够不相抵触地安度社会生活，我们改善监狱的着重点，也即在此。其实要达到这个目的，也并不十分困难。第一，应该把初犯和累犯分开，不致互相影响，反学会了许多犯罪的技能，使将来再犯罪的可能性，树立了巩固的基础。第二，要维持罪犯身心的健全。有病的人总不能有满意的适应的。有许多罪犯进监狱的时候，已经带有疾病，应该由医生替他们医治；狱中的空气、日光、饮食以及一切设施，更应合乎卫生，免得本来健康的罪犯，进了监狱之后，反而酿成疾病。至于心理健康的保持，则应使他们有与旁人接触的机会，这一点并不与第一条相悖，因为所说接触，决不就是薰莸杂处。第三，要给予罪犯相当的文字教育。罪犯中有很多是不识字的文盲，在现在这个世界，不识字或不能写字的人，很难获得职业，有时除了偷劫以外，便不能生活；并且那样的人，常不易了解法律底意义。第四，应训练罪犯，使他们学会些技能，例如染织、印刷、藤工、刺绣、革工、金工、木工等等，庶几出狱以后，可从事相当的工作，维持生活。这不仅是他们个人底利益，并且亦是有功于社会的，因为他们本来是社会的消费者，学会了技能以后，就一变而为社会的生产者了。更有一种由工作本身而产生的益处，即是罪犯在狱中作工，需要时间与劳力，便可免去无谓的空想。所以近代的监狱，和新式的精神病院一样，工作已被看作一种重要的原则。第五，给予罪犯充分自治的机会，养成独立负责的能力。监狱中的组织应该社会化，让罪犯在里面即获有社会生活的经验，日后可以成为一个有用的公民。最后，更应单独设立感化所，专门容纳儿童和青年的罪犯。儿童被关在成人的监狱里，足以使他们在名誉上留下一个污迹，永远被社会所不齿。这对于心理上的戕害，当然很

---

[1] See W. A. White: *The Principles of Mental Hygiene*, p. 139.

大，更不谈会受到成年罪犯的影响了。我国司法院在民国十八年（1929 年）制定的训政时期司法工作六年计划，就规定六年中全国要增设少年监狱 47 所，但是现在六年之期，转瞬已逝，而全国的少年监狱，仅有山东省一所。最后司法行政部鉴于少年犯与成年犯同监一室，无以收感化之效，于是又旧事重提，通令各省，先在省城或大商埠，筹设少年监狱一所，然后再逐渐扩充。① 倘若果能实现，亦未尝不是我国司法界的一种新猷。

　　上述几项工作，除设置少年监狱，需要巨额的经费，较难实现外，其余的都是轻而易举。虽然如此，但是能够实践的，恐怕还是寥寥无几。社会上一般的态度，仍旧以为罪犯应该受罚，监狱便是一个执行刑罚的地方。拘禁罪犯，完全看作了报仇的性质；罪犯在监狱中受苦，也像是应受的本分。在这种错误的观念未曾消灭以前，监狱的改革是很少有希望的。所以现在的监狱，大半是拘禁罪犯的地方，而不是改造罪犯的地方。我们所要努力的，正是利用监狱，把不能适应的废人，恢复成社会中有用的一员。监狱对于罪犯，假如除出监禁之外，没有生活的训练，正似一个医生对于一个因自己疏忽而得病的病人，但给他一瓶很苦的药水，并不告诉他应该如何调整他的生活，以预防疾病再度的发生，自然，这样的结果是无效的。所以最近有人主张，罪犯监禁时期的长短，不应该看他所犯罪恶的大小，更不应该机械地一味根据法律，而应以改造该犯罪所需要的时间以为断。罪犯经过个别研究和疾病诊断之后，问题较小容易矫正的，监禁期就应当很短；问题复杂，需要较长时间的调整和训练的，监禁期也应当较长；至于有不治之症的，为着保护社会起见，除了终身置于特殊机关中看养以外，就没有其他更合理的方法了。在这里，我们便连带要提及死刑的问题。现在世界各国，很少有废止死刑的国家，但实际这却是很值得商榷的。主张死刑的理由，不外乎警惕后人和为被害者报仇二种。为了别人的缘故，而使一个人受过分的痛苦，这显然是不公平；至于替被害者报仇，不但没有教育的意味，并且和社会的立场相悖。"一只眼睛赔一只眼睛""一个牙齿换一个牙齿"的时代，早已过去了！我们倘若不能改善一个人底行为，而竟至置之死地，使他永不再有重新适应的机会，正如学校开除顽劣儿童是教育底失败一般，我们不得不说，这是法律底失败；法律底效能，原该不只是消极的。因此对于罪犯，只有依照上述那种科学的处置，才可以节省社会许多金钱和人力，也才可以节省罪犯许多不必要的监禁和痛苦。

----

① 见民国二十五年（1936 年）一月二十五日《申报》南京中央社专电。

六　假释制度

法律上的假释制度①，给予监狱长官一种便利：如果罪犯中有确已悔改的，经过一定之手续之后，不必等到所处之徒刑全部执行，就可以先释放出狱。这种制度倘如得能办理完善，和上节所讲的方法，颇为相似。但是唯一的困难，在于决定哪一个罪犯得受假释的权利。倘若仅凭监狱长官个人底好恶和私见，来决定假释的是否适宜，这自然是很不科学的。现在的监狱，对于每个罪犯底一切，既然缺乏精确的测验、调查和记载，所以假释的决定，都是凭人情的请托，罪恶的性质，罪犯底容貌和态度，甚至于凭监狱长官偶然的高兴。这种没有真实标准的判断，使每年又有无数危险的罪犯——不适宜社会生活的人——重又回到社会上来，做违反人群利益的工作。从相反的一方面说，也许真有些已能革新的罪犯不被假释，必得继续忍受困苦的监狱生活，直到刑期终止的一天，根据沃纳②（Warner）研究的结果，现在用以决定假释的方法，并不比凭随机的选择更为可靠。③ 所以每个监狱中，必须聘有专任的罪犯学专家，凭着他们的知识和经验，来决定谁是可以假释的。要想假释能够完成它底目的，罪犯的释放，决不能再让一班毫无训练的人用着"乱点鸳鸯谱"的方式，来胡猜乱点了。自然，监狱中聘请专门的罪犯学家，需要增加一笔经费，但是我们该知道在现在这种不科学的制度之下，社会所遭受的经济损失，当更大呢！

七　法科课程的修订

我们希望将来法律的制度和办法，能够有所改良，那么以法律为职业的人，必须要有最低限度的心理学、精神病学以及社会学的知识。倘若再不从此基点着手而仍是只规定一些纸面的条文，那完全是空虚的。因此对

---

① "假释"是一个法律名词。凡是罪犯刑期未满，但无期徒刑已逾十年，有期徒刑执行已逾二分之一，经监狱长官认为确有悛改的实据的，可以呈准司法行政最高官署，释放出狱，谓之假释。我国《刑法》第十条有假释之规定。欧美称之为 parole system；日本谓之"假出狱"。

② 原文为"华纳"，今译"沃纳"。——编者注

③ See F. A. Moss: *Application of Psychology*, p. 296.

于大学法学院的课程，应首先加以改造。一般的法政学校，只注重法律条文的解释，养成了许多理论的人才，而对于处置罪犯的实际知识，鲜加注意。梁瓯第调查我国 15 个大学法学院的课程的报告，① 法律学系的课程，列社会学概论为必修科的有 11 校，但少的只有二学分，如国立武汉、北平等大学，显然地被看作一种极不重要的科目。至于心理学，除了私立国民大学列为法学院普通必修以外，此外国立的中山大学等 5 校、省立的安徽大学等 3 校、私立的厦门大学等 6 校，心理学都不是法律系学生应修的科目。精神病学及社会调查两种学程，更没有一个学校设置。司法界的职业，和医生、护士、牧师、教师一样，是要和人接触的，所以对于人类行为和社会问题的了解，万不可少。可是各法政学校对于这方面的训练，都异常疏忽。难怪有人以为课程中进步很慢而最需要改革的，莫如法科的课程了！②

八　儿童法院的法官

为着儿童罪犯不能与成人罪犯有同样的处置，遂有儿童法院的特设，因此，儿童法院的法官不能由普通的法官来担任，正如特殊教学不能由普通教师来担任一样。儿童法院的法官，对所遇到的问题，都需要有精密的分析和观察来处理，所以非有特殊的训练不可。在儿童法院中，倘如仍延用了传统的方法来审讯和处罚，而对于儿童的适应，不做一点积极的建设工作，那么，另外设立一个儿童法院，岂非多此一举？根据美国儿童局（The United States Children's Bureau）所定的标准，儿童法院法官的任命，要凭他有能做这件工作的特殊资格。他应该受过法律的训练，熟悉社会的问题，而且了解儿童底心理的。他的任期应该不在六年以内，这样才能保障他特殊的职业，以及引起他对于儿童工作的兴趣。

九　结论

一个罪犯无论是犯了什么罪，无论是为了什么犯罪，我们总可以概括地

---

① 见梁瓯第《大学课程与行政组织》，《教育研究》第 61 期［民国二十四年（1935 年）九月号］。

② See C. Bassett: *Mental Hygiene in the Community*, p. 148.

说：他是不能适应社会。我们能用严刑峻法去迫使一个人适应吗？在我们已经读完了这一章的现在，我们一定可以回答：这是不可能的！罪犯必是存心为恶以及刑罚可使他改过的那种传统观念，早经证明是谬误的了。于是我们要想维持社会的治安，减少累犯的事实，必得探求罪犯不能适应的原因，然后根据了这种详尽的分析，再应用最适当的法律去处置他。这种对于罪犯的个别研究、诊断和处置，必须要凭借心理卫生的知识；而且也唯有使心理卫生充分发扬，才能使现在一般与罪犯接触的机关，有积极的改善。总之，我们该知道法律对于人类的贡献，并不在纯粹法律底范畴以内，而在能妥善地应用法律，来解决各人人格上所发生的不能适应的问题。在这一个新的正确的意义之下，法律与心理卫生乃成为如此密切地联系。

参考书：

1. Conklin，E. S.：*Principle of Adolescent Psychology*. Chap. 15. 1935.

2. Dexter，R. C.：*Social Adjustment*. Chap. 15. Alfred Knopf. 1927.

3. Garrison，K. C.：*The Psychology of Adolescence*. Chap. 15. 1934.

4. Healy，W. & Bronner，A. F.：*Delinquents & Criminals*. MacMillan. 1926.

5. Husband，R. W.：*Applied Psychology*. Chap. 23，24. Harper. 1934.

6. MacCormick，A. H.：*The Education of Adult Prisoners*. Chap. 3. & 16. The National Society of Penal Reformation. 1931.

7. Morgan，J. J. B.：*Keeping a Sound Mind*. Chap. 10. MacMillan. 1934.

8. Murchison，C.：*Criminal Intelligence*. Chap. 4，5，6，21，22 and 23. Clark University Press. 1926.

9. Rosanoff，A. J.：*Manual of Psychiatry*. Part Ⅲ. Chap. 9. John Wiley. 1927.

10. Suherland，E. H.：*Criminology*.

11. Woods，A.：*Crime Prevention*.

12. White，W. A.：*The Principles of Mental Hygiene*. Chap. 5. MacMillan. 1919.

第十二章　心理卫生与实业

一　实业之影响于人格

影响人格发展和形成人格模式的社会机关有三，就是：家庭、学校和实业。人类在儿童时代，终日沉浸在家庭和学校的环境之中，因此家庭和学校就代表了铸造人格的两大势力。等到成年以后，各人走到职业的圈子里去度工作的生活，他们身体上和心理上所受到的影响，当然没有再比实业环境更重要的了。假使一个人所从事的职业，正适合他底兴趣和能力，他能从工作中得到成功和满足，而且工作的环境，又能合于健康的条件；他自然是一个幸运者，常能忍受生活中一切的不幸和紧张，不致一经暴风雨的打击，人格即趋于崩溃。反之，若是他被一种不适宜的职业羁绊着，天天怨恨失望，没有快乐和满足的时候，他底人格就会陷于危境。因为单只是这一种怨恨底本身，已足以毁损他心理的健康，更不用说再受到意外的挫折了。人底一生，有三分之二的时间消磨在职业之中，所以实业的领袖，倘能稍微花一些时间，注意到工人的心理卫生，工人们因此身心上所获得的利益，自然是不言而喻的。

二　实业领袖底错误

极为不幸地，过去的实业，只着重在生产和经济方面，对于工人底利益，完全漫不经意。实业的领袖都将他们的注意集中在机械的改良、副产的利用、出产的增加以及成本的减低，他们不惜为此花了上万的金钱去请人研究。至于人力的保存和改进，实在无暇顾及。蒂德①（O. Tead）说："一大

---

① 原文为"梯特"，今译"蒂德"。——编者注

批不愿意的工人在凄凉的环境中，被强迫地工作着，被严密地监视着，更被无情地鞭打着，这种工厂的情形，简直和监狱无异！"① 蒂德和梅特卡夫② （O. Tead and H. C. Metcalf）又说："现代的实业对于人类的基本欲望，不能供给一条合理的出路，实在是一种很大的失败。它只是拘束工人，愚弄工人，并不能使工人在工作中觅得兴趣和生活的满足。试想一想每天有成千上万的工人，被强迫着在那里干八九小时或八九小时以上的怨恨乏味的工作，还有什么情形比此更为严重？我敢说一句并不过甚的话：任何实业制度的成就和生产，最后要看它能否利用工人有用的冲动以及能否引起工人对于工作的兴趣以为断。"③ 过去实业领袖忽略工人适应的问题，实在不能不说是一种失策，因为工人生活愉快安定，结果可以增加生产，减少错误及意外事件的发生，不但工人自身受到益处，工厂方面，也间接获得不少利益，和投资实业的本意，并不相悖。

三　近代工厂的缺点

自工业革命以后，自食其力的手工业几乎全部淘汰了，随着突飞猛进的机器底改进，大规模的工厂到处林立着，但近代工厂的组织，有很多地方于身心健康有害，应该加以考虑。

（一）环境的不卫生

这是最显著的现象，工厂中光线黑暗，空气又不流通，而且机械转动，灰尘满室，污秽恶浊，无出其右。尤其是纺织业等工厂，弥漫得像雾一般的絮屑和在空气中，输入工人体内，工人成天地在这样黑暗污秽的环境中工作，目力很易受伤，肺部也容易生病，并且容易发生意外灾害的事件，使工人底四肢躯干受了伤害，成为残废。

（二）工作时间的无限制

近代各文明国的法律，都规定工人每日在厂工作的时间，以 8 小时为

---

① See O. Tead：*Human Nature and Management*，p. 37.

② 原文为"买脱卡夫"，今译"梅特卡夫"。——编者注

③ See O. Tead and H. C. Metcalf：*Personnel Administration*，p. 200.

限。但是事实上超过 8 小时的限制的，仍是比比皆是。据美国妇女调查局（W. S. Women's Bureau）的报告，美国的工作妇女中有过半数每周工作在 50 小时或 50 小时以上，有五分之一每周工作在 54 小时以上；有五州没有法律规定妇女的工作时间，北卡罗来纳州①（North Carolina）的法律明白规定妇女工作时间每周可达 55 小时。可是事实上更有甚于此者，有的女工每天须工作 11 小时或 12 小时，甚至每周 72 小时。② 女工底工作时间，已是如此骇人听闻地久长，则男工每天须做几小时工，更可想见了。至于在我国的工厂中，自然更不乏每天工作 14 小时的例子。③ 而且日工之外，还有夜工，工人企图多得一些工资，或是因日工所得，不能维持生活，迫于饥寒，往往日夜不息。这对于身体的戕害，不消说是很大的。在工作时间以内，又没有规定的休息时间，所以工人从上工一直到落工，除了偶尔私下偷闲一刻以外，没有时候可以一舒疲劳的精神和筋骨。即使有时在工作的时间以内，自己偷偷地休息一下，亦是畏首畏尾，深恐被工头发觉而受斥责，因此心理上紧张的程度，反而更高。最近实业心理中有许多研究，都证明工作时间的延长，不但对于工人有害，而且出产也比较减少，正和一般人底预料相反。所以欧美有少数的新式工厂，对于工人的工作时间，都逐渐减少，由每天 10 小时的工作减到每天 8 小时，由每星期 7 天的工作减到每星期 5 天；在工作时间以内，还有正式规定的休息时间，不必再偷偷摸摸躲到厕所中去休息片刻。这种新政策实行的结果，产量反较前有增无减。

（三）工作单调

自从机器发明了以后，工厂中的工人，没有创造的乐趣。他们底工作，都是异常机械。而大规模的工厂，又都应用分工的原则，每个工人从早到晚只做着一种刻板的工作，毫无变化，这样的工作所给予工人的，常只是枯燥与单调。单调的工作，时间继续愈长，便俞使人乏味、憎厌，而且紧张。因为当一个人做着单调工作的时候，心里常会不自禁地想到有趣味的事体上面

---

① 原文为"北开罗纳州"，今译"北卡罗来纳州"。——编者注
② 见韬奋《萍踪忆语》，《世界知识》第 4 卷第 1 号。
③ 根据《中国经济年鉴》［民国二十四年（1935年）续编］所载，我国工人工作时间，都超过八小时的原则。男工童工的工作时间有到 14 小时、16 小时的，女工有到 12 小时、14 小时的，尤其是矿业工人，实际工作时间，都在 14 小时以上（见第 413 页）。

去，但又不能恣意地让注意离开工作，于是就不得不勉力把思想拉回来。这样用力强制自己底注意，立刻会使心理上发生紧张的状态。可是这并不是分工制度本身底缺点，只是由于不能适当地善用这种科学的制度罢了。所谓单调，原不仅是一件客观的事实，因为单调的程度，完全要看工人主观的反应来定的。所以单调的产生和工人底智力，很有关系，并不是一个简单的问题。假使一个智力较高的人，从事一种不必用心的工作，就会感觉单调；若是将同一种工作，支配给智力较低的人，单调就不会产生。要之，单调的产生，并非由于工作的性质，而是由于工人对工作的兴趣；没有兴趣的工作，最易发生单调的感觉。基于这个理由，简单机械的工作，最好利用低能的人去干，让智力较高的人，去从事比较复杂的工作，这样不但能使任人各得其所，可以消灭单调生活的害处，而且利用低能的人去做工，还能化无用为有用呢！

（四）忧惧

近代工厂对于工人的第四种害处是忧惧。工人在厂工作，一点没有保障，随时都可以被雇主辞退。所以工人失业的危险，无时或释，他们又安得不怕？尤其是在这不景气的年头，工商业无不紧缩，裁人减薪，更成为司空见惯的事体。所以工人虽是目前有了工作，暂时可以糊口，而瞻前顾后，又难免不发生忧虑。此外工人们怕受工头的斥责、怕生病、怕年老、怕受机器排挤、怕被别人竞争、怕亏空、怕不能仰事俯蓄……他们是完全被困在恐慌和忧虑底桎梏中了。怕惧是破坏人格的一种主要势力，是许多精神病的根源，也是减低工作效率发生意外灾害的基本原因。所以工厂方面对于工人的储蓄、保险、养老金、抚恤费、合作社以及子女底教育等等，都须妥定章程，见诸实施，务使工人的生活，有了安全的保障，才可使他们安心工作，不致常受分心的扰乱。

四　人格与工作效率

满意的职业培养了健全的人格，健全的人格开展了实业的繁荣，这二者原是彼此影响，互为因果地关联着。因此开明的实业领袖，现在已经逐渐明了在工厂中，人的问题应该和机械问题，看得同样重要，不可偏废。因为有无数工人的失败——间接也就是实业上的失败——并不是由于物质设备的不良，而是由于工人本身身心的缺陷；尤其是人格的冲突和不适应，对于失败的关系最大。据纽约梅西百货公司①（Macy's）人事部主任安德森（V. V. Anderson）博士的估计，商业机关的雇员，大约有20%是成问题的。② 这些人或是脾气不好，或是成绩欠佳，或是时常请假，或是不时生病，或是容易发生管理上的问题，或是愚鲁不堪，或是常犯错误，或是反抗公司当局，或是常独自乱想，或是冷淡不热心，或是常损害货物，或是易和同事冲突，或是怠慢顾客。最显著的症状，便是不能乐业，在一处工作不久，便舍而之他，使公司中受了许多损失。据说有一个工人在12年中换了14个工作的地方，还有一个在两年之中竟换了80处，又有一人在两年以内做了9种工作。这些雇员的"问题"，都渊源于他们儿童的时候，因为家庭或学校教养的不当，人格上所酿成的缺点。等到进了实业机关以后，工作和待遇又欠适当，他们心理上的紧张，更增加不能适应的程度。所以巴塞特（C. Bassett）说："实业的领袖们假使具有心理卫生的知识，认识这是情绪不安的症状，把他们送到适当的地方去诊断和治疗，那么对于这批不幸者的救济，一定有很大的功绩。"③ 安德森博士在他一篇短文中，也有这样的说话："这些成问题的雇员，假使都能够经过适当的研究和治疗，大半可以重新适应，因此减少职业移动，增加生产效率，一变而于雇主有利……而且统计告诉我们，这样经过心理治疗而治愈的例证很多，所以利用这种方法，不但是为了人类的拯救，即是从金钱的利益上着想，也很上算。"④ 当英国工业革命开始的时候，乌温有句话："我们雇主们，见了机器损坏，总想设法修理；见了工人有损坏，偏不设法修理。"这寥寥两句话，很值得我们注意。我们用机器，知道用的时候要非常谨慎仔细，不可大意，而且时常须用油去润泽它；还得检查机器的各部，有无毁损。我们用工人，也正应该如此。一方面对他们的一切，都要非常注意，不让他们受到因疏忽发生的损坏；另一方面更应时时检查，倘若发现了疾病，便须立刻给予适当的处置。机器要这样才能经久耐用；工人也要这样才能经久耐用。

---

① 原文为"梅赛百货公司"，今译"梅西百货公司"，是由罗兰·哈斯·梅西（Rowland Hussey Macy）于1858年建立的连锁百货公司，其旗舰店位于纽约市海诺德广场（Herald Square）。——编者注

② See V. V. Anderson：*Psychiatry in Industry*，p. 8.

③ See C. Bassett：*Mental Hygiene in the Community*，p. 298.

④ See V. V. Anderson："The Contribution of Mental Hygiene to Industry"，*Proceedings of the First International Congress on Mental Hygiene*，1，pp. 669 - 670.

五　实业领袖的心理卫生

在实业机关中，不但有成问题的工人和低级职员，并且常有失常的重要职员的发现。工人中倘有少数不能适应，仅影响到他本身与他所从事的那一部分工作，究属有限；重要职员成了问题，关系却更大。他们底地位较高，一举一动，就能影响全体或许多人底幸福，例如他定了一个不合理的计划，在这计划支配下的工人就会全部遭遇到若干不幸。那些领袖们或是生性固执，一意孤行；或是生性残酷，不顾人道；或是生性狭窄，不能容忍。总之，他们失去了处理工人的正当态度和方法，因此双方常致发生冲突，甚至酿成罢工的悲剧。一个完好的实业组织，内部的不和纵然不能完全消除，也一定是减到最低的限度。所以心理卫生家底工作，不仅须注意适应困难的工人，同时也须注意不合理的当局，务使劳资双方的关系，异常和好，绝没有罅隙可寻。

六　实业机关中健康部的设置

因为工人底身心健康，直接地影响到他们底成功或失败，所以新式的实业机关，必需附设一个健康部（health service），从事于身体疾病与心理疾病的预防、诊断及治疗。在身体方面，应该有专门的医师和护士，常川驻厂，致力于下列的工作：检查工人身体；医治疾病及伤害；依据工人身体的情形，调换适当工作；[①] 改良工厂环境，使适合卫生；预防传染病的发生；拟具工人卫生教育的计划；筹划采光、通气、保温的装置；决定座椅的高低；设法减少机械的噪声和振动；管理工人食堂及住宅的清洁，以及参与规定工作时间的长短，夜工、假期及休息时间的订定等等。自从各国法律规定了工人在工作时间身体受了伤害，工厂方面应该负抚恤赔偿的责任之后，各工厂对于工人的身体安全，已经比以前注意。大规模的新式工厂，都有专任的医师，随时注意工人底疾病，在初起时就加以诊治。尤其注意工人底耳目及牙齿的治疗，因为这方面的疾病，很容易产生意外灾害。欧美更有许多实例，证明工厂健康部的医生，倘若对于机械的声浪振动等问题，亦能加以一

---

① 例如目力不佳者，不能作需要目力之工作；动作迟缓者，不能管理转动迅速之机器。

点注意，结果工厂所得的收获更大。有一间电话接线间，设法减低了扰人的噪声以后，接线生的错误也降低了42%。更有一家制造火炉的公司，自从把装置部从汽锅间隔壁移到安静的位置以后，质量两方均有显著的增进：被检查部所淘汰的产品从75%减到7%，而每一单位时间的出产从80%增至110%。又有一家保险公司的机器室，减低了噪声之后，产量也同样增加了12%。

至于心理卫生方面的工作，常较身体卫生更为复杂。因为身体上的疾病，它底原因多少是要比心理疾病单纯一些。因此不是一个人所能担负的，应该由心理学家、精神病学家以及社会工作员来分任。

（一）心理学家的工作

心理学家专门注意选择工人的问题，他用各种心理及职业测验去检查新招的工人是否适宜于此种工作，然后根据结果以定取舍。对于已经收用的工人，又须依据各人底个性及能力，分配适宜的职务，或是决定职务的调动及升迁。因为某种职务，只有智力在某一范围以内的人去做，才能得到最高的效率；若是由智力过高或过低的人去干，都同样地会感觉到失败和不满足，而且都易发生错误。所以应该预先选择工人，使他们底能力，能够和工作所需要的，刚相吻合；不仅个人有胜任愉快的感觉，同时工作的效率，也不致虚耗了。

（二）精神病学家的工作

精神病学家的主要贡献，在于发现并处理不能适宜的高级当局和工人，帮助他们解决困难的问题。他对于工厂中每一个人底人格，都应有详细的研究；时时举行心理检查与个别诊断，发现行为上有失常的，便立刻加以相当的处置。他更须研究工厂情形，减少有害心理健康的因素，设法增进劳资双方关系的融洽；并且制定各种章程，给予雇工种种生活上的保障，培养他们安全快乐的感觉以及对于工厂的忠心。雇工的心理上健康之后，不但工厂方面无谓的损失可以免去，并可以改进他们家庭间的关系，得到更为广泛的利益。因为心理不健全的分子，在工厂中固然容易肇祸，不能始终其事；他们情绪上的冲突，也往往带回家中，以致不是时和妻子龃龉，便是常将子女虐待，使儿童在这铸成人格模式的紧要关头，受着恶劣的影响。

（三）社会工作员的工作

社会工作员在实业机关中的责任，是调查及控制工人在工厂或商店以外的生活。他搜集关于"问题工人"的各种资料，供心理学家及精神病学家的参考。他不仅须与工人本身，而且须与工人底环境，时常接触，探得他们底家庭生活和消遣习惯，才能谋彻底的救济。因为人的行为受全部生活的影响，工厂生活不过是全部生活中的一部分，所以要想了解一个工人底人格，必须顾到各方面的情形，不可忽略了在工厂以外的生活。假若某工人不能适应的原因，是发源于家庭间的冲突。那么社会工作员就应该竭力帮助改进家庭状况，调整彼此间的关系。假如某工人不能适应的原因，是由于某种不良的嗜好或某种不正当的娱乐，社会工作员就应该设法改善他们的环境，使他们去除这种恶习惯，或者筹划供给另一种适当的消遣以替代之。心理学家和精神病学家的工作，都限于工厂范围以内，而社会工作员的工作，却常须跑出工厂的大门以外，深入工人底足迹常到之处（尤其是家庭），这是他们不同之点。

七　利用残废者及低能者

实业机关中组织健康部的目的，是谋工人身心的健全，求工作的适应，并不在淘汰有病的分子。任何工厂中，必有许多种工作，可以支配给身心有缺陷的人，而且他们做起来，不会比普通的工人坏一些。我们只要稍稍把各种工作的性质研究一下，就可以指定几种，分别利用瞎子、聋子、跛子、哑子，甚至于低能者，同样去做工。假使他们底工作，指派得当，他们的成绩，更可以超逾普通的工人。例如中国药店中搓丸药的工作，常由瞎子来做，因为这种工作，不必用眼看，只需利用皮肤的感觉，就可做成。而且瞎子心静，心不外骛地工作着，所以一天中丸药的产量，反可以较普通工人为多。又如盖瓶塞、贴标签等工作，由聋哑的人来做，一定也能胜任愉快。美国西方电气公司（Western Electric Company）曾经对于雇用残疾工人的问题，做一实验，他们让一个残废的工人和一个不残废的工人，做同样一件工作，结果残废的工人在 507 日中发生了一次变故，不残废的工人在 405 日中就发生了一次变故。这个理由是很明显的：因为身心健全的工人，只有需要思想的工作，才能缩住他们的注意；若是刻板单调的事体，就不能引起他们的兴趣，于是注意常会移向工作以外的事件，效率因此减低。身心有缺陷的工人，倒可以专心地作工，而且他们希望成功的心也较切，成绩自然比较好了。所以身心有了残疾的病人，仍旧可以利用来做工。我们底目的，并不在排挤这班不幸的残废者，而是在支配给他们以适当的工作。

八　实业界心理卫生发展迟缓的原因

我们已概略地明了实业与心理卫生的不能分离，可是事实上现在的实业机关，对于心理卫生工作，还是极少注意，和医学方面的工作相比较，差得很远。细考工商界中，心理卫生所以不能发展的原因，大概有下列几种：第一，心理卫生是一种很新的科学，它底历史很短，所以一般实业机关当局，也许连"心理卫生"这个名词还不曾听到过，更不知道心理卫生是怎么一回事了。第二，研究心理卫生的专门人才，现在还很缺乏，不即说在中国，即在欧美各国，这种人才，也是凤毛麟角，不宜多得。第三，工厂中的健康部，假如除出了注意工人的身体健康以外，更须顾到他们底心理健康，势必增加不少经费，一般工厂当局都认为这是不急之需，可以节省。第四，心理卫生的工作，效力虽然永久，但不是一时在表面上所能看得出，不易引起大家的注意。最后，工厂中的当局和工人，因为对于心理卫生，缺乏知识，根本不信任的，也大有人在；他们以为心理卫生家的工作，都是荒谬无稽，徒劳无功的。科学的医学，传播到中国，已经有几十年的历史，但是国人中，到现在不相信西医而相信五行相克的中医的，还是很多，又何怪对于这新兴的心理卫生抱着反对的态度呢？所以我们要提倡心理卫生，必须首先对实业机关的领袖，做有力的宣传，使他们明白心理卫生的实施，无论对于工人、雇主及社会，都是有益的。在表面上看来，似乎增加了他们一点经济责任，但是工厂因此而增加生产，减少工人或职员的职业移动，改良劳资关系，实际上的收获，远足以抵消些许支出的经费而有余。

九　童工与心理卫生

童工问题，几乎较成年工人底问题，更密切地关联到心理卫生。因为儿童时期，正是身心发展的紧要关头，倘若逼他们长时间地去做工，一方面失去了受学校教育的机会，一方面他们身心健康的被毁损，也自然更甚于成年的工人。俞庆棠说："我们试想想怪叫似的工厂汽笛声，把这般可爱可怜的小孩，从睡梦中催醒，急急地在无情的机器之下，热炉之旁，工作 12 小时，哪里谈得到身心的发展？他们不能得到适当的养和教，还要叫他们拿劳力来养人，真是不合理呢！"[1] 从 1919 年到 1931 年之间，国际联盟的国际劳工局所主持的几次国际劳工会议，决定以 14 岁为准许雇用儿童的法定年龄，订了一个公约，在 1928 年有 15 个会员国批准签字了。依最近各国的法律，准许雇用儿童的最低年龄，中、英、美、德、奥、比、捷克、瑞士、丹麦、挪威都是 14 岁；法国 13 岁；意、日是 12 岁。我国依照工厂法的规定，未满 14 岁的男女，工厂不得雇用为工人；14 岁以上未满 16 岁的男女工人为童工，只准从事轻便的工作。[2] 但是法律是法律，事实是事实，全国工厂最多的地方如上海，所有开设在公共租界的工厂，就一律不受政府的检查；此外虚报年龄以少报多的，更是常见之事，所以未满 14 岁的儿童，在工厂中做着有危险性及有碍卫生的工作，每天延长到 14 小时以上的，在国内实在是不可胜数。[3] 雇主们在以最低的工资购买劳动力的原则下，千万个儿童遂被毫不顾惜地陷入了火窟。纵然政府对于童工的雇用，定有保障的法律，例如童工只准从事轻便工作；每日工作不得超过 8 小时；工厂应使童工受补习教育，并负担费用的全部等等，[4] 也不过是一种具文，没有能够切实执行，不免是一种遗憾！在童工方面，他们因为迫于生计，很小就出来做工，对于要做什么工作，事先根本就没有考虑过。他们所从事的职业，全凭偶然的机会，并没有经过选择，所以常和自己底兴趣和志愿，不相符合。后来渐渐觉得所致力的工作，枯燥无味，或和自己底希望大相径庭，因此心理上就不免起了冲突。而且这些儿童，因为没有经过正式的训练，缺乏知识和技能，所以除了低贱的工作以外，没有其他工作可做。他们长大以后，一和其他的工人比较，相形见绌，很难不发生自卑的感觉。对于自己的工作愈不满意，自卑的感觉也愈深。所以即使工厂对于政府所定保障童工的法令，能够奉行不渝，从儿童本身方面看来，没有准备的做工，仍旧是不相宜的。

---

① 见俞庆棠《儿童年的儿童问题》，《申报月刊》第 4 卷第 1 号，第 59 页。
② 见民国十八年（1929 年）十二月国民政府公布之《工厂法》第五、第六两条。
③ 民国二十四年（1935 年）《申报年鉴》载，我国全国童工人数为 61831 人。实际当远超过此数。
④ 参阅《工厂法》第六、第十一、第三十六等条。

十 问题雇工底积极处置

在实业机关中，也和其他机关一样，常有许多职员和工友，有着卓越的能力，但同时有着很坏的脾气。工厂当局对于这班人，常是忍痛割爱，辞退了事。可是在心理卫生家却依据着另一种观点，不赞成消极的辞退，而主张探寻他们脾气不好的原因，加以改造。他以为实业机关对于这种雇员的正当态度，应该先问："他们时常发怒的原因是什么？有无方法可以消除？"产生不好的脾气的原因很多：或者因为疲劳；或者因为忧虑；或者因为身体不健；或者因为家庭不和；或者因为被别的工人挑衅；或者因为事实的误会；或者因为是儿童时代所养成的坏习惯。假如找到了原因之后，再应用再教育①（reeducation）②的方法，消灭它底原因，把这种不能适应的坏习惯，重新矫正过来，这样才真的将工人从水火中救援出来。若是对于脾气不好的工人，但知辞退了事，不但他们的脾气永远不会改好，而且工厂中也因此失去了一个得力的助手，岂不可惜？不仅如此，假如每个工厂都用这种办法，结果这些工人，一定仍旧在这几个工厂之中换来换去。好像现在许多法庭处置罪犯，常用驱逐出境的方法，以为把罪犯送出了自己的区域以外，自然不会再来犯罪。但是结果是怎样呢？甲县的罪犯被驱逐到了乙县，乙县的罪犯又被驱逐到了甲县；甲乙两县仍旧有人犯罪，而且罪犯的数目也仍和以前不多不少，不过换了几个人而已。实业机关辞退性情乖戾的工人，而不设法使他们变得善良温和，结果当与此相同。尤其是技能特别高强的工人，单只因为脾气不好的缘故，就被辞退，工厂当局绝不把他们的性格加以研究和改造。这从心理卫生的立场上看来，实在是一种识见浅短的下策。

十一 我国实业机关的近况

我国实业机关对于工人的待遇，不但不能与欧洲各国相较，比之美国，也差得很远。工场中情形的不合卫生，简直不能想象。看了下面一段纪实，

---

① 原文为"二次教育"，今译"再教育"或"继续教育"。——编者注
② 二次教育的方法，是美国心理学家 S. I. Franz 所创。其主要之点，即在习惯之改造。换言之，就是用好的新习惯代替有害的旧习惯。如欲知其详细，可参看 Franz 所著 *Nervous and Mental Reeducation* 一书。

当可知我们工厂内幕的一斑。

> 此种旧式工厂门前,大抵满堆旧废之品及污秽之物,内外房屋及泥地,皆满布尘垢,窗户非常狭小,且全年不开。自来火厂之设备,尤为恶劣,童工女工,麕集蓬厂,冬季则手足颤裂,夏季则气闷欲绝。甚至时至正午,犹需假助灯光,其黑暗可想见矣。山东某丝厂,其屋仅及一人之高,且非常狭小,几不能容两行旧式织机。行间仅隔一狭径,泥土上满堆废物。空气不论冬夏皆热,工人须赤膊作工。[①]

上面这段文字,据笔者说,是实地参观所得的事实;而且载于政府机关出版的报告,所言当然可靠。至于我国工人的工资,更是低微。据国民政府工商部在民国十九年(1930 年)调查我国 34 个城市的结果,工人最普通的工资是每月由 10 元到 15 元,童工由 5 元到 10 元;但工人的家庭消费,据同一调查的报告,每月需 27 元 2 角,才能合最低度的生活水准,敷一家大小饮食、衣着、房屋、燃料等之用。[②] 换句话说,就是一家须有两个半人做工,才能维持生活,其困苦已可想见。但这还是数年前的情况,近两三年来,大众购买力的锐减以及失业者的激增,使工厂纷纷地实行紧缩,工人的待遇,遂更不堪问了!我们要想革新我国的实业机关,当先从改良环境卫生以及提高工人待遇着手,因为身体卫生是心理卫生的先决条件;最低限度的身体卫生不能做到,最低限度的生活不能维持,心理卫生更是无从谈起的。

十二　结论

一般地说来,任何人成年以后最重要的生活环境即是职业。职业的是否适当,决定了人格之能否正常;而心理之是否健康,又控制了事业的成败。心理卫生与实业的联系,即在于此。以往实业机关多半忽略了这严重的问题,例如环境不合卫生、工人生活困苦、指派工作不当等等,以致受到许多有形、无形的损失,减低了生产效率,影响到实业的繁荣。倘如我们说心理卫生是改良教育的锁匙,那么我们也可以说它是滋养实业的甘露。所以我们要发展实业,必先使实业界能实行心理卫生。著者现在要借用安德森博士的

---

① 见《中国劳动问题之现状》,国民政府财政部驻沪调查货价处编。
② 见《全国工人生活及工业生产调查统计总报告》,国民政府工商部编印。

说话，结束本章："我们从经验中知道心理卫生家对于实业确有切实的贡献：他节省金钱，改进风纪，减少职业移动，增加生产效率，而且他的工作，对于近代的人事管理，更属必要；心理卫生与人事管理，其实是一而二、二而一的一个名词而已！"①

参考书：

（一）王抚州：《工业组织与管理》第十、第十一章，商务印书馆。

（二）周纬：《工厂管理法》第一编第四章，商务印书馆。

（三）陈达：《中国劳工问题》第七章，商务印书馆。

1. Crane，G. W.：*Psychology Applied*. Chap. 9. Northwestern University Press. 1933.

2. Burtt，H. E.：*Psychology and Industrial Efficiency*. Appleton. 1929.

3. Husband，R. W.：*Applied Psychology*. Chap. 8，9，10，13，14 and 15. Harper. 1934.

4. Gilbreth，L. M.：*The Psychology of Management*. Chap. 10. Sturgis and Walton. 1918.

5. Link，H. C.：*Employment Psychology*. Chap. 15，16 and 26. MacMillan. 1928.

6. Moss，F. A.：*Applications of Psychology*. Chap. 17. Houghton Mifflin. 1929.

7. Myers，C. S.：*Industrial Psychology*. Henry Holt. 1929.

8. Viteles，M. S.：*Industrial Psychology*. Chap. 26. Norton. 1932.

---

① See V. V. Anderson："The Contribution of Mental Hygiene to Industry"，*Proceedings of the First International Congress on Mental Hygiene*，1，p. 718.

附　录

中国心理卫生协会缘起

国于大地，必有与立，立国基本之道为何？民心或民族之精神而己。无论任何国家，其民心健全者国必强盛，民心堕落者国必衰微，民心者实一国国力兴衰升降之寒暑计也。故先哲皆以心地为本，治学者以治心为先，治军者以攻心为上，治国平天下者以诚意正心为主。心之为用大矣哉，操则存，舍则亡，个人如此，一国民族尤然。

身者心之居宅，心者身之主宰，二者常密切相关。西方古哲偏重身体方面，如所谓"健全之心理寓于健全之身体"是也。我国先儒则尤注重于心理方面，如所谓"心广体胖"，"心庄则体舒，心肃则容敬"是也。以养心为养身之法术，其意更为扼要。惜乎我国先儒之学未经科学化之董理，自成统系，遂至散轶失传，此实我国极大之损失，而吾侪后之人所应继起急追者也。

科学健心之术近盛兴于欧美诸国，称之曰："心理卫生"或"精神卫生"，亦称"人格卫生"。其内容基于最新科学的心理学、精神病学、精神治疗与防疾学及其他有关系之科学。欧美人士为探研此种学术原理，与推行应用之于家庭、教育、医药、法律、工商、军事各种事业方面，特作大规模之宣传，创立大规模之组织，蔚成烈烈轰轰之所谓"心理卫生运动"，虽年耗政府亿万巨帑弗惜也。其结果成效昭著，不特国家之教育、医事、司法、工商、军事各种事业日渐效率提高，飞腾进步，即社会一般从事于各种事业之人民亦多心态健适，精神愉快，有安居乐业之希望，虽甚至久为社会污点之流行罪恶，如婚变、犯罪及自杀等亦因一般人民情绪稳定，人格完整，有显然减少之趋势，科学健心学术效力之伟大诚堪令人惊羡也。

　　惟返顾吾国情形则不禁令人怵然警惕。遭遇空前国难，危机潜伏，国势岌岌不可终日，担负解纾国难与恢复国家地位之人民，宜如何身心健全，以肩荷大任。乃事实大谬不然，不但身体素多孱弱，超格的疾病率与高位的死亡率所赢得"东方病夫"之徽号固未能洗除，而且心理与精神之堕落，更如日入九渊，每下愈况。不论严重精神病人固不鲜觏，而一般人民之偷惰、贪婪、卑鄙、自私、浪漫、颓唐、萎靡等变态的心理症状，尤比比皆是。甚至更有元恶巨憝，叛党卖国，甘心认贼作父，为虎作伥，此无他，亦不过心无主宰，利令智昏，故致丧心病狂，精神破产耳。庄生不云乎，"哀莫大于心死，而身死次之。"心死则虽身体健全徒为济恶之具，况身体亦不健全乎！是安足以肩荷救国之重任耶？

　　党国革命先觉早已有见及此，挽回救治，不遗余力。孙中山先生倡导国民革命，于物质建设之外，尤重心理建设，其诏示吾人之遗教有云："国者人之积也，人者心之器也，而国事者一人群心理之现象也，故政治之隆污，系乎人心之振靡。"（见《孙文学说序》）蒋委员长提倡复兴民族之新生活运动亦侧重革心一点。其最近在新生活运动二周年纪念会之训词有云："……所以我们要使社会上个个同胞都能实行新生活，必须从我们自己心里做起。如果我们自己先能革心，切切实实检查并改良自己的生活习惯，达到新生活的要求，即是一般部属、学生、子弟和社会上所有的民众一看我们，就自然被我们感化，用不着一个一个去督责，一家一家去劝导。"（见本年二月二十日《申报》）此皆深知我国民族症结之所在，而投以对症之药石者也。同人等不揣愚昧，窃欲秉承党国先觉革命革心之旨训，远追我国先哲治心养性之学，近慕欧美诸国科学健心之术，爰特发起组织中国心理卫生协会，以保持与促进国民之精神健康及防止国民之心理失常与疾病为唯一之目的，以研究心理卫生学术及推进心理卫生事业为唯一之工作。惟兹事体大，同人等绠短汲深，时虞陨越，倘邦人君子以为可教而辱教之，同人幸甚！国家幸甚！

中国心理卫生协会简章

(民国二十五年四月十九日成立大会通过)

第一章 总则

第一条 本会定名为中国心理卫生协会

第二条 本会以保持并促进精神健康、防止心理的神经的缺陷与疾病为宗旨

第三条 本会工作为研究有关心理卫生之科学学术，倡办并促进有关心理卫生之公共事业，其范围暂定如次：

一 探讨关于保持并促进精神健康之方法及其原理

二 编译并刊行关于心理卫生书报

三 调查并统计各地实施心理卫生之状况

四 征集国内外有关心理卫生实施之资料

五 训练推行心理卫生事业之人才

六 普及心理卫生之知识

七 推行并协助各方办理关于保持精神健康及防止心理的神经的缺陷与疾病之实施事项

八 促进对于精神疾病者之医治与待遇方法之改善事项

九 推行并协助各方对于低能者特殊教育与管理之设施事项

十 建议有关心理卫生之事项于中央或地方政府

十一 联络国内外心理卫生机关并与其他有关系的团体合作以利心理卫生运动之推进

十二 其他

第四条 本会设于首都

第五条 本会为谋会务推行顺利起见得在各地设立分会，其章程另订之

第二章　会员

第六条　本会会员资格规定如次：

一　普通会员

甲　个人会员

子　对于心理卫生有专门学识者

丑　对于心理卫生学术有研究兴趣者

寅　其研究学科及事业与心理卫生有关系者

卯　志愿推行有关心理卫生之事业者

乙　团体会员

子　有关于心理卫生设施之各机关各团体各工商企业组织

丑　有实施心理卫生需要之各机关各团体各工商企业组织

二　赞助会员　对于本会经费及事业发展负赞助责任之个人或机关团体与工商企业组织

三　永久会员　个人普通会员一次缴纳会费二十元者或团体普通会员一次缴纳会费二百元者

第七条　会员入会时须有本会会员二人之介绍，经理事会通过方得为本会会员

第八条　本会会员之义务规定如次：

一　遵守本会规章及决议案

二　接受本会之委托办理会务或调查及研究事宜

三　贡献研究心得于本会

四　按期缴纳会费

五　维持并协助本会事业之发展

第九条　本会会员之权利规定如次：

一　选举权及被选举权

二　向本会建议关于发展会务之事项

三　向本会申请协助有关心理卫生之研究或设计事宜

四　免费或优待取得本会刊物之一部分

五　享受本会图书及各项设备之便利

第三章　组织及职权

第十条　本会最高权力机关为会员大会，大会闭会期间为理事会

第十一条　本会设理事会及监事会

理事会设理事三十五人，候补理事十五人

监事会设监事二十一人，候补监事九人

第十二条　本会理事及候补理事、监事及候补监事由全体会员公选之，任期定为二年。每年改选半数得连选连任。第一届选出之理事及候补理事、监事及候补监事应以半数（理事十七人，候补理事八人，监事十人，候补监事五人）之任期为一年，用抽签法决定之。

第十三条　本会理事监事之选举除第一次由会员于成立大会中推举司选委员七人举办选举外，此后由会员于理事及监事任期届满一个月前用记名连选法通信分别选举，密封送交理事会汇齐，于会员大会开票。

前项选举应有会员三分之一以上之投票始得开票，其选举结果以得票最多数者分别当选为理事或监事，得票次多数者分别当选为候补理事或候补监事。

前项选举票由理事会制就连同会员名单寄交各会员。

第十四条　理事会之职权如次：

一　在会员大会闭会期间代表大会行使职权

二　执行会员大会决议案

三　规定本会工作计划并推进会务

四　筹措并支配本会经费

五　审查会员资格

六　组织各部会

七　召集会员大会

八　向会员大会报告工作

第十五条　理事会设常务理事五人，由理事互推任之，负责处理日常事务。

第十六条　理事会之下设总干事一人，由理事会聘任之，秉承常务理事处理会务。

第十七条　理事会分设下列各部会：

一　总务部

二　研究部

三　社会服务部

四　编译委员会

五　经济委员会

各部设正副主任各一人，各委员会设常务委员各三人，商承理事会主持各该部会事务，由理事会聘任之。

各委员会各设委员若干人，由理事会聘任之。

总干事及各部会正副主任或常务委员之下设干事各若干人，襄理各项事务，由常务理事提请理事会聘任之。

理事会于必要时得设事务员书记各若干人，由常务理事任用之。

第十八条　监事会之职权如次：

一　监察会务之进行

二　审查财务报告

三　向会员大会报告工作

第十九条　监事会设常务监事三人，由监事互推任之，处理监事会日常事务。

监事会设干事若干人，由监事会聘任之。

第二十条　本会得设名誉理事若干人，由理事会敦聘之。

第二十一条　本会于必要时得设各项特种委员会，其组织章程另订之。

第四章　会议

第二十二条　会员大会每年开会一次，由理事会召集，其地点及日期由前一次大会决定之。

理事会认为有必要或由会员二十人以上之提议，经理事会之通过得召集临时会员大会。

第二十三条　理事会及监事会至少每半年开会一次，由常务理事及常务监事分别召集之。

第二十四条　常务理事每月至少集议一次，由常务理事轮流召集之。

第二十五条　会员大会以到会会员过全体会员三分之一以上为法定人数，因事不能到会者应出具正式委托书委托出席会员代理。

理事会或监事会以该会人数过半以上为法定人数，常务理事会议以常务理事过半数之出席为法定人数。

第二十六条　会员大会、理事会、监事会及常务理事会议之事项应取决于到会人数之过半数可否，同数时应取决于主席。

第五章　经费

第二十七条　本会经费以下列各项充之：

一　会费

二　会员特别捐

三　党部及政府之补助

四　各机关各团体或各工商企业组织及个人之捐助

五　出版书报之收入

六　各机关各团体或各工商企业组织委托研究或办理实施心理卫生事项时所出之事业费

七　其他

第二十八条　本会普通会员会费规定如次：

一　个人普通会员　入会费二元，常年费二元

二　团体普通会员　入会费三十元，常年费二十元

第二十九条　本会每年经费之支配应由理事会于每届会计年度结束一个月前制定预算书，送监事会审查通过后公告全体会员。

第三十条　本会经费收支情形应由理事会按期编造决算书，送监事会审核后报告于会员大会。

第六章　附则

第三十一条　本简章如有未尽事宜，得由理事会或会员二十人以上之提议提出，会员大会修改之。

第三十二条　本简章由会员大会通过，呈请中央民众训练部核准并呈报教育部备案。

第二部分

文章汇编

一　群众心理之特征[*]

（一）引言

时至今日，群众势力之大，殊无与伦比。盖人皆知社会上有无数事物，断非个人孤独之能力所能胜，必联成群众增加势力而后可。其在中国，此种现象，尤为显著。自五四以后，无论对待政府，对待军阀，对待资本家，甚至轰校长，赶教员，亦莫不集成团体，以群众之手段出之。市民大会、团体行动诸名词，几无日不出入于吾人耳鼓之中；嗣后群众势力，必将更日渐膨胀，靡有已时。以致国家事无巨细，皆将取决于群众，故吾人对于其心理，实不可不有相当之研究。实则群众心理，至为简单，苟能明了其性质者，则操纵左右之也至易。作者之作本文，其动机即欲列举群众最著之特征，使阅者对此重要之群众，至少可得一概括的了解。斯篇之作，或与彼研究社会情形与夫心理学者，不无小补云尔。

（二）群众之定义

吾人于未讨论群众心理以前，当先明了群众之定义。何谓群众？多数之人，偶然集合于一地，能谓群众否？曰：此乃乌合之众，非心理学上之群众也。夏日傍晚，北门桥唱经楼一带，恒有无数游民，聚立不散，如是者不能谓之群众也。茶坊酒肆，无意中集有多数顾客；而此辈顾客之来，初非为一共同之目的，彼辈之思想感情，复极复难，如是者又不能谓之群众也。心理学上之群众，乃多数之人，为预期之目的所驱使，集合一处，发生同一思想感情，而取同一之手段者也。兹请举数例以明之：如某校学生，为驱逐校长

---

　*　原文出处：章颐年：《群众心理之特征》，《金陵光》1926 年第 3 期，第 41～48 页。——编者注

之故，集合开会，讨论如何进行之方法，如是者群众也。又如五卅之役，千百青年，团聚老闸捕房门前，要求释放被捕者，如是者亦群众也。又如最近三一八之役，北京天安门前，为反对各国干涉大沽出兵之事，开国民大会，到者万余人，如是者亦群众也。盖此三例，皆有一预期之目的，而各人之思想举动，复流于一途，如是始得谓之"心理学上之群众"。本文所欲讨论者，亦即此心理学上之群众；至彼偶然集合于一处之多数人民，思想既殊，旨趣复异，宛如散沙一盘，彼此散漫无关，欲研究之，固戛戛乎其难矣。群众之定义既明，请言其特征。

（三）群众中个性之消失

个人一旦列身群众，其个性必受群众之影响，消灭无遗。即平日熟虑慎思之士，一入群众，亦将无所施其技，理想智能，均灭至零度。扰扰攘攘，虽极无理之事，亦在所敢为，残酷苛暴杀人流血之惨剧，于以演成。往往有一事，在个人视之，以为极不合理而不敢为者；苟一旦此多数之个人，集而成群，则又将视此为极合理，勇往直前，初无所畏矣。此所以多种无理举动，惟群众能为之，且为之，而无所顾忌也。此何以故？曰：其故有二：第一，因传染性，群众之集合，既基于情感，而情感之传染性极强，故群众之中，往往因他人情感之传染，而消失其本身之个性。第二，因恃众性，当个人时，自知势力微小，无理之事，尚不敢为，一旦厕身入群，势力扩张，声势浩大，因此本能消失，而随波逐流矣。此二性将于后再细论之。

（四）群众之思想动作恒趋一致

个人列身人群，其个性立即消失，前节已论之矣。而群众之思想、感情、动作等等，且恒趋于一致，虽组织此群众之分子，学识、智慧、职业、种族，各不相同，然一旦组织成群，思想动作，无不流于同一之方向，为"群众心意一致律"所支配。苟于群众之中，有一人焉，发为愤激动人之辞，则全体必随声附和，惟此领袖之马首是瞻。为领袖者，至是乃有操纵全体之能力；设彼发令曰"如何如何"，群众必依其命令而行，初无有参差不齐或进或退之现象。今请举五卅之役本校同学惩治吴君子伟之事以为例：某日之夜，同学因吴君报告失实，召集全体大会于礼堂，思有之惩治之。是时也，有某君起立发言，数吴之罪，慷慨激昂，末殿以言曰："如此卖国贼，吾侪当以待卖国贼之法以待之，非打不可！"掌声甫息，全场打打之声不绝。此事距今才一年，同学想多能忆之，虽吴君之友，至是亦皆愤愤不平，弃平昔友谊不顾，而随主动者呼打矣。此无他，群众思想动作趋于一致之故也。

（五）群众之被诱性及传染性

群众感受暗示之性，强烈迅速，领袖发一暗示，即刻承受而反应，无或稍缓。当个人清醒时，对于一暗示，每加以审判，定其是非，苟此暗示与其兴趣相合也，则起而反应之；苟此暗示与其兴趣不相合也，则不生效力。然一旦列身入群，则大异乎是：判断抉择之力既失，利害是非之念遂消，一切行为动作，无不为暗示所左右。即与其平日观念相反者，至是亦即起反应，正如催眠术，受术者惟施术者之暗示是从，初勿论其性质为如何也。当个人联而成众时亦然，其所作为，自己亦冥然罔觉，盖当此之时，其人脑筋，已完全麻木而失其功用，苟一受暗示之鼓励，遂轻率躁进，以赴其所事。惟催眠术则一人施暗示，一人受暗示；而群众则人人施暗示，同时复人人受暗示。如是互相反应，互相鼓动，转瞬传遍全体，其势力乃一长而不可复遏矣，即群众之中，有自信力较强之人，足与此暗示相反抗，顾数少势孤，亦无补于事也。群众中暗示传染，殆较虎烈拉[①]为尤速，一有暗示，不难于顷刻之间，传布于多数人之脑中，使之起同一之反应。法勒庞[②]（Le Bon）有言曰："群众传染性之结果，其力足以统一种种各不相侔之方式，而使之消除个性，近合成规，故同其群者，遂不能不同其状态。"试举一例以明之：学校中闹饭厅时，必有一人首先言饭菜恶劣不堪食，击盆抛碗以示威，不数分钟，群乃鼓噪和之，或击盆，或抛碗，于是全堂大乱，盖此时饭厅中人人不独皆传染有饭菜恶劣之感想，且亦皆传染有拍桌击盆等等行为矣。

（六）群众恒横暴而胆大

群众尤有一特性，激之使怒，鼓之以动，则无论何事，皆所敢为。盖群众之理智，既在水平线以下，感情复极简单，一经冲动，即奋往直前，勇猛精进，自恃其团体势力之大，无所畏惧，遇有反对者，则群起攻之；虽极横

---

① 即霍乱，英文名为 Cholera，早期直译为"虎烈拉"。——编者注

② 原文作"黎朋氏"，今译作"勒庞"，后同。指法国社会心理学家古斯塔夫·勒庞（Gustave Le Bon，1841－1931 年），《乌合之众——大众心理研究》的作者。——编者注

暴之事，为法律所不许者，群众亦不难使之实现。其故有四：第一，凡人一经成群，即知其势力雄厚，迥非个人时可比；第二，群众行动恒鲜负责之人，责任之观念既丧，则种种不法之事遂易发生；第三，平日个人为社会性的动机（Socialized drive）所支配，故知尊重他人之生命与财产，即无法律随其后，吾知彼亦不至为杀人不眨眼之强人，顾一旦组成群众，则为非社会性的动机（unsocialized drive）或自尊的动机（egoistic drive）所支配，故杀人越理之事，无所不为；第四，群众富于感情，一经冲动，狂热达于沸点，虽欲制止，有所勿能，是时也，惟冀能达到目的，即牺牲一己之生命，亦所勿顾矣。有此四因，故往往一人所不敢为之事，群众敢为之，胆怯之人，一旦列身群众，胆乃骤壮，虽知有杀身之险，亦不觉畏，此所以轰轰烈烈可泣可歌之大革命，惟群众始能成之，而残酷横暴非法无理之举动，亦惟群众始能成之也。在个人时，往往能容受异议，有从容商榷之余地，惟在群众，则趋于苛虐而不能容物。不观夫彼集会之场乎？苟有一人而持异议者，则不待其辞之举，群将起而哗噪呵之斥之或驱逐之矣！此其无理，为如何哉？

（七）群众之思想极其简单

大凡群众之理解力，极为薄弱，故设言之以理，虽反复解释，亦必不能明了。凡个人所得之经验教训，一入于群，即消失殆尽，不复记忆。即简单之审判决断，在群众亦所不能，群众之智力，与小儿及野蛮民族之智力殆相等。盖群众之结合也依感情，情感之流布既速，遂将观念压于意识域之下，此其推理，极为肤浅，仅能以表面关系概括之为结论，初未能细考其究竟，作伦理学上之推理也。彼大演说家对于群众之演讲，所发议论，骤听之固冠冕堂皇，为之动容，顾设退而思之，必又将深讶其演辞理由，何其弱也！盖彼辈深悉群众之心理，知若以合于逻辑有条不紊之议论，演讲于芸芸众生之前，收效必极微弱；反之，设所讲者，简单明了，趋于极端，附以感情，则虽于理极相悖谬，然听者必欢喜赞歌，以为千古不摩之名论矣！惟其思想，极其简单，故无理之行为，多为群众运动之结果。论者以著名数学家，其理解力故不可谓不高，然一旦厕身群众之中，则其思想，必与鞋匠相差无几。诚哉，是言也！吾常观议会之开会矣，彼议员中，固不乏多智之士，然一入议场，其思想即与平时，迥不相同，粗浅之理，不能了解，而悖谬之议案，于是反得多数之通过。今之反对代议制者，或即以此乎？

（八）群众之轻信性及易欺性

当单身独处之时，对于一事发生，必先审其是非，辨其真伪。群众则不然，审判理解之力，既极薄弱，故虚无渺茫无稽之谈，亦多信以为真，勿稍怀疑。以假为真，强无作有，此亦群众之一特征也。兹请再举一近事以为例：去夏某夜，有人在本校科学馆中，注火油纵火；时适有校役某，自后门入，见有火光，始得扑灭，但见凶手已遁去矣。是时也，同学闻讯往观者甚伙；此首先发现之校役，复言于众曰："当吾自后门入时，见凶手自内出，衣黄色制服，冠便帽，袋中有一玻瓶，想即储油之瓶也。其人甚短矮，形状极匆促，当时吾设知彼纵火者，吾且执之矣。"云云。今姑勿论凶手之是否由后门而出也，即令彼所见之人，即为纵火之正凶，试问于黑暗之中，何以能见如此其详？实则彼进门时，是否真有一人自内外出，尚系疑问。特彼于上楼之后，见有火光，遂依稀仿佛，似觉进门时曾遇一人，更经脑筋之想象，遂有此结果耳。顾当时同学，闻彼言而生疑者，又有几人？甚而有更从而推测之者，曰：凶手既矮小，必系日本人无疑矣！夫以学识高深之大学学生，一旦聚成群众，对于此种简单之谬误，尚深信勿疑，遑论其他矣！由此可知群众轻信而易欺，群众之证言，故多不可靠。若谓证人愈多，事愈可信，谓为与论理学之定律相符则可，若按诸事实，则往往适得其反也。

（九）群众生共同之幻觉与错觉

群众既轻信而易欺，而其暗示传染性，复极强烈，设其中一人，发生错觉与幻觉者，则全体不难于片刻之间，受暗示传染之作用，随之而生共同之错觉与幻觉焉。耶稣死后，其徒十二人见耶稣复活，事载"新约"，吾人不敢谓其妄，惟作者观之，不过群众幻觉之一例而已。今更举一日常习见之事：当吾人进膳时，设座中有一人言某菜有恶味者，同桌者必群相应和，尝此菜时，果觉另有异味矣。此种群众幻觉之例，发现于日常之事者至伙，勿用多赘。此外共同之错觉，亦群众中常见之事。其理亦因一人发生错觉，借传染之力，传布全体，使皆生错觉之现象。勒庞举一极好之例，今特介绍之于此：巴黎市中，某日忽现一尸，经一童子之指认，认为某人。此童实为第一错误者。继此而逞臆推测者，遂纷然而起；翌日，有妇人至，睹尸大哭，曰：果吾儿也！嗣后是儿之叔又至，检视死者之容貌服饰，复断为其侄无疑；其后又经多数邻右及此儿教师之证明，确认死者即为某人，案且结矣。

不料数星期后，真相乃大明，童之邻右教师，以至其叔其母，无一不误认，死者盖另一濮尔陶人也。于此可知群众最易轻率承认，而所承认者，又多为事物之假相。马丁①（Martin）有言曰："群众之注意，恒集中于笼统抽象，于是事之假相，乃得潜入于意识界中，坚持而不去。"此可以解释群众之错觉矣。

（十）群众之冲动性

群众富于感情，故易冲动，为首者略施刺激，无不如应斯响，或则愤恨填胸，或则怒发冲冠，如受催眠术然，一惟为首者之命是听，即刻起强烈之感应焉。凡人当孤立之际，因平时教育修养之功，常能抑制感情之冲动，而不使之实现，一旦组成群众，即失其自制之力，故稍受刺激，即发为反动，不可复遏。群众既受暗示，发为反动，狂热骤达于沸点，于是无往而不以感情用事，自觉势力之大，无与伦比，杀人越理之事，即于此时成之。斯时也，苟能顺其性而利导之，不难使群众复为原状。若更施之以压力，则反动更大，激昂愈增，纷扰乃愈甚，徒见事之不可收拾而已。且群众之冲动，多半不合于社会性的，与初民之冲动相类；故社会之安宁，秩序之保守，在所勿计，而惟以发泄一己之要求为快。群众之感情，惟其易于冲动也，故其平息也亦易，夫冲动既系倏忽之事，其不能持久也宜矣。俗语云：一鼓作气，再衰三竭，此之谓也。吾人于此，尤有一不可不注意之点，即群众对于领袖，绝对服从，惟彼为群众领袖者，未必为才高硕德之士；反言之，才高德硕之士，亦未始即为群众之领袖。若有人焉，其声洪巨，其言激烈，其辞意简单，其气概昂藏，则为群众领袖之资格备矣。

（十一）群众之想象力极大

群众之想象力，至为强大，又极活泼。凡事一经群众想象，其迷离恍惚，乃有不可思议者，盖群众所想象者，非事物之本形，乃事物之假相，愈想象去真相乃愈远。群众行动之易流于暴动者，亦即因此想象力之故。彼工厂工人之罢工也，其心目中必先以为所得工资，不能支持一家之生活，于是化为无数幻想，遂至有不得不罢之势。盖个人一旦成群，推理之力全停，故事物之假相，乃得大肆活动，群众视之，宛如真者。譬之入梦，推理之力消

---

① 原文作"马登氏"，今译作"马丁"，后同。——译者注

失，各种光怪陆离之幻想，无不如确有其事者矣。大凡一种大事业之告成，必借群众想象力有以促成之，吾人试一纵观历史，其例殆不胜枚举，如文艺复兴、宗教改革、法兰西之大革命，以及近世社会主义之大昌，民治主义之日炽，孰非人群想象力之结果哉？故彼欲统御群众者，必先明了群众之富于想象力，彼能利用此特征者，诚知左右群众之术者矣。

（十二）群众之保守性

群众中之个人，既服从多数，故结果遂造成极端之保守。所谓保守云者，在心理学上，有二义可以释之：第一，指个人之行为，与其同伴相符而言，此可由群众之判断上见之；大凡群众之中，不特思想信仰，无或少异，即感觉行为，亦莫不皆同，此已与本文第四部分中，论之甚详。第二，保守者，系指群众之劳守旧习而言；大抵群众之墨守成法，不欲标新立异，其理盖亦以旧制度，已得公众之承认故也。或谓群众之本能，恒染有甚深之革命色彩，观夫群众之举动，专横苛暴，不守常规，故有此言，实则此言也，系误解群众心理者。要知群众之革命性，乃一时之冲动，其绝端的保守性，固仍深伏于群众各个分子之心中，牢不可拔，风潮一过，依然趋于保守服从之状态矣。工人之罢工也，其始也捣乱破坏，无所不至，其行为固极类革命，乃曾几何时，风平浪静，各工又进厂上工矣。故听其自然，实为处理群众暴动唯一之方法。拿破仑极盛时代，无往而不用其专制，法国人民之自由，为之剥夺殆尽；乃尚有为之歌颂功德者，此辈非他，即前此反对拿翁之雅各宾①党员（Jacobins）也。故群众虽一时现革命之特色，不久即厌倦畏乱，服帖如故。虽然，群众之保守性，亦视各个特殊之群众而异，某种群众，用社会之眼光观之，固可谓之流于过激，苟再自其所立之标准上观之，则其中个人，又多系近于保守者矣。

（十三）群众之道德观念

群众之道德观念，至难言者也。世之研究群众者，恒自其犯罪一方面而言，故遂断群众之道德极低，实则杀人放火诸罪恶，固群众所易为，而杀身成仁奉公无我诸美德，亦群众所易办也。且群众之为一事也，不以个人之利

---

①　原文为"甲谷"，今译作"雅各宾"（Jacobin），即法国大革命时期以罗伯斯庇尔为代表的革命派。——编者注

害为标准，惟以一群之利害为进退，苟有益于群者，虽牺牲性命，在所不辞，局外人观之，其举动似专横无理；而在为之者，固以为团体而战，乃其责任。试观前此北京市民学生之暴动，捣毁教育总长章士钊住宅，章氏所作《寒家再毁记》刊于甲寅，载其事甚详，所有服饰骨董①，书籍字画，胥尽于难，苟得其一，售之于肆，所值当不赀。观群众踏之、毁之、焚烧之，而未尝闻有一人携之而归者，其故盖亦可深长思矣。又如鄙陋卑劣之徒，一旦厕身成群，遂不敢以平时不道德之形态，行诸于众人之前，彼盖深知列身群众，一举一动，胥为他人所注目，偶一不慎，群且起而哗逐之矣。今更自反面而言之，群众之易为犯罪行为者，盖亦有故。当人离群独居之际，不法之事，为教训所束，初不敢妄为，一旦入群，见他人为之，遂亦随众而为，不觉其非矣。奥尔波特②（Allport）教授于其社会心理学中，曾将群众暴动中之道德意识，详为分析。奥氏之言曰：群众暴动，其道德意识发展之历程：第一步，必以为在群众中，可以任所欲为，因不易为人所觉察，而可避免刑罚也；第二步，即使所为者，为人所侦知，但不惩治群众，当然不能仅惩治其个人，而惩治群众，在事实上又为一不可能之事；第三步，如将群众，尽行惩办，则使多数之人受难，殊为不公；第四步，既一群之人，皆为此事，则此种举动，必为合理，盖决不致人尽错误也；第五步，既多数之人，将因此举动而得益，则勇猛为之，实为匹夫应尽之责，且于理亦极正当也。

（十四）群众为凡庸之组合

群众之智力，较平时之个人为低，故凡高深推理之事，决非群众所能为，能破坏而不能建设，亦群众之一特征也。各人之才智，在平时本有深浅高低之别，迨夫集成群众，则一切行为动作，无不趋于相似，而其性质，复极粗浅，即集合多数专门人才于一室，使之讨论一普通之事，其见解殆与平庸之群众相等。盖此种专门人才，亦惟对于彼所专门之学，深有研究，一旦聚集成群，讨论普通问题，亦与其他群众等耳。1848 年以前，法国政府，对于陪审官之选择甚严，非大学教授或知名文士，不能膺选；惟至今日，此种限制，已完全解除，当选为陪审官者，皆一般小商人以及无名之徒。吾人

---

① 骨董：古董、古玩的旧称。——编者注
② 原文为"阿尔包"，今译作"奥尔波特"，指弗劳德·亨利·奥尔波特（F. H. Allport，1890 –
1978 年），美国心理学家，实验社会心理学创始人之一。——编者注

于此所当注意者，即陪审官组织之分子，今昔虽大殊，而其判决，则先后如出一辙是也。要知群众之智力，为组成此群众各分子之智力之平均量，而此芸芸众生之中，所积聚者，又大半为愚鲁之部分，故其结果，必极平庸，此所以事之需高等智识始能成就者，决非彼辈所能胜。议会之议决议案也，亦多类此。彼辈对于复杂之社会问题，其判断多极简单而非智慧，盖彼等所能见者，仅事之表面而已。然世人对于此点，往往漫不加察，以为多数人所书之策，必较少数人为佳，其谬误又为何如哉？

参考书

1. Allport，F. H.：*Social Psychology.*

2. Le Bon：*The Crowd.*

3. Martin，E. D.：*The Behavior of Crowds.*

4. Mcdougall，W.：*The Group Mind.*

5. Ross，E. A.：*Social Psychology.*

6. The Journal of Abnormal and Social Psychology，Vol. XVIII，No. 3；Vol. XIX，No. 1.

7. 吴旭初译——群众心理

8. 东方文库——心理学论丛

二　行为派心理学之概略及其批评[*]

（一）绪言

心理学之成为独立科学，百余年之事耳。此百余年中，虽经极大之变迁与改革，进步不可谓不速，虽至今日，心理学实犹在幼稚时代，未能谓为成熟也。不言其他，即以心理学之范围一端而论，亦复众说纷纭，莫衷一是：或尚意识，或宗行为，或主分析，而最近完形派心理学，复孤军突起于德国。盛矣哉！各家意见之分歧也！今本文所欲讨论者，将舍其他学说，而专限于行为派。良以此派自华生[①]（Watson）提倡以来，登高一呼，万山回应，其势力之大，几驾所有学说而上之，占心理学史上一空前之地位。兹篇首叙渊源，明历史也；次述概略，示内容也；殿以批评，辨得失也。惟作者学识浅陋，复于短促之时间中，草成此文，谬误之处，在所不免，大雅君子，进而教之，则幸甚矣。

（二）行为派心理学之创始

十九世纪以前，心理学之任务，专研究灵魂之性质与夫心灵之活动，为哲学之附庸，与真正科学，相去甚远。彼时之心理学家，如柏拉图、如亚里士多德、如培根、如洛克、如休谟、如康德之数子者，虽均与心理学史上，各占相当之地位，顾其主要兴趣，实仍不逸哲学之范围。其后受生理学、生物学之影响，复经物理学实验之浸淫，1879 年冯特[②]（Wundt）首创心理学

---

[*]　原文出处：章颐年：《行为派心理学之概略及其批评》（上），《金陵光》1927 年第 4 期，第 60 ~ 65 页。此文表明为（上），文末注明"待续"，但却未查到另一篇讨论行为主义心理学的文章，待将来查全再补上。——编者注
①　原文作"蜗真氏"，今译作"华生"，指行为主义的创始人华生（J. B. Watson, 1878 – 1958年）。——编者注
②　原文作"冯德"，今译作"冯特"（W. Wundt, 1832 – 1920 年）。——编者注

试验室于莱比锡大学（University of Leipzig），注重实验，与昔之专尚玄理者，迥不相同，至是心理学逐渐脱离哲学而独立。詹姆斯①（James）创机能心理学（functional psychology）于美国，风行一时；而欧洲大陆，复有物观的心理学（objectivism），亦颇具势力。兹二派者，皆鉴于旧派心理学之缺点，应时而生者，实则其本身，亦非完善无疵，去科学盖亦颇远。机能派心理学斤斤于意识之一名词，视意识为万能；统御行为者，惟此意识；变更行为者，亦惟此意识；误认身心为二元。故就严格而论，机能派心理学，实一派新哲学而已。物观的心理学，虽排斥内省（introspection），提倡物观，究其内容，亦蹈前弊。此派以为意识活动，与身体活动，常相平行，当一种意识现象发生之际，必有一相当之神经活动，与之相伴。推此派之意，主观之意识，可舍而不论，专就客观之现象，研讨已足。实则神经活动，完全属于生理学之范围，断不足以代表意识作用。故此派亦非纯粹科学的心理学。二派之失，既如上述，行为派心理学（behaviorism），乃乘时崛起。创之者为华生（J. B. Watson）。华生，美国人，1878 年 1 月 9 日生于南卡罗来纳州②（South Carolina）格林维尔③（Greenville），初入福尔曼大学④（Furman University）攻心理，1899 年得硕士学位。充贝次勃学校（Batesburg Institute）校长者计二年，复入芝加哥大学，于 1903 年得哲学博士学位。卒业后，遂充芝加哥大学试验心理学助教（assistant）一年，升为教员（instructor），凡五年，至 1908 年更升为副教授（assistant professor）。约翰·霍普金斯大学⑤（John Hopkins University）闻其名，聘为试验心理学及比较心理学教授兼心理实验室主任。华生居此者凡十二年（1908～1920 年），一方复潜心研究，学乃大进，先后发表其二大名著：一为《比较心理学导言》（Behavior：An Introduction to Comparative Psychological），于 1914 年出版；一为《行为主义者之心理学》（Psychology from the Stand point of a Behaviorist）于 1919 年出版；华生学说之精髓，均可见此两著作中。先是华生受摩尔根⑥（L. Morgan）教授

---

① 原文作"占姆士"，今译作"詹姆斯"（W. James，1842 - 1910 年），指美国心理学之父威廉·詹姆斯。——编者注

② 原文为"南柯鲁列阿州"，今译作"南卡罗来纳州"。——编者注

③ 原文为"格林非尔城"，今译作"格林维尔"。——编者注

④ 原文为"否门大学"，今译作"福尔曼大学"，位于格林维尔。——编者注

⑤ 原文为"约翰霍布金司大学"，今译作"约翰·霍普金斯大学"。——编者注

⑥ 原文为"马康教授"，今译作"摩尔根"，指英国动物心理学家摩尔根（L. Morgan，1852 - 1936 年）。——编者注

之影响，习动物心理学，遂启其思想之机，悟治心理学之方法，当完全依恃试验。顾或谓试验方法，仅能施用动物，不能施用于人类也，华生闻之，气大馁。华生正式发表其意见，第一次为 1908 年在耶鲁大学①（Yale University）心理学系之公开演讲。其后群起责难，备受攻击，颇不得当时学者之同情。华生受此刺激，潜声息影者数年，1912 年复演讲于哥伦比亚大学。翌年，刊其演讲辞之一部，于《心理评论》（*Psychological Review*）中，署曰《行为主义者之心理学》，其结果亦引起多数人之反对。论者每谓其学说，不能应用于想象（image）及感情（affection）。华生为文辞之，误会始稍解。自其二大著作问世后，心理学说，大为革新，美国受其影响最深，更深及于欧洲，最近我国学者，亦多崇尚其说。良以华生之言论主张，均直截了当，极易明了，非若彼哲学之心理学家，处处引用哲理，艰深难解，故独得多数人之欢迎也。1920 年，华生辞约翰·霍普金斯大学教授之职，就纽约某公司广告部之聘，同时复充心理学社会研究社（Psychology New School for Social Research）之讲师。华生所主笔之杂志，有 *Journal of Experimental Psychology* 及 *The Behavior Monographs* 二种，颇有名于世。华生自投身商界后，重以其家庭多故，不甚满意，故其著作，已不若前此之多矣。（华生最近会集其演讲稿，刊行于世，名曰"Behaviorism"，问其主张，已与前略异，惜国内尚无此书，未得一读，是所憾耳！）

（三）行为心理学之目标及所取之方法

考旧式心理学之所以不合于科学者，即以其误认目标之故。昔治心理学者，多以意识为研究之对象，实则意识状态，系一种精神作用，不能由外观而知之也。甲之意识，乙不得而知之；乙之意识，丙不得而知之；职此之故；主观之内省法，遂不得不变为心理学上惟一之方法矣。内省法者，各人自省其心灵作用之情形也。姑不论由此所得之结果，是否可靠，即以不能证诸实验一端而论，已不合科学之规律矣。由是可知旧式心理学之缺点，在于二端，一曰误认目标，二曰误采方法。行为学家之言曰：心理学不欲变为科学则已；若欲变为科学者，必须去主观之内省，用客观之观察。故下一心理学之定义曰：心理学者，研究人类一切行为之学也；换言之，即研究人类动作之学也。惟其为行为，故发现于外，故易于观察，

---

① 原文为"雅礼大学"，今译作"耶鲁大学"。——编者注

非若意识之隐于内部，而不能用客观的方法证明之也。溯人自胚胎发达，即生行为，以至于死，初不少止。吾人日常之起居饮食，行为也；谈笑歌舞，行为也；士读于校，商业于市，工作于铺，农耕于田，均行为也；甚至于思想知觉，亦无一非行为（潜伏的行为）也。一言以蔽之，人无往而不生行为，人无地而不见行为焉也。心理学者，即研究此种人类日常生活之各种现象者也。

心理学上之行为，与伦理学上之行为不同，无道德上之价值。事之善恶成败，人之贤不肖，初可不问，心理学家对之，皆应有研究之兴趣与责任。良以善恶之标准，随时而异，此乃社会学上之区分，非心理学上之区分也。吾人知人类无时无动作，即无时不生行为，虽处静坐安睡之时，行为数量及种类，已减至最低限度，显不能谓为完全停止。是故心理学家研究之机会至多。设吾人登紫金山之巅，遥望全城，见有无数人众，往来于街道之上，或以车马，或以步行，熙熙攘攘，纷扰不已。而此芸芸众生：有至店铺购物者，有至机关办事者，有至菜馆就餐者，有至游艺场游玩者，就此种种现象而研究之，此行为心理学也。设缩小范围，专考察一城居民之习俗人情：其学校组织为如何也，其宗教宣传为如何也，其风俗伦理为如何也，其一般居民之性的生活为如何也，凡研究此种种，亦行为心理学也。设更将范围缩小，专就一个人研究之：经长时间之观察，可知此人之职业性情、家庭状况，与夫经济情形之大概。设更欲缩小研究之范围，则可请彼至实验室中，专就其某一项行为，细加研究，此种观察，亦行为心理学也。总之，行为心理学，以观察的或实验的方法，研究人类之动作而已。

（四）刺激与反应

行为之生，非自偶然，盖必有因。在心理学上，名此因曰刺激（stimulus），名此果曰反应[1]（response or reaction）。例如偶步路中，忽闻汽车声，亟趋避道侧；又如途遇友朋，握手寒暄。于此二例中，趋避道侧及握手寒暄，皆为行为，但其发生之故，一则因闻车声，一则因遇熟友。故车声、熟友，谓之刺激；趋避、握手，谓之反应。心理学所应解决者，有二问题焉：第一，观察反应以推测唤起此反应之刺激；第二，观察刺激以推测其所生之反应。今分述之如下。

---

[1]　原文为"反动"，今译作"反应"。——编者注

1. 观察反应以推测唤起此反应之刺激

请先举一日常之例以明之：设某君见其一同学，手持书籍，由寝室而出，盖将至课室上课者，行未数步，以手探囊，忽返身回室。某君乃曰："嘻！王君又忘揣其笔矣！彼盖常常如斯也。"观此一例，可知观察者，半由其友现在之动作，半由伊平日对于其友之经验，遂料得生此反应之刺激。

此例似太浅近，吾人所遇者，每皆分子繁复，不若如此之简单。心理学家所遇之难题，比比皆是：何以有人好战争？何以有人喜卖国？何以有女子愿充娼妓？何以某君欲与其妻离婚？此种行为，各有多因，正如火山爆发，必有先由也。顾此种心理学上之问题，昔之心理学家，多漫不注意，而社会学家、经济学家以及新闻记者，反做无数零碎不确之解释。要之，欲于此项问题，做完善之答案，必先与其人之本能行为，学习行为以及社会风俗、学校影响，加以严密之审考。盖自心理学上言之，个人仅为一未经分析之原形质而已。

2. 观察刺激以推测其所生之反应

心理学尚有他一面，其重要亦相等，即注意人平日之行为，由某种刺激，预断其可能之反应。例如：某君卖妻，其结果将如何？若君入仕，其结果将如何？某君不学无术，忽充校长，其结果将如何？凡此种种，皆为日常所习见之问题，其例殆不可枚举。关于社会政治方面者，亦有甚多实用之问题。例如：俄国经数百年之专制政体，一旦易以苏维埃政府，则影响于其人民之生活为如何？又如：瑞典挪威新立自由离婚之法律，其影响于人民之性的生活为如何？此项问题，更仆难数，彼茶寮酒肆之中，甚至街谈巷语，人多喜以此种预先推测，为谈话之资料，又何独心理学家为然哉！但设心理学一日不变科学，不基于试验观察所得之成绩，则此项臆测，终无正确之日也。

（五）人类行为可得而操纵忽？

无论任何学问，欲成为一种科学，必须能对于其界内之一切现象，操纵自如。譬如物理学，吾人可借仪器而抽出空气也，吾人亦能借仪器而注入空气也；吾人能使物体之温度增高也，吾人亦能使物体之温度减低也。譬如化学，吾人可将一种化合物分析成多种原质也，吾人亦能将多种原质合并成一种化合物也。心理学亦如是。故心理学设欲成为科学，则心理学家必须能统御人类之行为，而使之就范。人类之行为，果可得而操纵乎？有人性喜冒险，奋不顾身，吾人亦得用种种方法以去除此类行为乎？有人见女子而面发赤，嗫嚅不能言，吾人亦得用种种方法以改变此类行为乎？设可能者，则将取何种步骤？用何种方法？夫今欲左右人类之行为，其程序至复，其手续至繁，非仅由刺激而推测反应或由反应而推测刺激可得而完事者也。欲得一果，必先种其因。故彼为心理学家者，如欲某人生一种新反应行为，必须先施以适当之刺激以唤起之；反之，欲去某人之已有之一种反应行为，亦必先去除唤起此反应之刺激。设所需要之行为，不能即得，则更须用种种方法，就彼之性情上，以造成一种新习惯。虽然，言之匪艰，行之维艰，即此加减刺激一端，亦已难乎其难。设能自孩提之时，即加以研究与注意，及于成人，熟识其性情，则左右操纵之，可随心所欲矣。

（六）行为心理学对于意识之解释

或曰："行为心理学，仅言人类外表之行为，弃意识而不问，然则如思想、知觉、记忆诸问题，皆不在心理学研究范围之内矣，是直生理学耳！乌可谓为心理学哉？"要知行为心理学，并不忽意识之现象于不顾，特其解释不同耳。自来心理学家，仅承认他人能直接观察之活动为行为，至如仅个人自己所能观察之活动。而他人不能直接观察者，谓之意识（consciousness），非行为也。行为心理学家则认意识亦为行为之一种。其有机体之活动，与拍球行路时无异，初无丝毫神秘之可言。惟一则其活动显于外表，一则其活动至为微细，不易为寻常肉眼所能见耳。故此种行为，谓之潜伏的行为（implicit behavior），以期别于彼外表之行为（explicit behavior）。譬诸思想（thinking）：吾人当思想时，身体活动，与言语时无异。其所以与言语有别者，即一则有形，一则无形；一则出声，一则无声，如是而已！且吾人当思想时，犹能用一种仪器，以记录喉头及胸膛肌肉之活动，所不幸者，不能将此种肌肉之反应，印于蜡片之上，置于留声机上，使吾人之思想，放大而变为言语耳；否则一切疑难，即可迎刃而解矣。华生之言曰："有声之思想为言语，无声之言语为思想。"此语最为简括明了。人类当褓襁之时，思想言语，初不可分，盖彼时无所谓思想，在在辄以言语表出之。故吾人设注意于一三龄之童，可见此童不时自作言语，此类言语，恒为呼唤父母及需要食物等。为父母者，闻其子女能言，辄喜不自胜，从而鼓励之，于是虽无人在侧，彼亦往往发声作大言。迨父母习闻即久，复厌其多言，乃诫之曰："此后当汝思想之际，勿复出声。"儿童屡经此种刺激，遂成习惯，当一人思想之时，遂变为默念而不出声矣。此实条件反射①（conditioned reflex）之作用耳。总之，行为派之主张，以意识为潜伏的行为，为细微之身体活动，推其究竟，亦同为一种反动弧（reflex arc）。如此解释，其优点即在根据之理由，较近于科学。旧派心理学视意识为精神作用，含神秘之色彩；而行为派则以解释人类他种活动之理以解释意识，视意识与行为同出一源，此种理论，与生物的、生理的及自然的事实，均不相伴潜伏的行为与外表的行为。二者之性质虽相同，顾就有机体之适应方面言，则前者有二长：第一，潜伏的行为较外表的行为敏捷轻快，且所耗之身体能力亦较少，此为一长；第二，意识之活动，虽性质危险，但于个人生活、社会安全无大影响，迨一旦变为外表的行为，则与环境相接触，其结果为祸为福，遂不可免，此为二长。

（待续）

---

① 原文为"交替反射"，今译作"条件反射"。——编者注

三　完形派心理学对于试误学习法的批评[*]

自从 1898 年桑代克（E. L. Thorndike）的《动物的智力》（*Animal Intelligence*）一书出版以后，动物心理学上，起了一个大变动。以前凡是关于动物心理的书，都是讲动物的聪明，从不讲动物的愚笨。桑代克说得好：一千只猫做那些无意识的举动是无人注意的；假使有一只猫偶然开了门，这件事便立刻传遍远近，当做奇谈，说猫的智力很高，会开门的。

桑代克用了他著名的迷箱[①]（puzzle box）做试验，解决了这个动物智力的大问题。他把一只饿猫关在箱内，外面放着食物，从迷箱的隙缝中可以望得见。饿猫若是想逃出箱子得着食物，一定要摸着箱子的机关——或是拉一下绳子，或是掀一下门闩，或是做些其他复杂的动作——门才会开。猫初关入箱内之时，要做许多无谓的活动，这儿抓抓，那儿咬咬，或是推推，或是拉拉。在这乱碰瞎撞之中，后来偶然的碰到了那个机关，于是才安全出了箱，而且还得着食物，以为酬报。第二次再关起来的时候，那些无谓动作，仍旧和第一次一样，不过次数要减少一些，因此，逃出箱子的时间也快一点了。经过了多少次的尝试之后，这些无谓的动作，逐渐删除，到后来一关进箱去，它就会立刻按着机关，开门出来。这一种学习法，桑代克替它取了一个名字，叫做"试误学习法"[②]（trial and error learning）。这种学习法，主要的两点是：（一）无谓的动作，经多次尝试，逐渐减少；（二）有效的动作，经多次尝试，愈是巩固。

桑代克试验了许多猫、狗、鸡以及猴子，他断定动物是没有智力的：它

---

[*]　原文出处：章颐年：《完形派心理学对于瞎碰学习法之批评》，《教育季刊》1930 年第 1 期，第 67～73 页。——编者注

[①]　原文为"闷箱"，桑代克著名的"迷箱实验"工具。——编者注

[②]　原文作"瞎碰的学习法"，今译作"尝试错误说"（简称"试误说"），认为动物的学习过程是以本能活动开始的一种尝试与错误的过程。——编者注

们不能思想，它们更不能推理。它们的学习，完全是这样瞎碰而来。动物对于它们自己的行为，应该如何改变，完全莫名其妙。所以动物的学习，照桑代克的意见，是一件机械的事。

现在问题来了：为什么有效的动作，会得保存，而无谓的动作，会逐渐消灭？桑代克因为要解决这个问题，他才发明了一条"效果律"（law of effect）。这条律说："一个刺激和一个反应间之联结，因结果的满意而变强，或因结果的不满意而变弱。"有效的动作，使猫逃出迷箱获得食物，结果是满意的，得着，所以保存，而且愈加巩固。无谓的动作，不能使猫开迷箱之门，结果当然是不满意，所以逐渐消灭。后来华生（J. B. Watson）又用"常用律"①（law of frequency）来解释试误的学习法。常用律说："一个刺激和一个反动间之联结，固常用而变强。"有效的动作，在每一次的尝试里，总要出现一次；而无谓的动作，却不是如此。譬如现在有 A、B 两种动作：B 是有效的动作，使猫能逃出迷箱；A 是无谓的动作。一共尝试了八次，产生类似下表之结果。

1	AB	5	B
2	B	6	B
3	AB	7	AB
4	AB	8	B

无论在哪一次尝试里，如先有 A，其后必跟着 B；如先有 B，猫已逃出了迷箱，当然不必再有 A 了。这八次尝试之中，A 只出现四次，但 B 却每次都有。所以华生说，有效动作之所以能够保存，不过是因为它出现的次数较多而已。

美国还有许多心理学家，用"近因律"②（law of recency）来说明试误的学习法。这条律是"一个刺激和一个反应的联结，若是时间愈近，联结愈强"。有效的动作必是每次尝试中最后的动作。在时间方面讲，有效的动作比无谓的动作来得近，所以容易保存。

完形派（Gestalt school）的心理学家对于这个试误的学习法，根本的不赞同。他们以为动物的学习，在开始之时，就有一定的动作，决不是试误。

---

① 原文为"常用律"，今译作"频因律"，强调练习的次数因素在习惯形成中的重要作用。——编者注
② 原文为"新近律"，今译作"近因律"。——编者注

苛勒①（Kohler）在对于猴子之实验中，举了好多的例，有许多问题，猴子都能一下解决，先前绝没有无谓的动作。当一串香蕉挂在天花板上，猴子手不能及，它似乎思索了一下，立刻就搬过一只箱子来，站在箱子上，将香蕉拿了下来。② 这种举动，苛勒谓之"顿悟"③（insight）。

　　所有的动物，都有这种"顿悟"的能力，它们的动作，决不是无目的的试误。桑代克的效果律，仅仅说：有效的动作，因为所生的结果是快乐的，所以保存；无谓的动作，因为所生的结果是不快乐的，所以消灭。但是桑代克没有告诉我们，为什么结果的快乐与否和动作的存在有关系。何以结果快乐的动作会保存；何以结果不快乐的动作会消灭？桑代克没有答复。所以这条效果律，不过将问题重新叙述了一遍，并不是问题的答案。

　　而且从事实方面看来，效果律并不能解释试误的学习法。假使说动物得着食物的酬报，是保留有效动作的原因，那么，这种动作与得着酬报相距之时间愈短，必定愈容易学会。沃顿④（Warden）及哈斯⑤（Haas）曾经做了一个试验，证明这种假设的不确当。他们所做的是老鼠学习迷宫（maze）的试验。将老鼠分成两队！一队跑完了迷宫，立刻得着食物；还有一队，跑完了迷宫之后，须隔五分钟，方才得到食物。但是试验的结果，这两队学习的速率，并没有什么两样。

　　至于常用律，亦是不适当。动物常常会在一次尝试之中，将同一无谓的动作，反复做了好几次，因此结果倒比有效的动作来得多。仍旧拿以前的例子来做比方！有 A、B 两种动作，A 代表无畏的动作，B 代表有效的动作，每一次尝试之中，B 只能出现一次，因为 B 一出现，问题就解决了，但是 A 却可出现好多次。现在假设 A 重复做了三次，然后停止，结果就变成下表之结果。

| 1 | A A A B | 3 | A A A B | 5 | B | 7 | A A A B |
| 2 | B | 4 | A A A B | 6 | B | 8 | B |

---

① 原文为"科楼"，今译作"苛勒"（W. Kohler，1887 – 1967 年）。苛勒是用猩猩做实验的，而非后文所说的猴子。——编者注
② 见 Kohler《猴子的心理》（*The Mentality of Apes*），第 138 ~ 140 页。
③ 原文为"洞察"，今译作"顿悟"。——编者注
④ 原文为"华登"，今译作"沃顿"。——编者注
⑤ 原文为"海斯"，今译作"哈斯"。——编者注

从上表看来，A 出现十二次，B 只出现八次。依据常用律，岂不是 A 倒应该保存，而 B 应该消灭呢?

用近因律来解释试误学习法，当然亦有缺点。因为每一次尝试最后的动作，是跑出箱来吃食物，并不是扳动迷箱的机关。而且复杂的迷箱，动物要按着次序，经过一串的动作，才能把门打开。若是依照新近标准率，只有此一串动作中的最后一个动作，才能保住。但事实上却不是如此，动物能将这一串动作，自首至尾，依着次序，逐一做出来。

完形派心理学反对试误学习法的立足点，在承认动物是有智力的，决不像桑代克所理想的那么愚笨。考夫卡（Koffka）叫我们注意，动物有时在试验中，做出很愚笨的举动，是因为情形太复杂它不能了解。一看桑代克迷箱的图书，就知道是个很复杂的机关了，考夫卡说："即使把一个没有经验的人，关在箱内，一时也不能懂得这种开门的机关呀!"[①]。

参考书

1. E. L. Thorndike：*Animal Intelligence.*
2. M. F. Washburn：*Animal Mind.*
3. K. Koffka：*The Growth of Mind.*
4. W. Kohler：*The Mentality of Apes.*
5. J. B. Watson：*Behavior.*

---

① 见 Koffka《心之生长》（*The Growth of Mind*），第 184～158 页。

四　从完形派心理学来讲动物的智力[*]

本文之一部分曾载于国立暨南大学《教育季刊》，题为《完形派心理学对于瞎碰学习法之批评》。

十九世纪以前，只有许多故事和逸闻，讲到动物的智力，没有真正科学的动物心理学。假使有一种动物，偶然做了一件特别的事体，它们的主人，便会锦上添花，替它们做上一篇传，公之于世。所以这些故事，全是讲动物的聪明，从不讲动物的愚笨。桑代克（Thorndike）说的好："一百只狗迷了路，是无人说起的；假使有一只狗从很远的地方，走回家去，便变成报纸杂志上的好材料了。一千只猫睡着呆叫，是无人注意的；假使有一只猫偶然开了门，这件事便立刻传遍远近，当做奇谈，说猫的智力很高，会开门的。"① 自然，这种结论是不科学的。因为（一）观察之时间太短；（二）观察之动物只限一个；（三）不能重复试验；（四）动物的主人都喜称赞自己的动物，所记不尽可靠。

十九世纪的一位大动物心理学家罗曼尼斯② （Romanes），根据了这些传闻逸事，编了一本《动物的智力》，于 1883 年出版，风行于心理学界。十五年后——1898 年——桑代克用同一书名出了一本书③，推翻了罗曼尼斯的立论，于是动物心理学上，起了一个大变动。他用了他著名的迷箱（puzzle box）做试验，解决了这个动物智力的大问题。他把一只饿猫关在箱内，从迷箱的缝隙中，可以望得见外边放着的食物。饿猫若是想逃出箱子，得着食物，一定要摸着箱子的机关——或是拉一下绳子，或是掀一下门闩，或是做些其他复杂的动作——门才会开。猫初关入箱内之时，要做许多无谓的活

---

* 　章颐年：《从完形派心理学来讲动物的智力》，《教育建设》1930 年第 3 期，第 9~13 页。

① 　见桑代克《动物的智力》，第 4 页。

② 　原文为"罗曼尼司"，今译作"罗曼尼斯"（G. J. Romanes, 1848 – 1894 年）。——编者注

③ 　E. L. Thorndike：*Animal Intelligence*，1898。

动：这儿抓抓，那儿咬咬，或是推推，或是拉拉。在这乱碰瞎撞之中，后来，偶然的碰到了那个机关，于是才安然出了箱，而且还得着食物，以为酬报。第二次再关起来的时候，那些无谓的动作，仍旧和第一次一样，不过次数要减少一些，因此，逃出箱子的时间也快一点了。经过了多少次的尝试之后，这些无谓的动作，逐渐删除，到后来一关进箱子去，它就会立刻按着机关，开门出来，这一种学习法，桑代克替它取上一个名字，叫做"试误的学习法"（trial and error learning）。这种学习法主要的三点是：（一）无谓的动作，经多次尝试，逐渐减少；（二）成功的动作，经多次尝试，总是巩固；（三）所需要的时间因之愈短。

桑代克试验了许多猫、狗、鸡以及猴子，他断定动物是没有智力的：它们不能思想，它们不能模仿，更不能推理。它们的学习，完全是这样试误而来。动物对于它们自己的行为，应该如何改变，完全莫名其妙。所以动物的学习，照桑代克的意见，是一件机械的事。

但是为什么成功的动作，会得保存，而无谓的动作，会逐渐消灭？桑代克因为要解决这个问题，他才发明了一条"效果律"（law of effect）。这条律说："一个刺激和一个反应间之联结，因结果的满意而变强，或因结果的不满意而变弱。"成功的动作，使猫逃出迷箱，得着食物，结果是满意的，所以保存，而且愈加巩固。无谓的动作，不能使猫开迷箱之门，结果当然是不满意的，所以逐渐消灭。但是这条定律没有告诉我们，为什么结果的快乐与否与动作的存在有关系。何以结果快乐的动作会保存？何以结果不快乐的动作会消灭？桑代克没有答复。所以这条效果律，不过将问题重新叙述了一遍，并不是问题的答案。

而且从事实方面看来，效果律并不能解释试误学习法。假使说动物得着食物的酬报，是保留成功动作的原因，那么，这种动作与得着酬报相距之时间愈短，必定愈容易学会。沃顿（Warden）及哈斯（Haas）曾经做了一个试验，① 证明这个假设的不确当。他们所做的是老鼠学习迷宫 Maze 的试验。将老鼠分成两队：一队跑完了迷宫，立刻得着食物；还有一队，跑完了迷宫之后，须隔五分钟，才能得到食物。但是试验的结果，这两队老鼠学习的速率，并没有什么两样。

---

① 见沃顿及哈斯：The Effect of Short Intervals of Delay in Feeding upon Speed of Maze‐learning，第 107 页以后。

后来华生（Watson）又用"常用律"（law of frequency）来解释试误学习法。常用律说："一个刺激和一个反应之联结。因常用而变强。"成功的动作，在每一次尝试里，总要出现一次；而无谓的动作，却不是如此。譬如现在有 AB 两种动作；B 是成功的动作，使猫能逃出迷箱；A 是无谓的动作。一共尝试了八次，产生类似下表之结果。

1	AB	5	B
2	B	6	B
3	AB	7	AB
4	AB	8	B

无论在哪一次尝试里，如先有 A，其后必定跟着 B；如果先有 B，猫已逃出了迷箱，当然不必再有 A 了。这八次尝试之中，A 只出现四次，B 却每次都有。所以华生说，成功的动作所以能够保存，不过因为它出现的次数较多而已。但是，按诸事实，动物常会在一次尝试之中，将同一无谓的动作，反复做了好几次。因此，结果倒比成功的动作来得多。仍旧拿以前的例子来做比方：有 A、B 两种动作，A 代表无谓的动作，B 代表成功的动作。每一次尝试之中，B 只能出现一次，因为 B 一出现，问题就解决了，但是 A 却可以出现好多次。现在假设 A 重复做了三次，然后停止，结果就变成下表之结果。

1	AAAB	5	B
2	B	6	B
3	AAAB	7	AAAB
4	AAAB	8	B

从上表看来，A 出现十二次，B 只出现八次。依据常用律，岂不是 A 倒应该保存，而 B 应该消灭呢？

美国还有许多心理学家，用"近因律"（law of recency）来说明试误学习法。这条律是："一个刺激和一个反应的联结，若是时间愈近，联结愈强。"成功的动作必是每次尝试中最后的动作。在时间方面讲，成功的动作比无谓的动作来得近，所以容易保存。这条定律当然亦有缺点。因为每一次尝试最后的动作，是跑出箱来吃食物，并不能扳动迷箱的机关。而且复杂的迷箱，动物要按着次序，经过一串的动作，才能把门打开。若是依照近因律，只有此一串动作中的最后一个动作，才能保住。但事实上却不是如此，动物能将这一串动作，自首至尾，逐一做出来。

桑代克对于动物智力的主张，可以用一句话来说：动物都是愚笨的。它们的动作，都没有意义；它们不知道哪一种动作能脱离迷箱，得着食物。桑代克的这种主张，根据两件事：（1）时间之曲线（time curve）；（2）错误之动作。

造时间曲线的方法，是直线代表时间长短，横线代表尝试之次数。桑代克说，假使动物果能思想的，时间曲线便应该从高突然下降，而且一次成功以后，当不致再有困难。但是事实上不是如此：时间曲线是慢慢地降低，而且忽高忽低，极不一致（见下图）。但是这种曲线，不能代表一切动物的学习能力，例如苛勒（Kohler）的猴子，[①] 摩尔根[②]（I. Loyd Morgan）的鸡，[③] 有许多曲线，都是突然下降，而且降后不再上升的。就是桑代克自己试验猴子之学习，[④] 也发现同样的结果。所以用时间曲线来证明动物的愚笨，并不是一件充足的证据。

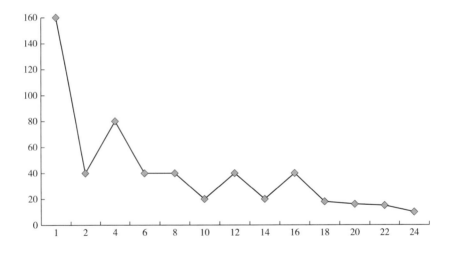

桑代克又说，假使动物是有智慧的，不应该有许多荒谬的错误。例如猫当已经掀开了迷箱的机键之后，有时还东撞撞，西踢踢，不知道推门出来。

---

① 参看 Kohler《猴子的心理》（*The Mentality of Apes*）。

② 此处亦指英国动物心理学家摩尔根。——编者注

③ 参看 Morgan《习惯与本能》（*Habit and Instinct*）。

④ 参看 Thorndike《猴子的心灵现象》（*Mental Life of Menkeys*）。

对于此点，考夫卡（Koffka）叫我们注意，动物这种很愚笨的举动，是因为试验的情形太复杂，它不能了解的缘故。一看桑代克迷箱的图画，就可知道是个很复杂的机关了。考夫卡说："即使把一个没有经验的人，关在箱内，一时也不见得就懂得这种开门的机关呀！"①

完形派（Gestalt School）的心理学家，对于桑代克的动物没有智慧的主张，根本的不赞同。他们以为动物的学习，在开始之时，就有一定的动作，绝不是无目的的试误。苛勒在对于猴子的实验中，举了好多的例，有许多问题，猴子都能一下解决，事前绝没有无谓的动作。当一串香蕉挂在天花板上，猴子手不能及，它似乎思索了一下，立刻搬过几只木箱来，叠在一起，然后站在箱上，将香蕉拿了下来。② 这种举动，苛勒谓之"顿悟"（insight）。

所有的动物都有这种"顿悟"的能力。所以完形派心理学家承认动物是有智力的，绝不像桑代克所设想的那么愚笨。

参考书

1. W. Kohler：*The Mentality of Apes.*
2. K. Koffka：*The Growth of Mind.*
3. E. L. Thorndike：*Animal Intelligence.*
4. E. L. Thorndike：*Mental Life of Monkeys.*
5. M. F. Washburn：*Animal Mind.*

---

① 　见考夫卡《心之生长》（*The Growth of Mind*），第 184~185 页。
② 　见苛勒《猴子的心理》，第 138~140 页。

五 学习与记忆*

学习与记忆，关系至为密切。欲记忆必先学习，欲学习必须记忆：二者固不可离也。兹请根据前人实验之所得，就此二者，略加讨论。

各种动物自单细胞动物以上，其行为皆能因经验而改变。至于脊椎动物哺乳动物等之学习能力，更为明显。惟高等动物与下等动物之区别，并不在学习之方法有所不同，所异者乃学习之快慢耳。耶克斯①（Yerkes，美国之著名动物心理学家）谓鳞介类动物（例如龟）之学习，较两栖类（例如蛙）为快。桑代克（Thorndike）谓鸟及哺乳动物之学习，较它种下等种动物为快。在哺乳动物之中：猿猴居首，学习最快；狐狸次之，猫、狗、鼠等又次之。

高等动物之别于下等动物，不独前者学习较快，保存较久，且能学习复杂之工作，为下等动物所不能学者。

动物学习之实验，常用者有下述三法。

（1）报酬法（method of rewards）：动物于学习时，成功后获得食物，以为报酬，例如学习跑走迷宫等是。第一次尝试时，错误极多，数次尝试以后，则错误渐少，而成功之反应，愈形巩固矣。

（2）刑罚法（method of punishment）：此法与前法相反，动物学习时，如动作错误，即受相等之刑罚，如触电等是。刑罚之结果，与报酬相同，均能使动物选择成功之反应，而放弃错误之反应。

（3）机关法（method of mechanical device）：此法虽亦用食物以为成功之报酬，但动物如欲获得食物，必须先发动一种机关，例如桑代克之迷箱（puzzle box）是也。桑代克将一饿猫闭置箱中，箱外置有食物，自箱之缝

---

* 原文出处：章颐年：《学习与记忆》，《教育建设》1931 年第 4 期，第 17～21 页。
① 原文为"雅克司"，今译作"耶克斯"。——编者注

隙，可以望见。门上设一机关，猫须发动机关，始能开门外出，获得食物，饿猫初入箱中时，无目的之乱动极多，数次尝试以后，无用之动作，逐渐减少，终乃完全消灭，而有用之动作保存矣。

以上三种动物学习法，可总名之曰试误学习法（trial and error method）。但何以有用之动作会保存，无用之动作会消灭？桑代克用效果律（law of effect）以解释之：凡结果满意之动作皆保存，结果不满意之动作皆消灭。成功之反应，不特能使动物逃出迷箱，亦且能使动物获得食物，结果皆为满意，故保存也。

别于此种尝试学习法者，谓之观念学习法（ideational method）。观念学习法以思想代表实地之动作，时间精力皆较经济，人类之学习，大都属于此类。

人类之学习，不独能利用思想，且富有分析之能力。对一问题，必先加以分析，孰为重要，孰为不重要，然后再就其关键所在，细加思考，自收事半功倍之效。人类学习之胜于动物学习者以此。

人类尚有一种复杂动作之学习，如打字之类，须经长时间之练习，始能成为习惯者。此种学习之进步，其初较速，后乃渐缓，且中间有数时期，毫无进步者，谓之"高原现象"①（plateau）。但亦有无高原者。发生高原之原因，不外下列两种：（1）练习稍久，兴趣衰弛，故进步逐致停顿；（2）练习稍久，渐觉所用之方法不满意，乃另易新法。高原者，即另易新法之时也。

一种学习之训练，其效益能否移转至其他种学习？伏克曼②（Volk-mann）及费希纳（Fechner）为首先研究此问题之人。1858 年，二氏发表研究之结果，谓左手学习之技能，可以移转至不学之右手。例如左臂上之两点阈，因练习而缩小；同时右臂虽未经训练，但两点阈亦受影响而缩小。此种身体一部获得之技能影响于相对之它部之现象，斯库普秋③（Scripture）（1894 年）为之定曰"左右迁移训练"④（cross-education），斯氏且更作进一步之研究，谓凡左手因练习而成之速度、力量，以及准确之动作等等，悉能移诸右手云。

---

① 原文为"高丘时期"，今译作"高原现象"。——编者注
② 原文为"伏克门"，今译作"伏克曼"，德国生理学家。——编者注
③ 原文为"司克烈迫秋"，今译作"斯库普秋"（E. W. Scripture, 1864–1945 年）。——编者注
④ 原文为"相反教育"，今译作"交叉教育"或"左右迁移训练"。——编者注

　　"左右迁移训练"之解释，据来德及吴伟士（Lodd and Woodworth）之意见，谓身体左右两部之熟练地动作，皆发源于大脑之左半球。司两部之动作者，既同属于一处，此所以一手练习之结果能影响及于他手也。

　　1890 年，詹姆斯（William James）首先实验记忆是否能因练习一种材料而进步。其结果为练习记忆一人所做之诗歌后，不能使记忆其他诗人之作品，较前容易。但梅伊曼①（Meumann）试验之结果，凡两种性质相类之材料，练习记忆其一种后，可连带使他种材料，易于记忆。实则吾人之记忆力，并不能自一种材料移转至另一种材料。梅伊曼之结果，不过因练习之后，发现一较好之记忆方法而已。

　　测量记忆之方法，计有五种。最初发明者为艾宾浩斯②（Ebbinghaus）。艾宾浩斯因欲避免经验之影响，用无意义字（nonsense syllables）为材料，逐一学习，至适能背诵一遍毫无错误时为止，记录学习所需之时间。数分钟后，则已不能全记，遂再重新学习，但第二次学习之时间，当然较第一次为短。此两时间之差，即表示记忆之程度。差愈小则保存者愈多，差愈大则保存者愈少。此法谓之重学习法（relearning）。

　　测量记忆之第二法，为缪勒（Müller）所发明。缪氏亦用无意义字为材料，但每两个配为一对，依次学习，至适能背诵无误为止。逾一定之时间以后，示以每对之第一个无意义字，命其答此对之第二个无意义字。答案错误之多少，即表示记忆力之强弱。此法谓之对偶联想法（method of paired associates）。

　　第三法谓之记忆广度法（memory span method），即学习一次所能记得之字数。普通成年之人，一次能记八位至十一位之数字；五个至七个之无意义字；或十五个至廿五个意义连贯之文字。

　　第四法谓之背诵法（reproduction method），此法最为简单，即逾一定时间后，将所学习之无意义字或他种材料背出，以视错误之多少。

　　第五法谓之再认法（recognization method），将所学习过之无意义字，混杂于多数未学过之无意义字中，命学习者选出其所学过者，察其是否认识。

　　总之，相隔之时间愈久，遗忘者愈多。据艾宾浩斯实验之结果。遗忘先

---

① 原文为"毛蒙"，今译作"梅伊曼"（E. Meumann, 1862 – 1915 年）。——编者注

② 原文为"爱宾好司"，今译作"艾宾浩斯"（H. Ebbinghaus, 1850 – 1909 年）。——编者注

速而后缓，学习后一小时，忘记者已不止一半。九小时后，忘记者约为三分之二。自此以后，遗忘之速度渐缓，廿四小时以后，犹有三分之一，留存脑中。六日后则保存者有四分之一，一月后尚有五分之一。故据艾宾浩斯之意，如欲完全遗忘，必须经过无限长之时间也。

艾宾浩斯以其实验之结果，绘成一曲线，谓之遗忘曲线（curve of for-getting）。在心理学史上，占极重要之位置。但艾宾浩斯所试验者，系无意义字之学习，至于有意义之文章，虽保存之时间较久，但遗忘曲线，亦先快而渐趋缓慢。与无意义字之遗忘曲线，性质相同（艾宾浩斯之遗忘曲线图，各普通心理学课本上，类皆载之，故不附印矣）。

至于须经长时间练习之技能，如打字、游泳、骑自行车之类，一成习惯，即不易忘记。布克①（Book）之试验，学会打字后，停止一年，速率仅较一年前减少百分之八，且经过四十分钟之练习，即已恢复原状矣。

何以此种技能，一经学习，即不易忘记？其故可举者，有下列数种。（1）斯威夫特②（Swift）谓学习停止之时，进步仍在暗中继续增长。此说缺乏生理上之根据。（2）布克谓因一年以后，学习时之各种阻碍，均归消灭。但一年以后，旧阻碍虽已消灭，新阻碍则不能保其不生，且新阻碍之危害，或更甚于一年前之旧阻碍，亦未可知。故此亦非满意之解释。（3）桑代克则谓动作之学习，其基础在大脑较不发达之部分，此部耐久，故不易忘记。然而大脑上何处为发达之部分，何处为不发达之部分，其界限固易极难划分也。诸解释中，较为满意者，当推（4）派尔（Pyle）之解释。派氏云打字等技能，所以能经久不忘者，此无他，练习之时间长久而已。设吾人对于各种观念之学习，能费同样多之时间，则保留之长久，亦必与打字无异，可断言也。

艾宾浩斯发现无意义字之数目愈多，则学习之次数亦愈多。且所增加学习之次数，远过于所增加字数之比例。故七个无意义字，学习一次即可；十个无意义字，须学习十三次；十二个无意义字，则须学习十七次；十六个无意义字，则须学习三十次；廿四个无意义字，则须学习四十四次；卅六个无意义字，须学习五十五次。比奈③（Binet）发现学习十一位之数字，仅需时四秒钟；学习十三个数字，虽只增二字，但学习之时间，需时三十八秒；学

---

① 原文为"北克"，今译作"布克"。——编者注
② 原文为"司为夫脱"，今译作"斯威夫特"。——编者注
③ 原文为"皮奈"，今译作"比奈"（A. Binet，1857–1911年）。——编者注

习十四位数字，则需时七十五秒矣。

学习之方法，与记忆极有关系，兹举数如下。

（1）诵读一篇长文时，全部之学习较分段之学习为经济。其故因：①分段学习造成错误联合；②分段学习，变易各字原来之地位；③分段学习，各段学习之次数，往往不平均。（派尔云凡读一遍之时间，在五十分钟以内之文章，以全部学习为宜；在五十分钟以上之长文，则以分段学习为宜）。但如读毕第一段，略加休息，再读第二段，略停，再读第三段，皮尔斯伯里①（Pillsbury）谓此种学习，最为有效。

（2）学习之速率愈快，则保存之时间也愈长。因读得慢时，容易分心；读得快时，不特注意力集中，亦且可得全篇之大意也。惟若细心研讨，自属例外。

（3）学习之次数，分开愈多，愈为经济，故分开学习较积聚学习为有效。珀金斯②（Pekins）女士试验之结果，以间日学习一次，效力最大。其故因每次学习之后，神经中之联合，仍在继续增长；分开之次数愈多，受其益亦愈大。此之为约斯特定律③（Jost's Law）。

（4）学习时如兼背诵，较寻常诵读，为易于记忆。此系威塔塞克④（Witasek）所发现。其故因试行背诵之时，注意力必须集中于所学习之材料上也。

（5）梅伊曼（Meumann）又发现立志之学习较被动之学习为易。故学习时如下有决心，容易学会。其故因立志学习，其心态即有学习之准备，故易记忆。

记忆尚有三种抑制，为缪勒⑤所发现。第一种谓之联想抑制⑥（associative inhibition），当甲字与乙字联合在一起后，设又有一丙字，欲与甲字联合于一处，则因有乙字之抑制，故学习之时间须较长，但设甲乙之联合，已异常坚固，即不生抑制矣。第二种谓之再生抑制⑦（reproductive inhibition），

---

① 原文为"毕士堡"，今译作"皮尔斯伯里"（W. B. Pillsbury，1872 – 1960 年）。——编者注
② 原文为"北金司"，今译作"珀金斯"。——编者注
③ 原文为"尧斯脱定律"，今译作"约斯特定律"。——编者注
④ 原文为"韦泰瑞"，今译作"威塔塞克"（S. Witasek，1870 – 1915 年），奥地利心理学家和美学家。——编者注
⑤ 此处指格奥尔格·埃利亚斯·缪勒（Georg Elias Müller，1850 – 1934 年），德国心理学家。——编者注
⑥ 原文为"联合阻碍"，今译作"联想抑制"。——编者注
⑦ 原文为"复生阻碍"，今译作"再生抑制"。——编者注

当甲字与乙字联合一起后，设又有一丙字，欲与甲联在一处，则不独学习之时间，须特别长久，而且以后回忆之时，提起甲字，往往乙丙两字，因彼此竞争之故，结果皆不能记起。第三种谓之倒摄抑制①（retroactive inhibition），如学习一事以后，不加休息，即继续学习他事，则彼此亦须发生冲突。且二者之性质愈相近，所生之冲突亦愈大。故读一书后，须休息五六分钟，然后再读他书：始可免去阻碍。

再认②（recognition）亦为记忆之一种过程。再认者，当经验重新出现之时，认识其为旧经验之谓。再认保存之时间，较回忆为长久，故往往有面熟之人，而不能回忆其名字；或见一人之名字，而不能回忆其容貌。但再认亦非绝对可靠！故常有错误之回忆，而坚以为是；亦有不错之回忆，而坚以为非。此种现象，则法庭上证人之证言中，尤为常见之事。故证人纵当庭立誓，不说诳语，不可即因此断言其证言，皆为可靠之事实，因其再认或许错误而不自知也。

学习与记忆，同为教育心理上之一大问题，虽巨册所不能书。兹篇所述不过举重要实验之结果，参以各种解释，且因本刊付印在即，此文于短时间中，急就而成，零落错乱，尚祈谅之。

---

① 原文为"后方阻碍"，今译作"倒摄抑制"，即后续学习的材料对先行学习材料的保持和回忆的干扰作用。——编者注
② 原文为"再识"，今译作"再认"。——编者注

六 识字运动与识字教学[*]

（浙江省第三届识字运动宣传周广播讲演词）

今天是浙江省举行第三届识字运动宣传周的第二天，兄弟能参加这种伟大的运动，并且能来广播演讲，实在觉得非常荣幸。关于识字的重要，以及各国文盲的统计，在以前第一届与第二届的识字运动宣传周里面，已经有许多名言谠论讲过的了，兄弟不再多说，今天所要讲的题目是识字运动与识字教学，换句话说，就是"怎样去教人识字"。诸位都是识字的人，都是负着教人识字的责任的，所以来和诸位谈谈这个识字教学的问题。

我们要知道识字问题，不是因为运动就能解决的。运动不过是一件事体的开端。运动识字是很容易的，怎样教人识字是很难的，是要费工夫去研究的。所以识字运动以后，若有具体的科学的教学方法，则民众学习识字的时候，自然事半功倍，否则天天开大会，天天游行街市，到处宣传，天天作识字宣传周，也是无济于事！

识字教育是最下层的教育，但不是最简单的教育。大学教授能教大学生研究高深学问，但是未必能教不识字的人识字。江苏省立民众教育学院实验部主任傅葆琛先生说，几年前他和一位北平师范大学的教授，到保定乡间去视察平民学校，那学校的教师请他们每人教几个字，作为"模范示教"，据傅先生的观察，这位大学教授，教得还不如原来那位教师来得清楚有趣。所以教人识字，不是一件简单的事，其中包含着许多复杂的问题，有些直到如今，还不曾得到相当的解决。现在我要提出十点来和诸位商榷。

---

* 原文出处：章颐年：《识字运动与识字教学》，《浙江教学行政周刊》1932年第40期，第3~7页。

（一）识字须识日常生活必需的字

中国字的数目很多，《康熙字典》有 42174 字，商务印书馆出版的新字典有 9586 字，庄泽宣编的基本字也汇有 5262 字，最简单的平民字典（商务印书馆出版的）也有 4435 字。要把这许多字统统学全，当然是不必的。我们只求所识的字，能够记账、写信、看浅近读物、应付日常环境，也就够了。我们生活上直接用得着的字，数目并不很多。以前我们识字，却没有注意到这一点，所以有一大部分时间，花费在学习少用的字上面，或竟花费在不用的字上面，不但时间上耗费了不少，而且使得应用的字，反而生疏。那么所谓日常生活必需的字，数目究竟有多少呢？近年来提倡识字教育的人，似乎都公认一千个字是最适当的一个数目，所以"千字课"一类的书，特别的多。虽然我们不能说识一千字是不多不少，刚够应用，可是我们总得承认这比较的要算一个适中的数目。上面我说识字须识日常生活所必需的字，各种不同职业的民众，他们所需要的字，当然也是不同，才能应付他们的生活环境。因此工人有工人特殊的字，商人有商人特殊的字，农夫有农夫特殊的字，乡下人有乡下人特殊的字，城里人有城里人的特殊的字，甚至于男子与女子，也各有特殊的文字范围。我们不能用同一样的一千个字，去教各种生活不同的人。我们须先调查各人经验中所有的字，编成各种千字课，去教他们。从各人的经验作选字的标准，是应用心理学上"从已知到未知"的原则认识起来，格外容易。可是有许多普通字，虽然有些人没有经验过，也得要认识的。譬如广东人生长几十年不见雪，内地人一世不见海，不能说"雪"字"海"字就一生不用，可以不教。所以我们教人识字，一方面要教他们生活上的特殊字，一方面却还要教些很普通的字才能适合他们的需要。

（二）识字的次序是从容易的到难的，从简单的到复杂的

中国字中有许多字笔划很多，组织又复杂，的确是难字，难认、难写、难记。假使起首就把这些难字来教不识字的民众，不但时间上不经济，而且恐怕他们看了"望而生畏"，即使不至于"知难而退"，至少识字的兴趣想必已经受了一个重大的打击，和学习的原则相违背了。所以教人识字的次序是要先学笔划少的字然后再渐渐的学到笔划多的字，学生才容易了解。有许多千字课，都没有注意到这一点。例如旧版平民千字课的第一课中，就有"先生教书，学生读书……"等话，在编书人的意思，以为民众初次上学，

对于"先生""学生""教书""读书"等名词必定感兴趣。殊不知"读书"的"读"字,"教书"的"教"字,"学生"的"学"字,笔划都太多,初学识字的人,不容易认得。在介绍一个复杂的字以前,最好先要介绍它的各部分,例如在介绍"读书"的"读"字以前,先应当介绍"言"字、"买"字,或"卖"字,等等,使学者知道"读"字是如何组织成功的。据艾伟先生的意见,在书本之最初五课到十课中所用的汉字,笔划的数目,不得在十划以上。

(三) 要引起学习的动机

有了适当的识字课本,第二步当然是要实行教字了。教民众识字,最要紧的是要免去他们的"自卑感"① (feeling of inferiority)。"自卑感"是心理学上的名词,就是自以为次一等,比不上旁人。成年的人,往往以为自己年龄大了,学习的能力减退,不如少年人来得容易,这种自卑感,实在是识字运动上的一个大障碍,非去了它不可!最近有好几位心理学家,报告实验的结果,都是一致的,说成年人学习的能力,并不比少年人差,而且有些地方,反而比儿童来的快。这些实验的结果,真可说是民众教育的强心针,鼓励了成年人不少学习的勇气。可是有了勇气,不愿意学习,也是枉然。中国一班民众,向来以为识字是可有可无的事,识了字不见得有什么好处,不识字也不见得就有什么坏处,因此对于识字,不大肯努力。所以一方面我们要矫正以前错误的观念,成年学习要比儿童进步快,使他们不致生"少小不努力,老大徒伤悲"之感;一方面使他们知道识字的需要和便利,引起他们学习的动机,然后才可望有点效果。

(四) 学习识字须刺激多种感官

学习识字究竟用哪一种感觉器官好?这个问题有许多人研究过。有人注重字的形状,所以说要用眼睛;有人注重字的声音,所以说要用耳朵。十几年前,在心理学界里,还有一种流行的主张,说用哪一种器官最有效,须看个人的"心理忆像②"而定。譬如我们提起"脚踏车"三个字,有人在脑筋里面,好像看见一部脚踏车的形状,这就叫做视觉的忆像;也有人好像听

---

① 原文为"次等感觉",今译作"自卑感"。——编者注
② 原文为"心理忆像"和"忆像",即今天所说的"表象"。——译者注

见脚踏车的铃声，这就叫做听觉的忆像；也有人脑筋里面，发生一种好像正在骑脚踏车的印象，这就叫做动作觉的忆像。从前的心理学家说，人是可以根据心理忆像而分类的。有人是长于视觉的忆像，不会有听觉或动作觉的忆像，即使偶尔有，也决没有和视觉忆像那么清楚显明。同样，也有人长于听觉的忆像的，也有人是长于动作觉的忆像的。无论何人，都可以归入这三类里面的一类。学习的时候用哪一种感官最适宜，却要看他长于哪一类的心理忆像而定。可是最近研究的结果，觉得这种主张是不对的，我们的心理忆像，决不会只限于一种。而且我们也不能说心理忆像里最清楚的一种感官，就是学习上最有效的一种感官。所以我们学识字，不能问还是用眼睛，还是用耳朵，眼睛耳朵都要用，让一个字刺激各种的感官。学识字必须眼看、耳听、口读、手写，才行！用眼看才知字的形状，用耳听才知字的声音，用口读才可以练习发音，用手写才可以练习字的写法。如此眼、耳、口、手，四官并用，当然比较仅用任何一官者为有效！

（五）识字须重复练习

今天识了十个字，假使隔了半月或一月，始终没有温习的机会，不去看它，不去写它，那便会忘记光，以后见了这十个字，仍然是不认识，或是模模糊糊的似认识而非认识，不能确定。练习的次数愈多，所得的印象也愈深刻，那才能留在脑中，不会逃走。所以千字课等民众读本第一课中所介绍的生字，在以后各课里必须要时时重现，以为复习的机会。但是重现次数的分配，倒是值得注意集中；在一两课里面，固然不可，假使从头到尾，每课都有，也不经济。复现的次数，要先密后疏，逐渐减少。

（六）识字要利用句子

所要教的生字，假使夹在一句句子中间，不独联想比较的多，而且可以晓得字的用法，比较枯燥无味的一个个单字教起来，自然要有效得多。有许多名词是由两个字或三个字组织起来的，必须要联在一起教，才能知道它们的意义与用法。譬如民众教育实验学校，分析起来，包含四个名词："民众"是一个名词，"教育"又是一个名词，"实验"又是一个名词，"学校"又是一个名词，假使把这四个名词，分做十几个字来认识，那么认识了"民"字和"众"字，仍不晓得"民众"怎样讲；认识了"教"字和"育"字，仍不晓得"教育"怎样讲；认识了"实"字和"验"字，仍不晓得

"实验"怎样讲；认识了"学"字和"校"字，仍不晓得"学校"怎样讲。这样认识了许多孤立的单字，试问有什么用处。照学习心理讲，凡是有意义的句子，学习起来，要比单字快得多，所以识字，与其是识单字，毋宁是利用句子。试看十年前出版的儿童读物以及千字课等等，和最近出版的相比较，就可看出有显然的进步，以前的教科书，开始的时候是单字，如人、手、足、刀、尺等等！可是近来出版的，开始的时候，都是有意义的句子。教的时候，句子中的生字，最好特别提出来介绍，大大的写在黑板上，使学生注意力能集中到生字的形状和特质，不致为句子中其他熟字所分散。

（七）同音异义字不要同时教

中国字都是单音字，声音相同的因此很多，听到人的说话，完全要从上下文的语气里，推出字的意义来，若是单单只说一个字。便谁也不能知道指的是什么意思。譬如"花园"的"园"字，"银元"的"元"字，"教员"的"员"字，"猿猴"的"猿"字，"援助"的"援"字，以至于"原来"的"原"字，"袁世凯"的"袁"字，字音都完全相同。若是我只说一个"园"字，你听了便（不）①知道我所说的"园"字，究竟是什么意思。这些同音异义生字，若是同时教，在初学时候，固然分别得很清楚，可是日子隔了稍久之后，彼此便容易混淆不消，后来应用起来，往往会缠错，"花园"的"园"字写了"原来"的"原"字，或是"状元"的"元"字。初学识字的人，往往会有这种毛病，所以必须加以特别注意。

（八）要注意字形相似的生字

中国字不但有许多字声音相同，还有许多字，外型很相像，往往只有一笔之差，不容易分别。在六画以下的字，相差虽只一画，例如"大"字与"太"字，"王"字与"主"字，"个"字与"介"字，"之"字与"乏"字等等，分别起来还不十分难，若是在笔划多的字，相差一二笔，例如"兔"字与"兔"字，"钩"字与"钓"字，"传"字与"傅"②字，可是就不容易分辨了。格外应该加以注意。教的时候，最好把相像的字，提出来

---

① 按照上下文语境，此处缺一个"不"字。——编者注
② 原文为繁体字，故指的是"传"的繁体字"傳"与师傅的"傅"字之间的相似性。——编者注

互相比较，说明它们的分别，并唤起学生的注意。笔划少的字，差了一笔，仍是很显明，在笔划多的字内，差了一笔，就不容易觉察了。这个道理，在心理学上，叫做韦伯定律①（Weber's law），譬如一支蜡烛的烛光与两支蜡烛的烛光相比较，光度②的差别是很显明的；假使一百支蜡烛的烛光与一百零一支蜡烛的烛光相比较，就不容易看出它们光度的差异了。因为蜡烛少的时候，相差一支蜡烛，光度是容易分别，蜡烛多的时候，便不容易分别了。字亦是如此的，所以对于笔划多的字，相差又只有一两画的，应该特别注意练习。

（九）识字课本要用楷书印，不用宋体字

各种千字课本儿童藏物，现在都不用宋体字印，改用楷书了，这是一种进步。我们写信记账，都不用宋体字，发票上单据上的字，亦不是宋体，那么，为什么还要用宋体字来教学生呢？这理由是极明显的。虽然报纸和有些印刷品，仍用宋体字印，我们虽不能说宋体字绝对没有用处，可是至少我们可以说，在一切民众的日常生活里，楷书比宋体字要有用。

（十）须预防写错字

不用说民众，现在的一班学生，无论是小学生、中学生甚至于大学生，常常写错字，我们常常可以看到国文教员，批改文课的时候，总是皱着眉摇着头说"别字连篇"。有许多学校，学生办一种板报，我们也可在这个上面看到有许多不应该错的错字。这种写错字的现象如此的普遍，实在不能不归罪于识字教学法的不讲求。假使我们要想设法医治这种写错字的病态，先要研究写错字的原因，据兄弟的意见，觉得写错字的原因，归纳起来可以分为四种：第一，暂时忘记；第二，缺乏注意；第三，联想的错误或者推理的错误；第四，方言的错误。第一种原因，暂时忘记，当然是因为学的不熟的缘故。练习和温习的次数太少，以致一时记不起来，就只好用错字来替代了。第二个原因，是识字的时候，学生缺少注意，并没有把字的结构，认识得很清楚，写起来不是多了一笔就是少了一笔，或者上下倒置，或者左右互换，这都是学习时不留心，印象不深刻的弊病。第三个原因是联想的错误或者推

① 原文为"韦勃式定律"，今译作"韦伯定律"。——编者注
② 原文为"光度"，今作"亮度"。——编者注

理的错误。一个人平常的字因为联想的缘故，多方体，反弄错了，例如"陪客"的"陪"字，本是耳朵旁的，但是想到"陪客"是人陪的，就错写为了人旁，变成一倍两倍的"倍"字了！又如"基础"的"基"字，本是"其"字底下一个"土"字，但是想到基础总是用石头砌成的，于是底下写上一"石"字，却变成一个"下碁"的"碁"字了。第四个原因是因为国音没有统一。各地方言不同，口音上的出入，就变成文字上的错误。例如"最好"的"最"字也有些人谈作"再"，"无论什么"的"论"字，也有人谈作"能"字，因此应用起来，最、再、论、能，就分不清楚了。要免这四种缺点，只有两个办法，第一勤加练习，第二注意集中。我深信这两个条件做到以后，错字便不见了。

诸位，以上所提到的十点，是教人识字的人所应当注意的。我觉得教人识字尤其是教很难学的中国字，如其要想有成效，非研究识字教学法不可！

七　怎样教导子女*

　　教导这个名词，本来有两层功用：第一，是使子女获得有用的习惯；第二，是矫正子女有害的习惯。所谓有用的习惯，就是社会上所容许的，是个人的利益与社会的利益相调和的。有害的习惯是反社会的，是与环境相冲突的，或与个人身体有妨碍的。这两种功用比较起来第一种要比第二种重要得多。

　　有三类的事情，我们应该警戒子女的。第一，对于他们身体有伤害的，如同火、深水、有毒的药品、不洁的食物等。我们要使他们知道这些东西的危险可怕。有许多家长，常愿意把他们的子女训练得胆子很大，什么都不怕，可是最好的儿童，不是什么东西都不怕，乃是怕得适当。换句话说，便是见了应该怕的东西怕，见了不应该怕的东西不怕。

　　我们要使儿童怕真危险的东西，却不可用怕来恐吓他们。最近心理学家研究的结果，说小孩子怕的东西，本来是数目很有限的，等到年龄渐大，便学会了许多怕，甚至于不必怕的东西也怕了，这大都是父母教导不对的缘故。父母常常这样恐吓子女说："警察要把你捉去了！"或是"医生要来了！"儿童受了这种教训，久而久之，自然见了警察也怕了，生病的时候也不要到医生那里去了。做父母的应该将警察的功用和医生的功用，细细的向他们的子女说明，不应该用来恐吓，养成他们怕的情绪。

　　有许多教育家主张，危险的东西，最好让儿童去试一试，使他经验上得到一点实在的痛苦，那么以后便不会再犯了。但是这也有限制的。比如儿童喜欢玩火，我们让他的手被火烫一下，使他明白火的性质，当然可以。此外，有许多危险的东西是不能尝试的。我们要使小孩子知道水的危险，决不能让他跌在河里试一试；要使小孩子知道汽车的危险，也决不能让他给汽车

　　* 　原文出处：章颐年：《怎样教导子女》，《儿童教育》1933 年第 5 期，第 49～53 页。

撞一下。我们必须养成儿童一种习惯，在危险的时候，一听我们叫他停止的声音，便会毫不迟疑的立刻停止。

有许多危险的东西，是成年的人所要应用到的，例如洋刀、剪刀、洋火等等，对于这些东西，我们不应该使儿童怕，而应该仔细指导他们如何用法，因为将来总有一天是应用得着的。

第二种我们应该警戒儿童的，是社会上风俗习惯所禁忌的事。也许有些是全无理由的，不过风俗如此罢了。但是我们要使儿童能适应社会环境，所以要他们遵守。在儿童队里，他们自己也有事体是禁忌不做的。例如甲孩给乙孩一块糖，总好像不好意思再要回来，假使他又问乙孩要，别的孩子就要讥笑他了；又如儿童到了某年龄之后，当他稍微受些伤，挨些苦，便好像不好意思哭，假如他哭，别的孩子又要讥笑他了！

第三种，凡是影响到团体的安全或利益的，也应该加以纠正。例如说谎话、偷东西等等。做父母的在此的责任，不当是消极的禁止，更应该积极的指导子女，使他们明了财产权，尊重他人的权利。可是儿童正当的活动游戏，我们便不应该去禁止。儿童也有儿童的权利，正和我们成人有成人的权利一样。要活动和游戏便是他们的权利。外国有句格言叫："只见孩儿在，不闻孩儿声"（children should be seen and not heard）。说这句话的人，是只顾到自己成人的权利而忘记了儿童的权利了。

动物心理学家试验动物的学习，总是用两种方法：一种是奖励法，使动物得到满足，而愿意练习；一种是惩罚法，使动物得到痛苦，而将习惯的动作消灭。父母教导子女，如利用这两种方法——奖励，惩罚——来养成一种好习惯或消灭一种坏习惯，在理论上，自然是很对的。儿童如其做了某种工作，父母给他糖果、玩具，或甚至用金钱来奖励他，都可以。但是有一点要认得清楚：值得报酬的工作才给他报酬。假使无论什么事体，都有了报酬，便养成了他一种观念，以为一定要有报酬，才做事，那就不对了。除出了实物报酬之外，我们更应该训练儿童，使他们知道旁人的称赞乃是无上的光荣，因此，父母几句褒奖的说话，便可作为某种行为的报酬了。

奖励的方法，最重要的有四种：（1）免去惩罚就是奖励；（2）给儿童一种奖品，如同糖果、玩具、金钱等等；（3）给儿童一种特权，让他做一件他以为快乐的事情，如带他到公园游玩或和他打球游戏；（4）父母或旁人的称赞。

免去惩罚，便是奖励，在表面上看来，好像是矛盾的，但是仔细一考究儿童的行为，便可知道确是如此。例如有一小孩，在家中偷东西吃，他们父母看见了，没有去责罚他，让他去吃，岂不是和间接得到奖励一样吗？

至于给儿童一种奖品，作为奖励，也不能随便，总要使得儿童不过分自私，或者以为做无论什么事体，都可以索取报酬。父母应该把工作选择一下，子女做了哪几种才应该给他奖品。凡是关于他们自己的健康或关于他人的权利的这些事体，都是应该做的，不必给他们任何报酬。要使儿童知道义务是不能讨报酬的。

第三种奖励的方法，是给儿童某种特别的权利。但也有几件事是要注意的。我们教儿童做的工作，不可太难，要顾到他的体力和智力。譬如三四岁的小孩子，我们叫他把房间内所有的玩具全数捡起来，这是不必的，因为这实在是太多了。他拾起了几个便已经够了。至于给他的特别权利，必定要选一种确实是他所想要得到的。有时，做父母的以为儿童要某种东西，而实际上他们并不要它。因此，拿这种特权来做奖励当然是完全无效了。

父母或旁人的称赞，也是一种最好的奖励，因为这种奖励是最便利的。儿童做了一件应该奖励的事，父母可以称赞他，使他心里马上得到安慰和满足。用物品奖励往往在数日之后，物品才买来，对于6岁以下的人，奖励和所做的事相隔得太久了，其间便不会发生什么连带的关系。

做父母的当拿一种奖励使儿童停止做某种不应做的事体，这在教导上是有害的。譬如母亲对她的孩子说"你不要哭，我给糖你吃"或"你不要哭，我带你出去玩，"这便是教儿童在要求东西的时候，只要一哭就可以得到了。

我们训练儿童，最好要使他们在工作之后，能够得到自己心灵的称赞和愉快；并且要儿童晓得自己内心的愉快和安慰，才是世界上最大的奖励。

子女的动作，总难免有时不对，要加以阻止或矫正的，那便要用到惩罚了。惩罚必须包含痛苦。假使不痛苦的，便不是惩罚。所以做父母的要注意这一点：使儿童痛苦，便是给他惩罚；要给儿童惩罚，必须使他痛苦。若要使惩罚有效，有一条定律，一定要遵守，就是"给儿童的痛苦，一定要大于他做某种坏事所得到的快乐"。

惩罚的性质，既然是痛苦的，我们便不应常用，好比是防身的手枪一样，非至万不得已时，不可乱用。惩罚的本意，原是在防止不良动作的再犯，并非在不良动作的本身，也并非为受害的人出气报仇，所以它的目标在将来，不在过去。

有许多人，专门拿惩罚来恐吓他们的子女而实际上并不真正的执行，这是最有害的一个办法。绝对有害的，就是对儿童说"假使你再闹，我要打你了!"儿童仍旧继续的闹，可是他的父亲却并没有实践他的说话，这样把惩罚当做谈话的材料，完全失却训练的本意了。所以要使惩罚有效，成功，除了遵守前一条定律——就是惩罚所给的痛苦要大于做某种坏事所得到的快乐——之外，此外还有两个条件：一个是不能避免，一个是立刻执行。假使同一样的行为，有几次犯了受罚，有几次犯了却又没有罚，这样的惩罚可以断言是没有效力的。所以要使惩罚有效，必须要无论何人，无论何时，只要是犯了禁，便没有一个能够避免才行。惩罚的执行，愈快愈好，最好在不良的动作发生之后，就立刻执行，这才可使儿童把惩罚和动作联合在一起。

假使一个儿童知道某种动作是禁止的，他第一次犯了，便应该惩罚。不必让儿童有一次练习的机会。有些儿童无礼骂人，他的父亲这样对他说："假使你下次再骂人，我就要罚你了。"这样，儿童自然明白你并没有真正罚他的意思，不过恐吓他而已。所以他骂人的坏习惯，不用说是仍旧保留着的。假使一个儿童做错了事，但他自己并不知道是错，那么就应该老实告诉他，但是亦不必恐吓他。

惩罚有三种：第一种是身体的，第二种是心理的，第三种是长时间心理的。

身体的惩罚要快、要短。大约 2 岁到 4 岁的小孩可用，而且只有在一种情形的时候可用：就是当小孩伸手要拿禁止的东西的时候，你可以很快的用手打他一下，他第二次便不敢再伸手来拿了。但是我们要注意的是，儿童感觉痛苦的程度和我们成年人不同，所以要格外留意，如其打得太重，便变成残暴了!

年龄如在 6 岁以上，这时候便不能再用体罚了。因为此刻再用体罚，不但没有效验，而且结果反而不好。从前的私塾里，体罚是很通行的，自从学校成立以后，禁止体罚，可是学校中儿童的行为，并不比私塾的学生来得坏，或者反而要好点，这就可以证明体罚的无效了。

但是现在要问体罚为什么会无效? 体罚使受者身体感受痛苦，应该可以阻止某种动作再犯，这是很合理的。可是因为情境太复杂了，所以儿童往往不知道他所受的痛苦和环境中哪一部分是相关连的。或者那惩罚不和错误的动作发生关系，却和执行惩罚的人——父母——连在一起，因此引起儿童一种恨和怒的情绪，久而久之，养成一种怨恨父母的态度了。尤其是当儿童自以为无过的时候，受了父母的惩罚，格外可以使他发生这种态度。

至于所谓心理的惩罚，种类很多，例如责备或者不去理会他，或者把他关在房外，或者将他喜欢玩的东西暂时拿开，等等，使儿童心理上感觉一种不快。心理惩罚的好处，便是儿童身体上，实际没有受到什么痛苦，所以不容易造成反抗或怨恨的态度。还有一层好处，做父母的可以根据他的判断，到了相当时候，惩罚可以随时终止，使儿童恢复未受罚以前的原状。

第三种长时间心理的惩罚，平常是不当做惩罚的。譬如一个儿童做错了一件事，他们的父母天天骂他，时常提到此事；或者长时期表示讨厌他，从心理上讲起来，这种惩罚是最坏的一种。它的结果，往往使儿童的情绪异常忧闷，不活泼，甚至一直到成年时，还是如此。一个人心理方面不舒服，有几个钟头的长久，对于他心理的健康，便会发生妨碍。总之惩罚执行要快，结束亦要快。罚过之后，立刻雨过云消和无事一样恢复以前亲爱的态度。

有许多人当自己子女做错了事之后，一定要他们自己悔过，然后才觉得满足。这是一件不聪明的办法。假使已经给他们相当的惩罚，那已经可以防止以后同样的动作再发生了。倘若儿童自愿悔过，当然是最好，但不可强迫他叫他悔过。儿童和成年人一样，要留他一点面子。

父母教导子女的适当不适当，关系他们的将来很大。我们许多习惯，都是在儿童时代养成的。最近的研究发现，精神病的病源，也有一大半是开始于儿童时代。所以做父母的人，如其希望他们的子女，成长以后，做一个有用的公民，便应该负起责任，乘他们在儿童的时代，注意教养，否则一到年龄长大，便来不及了。

八 新式考试：测验[*]

学校中之举行考试，不特用以考查学生之成绩，即教员之教授法是否合宜，应否改良，亦可于考试中觉察之。然考试之价值如何，须视其可靠之程度而定。

昔日之考试，大都系论文式或问答式。题目之前，每冠以"论""述""评""比较""估计"等字，或亦有运用"何故""何人""何处""何谓""如何"等问话名词者。此种考试之记分，缺乏客观之标准，为教员者，仅凭其主观之判断，给一分数。故往往有同一考卷，十人评阅，即有十个分数。其不可靠，于此可见。此缺点一。如全班考卷之数目，在四五十本以上者，即评阅者同为一人，定分之时，亦往往不能将其预定之主观标准，始终保持不变，于是答案之实质相仿而分数大异者，比比皆是。此缺点二。评阅此种试卷，工作极为繁重，时间精力，两不经济。此缺点三。

教育界中，早已感觉此种考试有改良之必要。迨智力测验盛行后，新式考试，遂勃然而兴。所谓新式考试者，即利用测验方法以考查学生对于学业之智识也。不特评定分数，完全有客观之标准，结果可以互相比较，即评阅之时间，亦可减省不少矣。

新式考试，大都由智力测验蜕化而来，最普通者，约有下列五种。

1. 正负号测验

正负号测验（the true and false type），制定肯定语句，令学生用正负符号以表示其正确与否也。例如：

（1）在每句之前，依其性质之是否正确而冠以"＋"或"－"之符号：寻常脉搏每分钟约跳跃七十次。

（2）在"＋"或"－"符号上，画一圈以表示之："＋""－"穿过一圆中心之弦，谓之直径。

＊　原文出处：章颐年：《新式考试：测验》，《教育建设》1933 年第 5 期，第 46~48 页。

此种语句之复杂程度，有简单如例中所举者，亦有须借精密思想而后始能落笔者。惟后者之编制颇难，往往字义不明，或是非两可。至于记分方法，则为做对各题之总和，但如将做对各题之分数减去做错各题之分数，可以免去学生猜度之弊，更较可靠。惟于试验以前，主试者须向学生声明，对于不能确定对否之语句，切勿加以猜度耳。

2. 多数反应测验

多数反应测验（the multiple responses type），每一语句之后，附以多数答案，令学生圈出其中之最正确者。普通约需附有四个或五个答案，始可免去机会之影响。例如：

圈出正确之答案：

（1）皮奈（Binet）是：①宗教家；②政治家；③心理学家；④文学家；⑤美术家。

（2）智利国最重要之物产为：①金；②硝酸盐；③牲畜；④麦；⑤纸。

3. 填字测验

填字测验（completion type），每句中留出一字或数字之地位，令学生用最适当之字，填补其中，而成一正确之语句。例如：

（1）波义耳定律[①]（Boyle's law），谓当一_____被厌，且保持一定之温度时，则_____与压力成_____比例。

（2）中国国民党第一次全国代表大会于民国_____年在_____举行。

此种测验之题目：有极易者，亦有极难者。其缺点在于难以记分，因所填之字，如仅有一部分正确时，则评阅者即须借其主观之眼光，而予以一相当之分数矣。

4. 择对测验

择对测验（matching type），各字排成两行，令学生选择第一行中之条款与第二行中相当之条款相配。例如：

将人名前之数字，置于其适当派别之旁：

人名	派别
1. Freud	属于行为派
2. Kohler	属于机能派

---

①　原文为"波耳氏定律"，今译作"波义耳定律"，由罗伯特·波义耳（1627 – 1691 年）提出，认为在温度不变时，一定质量的气体的压强与其体积成反比。——编者注

3. Titchener	属于完形派
4. Watson	属于心理分析派
5. McDougall	属于构造派
6. Pavlov	属于目的派
7. Angell	属于交替反应派

第一行（即人名之一行）如能较第二行略长，尤为适宜。

5. **类似测验**

类似测验（the analogy type），学生须选择一适当之字，使前后两段之关系，成类似之比例。例如：

（1）构造派之与机能派，犹形态学之与：①生理学；②卫生学；③植物学；④生物学；⑤组织学。

（2）怒而打犹怕而：①攻；②骄；三痛；④逃；⑤生气。

上所举者，不过五种常见之测验而已。但新式考试之题目，较论文式考试之试题为难于编制。帕特森①（Paterson）谓新式考试应注意者有 22 点。兹列举如下。

（1）问题须包括所考学程之全部材料。

（2）须预备逾额之问题多则，以便有所选择。

（3）应避免意义含糊或答案两可之问题。

（4）问题之适宜与否，不应视难易为标准。

（5）问题中难者与易者之数目应平均分配。

（6）开始时之五六问题，应择其最浅易者，庶可平息被试者神经之兴奋。

（7）每一问题，成一单位。

（8）问题须简短。

（9）每次考试，须有多量之问题。

（10）设考试中有各种测验者，则每种应分开。

（11）问题排列之先后，应依照课程中自然之次序。

（12）考试之前，教员需有相当之说明。

（13）如有多种测验时，每种应有各别说明。

---

① 原文为"得生氏"，今译作"帕特森"。——编者注

（14）正确语句与错误语句之数目，相差不可过巨，排列应参杂错乱，不可一律。

（15）"多数反应测验"中，正确之答案杂列于不正确之答案中，其位置之先后，亦应全凭偶然。

（16）评定试卷，应用一定之方法。

（17）除"正负号测验"之记分，可由对者减去错者之分数外，记分时不应用任何数学之公式。

（18）在新式考试中，记分时对于题目之难易，不必有所区别。

（19）如用等级记分者（如将一级内成绩分为一、二、三、四、五级时），则应就各题之总分数，按照一定标准，变成等级。

（20）问题应印订成帙，锁置箱中，以免外泄。

（21）欲避免学生间彼此互相通知，每学期之考试，不应用一式之问题。

（22）每一学程，应预先制就问题的一千五百条至两千条之补，以便更易选择之用。

新式考试之价值，即在其可靠，因评阅给分，皆有客观之根源，不受主观偏见之影响也。惟若考试之时，彼此窥视，或互传消息，则新式考试之价值，完全消灭，其结果之不可靠，且更甚于论文式之考试也。主试者应注意及之。

九　心理卫生与儿童训导 *

　　身体上的卫生，大家已经晓得注意，无论是个人卫生或是公共卫生，凡是稍微受点教育的人，都有相当的认识。譬如早晚刷牙齿，常常洗浴，种牛痘，不随地吐痰，不吃苍蝇吃过的东西等等，都已经家喻户晓，变成常识了。在小学校中，最近亦竭力提倡"健康教育"，养成儿童的卫生习惯，想法来改进儿童身体的健康。这样注重身体卫生的结果，当然减少了许多身体上的疾病。可是整个的人，是有两方面：身体与心理。身体要讲究卫生，心理也要讲究卫生；身体要健康，心理也要健康。过去我们所讲的卫生，是单注重身体方面的，忽略心理方面的，所以身体上的疾病，虽然减少了许多，可是心理上的疾病，或者叫它精神上的疾病，社会上却一天一天的增加起来了。心理上的疾病，有各种不同的程度，轻微一点的，如脾气怪僻，举动异常，情绪变态等等；重一点的，就变成疯狂。在学校里有许多训育上的问题，如某人常常喜欢逃学，某人常常偷别人的东西，某人不要吃饭，某人胆子异常的小，这些事实，也都是心理上失却健康的表示。许多专家研究的结果，觉得这些心理上的毛病，发源都是在儿童的时候，假使小学校中的教师，能够注意儿童心理的卫生，对于学生的生活，有一种适当的指导，这些毛病都可不至于发生了。总之，我们应该知道，身体康健的问题之外，还有心理健康的问题；我们注意儿童身体卫生之外，还有应该注意儿童的心理卫生。

　　心理卫生的职务，分积极的与消极的两方面。积极的方面是建筑有用的习惯；消极的方面，是矫正有害的习惯。所谓有用的习惯，就是社会上所容许的，是个人的利益与社会的利益相调和的。有害的习惯是反社会的，是与

　　* 原文出处：章颐年：《心理卫生与儿童训导》，《浙江教育行政周刊》1933 年第 22 期，第 2～8 页。

环境相冲突的。因为个人的习惯，与社会的制度风俗，不能适应，结果这种行为，就变态的行为了！

我们知道自然界的现象，决不是偶然发生的，都有它的原因。气候的改变，潮水的涨落，在科学发达之后，知道了它们的原因，就觉得丝毫没有什么神秘。人类的行为，也同样的受因果律之支配：小孩子有的喜欢逃学，喜欢说谎话，脾气古怪，或是精神异常，也都有原因的。决不是一旦凭空发生，都是一点点的小事情积起来所造成的。我们做教师的人，应该尽力的指导儿童的精神生活和情绪生活，帮助他们养成一种与环境相适应的好习惯，或是帮助他们用另外一种习惯来代替不能适应环境的坏习惯。

心理卫生与儿童训导，有密切的关系。心理上的不健全，有许多是被不适当的训导所训练成功的。训导这个名词，本来也有两层功用，和心理卫生相同。第一种是积极的指导，第二种是消极的禁止。第一种功用比第二种功用，要来得重要得多。可是大多数的人，以为训导的功用，完全只在消灭不好的习惯。他们以为孩子从母亲肚里，就带了许多坏习惯来。先要纠正这些坏习惯，然后才可以有有用的好习惯。但是这种见解是错误的。

有三类的事情，我们应该警戒儿童的。第一，对于他们身体有伤害的，如同火、深水、有毒的药品、不洁的食物等，我们要使他们知道这些东西的危险可怕。有许多家长，常愿意把他们的子女训练得胆子很大，什么都不怕，可是最好的儿童，不是什么东西都不怕，乃是怕得适当；换句话说，便是见了应该怕的东西怕，见了不应该怕的东西不怕。

我们要使儿童怕真危险的东西，却不可用怕来恐吓他们。最近心理学家研究的结果，说小孩子怕的东西，本来数目是很有限的，等到年龄渐大，便学会了许多怕，甚至于不必怕的东西也怕了，这都是父母教师训导不当的缘故。父母常常这样恐吓子女说："警察要把你捉去了！"或是"医生要来了"，儿童受了这种教训，久而久之，自然见了警察也怕了，生病的时候也不要到医生那里去了。我们应该将警察的功用和医生的功用，细细的向他们说明，不应该用来恐吓，养成他们怕的情绪。

有许多教育家主张，危险的东西，最好让儿童去试一试，使他们经验上得到一点实在的痛苦，那么以后便不会再犯了。但是这也有限制的。譬如儿童喜欢玩火，我们让他的手被火烫一下，使他明白火的性质，当然可以。此外有许多危险的东西是不能尝试的。我们要使孩子知道水的危险，决不能让他跌在河里试一试；要使小孩子知道汽车的危险，也不能让他给汽车撞一下。我们必须养成儿童一种习惯，在危险的时候，一听我们叫他停止的声音，便会毫不迟疑的立刻停止。

有许多危险的东西，是成年的人所要应用的，例如洋刀、剪刀、洋火等等，对于这些东西，我们不应该使儿童怕，而应该仔细指导他们如何用法，因为将来总有一天是应用得着的。

第二种我们应该警戒儿童的，是社会上风俗习惯所禁忌的事。也许有些是全无理由的，不过风俗如此罢了。但是我们要使儿童能适应社会环境，所以要他们遵守。在儿童队里，他们自己也有些事体是禁忌不做的。例如甲孩给乙孩一块糖，总好像不好意思再要回来，假使他又问乙孩要，别的孩子就要讥笑他了；又如儿童到了某年龄之后，当他稍微受些伤，挨些苦，便好像不好意思哭，假如他哭，别的孩子又要讥笑他了！

第三种，凡是影响到团体的安全或利益的，也应该加以纠正。例如说谎话，偷东西等等。做教师的，应该积极的指导儿童，使他们明白产权的意义，尊重他人的权利。可是儿童正当的活动游戏，我们便不应该去禁止。儿童也有儿童的权利，正和我们成年人的权利一样。活动和游戏，便是他们的权利。外国有句俗语，叫"小孩子只准看见，不准听见"（children should be seen and not heard）。讲这句话的人，是只顾自己成年人的权利而忘记了儿童的权利了。

动物心理学家试验动物的学习，总是用两种方法，一种是报酬法，使动物得到满足，而愿意练习；一种是刑罚法，使动物得到痛苦，而将习惯的动作消灭。训练儿童，如利用这两种方法——报酬与刑罚——来养成一种好习惯或消灭一种坏习惯，在理论上，自然是很对的。儿童如其做了某种工作，父母或教师给他糖果、玩具，或甚至用金钱来奖励他，都可以。但是有一点要认得清楚，值得报酬的工作，才给他报酬。假使无论什么事体，都有报酬的，那么便养成了他一种观念，以为一定要有报酬，才做事，那就不对了。除出了实物报酬之外，我们更应该训练儿童，使他们知道旁人的称赞，乃是无上的光荣。因此，教师几句褒奖的说话，便可作为某种行为的报酬了。

报酬有好几种，最重要的有四种：（1）免去刑罚就是报酬；（2）给儿童一种奖品，如同糖果、玩具、金钱等等；（3）给儿童一种特权，让他做一件他以为快乐的事情，如带他到公园游玩或和他打球游戏；（4）教师同学的称赞。

免去刑罚便是报酬，在表面上看来，好像是矛盾的，但是仔细一考究儿童的行为，便可知道如此。有一个学校是不准学生自由出入的，可是有一个学生，常常私自偷出校去，却从没有给训育处发现过。有一天，他又偷跑出校去买东西吃，并且他还向另一个学生说："××，跟我来，出去买东西吃。"他回答道："我不去，给训育处先生看到了要罚的。"第一个学生又说："啊！不要紧，我常常出去，从没有被捉住过，出去好玩得很！"从这例子上看来，学校所禁止的一件事，便是儿童觉得有趣味的一件事。他犯了禁而没有被责罚，岂不是就同间接得到了报酬一样。

至于给儿童一种奖品，作为报酬，也不能随便，总要使儿童不过分自私，或者以为做无论什么事体，都可索取报酬才行。我们应该把工作选择一下，儿童做了哪几种才应该给他奖品。凡是关于他自己的健康或关于他人的权利的这些事体，都是应该做的，不必给他任何报酬。要使儿童知道义务是不能讨报酬的。

第三种报酬的方法，是给儿童某种特别的权利。但也有几件事是要注意的。我们教儿童做的工作，不可太难，要顾到他们的体力和智力。譬如三四岁的小孩子，我们叫他把房间内所有的玩具全数捡起来，这是不必的，因为这实在是太多了。他拾起了几个便已经够了。至于给他们的特别权利，必定要选一种确实是他所想要得到的。有时，做父母的或做教师的以为儿童要某种东西，而实际上他们并不要它。因此，拿这种特权来做报酬，是完全无效的了。

教师和同学的称赞，也是一种最好的报酬，因为这种报酬是最便利的。儿童做了一件应该奖励的事，教师可以称赞他，使他心里马上得到安慰和满足。用物品的报酬，往往在数日之后，物品才买来，对于 6 岁以下的人，报酬和所做的事相隔太久了，其间便不会发生什么连带的关系。

做父母或教师的常拿一种报酬，使儿童停止做某种不应该做的事体，这在教导上有害的。譬如母亲对她的孩子说："你不要哭，我给糖你吃"或"你不要哭，我带你出去玩"，这乃是教儿童当有所要求的时候，只要哭就可以达到。

我们训练儿童，最好要使他们在工作之后，能够得到自己心灵的称赞和愉快，并且要儿童晓得自己内心的愉快和安慰，才是世界上最大的报酬。无论怎样聪明的教师来训导儿童，总不免有些动作是要加以阻止或矫正的，那便要用到刑罚了。刑罚必须包含痛苦。假使不痛苦的，便不是刑罚。所以做父母或教师都注意这一点：使儿童痛苦，便是给他刑罚；要给儿童刑罚，必须使他痛苦。若要使刑罚有效，有一条定律，一定要遵守，就是"给儿童的痛苦，一定要大于他做某种坏事所得到的快乐"。

刑罚的性质，既然是痛苦的，我们便不应常用，好比是防身的手枪一样，非至万不得已时，不可乱用。刑罚的本意，原是在防止不良动作的再犯，并非在不良动作的本身，也并非为受害的人出气报仇，所以它的目标在将来不在过去。

有许多人专门拿刑罚来恐吓儿童，而实际上并不真正的执行，这是最有害的一个办法。譬如对儿童说："假使你再闹，我要打你了！"儿童仍旧继续的闹，可是他的父亲却并没有实践他的说话，这样把刑罚当做谈话的材料，完全失却训练的本意了。所以要使刑罚有效成功，除了遵守前一条定律——就是刑罚所给的痛苦要大于做某种坏事所得到的快乐——之外，此外还有两个条件：一个是不能避免，一个是立刻执行。假使同一样的行为，有几个学生犯了受罚，有几个学生犯了却不罚；或者有几次犯了受罚，有几次犯了却又没有罚。这样的刑罚可以断言是没有效力的。所以要使刑罚有效，必须要无论何人，无论何时，只要是犯了禁，便没有一个能够避免才行。刑罚的执行愈快愈好，最好在不良的动作发生之后，就立刻执行，这才可使儿童把刑罚和动作联合在一起。

假使一个儿童知道某动作是被禁止的，他第一次犯了，便应该处以刑罚。不必让儿童有一次练习的机会的。有些儿童无礼骂人，教师这样对他说："假使你下次再骂人，我就要罚你了。"这样儿童自然明白你并没有罚他的意思，不过恐吓他而已。所以他骂人的坏习惯，不用说是仍旧保留着的。假使一个儿童做错了事，但他自己并不知道是错，那么就应该老实告诉他，但是亦不必恐吓他。

刑罚有三种：第一种是身体的，第二种是心理的，第三种是长时间的心理的。

身体的刑罚要快，要短。大约2岁到4岁的小孩子可用。而且只有在一种情形的时候可用：就是当小孩伸手要拿禁止的东西的时候，你可以很快的用手打他一下，第二次他便不敢再伸出手来拿此物了。但是我们要注意的，就是儿童感觉痛苦的程度，和我们成年人不同，所以要格外留意，如其打得太重，便变成残暴了！

在学校里的儿童，年龄都在6岁以上，这时候便不能再用体罚了。因为此刻再用体罚，不但没有效验，而且结果反而不好。从前的私塾里，体罚是很通行的，自从学校成立以后，禁止体罚，可是学校中儿童的行为，并不比私塾里的学生来得坏，或者反而要好点，这就可以证明体罚的无效了。

但是现在要问体罚为什么无效？体罚使受者身体感受痛苦，应该可以阻止某种动作再犯，这是很合理的。但是因为情境太复杂了，所以儿童往往不知道他所受的痛苦与环境中哪一部分相连。刑罚或者不和错误的动作发生关系，却和执行刑罚的人——父母教师——或者甚至于整个学校，连在一起，因为引起儿童一种恨和怒的情绪，久而久之，养成一种怨恨父母教师或学校的态度了。尤其是当儿童自以为无过的时候，受了教师父母的刑罚，格外可以使他发生这种态度。

至于所谓心理的刑罚，种类很多，例如责备，或者不去理会他，或者把他关在房外，或者将他喜欢玩的东西，暂时拿开，等等。使儿童心理上感觉一种不快，心理惩罚的好处，便是儿童身体上，实际没有受到什么痛苦，所以不容易造成反抗或怨恨的态度。还有一层好处，做父母的还可以根据他的判断，到了相当时候，刑罚可以随时终止，使儿童恢复原状。

第三种长时间心理的刑罚，平时是不当做刑罚的。譬如一个儿童做错了一件事，他的父母天天骂他，时常提到此事；或者长时期表示讨厌他。从心理卫生上讲起来，这种刑罚是最坏的一种。它的结果，往往使儿童的情绪异常忧闷，不活泼，甚至一直到成年时，还是如此。一个心理方面不舒服，有几个钟头的长久，对于他心理的健康，便会发生妨碍。总之，刑罚执行要快，结束亦要快。罚过之后，立刻要和无事一样，恢复以前亲爱的态度。

有许多人当儿童做错了事之后，一定要他们自己悔过，然后才觉得满足。可是这是一件不聪明的办法。假使已经给他们相当的刑罚，那已经可以防止以后同样动作的再发生了。倘若儿童自愿悔过，当然是最好，但不可强迫他叫他悔过。儿童和成年人一样，要留他一点面子的。

诸位，训导的工作是注重在积极的指导的，我们应该拿社会的需要做基础，拟定一个整个的训导计划：在小学第一年完成后，应该要养成怎样的习惯；第二年完成后，要养成怎样的习惯；小学毕业的时候，应该要养成怎样习惯。学校是生活的预备，儿童将来要到社会里去的。所以我们应该从社会的观点，来训导儿童，使个个儿童都准备好了能适应社会的好习惯，那么他们将来的生活，才可以成功，不致失败。满意的生活，就是心理健康的先决问题。我们训导儿童，应根据社会的标准，不应根据学校的标准。学校是一架过渡的桥——把儿童从家庭里引渡到社会里，儿童迟早点总是要走完这顶桥达到桥的那边去的，世界上决没有一人会永远站在桥上。

十　教育的科学研究[*]

（在浙江省第四届全省辅导会议上的讲话，1933 年 5 月 12 日
章颐年先生讲，李邦权、胡葆良记）

　　今日为全省辅导会议举行之第二日，兄弟得与诸君相见，私衷殊觉快慰。此次讲题为《教育的科学研究》，何为教育的科学研究？简言之，即用科学的方法，来解决教育上的种种问题之谓。兄弟以为要增进辅导工作的效率，必须运用科学的方法，举凡辅导工作上的种种建议，必须都有科学的根据。必如此，然后才能充分发挥辅导制度的效能。

　　为说明便利起见，我们且先从历史上回溯科学方法的演进情形。在历史上，向来探求真理的方法有三种：第一种方法也就是最不可靠的一种方法，即以权威为真理。一种事情的正确与否，完全以有权威的人的言论为标准，譬如古代奉帝王之命教皇的言语为金科玉律，便是一个明显的例证。再如"传云""子曰""总理有言"等等。在近人的文学中，还是很普通，这也是一种以权威为真理的例子。其实，真理的存在与否，是不能以有权威的人的说法为准则的，过去仅有不少有权威的人的言论，是和真实的真理相矛盾。譬如宋儒苏东坡所说的"物必先腐而后虫生之"这句话，总算是被人引用得熟极了，可是事实上却总是先生虫而后才物腐，恰恰与他所说的相反，这便是说：有权威的人的语言，不一定就是真理。第二种方法是推想，用推想的方法来探求真理，在历史上，已经比较是近代的事了。因为有许多事实为权威所不能解决，所以便不得不进一步运用推想的工夫。不过，推想的结果，也不一定可靠。第三种方法是试验，试验就是先有一个假设，然后在控制的环境中证明假设，从而求得真理，一部分的证明成为"学说"，全部分的证明成为定理或定律，定理或定律都是不受任何时间和空间的限制

　　*　原文出处：章颐年：《教育的科学研究》，《浙江教育行政周刊》1933 年第 43 期，第 4~11 页。

的，所以实际上讲起来，只有定理才可以说是权威，这里权威是建筑在事实上的，和因权力而生之权威不同。以上三种方法，在时期上，不一定划分得很清楚，彼此互掩的部分很大。至于教育上所用的方法，也可以依照它的演进情形，分为同样的三个时期。

第一是权威时期。在这个时期，一切都以过去的习惯为准则，而不肯接受新的思想、新的潮流。譬如诸位在辅导工作上每每有一种善意的建议或改革，而不为人所乐从，往往说："我们一向是那样做的"，或者说："我们一向不是这样做的"；也有推说："这是理想的计划，不能实行。"这都是由于过分拘泥固有的习惯所致。习惯自然也有它的价值，因为习惯是人类经验的结晶，只要环境不改变，利用习惯，是很安全的方法；但是人类的生活环境是一刻不停地在动着，那么，适应这种动的环境的方法，也应该随着环境的变化而变化，假如习惯一有势力，必将反转来成为人类进化的障碍了。

第二是理论时期。原来教育上的问题，有许多不是单靠习惯上的方法所能解决的，并且习惯上的方法，也常时发生缺点，因此，进一步便有创造新方法的需要。不过，因为人们还不能完全以事实为根据，完全从事实上分析研究，所以结果也只能造成一种理论，过去的教育家如海尔巴脱①、福禄贝尔以及近今之杜威等，都曾在教育上发表过新的学说，为一般人奉为圭臬；再如近年国内所极力提倡的劳作教育、职业教育等等，简直的说，亦不过是一种理论而已。

第三是试验时期。进一步，教育者知道应用自然科学的方法来研究教育解决教育上的种种问题了，这便是达到了现在所说的试验时期。美人麦柯尔（Mecall）曾经说过："美国的教育已经走完了第二期，第三期还没有走了。"至于讲到中国教育的情形，可以说还在第一期到第二期中间，至多亦只能说第三期方在开始。许多教育上问题，还是靠着讨论和争辩来解决的；其实，用讨论和争辩所得的结果，并不能算是最后的解决。原来讨论和争辩，不过仅表示各人自己的意见，在事实上都胜不过真实的试验的。譬如说一张桌子的高低，甲仅可以说是四尺，乙也仅可以说是五尺，究竟实在的高低，必须经过实地的测量才能决定；再如今天出席会议的人数，甲也仅可以说是四十

---

① 原文为"海尔巴脱"，今译作"赫尔巴特"（J. F. Herbart, 1776–1841 年），近代德国哲学家、教育家和心理学家。——编者注

人，乙也仅可以说是五十人，可是实际出席的人数，必须逐一的数一下才能决定。讲到教育上的种种问题，也是要靠着试验才能求得最后的解决。譬如说一个课室里以多少人为最适宜，有的人说是四十个人，有的人说是五十个人，也有的人说是六十个人，可是要得到最后的解决，也必须经过实地的试验才行。Barr and Burton 说的好，"一个精实仔细的试验，它的价值是大于一千个人的意见"。从这里，我们不但可以明了试验的真义，而且可以明了试验的价值。

不过，所谓科学方法究竟是怎样的一种方法呢？汤姆生（Thomson）曾说："科学方法的目的，是用一种可以证明的字句，来说明客观的事实，这种说明，愈准确愈好，愈简单愈好，愈完全愈好。"阿麦克（L. C. Clmack）也说过："科学方法不过是用论理学上的原理，来发现或证实宇宙间的真理的一种手段而已。"以上两氏的说法，都很笼统，现在我们再按照应用科学方法的手段，分析成为下列六个步骤：（1）确定问题；（2）搜集事实；（3）整理事实；（4）暂下结论；（5）证实结论；（6）制成定理。

现在再分别来作一个简单的说明。

（1）确定问题。运用科学方法研究问题的第一个步骤，便是确定问题。确定问题的能力，各人的差异很大，有的人对于环境的一切，都感觉满意，从不发生问题；有的人虽感觉困难，却不能制成具体的问题来研究；有的人则富有分析的能力，善于创制研究的问题。讲到问题的性质，麦柯尔常区别之为下列三种：第一种是范围太大而无从研究的问题；第二种是范围太小琐碎而不能联络的问题；第三种是范围适中而又包含几个较小的单位的问题。这三种问题之中，当然以第三种为最适宜。

（2）搜集事实。问题确定之后，第二步便是开始搜集事实。搜集事实的方法有两种：一种是观察，一种是实验。观察虽是人人日常的经验，可是也最容易发生错误。第一因为我们感官不完全可靠，声音的方向和远近，常听不准；在光线黑暗的地方看颜色，更易弄错。譬如我在一家布店里买布料，在店里面选中的颜色，走到外面一看，往往又变了一种颜色。第二因为我们普通观察事物，常是片段的，而没有连续的窥及全豹，不知道事实的历史，仅根据局部的观察，是很容易错误的。第三因为我们观察事物时常渗和个人的推想在里面，譬如我说："昨天夜里我听见一只狗在街上叫"，从表面上看来，这句话好像是个纯粹观察的报告；实际上我所听到的不过是一种声音，至于说这种声音是"狗"叫，而这狗又在"街上"叫，这些都是个人的推想，推想是可能错误的。所以在观察时候，一加入了个人的推想，则观察的结果，便大受影响。兄弟在杭州师范里曾经做过几个试验，可以用来证明观察的不可靠。第一个试验是在一张白纸上涂上五十个不整齐的小黑点，让学生观察五秒钟，然后叫他们说出纸上黑点的数目，结果最少的说是十五点，最多的说是一百五十点。第二个是关于估计时间的试验，我用棒在桌上敲击一下，隔了十三秒钟又敲击一下，叫学生估计这两个声音相距的时间，结果最少的说是三秒钟，最多的说是七分钟。第三个是关于听觉方面的试验，把一个音叉，暗中放在讲桌里面，不让学生看见，然后敲击一下，叫他们辨别出是什么东西的声音，结果全班五十多人，都瞎猜一阵，只有一个学生听出是音叉的声音。这些试验所得的结果，都是证明普通的观察是不正确的，所以常听见人说："这个是事实，我亲眼看见的"，实在有时不能代表真正的事实的。至于科学的观察与普通的观察的区别，即在一精细，一粗率；一严密，一随便；一有系统，一散漫；一公正，一偏私。其次，再说到实验，实验比较观察，在时间上当然要经济得多，因为观察必须等到一种现象自然的发生，实验都可以由人力造成某种现象来观察。譬如要知道电气射到植物上的结果如何，倘用观察法，则须等待到雷雨时方能偶可发现，有时也许一辈子还没有遇到；实验法便不然了，我们随时可在实验室中用人工把电射放到植物上去，看它起什么变化。不过，也有许多现象是不能用人力造成的，这当然只好凭借观察而无从实验了。

（3）整理事实。搜集事实之后，第三步便要做整理的工夫。整理事实的方法也有两种：一种是分类，一种是分析。分类是将所搜集的事实，按照它的性质的同异，而为之分门别类。整理事实有时比搜集事实为更困难，所应注意的，就是所谓异同，是指基本的关系，不是指表面上的异同。譬如图书馆的图书，决不是依照图书的大小、轻重、色彩等来分类，而是依照它的内容来分类。这就是说：表面上的相似，是不能做分类的依据的。分析则是更进一步的仔细研究各种现象的相互关系。譬如由甲种现象而常常会产生乙种现象，则甲是因，而乙是果。不过，明了了这两种的因果关系之后，还要进一步分析甲所包含的许多因子，是否都影响到乙的变化。也许其中只有一个因子或一部分因子是造成这种变化的元素，而其他因子却与这种变化没有关系。要解决这个问题，就非用分析的方法不可了。

（4）暂下结论。把搜集到的事实，仔细的整理后，那么，便可以求得一个暂时的结论。这种暂时的结论，普通称之为假设。有许多人心中有了一个问题，并不经过搜集事实的步骤，便立刻自己下了结论。不过，最妥当的假设，还是要有极多的事实做根据的，否则必致犯了论理学上"草率结论"的毛病。一个好的假设，必定要顾到三点：第一，从事实上推论得到的结果；第二，必须根据多次的事实，事实愈多，也愈正确；第三，不能和已经证实的定理或定律相冲突，这也是应该注意到的。

（5）证实结论。有了假设，进一步还须运用控制情境的方法，求得确切的证明。譬如从前巴斯德①（Pasteur）最先以为食物的腐烂是微菌所致，他因为要证实这个结论起见，于是把食物烹煮以后，使微菌完全消灭，再严密的藏在不通空气的瓶中，果然保存得很久，并不腐烂，于是他先前的假设，便成立了。

（6）制成定理。假使经多方证实后，便可用准确的字句，很简明的表示出来，成为定理或定律。定理和定律都不受空间和时间的限制，可以随时随地的重复试验，决不会有例外发生。

以上是说明科学方法的大概情形，教育上还有几种特殊的方法，都是从科学方法脱胎而来，约有下列五种。

（1）统计法（statistical method）。统计法的目的，也和旁的一样，是在探求真理，精确地解决教育上的问题。进行的程序，是把搜集到的许多事实，整理起来，排列起来，用数字或图解来表示，使其中重要的因子和关系，可以一目了然。材料倘使没有组织，必是杂乱无章，难于索解。所以统计法的最大功用，便是在组织和排列，使重要的因子得以显露。统计法也须确定问题，也须搜集材料；整理以后，再用相当的公式，加以计算；计算好了，还须解释其结果。步骤也是很多，普通以为统计法只是中数、众数、大R小R、随机误等等几个名词，实际上这些不过是统计法中的一小部分而已。统计法还有两个特征：其一，统计法是依据标样为根据，并非搜罗全部的事实，事实太多，不能一一搜集统计，只能选取若干标样，拿来做研究材料，由此少数可以代表的标样，推及大多数人应有的趋势；其二，统计法所得到的结论是应有的，不是必然的，譬如我们根据过去十年中杭州市入学儿童增加的速率，而推测下一年内本市入学儿童增加应有的数目。这个推断，只能说是应有的，不是必然的。

---

① 原文为"派司脱"，指法国微生物学家、化学家巴斯德（L. Pasteur, 1822－1895 年），巴氏消毒法的发明者。——编者注

（2）实验法（experimental method）。实验法与统计法不同之点，在前者是介绍新因子，测量其结果；而后者不过搜集已有的事实，加以组织和计算。教育实验的方法，麦柯尔分为三种。第一种是单组法（one‐group method），也就是最通行、最简单的一种实验法，简单地说起来，这种方法就是把一种或数种的实验因子，施之于一人或一组人，或是从一人或一组人上减除这些因子，而求得所生的变化。譬如化学家把含有某种物质的液体加入含有他种物质的液体内，观察结果所起的变化，这是单组法；又如物理学家把皮球内的空气抽出之后，称它的重量有无减轻，这也是单组法；又如某教师因为四年级的学生能充分预备功课，加以称赞，然后测量称赞所生的效果，这也是单组法。单组法的缺点，便是影响于事物的因子太多，而不易分开，所以假如所生的变化，在实验因子之外，尚有其他因子混杂在内，那结果便靠不住了。

第二种是等组法（equivalent‐group method），就是把一种或数种的实验因子，施之于能力相等、情境相同的两个人或两组人，而求得所得的结果，这样便可以免去单组法的缺点。譬如有人发现了一种新的教学方法，因为要知道这种新的教法是否确比旧的教法来得高明，可以把学生依照能力和智识，分为同等程度的两组，一组用新的方法教授，一组则仍用旧的方法教授，经过一定的时期以后，比较这两组学生的成绩，假如用新法教授的这一组来得好，那就证明了新方法的价值。如其这是受了别种因子的影响，而不是由于新旧两法的不同所致，那么，在另一组学生里，当然也会同样的显露出来。等组法的缺点，便是事实上难得真正相等的两组。

第三种是轮组法（rotation method），就是把两种或数种的实验因子，轮流施之于数人或数组人，而求得所生的变化。所以轮组法实在是合两个或两个以上的单组法而成，譬如教师要用此法比较奖励和惩罚的效果，可以先奖励甲班，测量所生的结果；再惩罚甲班，测量所生的结果，同时，对于乙班，先加惩罚，测量所生的结果；再加奖励，也测量所生的结果，然后将两班中用奖励所得的结果和用惩罚所得的结果，各自分别相加，比较这两个和数的大小，便可以定夺奖励和惩罚效率的高低了。

（3）实验室法（laboratory method）。此法和前二法不同，是一种个案研究（case study），即从一件事实，加以仔细的分析；并不是从许多事实，加以研究。自从 1879 年冯特（Wundt）在德国莱比锡大学（University of Leipzig）首创心理学实验室以后，对于教育的影响也很大，有许多问题，渐渐利用这种实验室的方法来解决了。譬如学校里有一个成绩很差不听指导的儿童，就可以把他引入实验室，细细检查他的体格，测验他的智力，调查他过去的历史，家庭的状况等等发现他成绩很差的原因，然后再想方法去补救，这便叫做实验室法。

（4）发生法（genetic method）。发生法就是观察一个人从生下来的时候起，到某一时期为止，其中身体上及心理上所生的种种变化。近来关于儿童心理的研究，大都采用这种方法，例如陈鹤琴所著之《儿童心理的研究》，葛承训所著之《一个女孩子的心理》，都是记载一个小孩子生下以后逐渐发展的大概的。假如我们能用发生法研究出儿童在各时期的性质和好恶，那么，对于课程的编制和教材的选择，都大有帮助。

（5）调查法（survey method）。调查法是从社会学方面借得来的。这种方法的要点，就是把一种事实的真相，做一番有系统的严密的调查，然后亦根据调查的结果，分析研究，做种种改进的建议，应用在教育上。例如调查所学校的情形，则谓之为"学校调查"；调查一个地方的教育情形，则谓之为"教育调查"。所提的建议，当然要以事实为根据，并且要能适合实际的需要。注重积极的改进，少说消极的批评。调查者的建议，譬如医生诊断后所开的药方，对症发药，才能见效。

关于以上几种方法的详细情形，诸位可以参阅罗廷光先生的近著《教育科学研究大纲》，在中文本中，这是很值得一读的著作。

结　论

在教育上，有许多问题，都需要我们用科学方法来解决的，譬如小学课程标准比暂行标准是否好些、好了多少、进步多少，是否还有可以改良的地方；再如在普及民众教育的最高潮中，推行注音符号，谁都知道是一件极重要的事，可是什么是推行注音符号最经济的方法，教学的时候还是比汉字先教或是后教好……这些问题，都等着用科学方法来解决。总之，现代的教育是找寻真理的教育，必须要依据事实，经过试验，利用科学方法来解决种种问题。今天与会的诸君，都是本省致力于地方教育辅导工作的人员，兄弟希望能够注意到此点，运用科学方法，来改进辅导的事业。

十一　今后之师范专修科[*]

民国十三年七月，本校诞生；越一年，高等师范专修科成立。十九年秋，遵部令改称师范专修科。办理迄今，已逾九载。前后毕业生凡八届，都七百三十二人；人数之多，在本校各学院中居首位。此为师范专修科过去简短之历史。颐年不学，本年谬膺本校讲席，兼代师范专科事务，对于师范专修科今后之计划，间亦曾有所计及。兹乘大夏周报发行十周年纪念专号之机，特应编者之嘱，略抒愚见，以就正于有道。

（一）组别应重新编制也

师专科成立之初，即分国文、英文、史地、数理四组，任学生按其兴趣之所近，选入一组。惟师专科学生，多系师范学校或高中师范科毕业，更有中等学校毕业以后，在小学教育界服务多年者，对于英文、数理等科，本非所长，益以荒疏已久，学习困难，故遂群趋国文、史地二组，而尤以入史地组者为多，遂形成今日各组畸形发展之现象。查本学期师专科注册学生凡264人：入史地组者有124人，占47%；入国文组者有97人，占37%，入英文、数理两组者，共只43人，仅占16%。合两组之人数，只及史地一组人数的三分之一。此种不均衡之形势，固应设法矫正；且史地一科，在初中课程中，时数并不甚多。此项师资之需要，亦遂不甚迫切。此外如各地英文教员，更属汗牛充栋，有过剩之势。本校师专科所造就之人才，既兴社会之需要，不甚适应，毕业生出路之不易，自属意料中事。愚以为欲谋师专科之发展，则对于所设组别，首须根本加以改造：务使所训练之人才，即系社会所需要之人才。例如当今举国盛唱生产教育之际，无论中小学，对于劳作一科，无不一致注意，而此项师资，甚形缺乏。此外如优良之美术、音乐等科

   * 原文出处：章颐年：《今后之师范专修科》，《大夏周报》1934 年第 8～9 期，第 250～252 页。

教师，亦不易聘请。吾人若不着眼于此，而从事大量制造，则求不相应，其不陷于"谋事者无事，求才者无才"之叹者几希！惟何组应添设，何组应归并，何组可删汰，如全凭主其事者之主观臆断，结果必仍不切实际，必须先从事于客观的访问与调查，然后统计所得，以为变更组别之依据，并按照需要之多寡，严定每组人数之限制，不使超过，则前途庶有豸乎？

（二）实习应特别注重也

师范专修科设置之目的，既专以训练师资是务，则教学实习，实较其他任何科目，更为重要。一理想之教师，固不仅须有丰富之学识，尤须有教学之技能。窃尝见有本身学识极富，一登讲台，呐呐不能出诸口者有之；手足失措语无伦次者有之；不顾学生之是否领会而独自滔滔不绝者亦有之。彼学识纵高，但学生不能受其益，又何用乎？教学之技能，初不能得之于书本，更非言语所能传授。熟读教育原理，无用也；熟读教学法之书籍，亦无用也；惟有吾人自经验中获得各中之方法而已。彼学农者，必须从事于农场之实习；学医者，必须从事于医院之实习；学工商者，亦必须从事于工厂商店之实习；学教育者，又何能异于此？本校师专科课程中，虽列"教学实习与讨论"一学程为必修科之一，但因实习场所之不敷分配，每不能得充分之练习，且有仅在民众学校试教者，更有因他种原因而竟以其他科目代替实习者。愚以为欲充实师专科学生之能力，必须使在校时多得实习之机会。实习场所，除本校附中外，更应特约市内其他公私立初级中学，以充参观实习之用；并规定凡实习不及格者，不得毕业。必如是，学生将来出而任教，始能胜任；必知是，本校训练理想师资之目的，始能达到。

（三）新生应严加选择也

近年以来，农村崩溃，不景气之现象，弥漫全国，家长筹措学费，极感不易。师专科毕业年限，短于本科，故因经济关系而来投考师专科者，至少当占百分之七十以上。更有原在法学院或商学院肄业者，近亦纷纷转入师专科，询其转院原因，则皆以家庭无力负担四年之学费。此辈之来也，初未尝考虑其兴趣是否近于教育，个性是否合于教育，志愿是否在于教育，惟以师专科年限较短，视为终南捷径，遂群趋此一途而已！教师系一种专业，初非人人可做。一成功之教师，除须有精深之学识与夫教学之技能外，尚须具有其他必要之条件。条件惟何？曰：须有和蔼的态度，一也；成人的人格，二也；强健的身体，三也；教育的兴趣，四也。四者缺其一，即不能成为好教师。故如性情暴戾、身体孱弱、仪表鄙陋、智力低下者，均不适宜为教师。以不适宜之人，兴以专业训练，必致徒劳而无功，学校与学生，均蒙损失。倘欲免此损失，必须慎之于始。故招考新生，除须经过普通入学试验外，并应考察来考者是否具有做教师之志愿，然后审察其身体、智力、性情、态度，是否合于以上之条件，以做录取与否之标准。严格选择，不特可以减少双方损失之不幸，抑且可以使造就之人才益趋精锐。吾人对于受经济压迫之同学，自属深表同情；惟不问其志趣性格是否适宜，以师专科为慈善机关，则为教学效能计，为学生本身计，为将来师资计，吾人均不能不表示坚决之反对。

（四）国音应列为普通必修科也

本校师专科课程，所列必修选修等科目，虽经屡次修正，似尚有商榷之余地，容当另为文发表，不于此多赘。惟有一点，亟须加以申述者，即应列国音一学程为普通必修科是也。本校师专科学生，来自闽粤诸省者颇多，大都只能操本地方言，不能作普通语。教室中平日讨论，因语言不通，已不可能，实习时尤感困难。此种学生，在校时既无切磋问题之机，其成绩自难与其他学生相比拟。且毕业以后，舍各回本乡服务外，不能在外省任教。实则为教师者，纵在桑梓服务，亦应弃其土语，改用国音。否则各地学校，皆延用方言，则我国语言，虽待至千百年后，亦必仍今日之复杂，统一之望，岂不成为梦想？故教师用本地方言教学，其结果之严重，必有甚于吾人所意料者。近年来教育当局提倡注音符号之结果，各地小学教师在教学时，多用国音。中学亦多有继之而起者，是国音练习一学程，实为做教师者必须有之准备，而应列为普通必修之一，理由至为明显。愚以为师专科学生，至多当选习国音练习一学年，并规定能运用国语自由演说为毕业之最低限度。

以上四端，不佞认为系今后师专科所应行努力之点，际此大夏十周纪念之辰，用特不揣谫陋，略陈俚见，聊作刍荛之献，尚乞校内外同人有以教之！

十二　师范毕业生服务的困难及其补救 *

当一个师范生刚从学校毕业出来，脱离了恬静安适的学生生活，像失了所有的凭借似的，带着一颗骚动惑乱的心，正预备插足到另一个职业的社会中去，立刻，便遭遇到很大的困难，那就是首先为他们注意到的出路问题。他们为着这个问题忧虑、彷徨，而且困惑着。在现在，失业的人充斥于各地，要想谋一个职业，自然是极不容易的，尤其是最近几年来，经济的不景气动摇了整个社会的安宁：一方面无论是政府或是私人都没有多余的经费来添设小学；另一方面却因为师范学校收费低廉，是一个职业学校，毕业后就可以有解决生活的希望，于是入师范学校的人逐渐增多。这种矛盾的情形，明白地告诉我们，倘若有一个师范毕业生得到了职业，也许同时就有一个小学教师被排挤而失业了；姑不论这样为自己容身而排挤他人是否合于人道，权当这一种生活的竞争是合理的吧，又何尝容易竞争得到呢？其次，还有一种关于出路方面的阻碍，就是连小学教育界，现在也会像社会上一般情形似的，受着各种派别的支配：有的是以毕业的学校为一派，有的是以某种主张的信仰为一派；若是某一派的人在一个学校里得有势力，他们就尽量容纳自己一派的人，不管是否还有其他的人，比他们所聘请的要更好、更适宜。对于这样的事，我们除了希望办学校者本着办教育应有的精神及公正的态度，视能力的高低作为聘请教师的标准以外，简直没有什么矫正的方法了。

由于上面所说，师范毕业生出路困难的程度，已经加速度的增高，倘能于毕业后找到一个职位，已觉是很幸运的事了。但是找到职业后，是否一切都解决了呢？不，并不，出路问题的解决，并不能保证生活问题也能连带的解决。近年来我国内地普遍的饥荒，不但使无数小学停办、缩小，而且对于

---

* 原文出处：章颐年：《师范毕业生服务的困难及其补救》，《教与学》1935 年第 1 期，第 36 ~ 44 页。

小学教师极微薄的薪金，也会七折八扣，欠上几月，使在小学教育界服务的人们，几乎有不能维持生活之苦。但是这是一个社会问题，须得政府和社会学家来设法救济，我们学教育的人是无能为力的。我们只能从教育的立场，对于师范毕业生服务时若干教学上的困难问题，贡献些意见，以谋得一解决而已。

自然，那些刚从学校毕业出来的人，带着一种忐忑不宁的心情，跨进另一个环境，开始一种新的服务的尝试，这和以往他们所经过的生活，确是有着显然的区别。于是许多意料不到的问题，便会接踵着发生。作者曾滥竽于师范学校有年，根据平日和毕业生的谈话、通信以及自己浅薄的观察，觉得师范毕业生服务时所最易感受到的困难，综括起来，约有下列六种。

（一）学非所用

我提出这一点来似乎太严重，而且太使人震惊了。师范学校既然是培养师资的一个特殊机关，那么以一个师范毕业生去任小学教师正是适当，为什么还要说学非所用呢？但事实却不尽如人想。在学校中有许多功课花费了太多的时间而仅仅收到很少的效益的，譬如上教学法时讲了许多的教学原则，如经济的原则（教学时注意时间及金钱两方面的经济）、自由的原则（教学时尽量给儿童自由），以及统觉的原则（应用儿童的旧经验去阐发新知识）等等，其实等到真的一班小孩子已坐在面前的时候，你还能想着现在应该应用哪些原则，使教学法臻于完善吗？又如在师范学校中学习了几何三角，将来服务小学时简直一无应用的机会。又如在生物学课上，一条门德耳定律①，会讲上几个星期之久，而日常所见的动植物的名称和性质，反而从未提起。这些应用不到的课程和材料，却侵占了大部分的学习时间，实和从前欧洲各学校必须要学习拉丁文有同样的谬误。所以我觉得凡是小学中所应用不到的教材，在师范学校里尽可不必学习或是尽量的减少，而把大部分的时间去实地的试教。从做上面去学（learning by doing），才会获得种种活的知识和经验。心理学中有一条原则——现在所学习的，应该即是将来所应用的；否则迂回曲折，一定大不经济。我相信一个没有读过教育原理的人，倘若他教学的经验很丰富，他的教学法往往能暗中和书本上的原则相吻合。这也许是我个人的偏见，但我总以为至少实地教学的时间应该多于空谈理论。

① 即"孟德尔定律"，指遗传学中的两个基本定律——分离定律和自由组合定律。——编者注

可是在这盛行师范会考的当儿，学校正在缩短实习时间，停授技能科，竭力注重书本知识之不遑，要希望能提倡实习，恐怕不免有点困难吧！作者还有一个意见，以为师范学校的教师们，一直来都是在教师中讲解，甚至担任教学法的教师，亦只是在讲室里告诉学生教学时应有如何的态度，如何的姿势与声调，如何引起动机，如何各科联络，似乎都是空口说白话，不切实际。若能多有几次范教，使学生能实际体会到用怎样的方法有怎样的优点，那么，其教授所得到的效果，必能更胜一筹了。

（二）复式教学

复式教学在规模较大的学校，近来虽已罕见（以实验为目的的，自然不在此例），但是在范围比较小的学校或是在乡村中，这种制度仍是非常流行。复式教学本来就很不容易，何况叫一个刚毕业的师范生去担任呢！他们对于单式教学，尚且感到许多困难，一旦遇到复式，自然觉得更加棘手了。近来一般师范学校，对于复式教学的训练，似乎只看做一种附带的工作，毫不注重，甚至有许多师范毕业生根本对于复式教学就从未实习过，不知道应该如何教。试想他们遇到这样一无经验的事，又没有人在旁指导，除了尝试错误以外，还有什么方法呢？可是尝试错误是要从瞎摸中获得解决问题的法子，花的时间，一定很长久。他们觉得用这个方法不好，换一个方法还是不妥，于是就格外感到困难，甚至灰心失望。复式教学的困难点在于如何使工作与时间支配适当，以及如何使秩序安静。普通的复式常是两级合在一起的，常见有的复式教学，名为复式而实际等于两级各上了半节课。例如两级同上国语，教师对一级的儿童发问或是请他们讲解阅读，叫别一级儿童自己默读，过一会儿再互易。然而当儿童自己默读的时候，究竟是否真正在看呢！教师当然不能兼顾，就难免儿童心不在焉，甚至互相私语或是找一些别的东西在玩，因此反使秩序上发生了问题。也曾见有的复式教学，整个的一节课教师就只顾到了一级，例如教师只指导一级儿童的工作，而叫别一级的儿童抄一节书或习一张字。这样，儿童时间上的浪费，实在太多。至于复式教学中的单级教学，集合了几级程度年龄不同的儿童同时教学，其困难自更甚于两级的复式教学，一个师范学校的新毕业生当此，往往更是无所适从，但是谁又能担保他将来一定不会去担任这样的工作呢！我以为要免除这种困难，唯一的方法便是在校时预先注意到，多有复式教学实习的机会，而教师们对于这一点，也须有特别详尽的指导，切不可再当作一种无足重轻的附带工作了。每一个师范学校的附属小学，更应该特别设置一个单级复式，作为学生参观试教的场所。

（三）　不谙校务

师范生的实习，每是仅限于普通的教室试教，而忽略了校务。因此一个师范生毕业出去，常易遇着不会办理校务的困难。他们不会画统计的图表，不懂得如何写教育公文，不知道保管校具的妥善方法，不会编造预算和报销……于是当责任一落在他们肩上，便感到手足无措了；也许更因此留下一个不好的印象在同事间——没有干才。校务的处理从学校行政方面说起来，也是很重要的，而且小学不比中学或大学，很少有专任的职员，差不多每一个教师多少要分掌一些校务。甚至有许多师范毕业生不知如何训练儿童，如何处理学生间的纠纷，因袭着从前自己在小学时所身受的方法，随意应付一下。他们以为教师的责任只在教书，而不知还有更重大的任务要做，就是帮助儿童使有一正常的人格。因此我觉得这也是师范学校所应该注意的一件事：除了教学方面须有充分的实习外，校务和级务方面，也须有相当的练习。此外，近来凡是省立师范的附小或是各地的中心小学，多兼有试验研究的责任。可是一个实验，问题应该怎样定，手续应该怎样做，在师范学校里根本就没有学着过。有些教师因为被指定了要做实验，不得已自己买了些关于实验方法的书籍来看，什么单组法呀、等组法呀、轮组法呀，还有什么标准差啊、实验系数呀，真是闹得昏天黑地，莫名其妙。他们约略知道了一些皮毛，便率而从事，马上开始试验的工作，往往因手续不谨慎，致全部的价值，化为乌有。实验正和下棋一样，一着棋子下错，便会全盘皆输。因此我以为师范生在校里的时候，对于研究教育所必须用的工具——实验法、问卷法等——似乎也应该受到一些训练，有相当的认识，才不致白白花费许多时间精力去从事某种实验，而结果一无所获。

（四）　常识欠缺

要教儿童丝绸了，而教师自己还不懂得缫丝的方法；要教儿童大豆了，而教师自己尚不知豆腐的制法；要教儿童无线电了，而教师自己尚不明白收音机的装置；诸如此类，已成为一个极普遍的现象。小学校中对于常识科是极注重的，但教师本身所知道的太少，又不能将自己以前学过的一知半解的空论教儿童，教起来自然觉得很不容易了。但是常识浅薄是可以设法增加补充的。只要肯去学习，去参考，去请教旁人，困难的问题，便不难解决。有一位毕业同学告诉我，他常利用课余的时间，到各工厂去观察工匠的工作，因此学会了许多技能，例如做洋蜡烛呀、做粉笔呀、修理钟表呀、装置收音机呀，他自己做学生的时代，并不曾学习过，但是此刻都学会了。我认为这种进取的精神，是做教师的最正当的态度。可是等到下节要教了，此刻才忙着去请教人，看参考书，往往因为时间太局促的缘故，竟一些也不能找到。临渴掘井，本来是极不可靠的。倘若先时准备好了，就可以从容施教。所以最妥当的方法是在学期开始或假期内，预先编订一学期的教学纲要，照着纲要慢慢搜集，随时注意各种书籍、报章、杂志，这些在无形中都会给教师们以很大的帮助。

（五）分配时间

刚开始服务的小学教师，有的自觉已预备了充分的材料，但是立在教室中之后，一节课把所有预备着的讲完了，于是担忧着第二节还能讲些什么。有的惟恐材料不够，拖东拉西，拉杂地讲了一大堆，也不管所讲的是否必要或是否超出题外，结果觉得时间不够，教材赶不完了。有的定下一个刻板的预算，譬如一星期三节社会，两节讲，剩下的一节时间做笔记；可是有的教材实在是三节所不能结束的，有的则又无需这么长久的时间，于是勉强将长的缩短，短的拖长。这种不会分配时间的困难，固然是由于缺乏经验，不过也未始没有方法补救。只要在上课以前，把所预备的教材列一张教学过程表，哪些地方应该详细，哪些地方应该简略，哪些地方应该让儿童发表，照这教材的性质及范围，共需多少时间；这样，等到教起来的时候，虽不能与预定的时间完全一样，至少也不致相差很大吧。

（六）语言阻碍

有许多师范生只会讲本乡土话或是极不纯粹的国音，因此毕业后服务异地，就会遭遇到言语不通的困难。不仅如此，现在各小学中，政府虽无明令规定教学必须要说国音，但是提倡国音的空气，却已剧烈地激荡着了。所以师范生纵使在本乡服务，也必须要说国音，倘若各地的小学教师都沿用土话，那么，中国的语言，等到二三百年以后，一定仍和现在一样的复杂，语言的统一，岂不成为梦想？儿童时代的可塑性极大，容易学会一种语言；可是反过来说，倘若从小学错了，长大后，也就不易矫正。因此，若是教师的国音不纯粹，影响儿童，贻害匪浅！这是师范生必须会说流利的国音的原因。现在的师范学校对于国音训练，似乎还未十分注意。有的根本就没有国音这门功课，仅在课外组织一个国语研究会。靠这样随便的学习，自然不易学会。我以为此后师范学校，必须改弦易辙，对于国音的训练，特别地注意，使得每一个毕业生都能说流利的国语。这样，不但语言的困难，可以打破；国语统一的希望，也不难实现了。

以上的六种困难是初毕业的师范生所常遇到的。自然，根本的问题，还在于小学教师待遇的微薄和职业的不稳定。这个根本问题不解决，教学上的进步，几乎是不可能的。在这个年头，当一个小学教师，饭都吃不饱，怎样还能希望他们去努力改进？这，惟有请贤明的政府加以注意了。

师范教科书（正中书局）

《教育概论》　　　　吴俊升　王西征　编
《教育心理》　　　　沈有干　编
《小学教材及教学法》李清悚　编
《小学行政》　　　　沈子善　编
《教育测验与统计》　王书林　编
《幼儿教育》　　　　葛鲤庭　编
《民众教育》　　　　俞庆棠　编
《乡村师范》　　　　王仲和　编
《地方教育行政》　　夏承枫　编
《教育视导》　　　　周邦达　编

十三　特殊儿童的研究：适应困难的儿童*

（Phyllis Blanchard 原著，章颐年先生译述）

自从心理学家用科学的方法来研究儿童之后，关于儿童身心发展的材料，已经积得不少。尤其是情绪生长以及人格发展的研究，对于儿童适应困难的问题，最有关系。其实，现在的环境，异常复杂，要想处处能够适应，原不是一件容易的事。所以，有许多遗传的性质很好的人，因为所处的环境不适宜，因而不能养成适当的态度和人格的，又何尝是没有呢？

（一）适应的标准

第一，我们先得问普通儿童和问题儿童，有什么区别？我们只要到儿童行为诊察所（child guidance clinic）中，一查病人的情形，就可以知道这个区别是非常困难的。有许多被指为问题儿童的坏习惯和坏行为，在一般普通儿童中，也都会发现。所以拿坏习惯的有无来做能否适应的标准，只有一部分是对的。

其次，各人对于适应的标准，意见也不一致。例如教师往往认儿童在教室中不守秩序、不安本分是不能适应的表示。至于儿童性情孤独，不喜团体活动，时常独自幻想，白天做梦，这些现象，教师却以为比较的不甚严重。但在一班儿童行为诊察所的指导者看来，却认后者的严重性远过于前者。同样的，普通父母和心理卫生家对于适应两字的见解，也是彼此不同。

因此，我们可以这样断定：能适应和不能适应的儿童，仅是程度上的差别。我们对于每一个儿童，应该从他的年龄、智力、发展的历史和所处的环境上，仔细估量他们适应或不能适应的程度，再定处置或医治的方法。

---

*　原文出处：章颐年：《特殊儿童的研究：适应困难的儿童》，《儿童教育》1935 年第 6 期，第 183 ~ 188 页。

（二）　儿童犯罪

在 1909 年，美国芝加哥大学希利①（Healy）首先研究儿童犯罪的问题。此后，关于这方面的研究，风起云涌。儿童犯罪的原因，以前的研究者，大部认为是遗传的关系；可是到了最近，重心已经渐渐的移转到环境这边来了。

希利和布朗纳②两氏（Healy and Bronner）在美国研究的结果发现，家庭的流离、父母的疏忽、不适当的管理，以及不良同伴的影响，都是儿童行为不端的主要原因。伯特③（Burt）在英国的调查也发现相同的结果。他们都否认遗传是重要的因子。

贫穷对于儿童犯罪的影响，他们都认为不很重大。但是最近芝加哥大学所举行的社会调查，结果却与此相反。他们发现贫苦区域的儿童，犯罪的较多；而邻近区域，家庭经济宽裕的人家，儿童犯罪的却较少。芝加哥大学的调查，也重视同伴的影响。

最近的研究，并不表示智力欠缺或心理疾病和儿童犯罪有很大的关系。希利和布朗纳调查四千个儿童案件，其中只有 13.5% 是智力欠缺的。其他研究者，如伯特（Burt）、斯劳逊④（Slowson）等，也都承认儿童智力欠缺不是造成犯罪的重要原因。在成人的罪犯中，智力欠缺或精神异常的很多，但是在儿童罪犯中，显然不是如此。

有许多儿童犯罪，是因为心理冲突而起。例如偷窃的原因，也许是希望以此能引起他人对他的注意，以补偿他平时自卑的感觉而已。此外，还有许多儿童因某种欲望，受父母或社会的制裁，不能满足，于是故意发生一种不适当的行为，算是对父母或社会反抗的表示。

总之，现在研究儿童犯罪问题的人，都一致以为除少数例子以外，儿童犯罪，不能用智力欠缺或精神疾病来解释。不适宜的环境，显然是一个更重要的因子。

---

① 原文为"希来氏"，指美国精神病学家、犯罪心理学家希利（W. Healy, 1869 – 1963年）。——编者注
② 原文为"勃龙勒"，今译作"布朗纳"（A. F. Bronner），1936 年与希利一起提出情绪障碍犯罪论。——编者注
③ 原文为"勃脱"，今译作"伯特"。——编者注
④ 原文为"司劳孙"，今译作"斯劳逊"。——编者注

（三）儿童的重性精神病

重性精神病①，在美国的儿童中，还不很多，但人数有每年增加的趋势。马尔兹伯格②（Malzburg）统计美国全国各精神病院的报告显示，自从10岁到14岁的病人，年有增加：每十万个儿童中，有精神病的，1904年，平均有2.1人；1910年，3.6人；1922年，4.3人；1923年，3.9人；1924年，4.6人；1925年，6.4人；1926年，5.0人；1927年，5.2人；1928年，5.3人；1929年，3.4人；1930年，5.6人。除出1925年的突增加和1929年的锐减作为例外外，其余各年，多现逐渐增加的趋势。但是实际上在精神病院的儿童病人，数目并不很大。例如1922年，267617个病人中，年龄在10岁到14岁的，只有634人。又如1930年，纽约州收容的九千病人中，在15岁以下的，也只有57人。

儿童的精神病，有些由于身体上的疾病，例如梅毒、脑肿胀等，都有使儿童发生精神病的可能；有些是由于机能上的变态，例如早发性痴呆③（dementia praecox）、躁狂抑郁性精神病④（manic-depressive psychoses）等，都找不出机体上有什么两样。机能的精神病是一般精神病学家所注意的。他们对于这种毛病的看法，大概不外乎两派。

一派以心理分析派为代表，他们以为机能的精神病，都是由于情绪发展受阻的结果。譬如一孩心理上有了冲突，无法解决，他自然脱离现实的环境，逃遁到理想的世界中，去获得满足；或是他的一切行为，重又回返到婴孩时代的阶段，希望可以避免困难。心理分析家的研究，虽是以人为出发点，但是他们以为儿童的精神病，也可适用同样的解释。

另一派是以生物化学家班克罗夫特⑤（Bancroft）为代表。他以为机能的精神病，虽不能在病人的机体上发现病源，实是由于大脑神经细胞的胶质发生变化而起。虽然这些变化，我们还不能直接观察到，可是他已用间接的

---

① 译者按英文"psychoses"和"neuroses"两个名词，很难得确当的译名。有人把"psychoses"译作"精神病"，把"neuroses"译作"神经病"，似乎并不能表示二者的区别。其实，二者的区别在于程度上的不同。所以，译者暂译"psychoses"为"重性精神病"，"neuroses"为"轻性精神病"，这样似乎比较清楚。
② 原文为"梅姿堡"，今译作"马尔兹伯格"。——编者注
③ 原文为"少年痴"，今译作"早发性痴呆"。——编者注
④ 原文为"兴奋颓唐癫"，今译作"躁狂抑郁性精神病"。——编者注
⑤ 原文为"彭克劳夫氏"，今译作"班克罗夫特"。——编者注

实验，证明用药品使胶质起变化，可发生和机能精神病同样的病象。

这两大派的意见，究竟谁是谁非，至今未有定论。不过从理论上讲来，纵使胶质的变化可以证实和机能精神病有关，也必是心理变化的结果，不是心理变化的原因。

（四）儿童的轻性精神病

患轻性精神病①的儿童，自然比较患重性精神病的要来得多。但是因为病症既是轻微，往往容易被人疏忽，不送到医院去医治，所以病人的确实数目，也就比较的难以估计。

轻性精神病究竟指的是哪种毛病？艾萨克斯②（Issacs）以为应该包括反抗、顽强、吮指、咬指甲、饮食的吵闹、侵略、妒忌、怕羞、破坏、口吃、失眠、不惯独处、无谓的怕惧、噩梦以及过度手淫等等。艾氏又说：“在寻常的儿童，往往都有这些坏习惯，不过程度不深，所以时间不久，就会消减；至于程度较高需要医治或改善环境的，也是不少。”

查德威克③（Chadwick）却以为这些小孩时代的坏习惯，不能算作精神病，只有过度焦急、歇斯底里症④（hysteria）、神经衰弱、无谓的怕惧等等，才能算是轻性精神病的症状。

至于吮手指、手淫、饮食时的吵闹、遗尿等等，究竟应该被认为不良的习惯或是轻性精神病，各人的意见，还不一致。最近有许多儿童行为诊察所的人，以为这些习惯，如其存在的时间太久或是在不适当的年龄出现，都应被认为是一种毛病，不容忽视。

（五）教育的困难和言语的困难

自从各地儿童诊察所设立以来，十年之内，送到所里来诊治的儿童，除出犯罪、重性精神病和轻性精神病三种之外，还有两种不能适应环境的情况也很普遍，就是教育的困难和言语的困难。

有些儿童，感觉阅读非常困难。据费城儿童行为诊察所（Philadelphia Child Guidance Clinic）的研究，这种困难，并非由于儿童智力太低的缘故。

---

① 原文“neuroses”，请参看本节中关于“重性精神病”的脚注。
② 原文为“伊散克司”，今译作“艾萨克斯”。——编者注
③ 原文为“揩微克”，今译作“查德威克”或者“查德维克”。——编者注
④ 原文为“歇士得利亚病”，今译作“歇斯底里症”，又称“癔症”。——编者注

因阅读困难而到他们诊察所来医治的儿童，智商在 90 以下的只占 12%（智商在 70 以下的，一个没有），智商在 110 到 140 之间的也占 31%。所以阅读困难最大的原因，还在于情绪上过度的焦急。这些小孩，或是目力欠佳，或是耳力欠聪，因此学习根本上已有阻碍，过分的焦急，格外使阅读发生困难。他们没有勇气和毅力来胜过这种情绪的骚扰。儿童在小的时候，情绪上受了惊动，也容易影响到学习的能力。

讲到言语的困难，有些自然是基于生理上的原因，需要适当医生的治疗。但是费城儿童行为诊察所中，曾发现许多儿童，小时言语发展的情形，很是常态，到了 2 岁左右，便突然遇见困难：有的竟完全不能说话了；有的只能用几个简单的单字，始终不能再有进步了。这和从小不能说话或说话迟缓的，显然不同。用一种毋须言语回答的智力测验去测量他们的智力，这班儿童的智商，大约在 80 至 125。

这班儿童，除出言语有困难外，并且有反抗的态度。在诊察所中，指导者要用种种方法，才能得到他们的合作。他们游戏的时候，行为和很小的幼童无异。玩具一拿到手里，总是乱推乱掷，或是送到口中。从这方面看来，他们语言的困难，仅是全部情绪发展停顿过程中的一种表现而已。

再一检查这班儿童过去之历史，更可证明他们情绪发展的阻碍是事实。他们的父母，往往对他们有过度的爱惜和保护。一切的需要，都有父母会供给，不要自己费一点力。因此，他们的发展，自然被阻塞，不能前进。又因为父母管理得太严紧，所以就养成了他们反抗的态度。

医治的方法，就是要供给一种环境，让儿童能自由活动、自由游戏，激发他们的创造力，让他们有表现自己的机会。情绪发展的阻碍消灭之后，语言的能力，自亦不难恢复了。

（六）独养子的研究

儿童的适应困难，有些人以为和家庭大小及儿童的地位，都有关系。尤其是独养子，似乎最容易发生困难。但是调查统计的结果，不能证明这是事实。

华德（Ward）在儿童行为诊察所中，比较一百个独养子的病人和一百个有弟兄姊妹的病人，结果独养子并不表示有显著的差异。不过独养子的儿童中，犯说谎、偷窃、逃学等罪恶的较少，而有轻性精神病的征象的较多。

因此，独养子的适应，似乎并不比其他儿童来得困难。因为实际研究的结果发现，独养子适应困难的例子，并不多于有弟兄姊妹的儿童。但是独养子的困难，多倾向于轻性精神病方面，而少倾向于犯罪的方面，这结论似乎可以相信。

（七）儿童的治疗

治疗儿童行为的方法，有许多是借重儿童分析家研究的结果。例如在最近的儿童行为诊察所中，自由游戏就是一种最有价值的方法，因为儿童的情绪，因此可以得到发展的机会。但是有一点，儿童分析家和儿童训导家的意见不同。前者着重于儿童活动的解释，后者则重视活动本身。除儿童有时自己的说明外，指导者并不故意加以曲解。他们以为只要供给一种环境，让儿童能够自由活动，获得适应的经验，情绪便自会生长；倘能如此，目的已经达到，不必再加以主观的解释了。至于所谓儿童自由活动，并非说指导者对于儿童的游戏，可以全不顾问，不过是说让儿童在供给的材料或玩具中，随自己的意见去选择玩弄，指导者除非儿童请求一同游戏外，只需静立一旁观察，不必提供任何意见。但是指导者须控制活动的时间，勿令太长，同时须设法让儿童被抑压的情绪或欲望，从游戏的活动，得到发泄的出路；务须避免将本人作为儿童发泄情绪的对象。

医治儿童，固然供给适宜的环境是很重要的一件事；但是最近的见解，却认为儿童也应该有应付困难的经验。因为无论何人，在一生的历史中，绝不会毫无阻碍，那么应付困难环境的能力，自然应该从小就有养成的机会。

儿童分析家常叫儿童回想起以前的旧经验，他再从这些断断续续的材料中，发现不能适应的原因。但是许多儿童，多不愿意想到过去的冲突的。这种抵抗，尤其在指导者和儿童接触不久的时候，原不足怪，所以指导者尽可不必强迫儿童回忆过去的情形，只需让他们在活动中，得到发展的机会，那么已经获得治疗的价值了。

指导者对于儿童，虽须有了解的热心，但应保持冷淡的态度。指导者与儿童的关系，不可太亲密，庶几后来分离的时候，不致使儿童感受到非常的痛苦。

十四　慈幼教育：慈幼教育经验谈*

（一）介绍几种教养儿童成功的方法①

　　一个母亲在家中，教养两个小孩——一个5岁、一个3岁。她用的许多方法，大半是从培育院（nursery school）中效法得来的。

　　第一，小孩子无论做什么事，都不可催促他。他们不比得成人，不能赶着快做。所以一切都得按部就班，慢慢的做去。当要小孩子改变另一种活动的时候，还得让他们先有准备的时间，不可突然宣布"快点！""你看你是多么慢啊！"这些催促的口吻，结果常会使事体格外弄糟糕，真是无益而有害的。

　　儿童在家里，每日的生活，也应当和在培育院中一样，最好有一定的秩序。例如起床、早餐、大便等，都要有一定的时刻。上午十点钟，吃点心；可以吃些饼干橘子汁等等。这个茶点的时间，刚把一个上午分做两半部：十时以前，让小孩们做些户内活动，如剪贴、画图、堆积木或帮助整理房屋等工作；十时以后，可以从事户外的游戏，例如荡秋千、玩沙床等等，一直到吃午膳时为止。逢到雨天，不能到外面去，自然要全在室内了。

　　父母对儿童，要用积极的暗示，不用消极的命令，这也是应该注意的。譬如对小孩应该说"要怎样"，不说"不要怎样"。这看起来好像很简单，但是实行起来，却并不容易。当小孩拿着剪刀乱剪头发，或拿着铅笔乱涂墙壁的时候，做父母的与其高声大喊"不要剪头发！""不要涂墙壁！"不如因势利导，给他些图画剪剪，或给他些纸头画画，他们自然很快乐的忙着工作，不会再有那些无谓的动作发生了。

＊　原文出处：章颐年：《慈幼教育：慈幼教育经验谈》，《儿童教育》1935年第6/7期，第55～58页。

①　参考美国《父母杂志》，1934年9月、11月、12月出版的。

一个有经验的教师，只有在需要的时候，才帮助儿童。平时只让儿童自由活动，自己做些穿衣、吃饭、着鞋袜的工作，大人不去干涉。这样，他们才可以获得真真有用的习惯和经验。

两个小孩的年龄，既然一大一小，相差两岁，在家庭中养育，有一点须得留意。年龄大些的，往往凭借他的力气和经验，事事占先，结果养成强横侵略的态度；而年龄小的，也因此变成萎靡不振。在培育院中，儿童较多，各人可以找年龄相仿的小朋友在一起玩耍，就可免除这种缺憾了。

但是，与其说为着小孩的幸福，必须要进培育院，那真要使一班进不起培育院的家庭，望洋兴叹。其实，根据作者的经验，只要做母亲的能够处处留意的话，小孩子在家庭中教养大来，可以和进培育院一样的来得有效。

（二）怎样使儿童的身体适于学校

学校是一个儿童乐园。每一个好教师都应该竭力想法使儿童到学校来得到愉快的经验。但是每年总有成千成万的儿童，因进学校而感觉到失望、消极，或甚至于养成反抗的态度。他们的成绩，总是很低，并且有一大部分是要留级的。留级这回事，不但对于学生个人是很大的牺牲；就是对于学校和社会，也很不经济。精密调查的结果发现，这些儿童的失败，十分之九要归因于他们身体的不适宜。身体有疾病或缺陷的儿童，当然不能和身体健全的儿童相竞争。所以做父母或教师的，当他们的儿童开始进学校或回到学校来的时候，先注意他们的身体是否适宜于学校的工作，实在是一种很重要的责任。

学校中的儿童，视力不健全的最多。去年（1933 年）纽约城中 244964 个小学生检查的结果，有 27662 个的眼睛是有病的。其中 21285 个小朋友已经配上了眼镜，可是剩下的 6000 个小朋友，因为种种的原因，仍然在那里受苦——黑板上的字，他们看不见；书本上的字，他们也看不清楚。此不过单就纽约一处而言，其他各城的情形，自也不难想见。目力紧张过度，往往会产生精神失常、神经过敏、不注意、不快乐等等现象。罗丁[①]（Frank Rodin）博士也曾说过："不好的视觉，结果会使智力迟钝、养成自卑情结[②]（inferiority complex）；甚至许多少年的罪恶，也因此发生。"其实这些都是

[①]　原文为"罗廷"，今译作"罗丁"。——编者注
[②]　原文为"次等感觉"，实指"自卑情结"。——编者注

缺少了适当的医治和一副适当的眼镜所造成的啊！

有许多父母，还有一种错误的见解，以为戴了眼镜，有损容貌，所以不愿他们的子女戴眼镜。殊不知眼睛近视或散光的儿童，如不戴眼镜，日久之后，会变得双眉紧蹙或背骨弯曲，反而在身体上永远留下了缺陷。

美国全国的小学生，听觉有疾病的，据可靠的调查，约占 15%。这些耳聋的小朋友，说起来实在可怜得很，他们自己往往不知道自己有毛病，他们的父母和教师，也大半都不会觉察。因此他们的成绩不及其他儿童，往往归咎于他们的愚笨和不用心，岂不冤枉之至！

许多耳病，都因幼时鼻孔、喉头、耳喉管或中耳发炎所致。及时医治，还能恢复原状；否则便成不治之症，变为终身的遗憾！

儿童的鼻孔闭塞，用口呼吸，也可造成耳聋和其他疾病，幸勿因其轻微而忽之！

此外如心脏病、肺病等等，也都由于少时疏忽而起。所以儿童一有疾病，应该立刻请医生医治，不可拖延。及早的注意和治疗，往往可以避免病势变为复杂，如等到根深蒂固的时候，医治便不易了。

美国全国父母教师联合会（national congress of parents and Teachers）最近每年举行一种夏季巡回视察团（summer roanbuq），乘学校未曾开学之先，分赴各地，检查儿童的身体是否康健。这种运动的目的，是在使学校所招收的新生，个个都可以不受身体或心理疾病的骚扰。施行以来，已经得到很好的效果了。

最重要的关键，还要看家庭能否合作。父母之中，肯听从医生的指导，医治他们子女的疾病的，固然很多；可是"言者谆谆，听者藐藐"，置医生的劝告于不顾的，也是不少。所以如何可以得到父母的合作，实在是一个很严重的问题，值得大家考虑的。

（三）怎样帮助子女接交朋友

儿童需要有和他年龄能力相仿的小朋友，在一起游戏。这是一件必要的事，对于人格的发展，很有裨益。小孩子的情绪，从小就不应和父母或家庭中的兄弟姊妹，联结得太坚固，须另转向朋友中去找出路，后来才可得到正常康健的生活。所以父母应该供给种种机会，使他们的子女能够获得年龄相当的朋友。假如遇见有儿童团体活动的机会，如郊游、童子军、夏令营等，父母更应该鼓励他们的子女去参加。因为在团体接触之中，是最容易得到朋友的。

　　还有一点可以注意的，就是父母不必替子女去选择他们的同伴。哪些人可以做朋友，哪些人不可以做朋友，这个问题，小孩子自己会解决，不劳父母费心的。因为需要怎样的朋友，只有各人自己认识得最清楚。父母代谋，往往是隔靴搔痒，劳而无功。即使他们所交的朋友，在你的眼光看来，认为是些坏胚子，只要你对于你的子女，表示有深切的信任，而且很诚恳的使他们知道，那么，朋友的坏样子，也不致会有什么影响。大概小孩子的一切行为，都是合着别人的希望的；他所以如此做，就是因为有人要他如此做，做了可以得到称赞。所以假如他知道有人信托他，知道旁人如何希望他，自然不会去学朋友的坏样了。而且，朋友的坏习惯，假使为大家所不齿，更可因此明白这种行为的不应当。自己的判断，效力是最大的。这样一来，虽然交的朋友不好，对于儿童本身，岂不是反而有益吗？所以有些父母以为交无益的朋友，不如没有朋友，实在是一种错误的见解。希望儿童有正常的发展，后来能够适应环境，相当的朋友是万不可少的。所以我们不妨改为这样的口气，说：小孩子有任何朋友，无论是好的还是坏的，总要比没有朋友的危险性来得小些。

十五　问题儿童的心理卫生[*]

办理小学教育的人们，谁不承认教务方面，在近几年已经有了显著的进步：无论课程、教材、教法，以及成绩的考查等等，都要比以前长进。至于学校中的训育，却总是失败，并不见得有何成效。每个学校常有无数成问题的儿童，使得级任教师和学校当局皱眉束手。这些儿童或是倔强不堪，或是性情怪僻，或是时常逃学，或是屡次偷窃，纵使教师给他们极严厉的惩罚，也仍是无济于事，不能使他们的行为有丝毫的改变。但是这些儿童，难道真的就不可造就吗？不，决不！儿童无论怎样不好的行为，都可以加以矫正的。世界上决没有教不好的儿童。我们深信"教不好"就表示教育的失败。但是教师对于问题儿童的处置，如其要想有效，先得有一个确切的认识：这些儿童决不是有意和学校捣乱，也不是存心和教师反抗，他们是环境中的牺牲者！他们的问题，并不是生来就有的，完全是被不幸的家庭、学校或社会所造成，所以过失并不在儿童本身，应该由环境来负全部的责任。因此，惟有分析原因，改良环境，才是最有效的根本办法。若是做教师的不此之图，而只知一味地利用教师的地位，意气用事，威吓、辱骂或殴打，结果岂但是无效，而且反足以增加问题的严重性。

教师处置问题儿童，应该认清症状和原因的分别。一个儿童时常逃学，我们认为成问题；一个儿童胆小畏羞，我们也认为成问题。但是这些问题，不过是表面的症状，它们的后面都隐伏着不同的原因。假如没有能把成问题的原因去掉，而注意到表面的症状，希冀用刑罚来消灭它们，结果一定是徒劳的。不问原因的处置常是无效的处置。所以教师遇到了逃学或畏羞的儿童，应该先问：他为什么逃学？或是他为什么畏羞？逃学的原因很多：有的因为教材枯燥不合兴趣而逃学；有的因为教师过严怕受责备而逃学；有的因

---

* 原文出处：章颐年：《问题儿童的心理卫生》，《心理季刊》1936 年第 1 期，第 43～59 页。

为同伴引诱结队游戏而逃学；也有的因为家庭多故、情绪冲突而逃学。同样的，儿童畏羞，也有许多不同的原因。我们必须先明了了根本的原因，设法救济，才能得到最大的效果；否则原因不除，一种症状，消灭之后，接着另一种症状又会发生出来，使得教师疲于应付。单单注意症状，只是治标；研究原因，才是治本。教师不是审判官，他的责任并不在消极地给儿童以刑罚，乃在去除问题的原因，积极地帮助儿童，恢复他们的适应。

治本的工作原比治标来得困难，所以发现原因也就不是一件简单的事。人们行为的形成，受他全部生活的影响。学校仅占据了儿童一部分的生活时间；大部分的时间，他们是在学校以外的。所以一个教师研究儿童的行为问题，除去了须明了儿童的学校环境以外，还须跑出学校大门以外，观察他们的家庭状况和社会环境，有无可以造成问题的因子。而且儿童行为上的问题，背后常有无数若干的因子，并不只是简单的一个。所以应该把他们的全部生活，加以精密的分析，发现有关的许多因子，逐一地设法排除。必须要如此，教师对于儿童的问题，才有实际的帮助。

先讲家庭。儿童的家庭影响他们行为的势力最大。儿童从小在家庭中养育大来，所以有许多不良的习惯，在未进学校之先早已养成。社会上一般做父母的人，常常缺少做父母的技能和知识。他们不知道对待子女应该有什么态度，也不知道应付子女应该用什么方法。做父母的往往以为自己是长辈，子女是小辈，小辈对于长辈的命令，不管对不对，都应该绝对服从，不得有丝毫反抗。他们处处用着高压的手段，强迫儿童遵照他们的说话。但是结果怎样呢？这种蛮不讲理的方法，不但不能使儿童的性情格外和顺，反而相反地，养成了他们故意反抗的习惯。父母专断得愈厉害，儿童反抗得也愈剧烈。这些儿童进了学校之后，不用说，一定是批不守规则的倔强分子。但是过失岂是在他们本身呢？还有些父母，待遇子女有偏心：或是喜欢弟弟，不爱哥哥；或是喜欢哥哥，不理弟弟；更有的重男轻女，儿子可以享有种种特权，仿佛是天之骄子，而女儿却完全置诸不顾；也有的重女轻男，女儿打扮得和小天使一样，有求必应，而儿子却一言一动，都会听到父母的骂声。得宠的一个，在家里娇养惯了，脾气暴躁，唯我独尊，进了学校，自然会常和同学冲突；失宠的一个，觉得父母的处置不公平，也自然养成了妒忌仇恨的态度，所以他在学校里的行为，便会处处表现着浓厚的妒忌和仇恨的色彩。但是过失又岂是在他们本身呢？还有些家庭，父母之间不时冲突，家庭中满布着阴霾不和的空气。儿童在这种环境里，不但情绪时时紧张，并且得不到父母爱情的安慰，缺少安全的保障。这些儿童进了学校，也无疑地会发生行为上的问题的。但是，我们可以说这是他们自己的过失吗？还有些父母，因为经济的关系，都在外面工作，维持生活，便管不到子女的教养，因此，孩子们便整天地在街头流浪，和不良的同伴为伍，共同去干那不道德的事体——偷盗、手淫、赌博等等。但是这些过失，又岂是他们生来就有的呢？总之，学校中的问题儿童，有一部分的原因，是基于他们家庭的不良和父母教养的不当。

其次，要说到学校。学校对于儿童行为的影响也不小。现在社会上固然有许多不懂得做父母的父母，但是也有许多不懂得做教师的教师。家庭教养的结果，已经造成了不少问题儿童；学校中的一切设施，又岂能都合乎理想？很不幸地，现在许多学校不但不能消灭儿童在家庭中所养成的问题，反而使没有问题的儿童也变成了问题。这岂不是一件值得注意之事！专断的教师，正和专断的父母一样地普遍。他们从不和儿童讲理，他们只知强迫儿童服从。儿童坐在教室里，身体要挺直，两脚要并拢，两眼要向前；不准动，更不准讲话。教师叫你做什么，你便得做什么；他叫你怎样做，你便得那样做。在这里，儿童没有自由，没有创造，只有服从。教师已经把军队里的训练方法，搬到学校里来了。教师的说话便是真理，不许发生疑问，否则就违反了纪律，应该受严重的处罚。这样独裁式的训练，不是在现在的小学中很流行吗？但是专断的结果，不但压没了儿童的个性，反而会使他们积极地反抗一切权威，或是消极地逃避现实，在想象中去获得满足。这两种方式都成为行为上重要的问题。还有些教师，常叫儿童做超于能力的工作。他们指定的工作，不是太难，便是太多。他们把儿童当作了成人看待，以为自己能够做的，儿童也一定能够做。假如儿童做不来，或者做不好，便归罪到他们的懒惰和不努力；接着斥骂和讥笑，就会降到他们的身上。儿童遭遇了几度的失败，便丧失了自信力，以后纵使遇到能力所及的工作，也没有勇气去尝试。也有些儿童，因为功课方面不及别人，不能和其他儿童相竞争，于是就格外会吵会闹，希望在捣乱的一方面，胜人一筹，可以引起别人的注意。"不能流芳百世，亦当遗臭万年。"儿童向来把这两句话奉为圭臬的。和这相反的一端，就是教师所用的教材有时太浅，或是指定的工作太容易。教师所讲的，是儿童早已知道的。世界上最枯燥无味的，莫如听人家讲自己已经知道的事体。世界上最单调无聊的，也莫如做丝毫不费心思的工作。因此，上课的时候，儿童的注意自然移向别方面，不能集中在教师的说话上。他们或者互抛纸团，或者互相谈话，扰乱了教室的秩序。最不幸的是有些教师，自己的行为上先有了问题。他们常是意气用事，不是和同事吵闹，便是拿学生出气，譬如一个儿童偶而不听说话，他们不去研究他为什么不听说话的原因，只是当着许多人面前，凶凶地把他斥骂一顿。结果一定只能助长他更不听说话。所以往往有一个极普通极微细的问题，因为教师应付不当的缘故，反而变为严重。汤姆[①]（D. A. Thom）说过："问题儿童是问题的父母所造成的。"我们也可以接着说一句："问题儿童是问题的教师所造成的。"但是，儿童行为上发生了问题，教师总怪他们的家庭不好，或是所交的朋友不好，却从不曾想到自己也得负一部分的责任。教师不反省自己的过失，反而责罚无辜的学生，世界上还有什么事体比这件更不平更冤枉呢？

第三，要说到社会环境和儿童行为的关系。有些地方没有正当游戏的场所，于是儿童就把精力用在不正当的娱乐上。有些地方是罪犯集中的区域，于是儿童也容易在不知不觉之中，受其影响。更有些地方，社会的道德标准，定得太严，个人的欲望，处处受到压抑和束缚，无从发泄，结果也会使儿童的行为失常，发生人格上的问题。所以训导儿童的教师，如其要想对于儿童的行为有所改变，那么儿童的社会环境是必须加以考虑的。

确实地，现在学校中，问题儿童很多。但是怎样的儿童才算是成问题的？问题儿童和非问题儿童的区别在哪里？其中实在没有明确的界限。每个儿童，都多少有点问题，不过程度轻重不同而已。而且对于问题儿童的标准，普通教师和心理卫生家的见解也不同。一个儿童违犯了传统的道德，破坏了学校的规则，或是扰乱了课室的秩序，从教师的眼光看来，他便成为最严重的问题。总之凡是侵略的行为，教师都认为是成问题的。至于退缩、畏羞、孤僻，或时常幻想的儿童，教师不但不认为成问题，反而常称他们为模范学生。但心理卫生家的观点，却正好与此相反。这些"与人无争"的"好学生"，问题的严重，要远过于那些好动好闹的儿童。教师是从成人的立场来观察问题，心理卫生家却从儿童的立场出发。所以教师只注意"有"问题的儿童，心理卫生家却注意"成"问题的儿童。这是他们见解不同的基本原因。传统的教师都以为他们的最大责任，在于维持教室内的秩序。这是公安局警察的态度，实在不足为训的。一个贤明的教师有更重要的工作要做，他应该从儿童的利益上着想，帮助他们发展成健全适应的分子。

---

① 原文为"韬姆"，今译作"汤姆"。——编者注

　　总括起来，任何问题儿童，都可以——并且应该——加以改善的。儿童行为发生问题的原因，非常复杂：有的由于家庭的过失，有的由于学校的过失，也有的由于社会的过失。做老师的必须先从这三方面加以研究，明了了他们成问题的原因，然后才能作有效的处置。假如不顾原因，单想用责骂和恐吓来改进儿童的行为，结果的失败，是可以断言的！

　　问题儿童是问题父母所造成的！——汤姆（Thom）

十六　日常生活中心理现象的解释[*]

本会汇编

编者按：本文的目的是把日常生活中的心理现象，加以学理上的解释，祛除许多无谓的疑虑或迷信。本文材料的来源，一方面由编者设法搜集，另一方面读者也可以来函讯问，然后再由编者商请本会会员或其他心理学专家加以解释。

（一）伤风的时候何以胃口不好？

这几天的天气，真是容易生病：忽然冷起来，穿了夹袍还不够；忽然热起来，穿件单衫还嫌热。在一两天之内，温度的上落，竟可以达到一二十度。这种瞬息万变的气候，假使我们稍为大意一点，就会染到伤风。伤风的时候，胃口大减，吃菜没有味道。有许多菜蔬，都好像已经失去了原来的滋味一样。这是什么缘故？伤风为什么会影响到味觉？

嗅觉和味觉最有关系。它们时常相混，辨不清楚。大半的肉类和蔬菜是无味的。我们都误把"气味"当做"滋味"了！所以许多"味觉"，其实并非真正的味觉，乃是嗅觉之误。倘如你把鼻孔塞住。并且停止呼吸，放一片苹果或香蕉在嘴里嚼嚼看，就好像是在嚼棉花，一点也吃不出苹果或香蕉的味道。我们吃饭的时候，有时菜冷了，总要重新放在锅子中去热一下，因为我们觉得冷菜的味道总不及烧热的菜蔬来得好。这也正因为热菜的气味浓郁，因此影响到了味觉，并非热菜和冷菜的滋味有什么不同。人在伤风的时候，黏液塞住了鼻孔，嗅不见气味，所以各种菜蔬的味道也就大减，那么，伤风所影响的究竟是嗅觉还是味觉呢？

＊　原文出处：章颐年：《日常生活中心理现象的解释》，《心理季刊》1936 年第 1 期，第 107～134 页。

自然，只有性质相似的两种感觉，才会相混。再不会有人把颜色当作了声音的！在这儿，我们可以看出嗅觉和味觉的关系。【年】

（二）"这是我亲眼目睹的！"

我们常常听到这样的说话："这是我亲眼目睹的，哪里会错！"自然，"目睹"总要比"耳闻"来得真切。但是亲眼目睹的事体就一定有百分之百的可靠吗？

第一，人的眼睛的构造，虽然比较耳朵鼻子要进步、要精密，但是也仍旧不很靠得住。不用说那些近眼、远视、散光、色盲等等的人，因为眼睛有缺陷，很难看见事实的真相，就使两眼完美无疵的人，也何尝不常常看错？颜色最不容易看得准确，尤其在光线不很明亮的地方或灯光之下，颜色常会被看错的。凡是曾在黑暗的布店中买过衣料的人，必定有过这种经验。距离的远近，物体的大小，速度的快慢，也不容易看得准。我们在雨后望远山，觉得会比在雨前近得多。月亮的大小，也是各人所见不同：有的说月亮和水缸口一样大；有的说月亮和茶杯口一样小。我们站在铁道的一头，望着远远开来的火车，好像开得和虫爬一样的慢，火车实际的速度果真是这样慢吗？

有人做过这样一个试验：在一张纸片上涂了五十个黑点，给许多人看后，叫他们估计黑点的数目，答案是从二十五点到二百点。当纸片上的黑点是二十点的时候，各人答案的差异，就从十点到七十点。因此，当我们在戏院散后估计当时看客的人数，或是从运动场出来，估计观众的数目，也一定容易犯同样的错误。

其次，我们的记忆也是靠不住的。往往我们看见的是一种情形，后来记起来的又是一种情形。但是记忆的错误，自己是不觉得的。所以我们在事隔多日以后，再回想一件目睹的经验，实际所记起的，已经和真相差得很远，而自己仍以为是千真万确的事实；固执地说："这是我亲眼目睹的，哪里会错！"这种例子，实在是不胜枚举！

"亲眼目睹"自然有它的价值，可是我们常把它的价值看得过高。我们应当知道：报告一件亲眼目睹的事实，不一定是百分之百的可靠呀！【年】

（三）睡和醒的区别在哪里？

睡眠虽然是人人都有的经验，但是关于睡眠的科学研究，到现在还不很多。不讲别的，单是"睡和醒的区别在哪里"这个问题，就不很容易回答。

有人说："睡着的人眼睛是闭的，醒的人眼睛是开的。"这个区别显然是不对，因为盲人在醒的时候也闭着眼，有些人在睡着的时候，眼睛却张得很大。又有人说："睡着的人没有感觉。醒的人是有感觉的"这个区别也不对。很微的声音，睡着的人自然听不见；可是一个强烈的声音，就可把睡着的人吵醒过来。又有人说："睡着的人没有知觉，醒的人却有知觉。"这个区别仍旧是不对。我们只要看一个睡着的人，虽然睡在一张很狭的床上，但总不会翻到地下去。假如他不是睡着的时候有知觉的话，何以他不会翻下床来？又有人说："醒的人能够思想，睡着的人思想是停止的。"但是我们睡着的时候时常做梦，梦也不是大脑的活动吗？和思想又有什么分别？那么，拿思想来做醒和睡的标准又是不对的了。也有人说："醒的人身体可以自由活动，睡着的人却不会动的。"这个区别更不对。人在睡着的时候，身体时时转动。据约翰逊①（Johnson）的研究，一个健康的人，在睡眠中，平均十二分钟身体转动一次。换句话说，就是一小时动五次。还有人说："睡和醒的区别，就在能不能讲话上：只有醒的人才会说话。"这个区别和以前几个一样的不妥。睡着说梦话的人着实多着呢！

那么，睡和醒的区别究竟在哪里？我们只能说：睡和醒没有截然的界限，只有程度上的不同。人们一切的感觉、知觉、思想、动作等等，在睡着的时候，并不是完全停止，不过都减到了最低的程度。【年】

（四）无

……

（五）无

……

（六）无

……

（七）疲倦引起些什么？

人类的神经系统是不很容易疲倦的，通常的疲倦都是来自身体上的。我

---

① 原文为"约翰生"，今译作"约翰逊"。——编者注

们一天到晚的工作着，使机体里的精力耗损，使疲劳的化学物质堆积在血液里面，因此，我们就产生了疲倦的感觉。

疲倦的觉知，对于我们有极大的益处，但也有极大的害处。益处是疲倦乃一种要求休息的讯号，害处是疲倦会引起烦躁的情绪，而酿成不幸的事件。

疲倦可说是一声警钟，当它来侵袭的时候，我们便须准备休息，休息并非投降，实在是长期抵抗上必需的养精蓄锐；等到一觉醒来，疲倦的敌人全数退去，只留我一人独自把持这意识界，岂非就是胜利！我们试设想，人类如果没有了疲倦的感觉，便永远工作下去，直到我们的机体损毁而后止，这岂不是危险？

有时候，神经系里也会发出一声欺骗的讯号，你的身体并没有十分疲倦，而它却偏来一个疲倦的报告。这是靠不住的，不是真正的疲倦。假疲倦往往是一种初期的病态，会引进许多神经衰弱和歇斯的亚里①的精神病来，我们必须小心提防着。

疲倦在另一方面，可说是一种不幸的开端。好多家庭的不睦，情人的冲突，婚姻的决裂，营业的失利，都是在疲倦中牺牲了的。丈夫公毕返家的时候，劳动者散工出厂的时候，一样是疲倦了的。所以丈夫便和妻子吵闹起来了，而劳工们便在自己的伙伴中间打架起来了。

疲倦可以引起忿怒和烦恼，而会酿成种种无价值的不幸事件，这是一定不变的真理。

有些人以为烦恼心境的触动和不幸事件的发生，都有一定的时间。火车脱班，在下午四点钟到七点钟之间的较任何其他时间为多，汽车的肇祸以傍晚的居多，这是因为司机人疲倦的缘故。据律师说，离婚的起点多半起于晚间到天亮以前的纠纷。工厂中工人受伤的时间也以将近散工的时候最多。甚至说亨利八世杀死他不服从的后妃是在早上六点半钟的时候；而拿破仑的失败也是在晚上七点钟。凡此种种，都可以提出作为疲倦警告我们的根据。

一般人疲倦的产生是差不多的。但也有些人有特别强健的身体，他们抵抗疲倦的能力要比一般人强得多。在从前有爱迪生②（Edison）的短时间睡觉，在现时代有许多探险家，以及世运会中万公尺赛跑胜利的选手们。

---

① 指"歇斯底里症"，又称"癔症"。——编者注
② 原文为"安迪生"，今译作"爱迪生"。——编者注

常语说："健全的精神寓于健全的身体。"在这疲倦的解释上也是一样的，身体健全的人终比身体不健全的人，容易抵抗些。心理上的现象，往往是建筑在生理上的。所以，我们要延缓疲倦敌人的侵袭，使我们多留些时间生活在清醒的意识界里，便得先从身体的锻炼上开始！

（八）一心可以两用吗？

一个人是否可以同时做两件事？很多的人都回答是可以的。你不看见有人能一边奏钢琴一边和别人谈话吗？但是他所奏的曲子，也许已经练习得很纯熟，变成了习惯，弹的时候，可以毋须注意。正好像我们走路是不须注意的，所以我们能够一边走路一边谈话一样。或者，他和别人的谈话是"今天天气好，哈哈哈"这一类毋须思想的说话，正好像我们哼一个唱熟的歌曲，是不必思想的，所以我们能够一边做算学题目一边嘴里哼着"杨延辉"一样。这两者之间，他必居其一，假使他所奏的是生曲子，和别人谈的又是十分重要的事。这时，这两件事情，一定不能同时进行。他必须暂时停止奏琴，专和旁边的人讲话；或者等奏完了琴，再和别人慢慢的谈。

据说从前拿破仑曾同时能够指挥十二个书记，听他的口述，写十二种不同的档。又如我国有位象棋名手谢侠逊，同时能和十几个人对着。他们是在同一个时候做两件事吗？严格的说起来，不是的。因为拿破仑曾指挥十二个书记写信是一个一个来的。他只有一张嘴，没有十二张嘴，同时只能向一个书记讲要写的说话。他的工作，是在这十二个人中，循环往复，并不是同时做十二种不同的工作。同样的，谢侠逊的下棋，也是先对付一个，再对付第二个，然后再对付其他，在时间上是有先后的。他没有三头六臂，怎么能同时走十二只棋子呢？

有人做过这样一个实验，他一边做算学，一边听人讲故事。做算学自然是要思想的；但是他对于故事，也得细心的听。他的注意，少不得在这种工作之间，移来移去。结果是两败俱伤，算学做错的很多；而听到的故事，又不完全，有许多牵强附会的地方。

因此，我们要想工作效率高，同时却不可做两件事，分散我们的注意。假使有好几件事要做，我们最好一件一件的来，先把注意集中在一件工作上，等到完毕之后，再去做别的一件事。若是同时想做两件事，结果一定是顾此失彼，两面不讨好。

请大家把"一心不能二用"这句话，放在座右，作为做事的标准。

（九）卸下你的"颜色眼镜"！

有些自作聪明的人，明明自己戴上了有颜色的眼镜，还偏说人家的不是。这因为一般的人，对于他平日生活经验中的各种事物，大抵早有了信仰，以后再去思索再去怀疑的机会是很少的。因此，他们所唤起的事物，不单是事物的本身，更附带着他们对于这个事物的情感，这就是戴上了他们的"颜色眼镜"，也就是通过了他们的"成见"！

由迷信而生的成见，可说是成见中的最低一级。西洋人传统，他以为十三号和星期五都是不吉利的，他们不敢住在第十三号的房间，教室里的十三号座位自然是空着的；他们不敢在礼拜五那天出发旅行，礼拜五的宴会自然是不常有的。中国人的迷信更多，彗星是灾殃的预兆啦，男人不能在晒着的裤下穿过啦，不能咒骂天神啦，诸如此类，宗教命相以及鬼怪等等的信仰，在中国可说最是大众化的。

由迷信而来的成见是集体的成见，多数是前人遗留下来的。有些时候，各人还有各人特殊的成见。我们对于自己爱好的人，以为他的一切都是好的；对于自己憎恨的人，以为他的一切都是坏的。意大利人以为墨索里尼总是对的，国社党员何尝不以为希特勒①总是对的！这些都是蒙上了情感的色彩。

科学家、教育家以及一切的专家，往往也有他们的成见。桑代克一般人对于教育的意见，老是根据心理学的见地；杜威一般人对于教育的意见，则完全以社会学为立场，这是现成的例子。专家们往往采用恰合自己的见解，去观察去研究甚至于去解释一切的事物，所以许多学术争论经过几世纪还没有得到一个解决。

世界上的一切事物，往往可以从多方面去观察的。关于这一点，在社会学的研究里比在科学的研究里格外显著。社会问题的各种学说，很明显地代表着各层阶级的利益。或许有人要提出：哪一种主张最能为大多数被压迫人民着想的，那便是真理！固然，我们不否认真理的存在，然而一种最能为大多数被压迫人民着想的学说，正因为它处处只为这些被压迫的人民着想，其本身也可说是一种成见。

---

① 原文为"希脱勒"，指阿道夫·希特勒。——编者注

此外，各家哲学的见地，可说是一些最深的成见！

成见在日常生活中的危害极大：法官有了成见，便得不到正确的审判；学术家有了成见，便吸收不到新的学说；行政人员有了成见，便不能够增进他们的工作效率；教师有了成见，危害不单在他一个人，而更及于无量数的宝贵的青年。

心理卫生的工作者固然可以帮助你祛除这些无谓的成见，但是他们只能介绍你几种方法，祛除的本身还须靠你自己的努力。多多地获得各种学科的知识，大概是消灭由迷信而来的成见的不二法门。对于事物有了细微的观察，才有正确的判断，这可说是抑制由于情感而来成见的一种方法。学术家必须有一种怀疑的态度，探究人家的思想，不轻易相信或发表自己的意见，那么才能获得进步。非左即右的态度是最要不得的，因为正确的信仰必须依靠正确的了解。

一个有了成见的人，人家轻微地恭维你一声是"戴上了颜色眼镜"！不客气地说一声是"顽固"！是"执拗"！如果你怕受这些罪名，那么上述的建议，也许可以帮助你卸下这副"颜色眼镜"了！

（十）　如何挽救你的失眠

前些日子，有位努力文艺写作的同学 X 君，和我谈起这样一段话：他近来患着失眠，初睡的时候倒还安静，以后便会胡思乱想起来，如是直到天明，才得把一场风波收拾起来，再睡上二三小时，便得起身上课，所以白天里总是觉得非常疲倦的。

患失眠的人往往有一个最要不得的观念，就是"担心失眠"，以为失眠是一个严重的症状。人类有一种不容易自己抑制的作用，就是你把一桩事情想得愈深，便会自然而然的做出这个动作来。失眠的人，每在睡时担心自己的失眠，结果便真的会失眠起来了——你的观念变做了你的动作。

有些人一犯了失眠，便去翻阅报纸上的医药专刊和广告，看有没有适当的药品可以拿来治疗。种种出售药品的广告或宣传文字，总免不了把这药品所能治的病症说得危险一些，才显得出它的效力。你愈多看这种广告和文字，你便愈担心你的病症，结果使你的失眠格外加深了。虽说有些有效的药品，常被医生所采用，但这种药品只有临时减少神经活动的作用。如果多用而成为习惯，那么待你顺应以后，结果还是得不到根本的解决。

有些医师编著的书籍，也许会告诉你许多生理的疗法，比如枕头高一点啦，临睡时用热水濯足啦，临睡前不可用思想啦，临睡前最好吃一些流质的食物啦，不可喝茶、咖啡或可可等刺激性的东西啦，白天要多多作肌肉劳动啦。这些建议，无非是使你血液流向下身，减少你脑部的活动，有时候也有一些功用的。

不过，有些人对于以上的方法全不见一些功用，他们依着做了，结果还是失眠。本来，据许多专家的研究，人类的神经是很难产生疲倦的。当你睡的时候，身体虽然十分疲倦，你的神经并不会因此疲乏起来。它好像变做了脱离你的一个整体，独自在那儿翻风作浪。所以在事先过度的担心和害怕固然是要不得，在当时没有抑制的自信力也是不易奏效的。

现在社会的情形复杂，使人们的生活变化得太快，所以失眠症在都市里极为普遍。我们常听见人谈及沉闷、厌倦、心神不定、失眠、忧郁、身体疲倦、感觉过敏、神经衰弱等等，这些现象常常联系在一起，滋生在许多不规则的生活中，如过度的伏案写作，没有日光的夜总会，以及十八个钟点的"礼拜工"等。

反过来说，过分的空间也不是最适当的，因为给你冥想的机会更多了。心理卫生学者以为正常的精神生活是建筑在固定的有规则的职业上的。所以要挽救你的失眠。第一，须要有一种固定的职业，使你有一个有规律的生活，不过忙，也不过问。第二，便得鼓起你的勇气来，不恐慌，不忧虑，不去担心失眠，相信失眠不是件了不得的事情，相信你不久就会抑制它的。

失眠是神经活动的失常，就得用你自己的神经去医治它！

十七　铁钦纳（1867～1927 年）[*]

铁钦纳（Edward Bradford Titchener）是英国人，25 岁（1892）就到了美国，并且在美国度过了他的一生，可是他的思想和系统，却是百分之百的德国派，丝毫不受英美心理学家的影响。他是贫寒人家的子弟，依靠了奖学金，才能修毕牛津大学五年的课程。他在牛津读书的时候，心里就非常钦佩冯特①（Wundt），对于冯特的心理学，尤其感兴趣，因此在课余的时间，把冯特所著的《生理心理学》（*Physiologischen Psychologie*）第三版译成了英文。等到 1890 年，他在牛津毕业，就力排众议，独自跑到德国莱比锡大学（University of Leipzig），问学于冯特之门。他在德国，虽然时间只有两年，可是受冯特的影响很深，一生的思想和主张，都脱不了冯特的色彩。他真不愧是冯特的忠实信徒。1892 年，铁钦纳回到英国，想在他的母校担任心理学的功课，可是当时牛津大学还不曾特设有心理学的讲席，英雄没有用武的机会，因此他就改受美国康奈尔大学（Cornell University）之聘，到了美国，担任该校心里实验室的指导。这时他还只 25 岁。他在康奈尔大学 35 年，先后授过 54 位心理学博士的学位，替美国造成了不少有名的心理学家，例如 Washburn、Bentley、Pillsbury、Whipple、Baird、Boring② 等，都是经铁钦纳的指导，在康奈尔大学得到学位的。他的门生虽然遍及美国，可是因为他究竟德国色彩太浓，为美国其他一班心理学家所不满，加以攻讦，铁钦纳遂成为"众矢之的"。但是他有伟大的人格、勇毅的精神，康奈尔派始终能独树

---

* 原文出处：章颐年：《铁钦纳（1867－1927 年）》，《心理季刊》1936 年第 2 期，第 111～119 页。

① 冯特的事迹和思想，请参阅《心理季刊》第一期"名人传记栏"。

② 分别指沃什伯恩（M. F. Washburn，1871－1939 年）、本特利（M. Bentley）、皮尔斯伯里（W. B. Pillsbury）、惠普尔（G. Whipple）、贝尔德（Baird）、波林（E. G. Boring，1886－1968 年）——编者注

一帜，不被打倒。当时纯粹美国派的心理学，以哥伦比亚及芝加哥两大学为中心，注重心理学的应用，对于个性差异、智力测量、动物实验等等，感到异常的兴趣；可是在铁钦纳看来，这些都不是心理学主要的工作。科学的心理学着重在事实的解释和因果的分析，本来就不管应用的。铁钦纳的观点，既然和美国许多心理学家不同，自然使他参加美国全国心理学会，感到乏味。有一次开会的时候，铁钦纳有一提案，未曾通过，他以为他的主张，不能得到会场中大众的同情和拥护，因此就愤然退会；虽然后来又重新加入，却只做了一个挂名的会员，每次开会，从不出席，甚至有时在康奈尔大学开会，近在咫尺，他也不去参加。同时他自己却另外组织了一个团体，叫做"实验者"（experimentalists），既无会章，又无职员，所有会员，都由铁钦纳本人指定，讨论的问题，也须先经过他的认可。他以为只有这几个少数的"实验者"，才配做真正科学的心理学家。而"实验心理学"这个名词，在美国就有了特殊的意义，成为铁钦纳派心理学[1]的别名了。

铁钦纳在康奈尔大学，每年的上学期，教一门普通心理学，是一般初级的功课。因为他以为普通心理学是心理学的入门，所以必须要自己来担任，才能把学者的观点，在开始就纳入正轨，不致误入歧途。他的普通心理学课在康奈尔是很著名的，不但因为他演讲的材料丰富，而且因为他上课有特殊的仪式，为别班所不见。他上课的时候，总穿着牛津大学的硕士礼服。据他自己说："这套礼服赋予他专断之权。"铁钦纳的助教波林[2]（E. G. Boring）曾经有一段描写他上课情形的文字，说得最清楚：

> 第一学期每逢星期二四上午十一点钟，一向是铁钦纳上初级心理学的时候。他上课的地方，是高云司密士院（Goldwin Smith Fall）的一座新教室。教室的旁边，就是他的办公室，并且和一间示范实验室相连。示范应用的仪器和材料，在一个小时前已经由助教安排妥当。十点钟打过，铁钦纳到校，检查预备的器具是否妥当。助教这时也都会集到他的办公室。等到打上课钟以后，他穿起了硕士礼服，助教们用刷子替他刷净了衣上的烟灰，然后大家走进教室，坐在第一排，和学生一同听讲。

---

① 铁钦纳派心理学或称构造派心理学（structural psychology）；一名写实派心理学（existential psychology），有时亦称为实验心理学（experimental psychology）。

② 原文为"包林"，今译作"波林"，指美国著名心理学史家波林（E. G. Boring, 1886 – 1968 年）。——编者注

铁钦纳却开了办公室通向教室的门，从容步上讲台，行了庄重的仪式。下课以后，助教们又回到他的办公室中，有一个小时的谈话，等到下午一点钟，大家才各自分散，回家午膳。①

铁钦纳上课的形式，据说是完全仿照冯特在莱比锡大学上课的情形。所以，铁钦纳不但保存了冯特学说的精神，并且介绍了冯特上课的习惯。铁钦纳上课时的演讲，锐利而有力，每年吸引无数学生上他的课。他的助教，虽然年年旁听他的功课，但也和第一次听讲的学生同样感到兴味，始终不会厌倦，因为铁钦纳每次上课，当有新的学理或见解，介绍于众，并不是每年都说重复的套话，丝毫不变的。第二学期，他担任一班讨论的功课，参加的是助教和研究院的高材生。在这里，他自然又"统制"了一切。铁钦纳除了上课、博士考试以及极少的特殊情形以外，足迹不到学校；学生有事和他商量，也得预先约定，到他家里去接洽。他的工作时间规定得很严密，除非万不得已，不能打破的。

铁钦纳的系统，全部表现在他所著的心理学教科书——《心理学教科书》②（*Text - book of Psychology*）一书之中，兹特介绍于下。

（一）心理学的材料

要介绍铁钦纳心理学的系统，首先应该明了他的心理学定义。他认为心理学是研究意识的科学。但是这里所谓意识，和一般常识的见解不同。依照铁钦纳的解释，意识是"和经验者有关系的经验"（experience dependent on an experiencing person）。任何科学的出发点，都是经验。物理学和心理学的材料，虽然同为经验，可是看法不同。前者和人没有关系，后者和人有关系的。所以物理学的材料是"和经验者无关系的经验"，心理学的材料是"和经验者有关系的经验"。例如空间、时间、物质，在物理学中，都有固定的单位，不受测量者底影响；至于在心理学中就不同了。同一空间：有时以为大，有时以为小；同一时间：有时以为长，有时以为短；同一物质，有时以为重，有时以为轻，都完全要看经验者的情况而定。同样的，在物理学里，只有音波的震动、光波的长短，分子的运动；无所谓声音，无所谓颜色，无所谓温度。声音、颜色、温度都是感觉，感觉是不能离开了人而存在的。所

---

① 见 E. G. Boring：*American Journal of Psychology*（1927）第 38 卷，第 500 页。
② 该书系 1909 年美国麦伦图书公司出版。全书共 565 页，对于感觉，叙述最详。

以，铁钦纳说，凡是和经验者无关系的经验，是物理学的材料；和经验者有关系的经验，是心理学的材料。心理学的工作，正在发现并且了解这种主观的经验，并不在研究如何可以减轻人类的痛苦，或改进人类的生活，因为应用和价值，本来就不是科学分内的事体。所以在他的教科书里，没有一章讲到智力，也没有一章讲到个性的差异。

(二) 心理学的方法

铁钦纳的心理学，有时被称为内省主义 (introspectionism)，所以他用的方法，无疑地以内省为主。在他看来，内省也是观察的一种。物理学所用的方法是向外观察的，心理学所用的方法是向内的观察。无论是向外或向内，其为观察则一也。向外的观察，固然不很容易；向内的观察，更其繁杂。假如一个未曾受过内省训练的人，昧然采用内省法，结果一定会犯下一种错误：他所观察的，不是意识的内容，而是刺激的意义。譬如有两个重量相同而大小迥异的物体，我们把它们拿在手中，比较一下，常会觉得体积小的重，体积大的轻。这种错误的产生，正因为是受了物体大小的影响的缘故。我们注意了外面的刺激，而忽略了内在的意识了。由此而产生的错误，铁钦纳叫做刺激的错误 (stimulus error)。他认为内省法最困难的地方，就是在避免这种"刺激的错误"。一个受过训练的内省者，他观察的是自己意识的内容，丝毫不受刺激的影响。内省的时候，意识要和刺激绝缘，结果才会可靠。

(三) 意识的分析

铁钦纳和冯特一样，都主张心理学的研究，着重分析的工作，把复杂的意识，分析成简单的元素。他以为基本的元素有三种：感觉、感情和意象。任何意识状态，最后都可以分析到这三种不同的元素。感觉和意象，同有四种属性：①性质；②强度；③久暂；④明度。感情有前三种属性，但缺少第四种——明度。性质是基本元素的特质，有了性质，彼此才有分别。例如冷、热、红、蓝、甜、酸、快乐、不快乐等等都是。强度表示某一种性质的经验在数量上的程度，例如这杯水比那杯水更冷，这块糖比那块糖更甜，这个钟的声音比那个钟更响，这盏灯比那盏灯更亮。久暂是时间上的属性，同性质、同强度的经验，刺激的时间，可以有长短的不同。明度表示一种经验在意识中的地位：如其在意识的中心，一定很清楚；如其在意识的边缘，一定很模糊。换句话说，注意集中的地方，明度很高。感情是缺乏明度的，因为当我们一注意到感情，感情的性质就立刻消失了。我们只能间接地注意引起感情的事实，而不能直接注意感情的本身。

铁钦纳的《心理学教科书》，叙述感觉，最是详细，占了三分之一以上的篇幅。每一种感觉——视觉、听觉、嗅觉、味觉、痛觉、运动觉、有机觉——都逐一加以研究。他先分析感觉的性质，然后再从生理方面来说明。他研究每种感觉，都用这一贯的次序，就是从叙述到解释。这几章书是铁钦纳精心结撰，可以说没有一本心理学课本能够及得上它的。书中讲到意象的地方，只有寥寥一节，因为意象和感觉根本上极其相似，不同的地方，只在意象比较稀薄，不及感觉来得具体和显明。因此，意象和感觉是程度上的区别，不是性质上的区别。书中讨论感情的地方，要比讨论意象长得多，但是仍不及叙述感觉的完备。他曾再三的声明："感情和感觉不同。它们是两种独立的元素。"第一，感情缺少明度的属性；第二，感情的两种性质——快乐和不快乐——不但彼此不同，而且互相反对，不能并存；红绿颜色的感觉，显然不是如此。正因为铁钦纳认感情和感觉是并立的基本元素，所以他反对詹姆斯－兰格情绪理论[①]（James – Lange's theory of emotions）。因为依照这个学说，情绪是身体变化的整个感觉，把情绪和感觉当作了一件事了。

（四）铁钦纳的著作

铁钦纳的著作等身，为课本用的，先后出过四种：（1）《心理学大纲》（*Outlines of Psychology*）（1896 年）;（2）《心理学入门》（*Primer of Psychology*）（1898 年）;（3）《心理学教科书》（*Text – book of Psychology*）（1909 年）;（4）《初级心理学》（*A Beginner's Psychology*）（1915 年）。其中以《心理学教科书》最为重要，因为它包括了铁钦纳系统的全部。铁钦纳的著作，得到最大的成功的，当推他的《实验心理学》（*Experimental Psychology*）。这部书有四大本：两本是定性的实验（1901 年出版），两本是定量的实验（1905年出版）。每种各两本，一本供教师用，一本供学生用。这本书可说是实验心理学中空前绝后的巨著，直到现在，虽距出版的时期已三十多年，可是还当被采为实验心理的重要参考书。铁钦纳完成了这部巨著以后，就潜心研究感情、注意和思想的问题，结果把他对于这些问题的见解，写成了两本书：

---

① 原文为"詹姆士－兰琪的情绪学说"，今译作"詹姆斯－兰格情绪理论"。——编者注

一本叫《感情和注意的心理学》（*Psychology of Feeling and Attention*）（1908年）；一本叫《思想历程的实验心理》（*Experimental Psychology of The Thought - Processes*）（1909 年）。虽然篇幅不多，可是也是代表他理论的名著。他在晚年，又开始写述《系统心理学》（*Systematic Psychology*）一书，预备介绍他自己的思想，但是不幸得很，只写完一个开端，就归道山，后来他的门弟子把这部未完的遗稿，交付麦伦图书公司，在 1930 年出版。这是铁钦纳最后的一本著作。他的著作，有好多译成外国文，例如《心理学大纲》有俄文译本（1898 年）及意大利文译本（1902 年）两种；《心理学入门》有西班牙文译本（1903 年）及日文译本（1907 年）两种；《心理学教科书》有德文译本（1910～1912 年）及俄文译本（1914 年）两种。铁钦纳影响之大，可以概见。除出了书籍以外，他还有发表在杂志上的论文 216 篇及康奈尔大学心理实验室出版的刊物 176 种，都代表他思想的结晶。他和别人讨论学术的通信，更是更仆难数。这位影响后世的心理学家在 1927 年 8 月 3 日患脑肿胀而死，享年 60 岁。

参考书

1. Boring：*A History of Experimental Psychology*，pp. 402 - 413.

2. Heidbreder：*Seven Psychology.* 第 4 章 .

3. Bentley："The Psychologies Called Structural；Historical Deriation"，*Psychologies of 1925*，pp. 383 - 393.

4. Boring："Edward Bradford Titchener,"*American Journal of Psychology*（1927）第 38 卷，第 489～506 页。

5. Titchener：*Text - book of Psychology.*

十八　从心理学来谈演讲的技术[*]

演讲的目的，原是在影响别人的行为。例如现在各处正在选举国民大会的代表，有许多竞选人，四处演讲，发表他们的政见，无非是想听众投他一票。又如委员会开会的时候，讨论议案，提案者立起来说明他提案的理由和意义，无非是想影响其余出席的人，在表决的时候，多举几双手，使他的提案得能顺利通过。又如学校里校长对学生的训话，也无非想学生听了他一席话之后，能够奉行不渝，在行为上和以前有些两样。甚至朋友间的普通谈话，虽然不像正式演讲的有一定的计划和具体的题目，可是讲话的人，也是希望对方的行为，能多少受我点影响。当我正在谈得兴高采烈的时候，倘若发觉对方目视他处，并不注意，一定会感到扫兴。假使对方对于我所说的一切，点首赞成，唯唯称是，显见得他已经接受了我的意见，说话的人自然会觉得非常满足。总之，演讲或谈话都有着一个共同的目的，就是想别人听了我们的说话以后，产生我们所希望的反应。

正因为演讲包含着人和人的关系，所以演讲的技术，还是个心理学上的问题。假使讲话的人，不顾心理的要素，而只注意到吐辞和组织，这乃是"舍本逐末"之图。纵使你的演讲内容充实、组织有序、语言流利，结果也仍会无济于事，不能达到影响别人的目的，作者并非否认内容组织和修辞在演讲上的重要，不过认为心理的要素比这些条件更来得要紧。只要看一个初上讲台演讲的人，虽然事先准备得十分充足，讲起来口若悬河，滔滔不绝，可是听起来总犹如小孩子背书一样，缺少动人的力量。听的人似懂非懂，莫名其妙，试问怎样能生好的效果？自然免不了一个失败。因此，我们研究演讲的技术，应该从心理方面着手，不该从物理方面着手。演讲的主要问题，不是在讲辞如何排列、如何陈述、如何利用姿势——这些都是物理方

* 　原文出处：章颐年：《从心理学来谈演讲的技术》，《心理季刊》1936年第3期，第59~71页。

面的问题——而是在如何才能引起别人的反应，这才是心理方面的问题。所以一个演说家，必定先要把握住演讲所包含的心理要素，然后才能一举成名！

（一）想着听众

演讲的第一条规则，就是演讲者应该时时刻刻把听众放在心里。这看起来似乎是件小事，可是真能实行这条规则的，事实上却并不多。许多人演说，只在发泄自己的主张和情感，丝毫不替听众着想。他们不管所讲的说话，听众是否需要，能否了解，有无兴趣，只是晓晓不绝地独自讲着。虽然听众中已经有好多人在那里打哈欠，看小说，甚至有人离席而去，他们还好像未曾看见似的，刺刺不休。许多教师、父母和科学家，都是扮演这种好戏的拿手专家！他们的目的是在解除自己胸中堆积的意见，所以兴趣并不在听众，而在自己。这些人只能称为"发泄者"，不配做演说家。

父母责骂子女，常是为自己出气，借此解除胸中的烦恼，谁都知道这样责骂的结果是害多利少，不能得到希望的反应。同样地，演说者如果不顾到听众，而只是拿演讲来发泄个人的情感和主张，自然也会遭遇到同样的失败。学校中有许多教师，自身的学问很好，可惜就不会替听讲的人着想。上课的时候，他把所知道的一切，不管学生听了懂不懂，有用没有用，全盘倒出，这种教师的学问虽好，我敢说他们的学生一定得不到多大的好处。老太婆在家里受了媳妇的气，跑到外面来，把她媳妇不贤惠的情形，对人啰啰嗦嗦讲不完的讲，试问有几人听了不讨厌？可惜这种"老太婆诉苦"式的演讲实在太多了，各人发泄自己的情绪和事实，如何能引起别人的兴趣，使他们注意静听呢？

所以当演讲的时候，我们应该认清演讲的目的，是想在别人身上得到某种反应，因此，有效的演讲，首先贵乎能引起听众的注意。正因为了这个，我们不得不时时刻刻把听众放在心上；所讲的一切，应该和他们切身有关，而且适合他们的程度和兴趣，这样才能得到他们的注意。假如演讲者能够时常问自己："听众听了我这篇话之后，究竟有什么用？得到些什么？能产生兴趣吗？"这样，演讲之道，就思过半矣！

（二）看着听众

演讲的第二条规则是：看着听众。许多人演讲的时候，虽然面孔向着听众，可是却不看着听众。向着听众和看着听众是大不相同的。演讲者必须将他双眼的目光，直射着听众，彼此间精神上才没有障碍。也唯有等到演讲者和听众之间精神上没有了障碍，他的演讲才会发生效力。

上面所谓"看着听众"和"向着听众"究竟有什么不同呢？自然，凡是演讲者能顾到听众的，他们的双眼，必定能看着听众，注意听众的表情和动静。至于有些人在演讲的时候，一味地想着自己，或是想着他所要讲的说话，以致注意的焦点，离开了听众，集中在自己，结果便成为"向着听众"而不是"看着听众"了。

而且"同样的产生同样的"（like begets like），这是宇宙间一条不变的定律。当你看着听众的时候，听众也会看着你；当你注意听众的时候，听众也会注意你；当你的眼光避开了听众看着窗外的时候，听众的眼光也会避着你；你如先显出胆小恐慌的样子，听众又怎样会生信仰呢？

（三）勿轻视听众

人是自尊的动物，不愿意受别人的指挥，所以假如演讲者轻视听众，对他们用了命令式的口气，结果常会遭遇到无形的反抗。所以演讲时的态度，应该和朋友谈话一样，切不可自视太高，摆起了上司对属员可望而不可即的架子。开始的时候，总得把听众恭维几句，给他们戴上一顶高帽子。有时还应该问些问题，向他们请教。若是演讲的人想把自己所知道的一切，统统告诉听众，以显得他才多识广，结果不但不能增加听众对你的信仰，反而弄巧成拙，使他们不佩服你，因为一方面这固然表示你知道的多，他方面却正是表示别人知道的少，因此无形中也会引起听众的反抗和怨恨。诚然，学校中的新教学法，讨论式也已经替代了注入式了，正因为教师和学生的关系，在前者是平等的，在后者是有阶级的。在教室里都应该有平等的空气，在演讲场里，又怎样能缺少呢？

还有些演说的人，性情暴躁，动辄会向听众发火，敲案拍桌的叫骂一顿，这可算是一件最可怜的事了。我说他们可怜，因为他们发火的结果，除去了引起听众的不安和怨恨以外，绝对的不能更得到些什么。"同样的产生同样的"一句话，始终是对的。你怨恨听众，听众也会怨恨你；你讥笑听众，听众也会讥笑你；你瞧不起听众，结果听众也瞧不起你。因此演讲者和悦的颜色，谦恭的态度，亦是不可少的了。你骂了听众，听众纵使不当场回敬你，可是他们敢怒而不敢言，把愤怒的情绪都积蓄在心里，对你怎样会有好的印象，怎样能产生良好的反应？演讲者发怒，只有在一种情形的时候，算得正当，就是当他想用他的愤怒来鼓励全体听众对于某一件事或某一个人发生忿怒情绪的时候。这是群众运动的宣传方法，在平时自然是不常用的。

总之，演讲者要想听众生良好的反应，必须先处处表示尊重他们，发生好感；否则骄傲自大，想用威力来征服听众，结果岂但是徒劳，而且常会把事情弄得更糟糕的！

（四）互相的反应

演讲者和听众间相互的反应，亦是心理上的一个要素。"互相反应"的意思，一方面是说演讲者要刺激听众，使他们心里发生反应；一方面也说听众的这些反应，又要回转来刺激演讲者，使演讲者对听众的刺激，也发生反应。这样互相刺激互相反应的结果，彼此精神上才会有一种对流式的交通与感应。听人宣读论文是最乏味的一件事，正因为读者管自己宣读，丝毫不对听者的思想举动起反应，使听者感觉到讲者和他之间没有关系。听者有了这种感觉，纵使宣读的论文内容如何精彩，听起来也会索然无味。甚至在普通朋友谈话的时候，假使一方面不顾对方面的意见，不看对方面的颜色，只管自己高谈阔论，旁若无人，也最易使听者厌倦不快的。所以一个真正的演说家，不但能用言语来感动听众，而且能非常机敏地接受听众的刺激，做他如何措辞的方针。无论听众的一点头、一举足、一笑、一怒，或是一言一动，他都看在眼里，放在心里，影响到他所要讲的话。他决不是把预先准备好的讲稿，一成不变的背出来；他的讲辞，能够随听众的表情态度而改变。

这里有两条规则，是演讲者需要记得的：（1）要听众同情你的意见；（2）要你同情听众的意见。第一条规则自然是最重要的，因为这本是演讲的基本目的，而且只要演讲的人记住了这个目的，他自然会注意别人的举动和反应，设法去和他们适应，决不会把听众远远地抛在一隅不去理睬了。

在这里，我们可以看出一个初出茅庐的演说家的缺点。他只注意自己，不注意听众；只管自己讲，不看别人的反应。他不和听众的意见表同情，自然也不能使听众和他的意见表同情。他的演讲是缺少力量的，听众虽然听见他讲话的声音，可是结果生不出反应。

（五）仪表与动作

人的身材和面貌，原是遗传的特质，非人力所能改变，但是服装和修饰，却都是人工的结果。演说家应该记得：奇异的装饰，不合身的衣服，以及滑稽可笑的态度，都能转移听众的注意，使人忽略了他所讲的说话。你的装饰站在前面，你的演讲便退到了后面。假如你要想大众把注意集中在你的讲辞上，你的装饰和举止，切不可过分炫耀，应该隐在后面，让你的观念和思潮在前面活跃。

演讲者在演讲时的许多小动作，看来好像是无足重轻，无关宏旨，可是常有很好的演讲，就失败在这些小动作上面。有的人喜以手抚发，有的人常用指支颐，一次两次，继续不已。还有人双手乱搓，时刻不停；也有人把表链拿在手中乱扭；更有人双脚叉来叉去：一下子左脚叉在前面，一下子右脚叉在前面，使得下面的听众，看见演讲者不时的动作，也都跃跃欲试，现出不安的样子。演讲者应该记得他在台上的任何动作，可以无形中影响听众，使他们内部也发生同样动作的倾向。因此，演讲者如其在台上不停的左右跑动，这是最容易使听众疲乏的。可是演讲者假如在他长篇的演说中，始终一动不动的直立台上，也容易使听众疲倦，因为偶然做一下姿势或发生一些动作，不但能使演讲者的全身，得到活动的感觉，同时也能松懈听众们肌肉的紧张哩！

有些人在演讲的时候，时时拿表看，这也是一种不好的动作，因为可以暗示听众也去看表。结果就会觉得心焦。至于演讲者的哈欠咳嗽，更能影响听众，使大家不自觉地模仿起来：你也一个哈欠，我也一个哈欠；你一声咳嗽，我也一声咳嗽。结果全场只看见哈欠，只听见咳嗽了！

总之，演讲的人倘使能时时刻刻记着：他的动作能够使听众发生同样动作的倾向，他自然不会再有那些无理的举动，来扰乱下面的许多听众了。

但是困难的地方，却在于我们有了不好的动作，自己往往不知道。连你最要好的朋友，也不会把你的缺点告诉你，因此这种动作就慢慢地变成了习惯，牢不可破。所以，假如有一个朋友，居然肯冒了得罪朋友的危险，直言无隐地告诉你演讲时候的举动，什么地方不雅观，什么地方不妥当，这是你最忠实的朋友，你应该感谢他。因为假如他不提醒你，也许你自己始终没有发现这些坏习惯的时候！

最后我们再聊带说到演讲一种最普通的坏习惯，就是在演讲之中，插进了无数个"ㄞ①——"的声音，这会使听的人觉得非常不快。犹豫和停顿，在演讲中原来算不得一件坏事。熟极而流的演说，反会给听众一种背诵的印象。可是我们得留意：在思索的时候，须极其自然，切勿让讨厌的"ㄞ——"的声音，再漏出口外。实际上，差不多每一个人都免不了有时会在说话之中，露出"ㄞ——"的声音。所以要想完全消灭，恐怕是很难的，只要我们在说话的时候，常常自己留意，不让它时常跑出来，妨碍我们的说话。尤其是当"ㄞ——"字刚要透露出来的时候，格外要努力自制，这样的训练，一定可以使你的演讲流利动听、顿挫有致，非常悦耳。

（六）利用图表模型

演讲者要引起听众的注意，除出了内容新颖有趣以外，利用图表模型，也是一种方法。图表挂在台上，便成为一种吸引注意的工具。因为听众知道这些图表和演讲必定有些关系，因此就产生了好奇心，要知道一个究竟。这种好奇心的存在，会一直延长到演讲者解说图表的意义以后，方才消灭，而他们的注意，于是也开始松弛了。

物理或化学教员都知道捧着仪器走进教室和空着手走进去，情形是大不相同的。当他捧着仪器走进去的时候，立刻会引起学生的注意，大众静悄悄地等待他的表演；可是假使他空了手走进去，情形就没有这样紧张了。所以演讲的时候，随带一些实物的模型或样品，或者放映一些幻灯影片，对于演讲者都有极大的帮助的。

甚至当演讲者在桌上拿起一支粉笔，都立刻会使听众紧张起来。因此，他可以走近黑板装做要在黑板上写字的样子，使大众的注意集中。可是当他离开了黑板，并没有写什么字，大众的希望消灭了，他们的注意，也就开始分散。这时演讲者只要又退回黑板去，立刻又能将听众紧张的状态，恢复原状。一个善用此法的人，能够单用这一个简单的方法，使听众始终注意他的说话。自然，当这个方法连续地用了几次以后，渐渐失去了信用，听众的反应也会逐渐减弱，可是无论如何，总有一些反应发生，不至于一点都没有。

（七）向前进

一个演讲者当正在演讲的时候，有时会突然发觉他已经不能抓住他的听

---

① "ㄞ——"，汉语拼音"ai"。——编者注

众。他们的注意分散了，身体转动了，细声谈话了，全场开始了骚动。假使他这时一反省自己刚才所说的说话，便会发现他把已经说过的东西，说了又说。翻来覆去，老是这几句话在那里"炒冷饭"。我们常会把一句很简单易解的说话，不自觉地说了又说，说上几十分钟，这自然是最惹人厌的事体。

听人把一件已经知道的事体，讲了又讲，一定很乏味。这是大家都知道的事实。老太婆谈家务之所以使人讨厌、没有人愿意多听的缘故，正因为她说来说去，总是在几句老话中打圈子。可是"明于责人，昧于择己"是人类的天性，我们虽然知道重复是单调的，但是"明知故犯"的人实在太多了！所以当演讲者发现他自己犯了这种"打圈子"的弊病以后，应该把他的说话，赶快向前进，不可再在原来的地方，徘徊往复，踟蹰不前。自然，这里所谓向前进并不是无目的地向前瞎闯，乃是有次序的一步一步向前进。第一步引起了第二步，第二步引起了第三步，这样下去，一直到最后的一步，从不走回头路。每一步都有新的意味，都和前一步不同。一篇不向前进的演说，或是虽前进而不带着新的意义的，那只能替听众催眠，怎能说是演讲呢？

（八）言尽即止

最后，演讲者应该知道人类注意持久的时间，有一定的限制。所以演讲不可太长，应该言尽即止。有许多人，讲话喜欢拖。明明要结束了，却又接上"最后，我还有两点意见"。两点说完了，又接上"附带我还有点感想"。感想发挥之后，这总可以完结了吧，但是还不，他又接着说："我最后的建议，可以分作三层"，似这样断断续续，不肯停止，最令听者着急。有些人还以为用这个拖泥带水的方法，使听众心里常有着快完的希望，可以安慰他们，实在是最大的错误。你须知道拿了一张不兑现的支票，失望的程度，一定会比没有支票来得更高，所以演讲者切不可在没有讲完的时候，给听众快完的暗示，增加他们的失望和紧张。"山重水复疑无路，柳暗花明又一村"，这用在美术上，也许很好；用在演讲上，实在是一种最笨拙的方法呀！

假如我们是宣读论文的，最好读完一张讲稿，放一张在桌上，让听众看见我们手里拿着的讲稿，一张一张地减少下去，可以知道什么时候快要讲完。有些人却有一种坏习惯，他们把读完的一张，依旧放在后面，拿在手中。因此，手中的讲稿，始终是那么厚厚的一叠，永远不会减少。这样一方面时时刻刻都暗示听众没有完，一方面又时时刻刻暗示听众随时都可以完。

这两种暗示，在听众的心理上，都是不相宜的。

总之，当你演说到快完的时候，应该预先明白地给听众一个快要结束的暗示，然后等到话语讲完，便戛然而止。这样的演说家，假如再具备了其他的心理条件，无疑是最受人欢迎的。

以上所讲的，不过是一个大概。"演讲心理学"可以写成一本书，这不是这里简短的篇幅所许可的。诸位假如对于这个问题有兴趣，可以去看下列的参考书。

参考书

1. G. W. Grane：*Psychology Applied.* 第十一章.

2. C. R. Griffith：*A Comment upon the Psychology of The Audience.*

3. *Psychological Monograph.* 第 30 卷 136 号.

4. H. H. Higgins：*Influencing Behavior Through Speech.*

5. H. A. Overstreet：*Influencing Human Behavior.* 第四章.

6. W. D. Scott：*The Psychology of Public Speaking.*

十九　关于自己的判断常是不可靠的[*]

　　远在 2300 多年以前，苏格拉底对于自己的人格，就发生了研究的兴味。他警告大众要"知道你自己"。但是"知道自己"的工作，并不是容易的。一般的人，对于自己的长处，常会过分夸张；对于自己的短处，却会过分忽略。不但喜吹法螺的牛皮大王是如此，态度严肃、道貌岸然的道学先生也是如此。

　　有一段古希腊的神话。据说有一少年，名叫那喀索斯^①（Narcissus）。一日，在池边饮酒，水清如镜，他无意中在水中第一次看到了自己的容貌，惊为绝世美男，不禁高兴得发了狂，忘记了自己是在池边。一不小心，竟跌下池去，淹死在水中。其实，我们大家对于自己容貌的认识，也多少有点像那喀索斯。男的，谁不以为自己是衣貌堂堂？女的，又谁不以为是西施再世？试问芸芸众生之中，肯自己承认相貌丑陋的，能有几人？

　　上海的照相馆，已经抓住了人们这一个缺点。所以照出来的相，总要经过无数修改的手续，描画得像"画中人"一样，比本人要美丽得好几倍，才能使顾客满意。顾客照相最重要的问题，是照得好不好；至于像不像，那倒似乎还不大要紧。假使照的相不能比本人容貌格外美丽一些，纵使极其神似，恐怕仍免不了会有要求重拍的麻烦。

　　"自以为是"也是极其普遍的现象。自己的意见，总是对的。哪怕是荒谬绝伦的理论，在自己看来，总好像是一条不能推翻的真理，无可非议。德国的前任皇帝威廉第二，据说是近代最自大的一个人了。他最近还对人说，他反省自己过去的一切，实在找不出一些错误。假如他再能掌握大权的话，

---

　　*　　原文出处：章颐年：《关于自己的判断常是不可靠的》，《心理季刊》1936 年第 4 期，第 55～64 页。

　　①　　原文为"奈惜撒司"，今译作"那耳歌索斯"或"那喀索斯"。传说那耳歌索斯死后变成水仙，故又代指水仙，在西方文化中是自恋和同性恋的象征。——编者注

无疑的仍旧要照着他从前的样式去干，决不有丝毫的改变。

岂但是自己的意见总是对的。就是属于自己的一切，也都比别人的好。自己的帽子，自己的照相机，自己的住宅，自己的学校，自己的文章，自己的儿子……以及其他一切的一切，凡是属于我自己的，不管事实怎样，总会被看作世界上最好的。我们对于自己的亲戚朋友，也是同样的看法，我们会得在不知不觉之中，歌颂他们的能力，原谅他们的过失。所以，法庭上的证人，和原告有关系的，总是帮着原告说话；和被告有关系的，总是帮着被告说话，绝不会想到过失会在和自己有关系的一方面。一个丑陋不堪的人，在他情人的眼光中，也会变得和天上安琪儿一样的美丽。

哥伦比亚大学教授霍林沃斯[①]（H. L. Hollingworth）博士曾经做过一个实验。他的目的，是要比较自己对于某种性质的估计和别人的评价，看有什么不同。他选择了二十五个被试。这二十五人都是彼此熟识的。要评价的性质，共有下列九种：文雅、幽默、聪明、交际、清洁、美丽，以及自大、势力、粗鄙等。每一个被试，都要根据上列的性质，把二十五个人——连评判者自己在内——分别比较一下，依次排列起来。他把程度最高的一个列为第一；程度次高的一个，列为第二；依次下去，一直到程度最低的一个，列为第二十五。例如"文雅"这种性质，假使评判的人以为在二十五人之中，要算他自己最文雅，他便把自己的名字写在第一，陆续再把别人的姓名写下去。假使他以为二十五人之中，要推王君最文雅，李君次之，张君又次之，然后才轮到自己，以后便是周君、赵君……那么应该王君名次排第一，李君排第二，张君排第三，他自己排第四，周君排第五，赵君排第六……一直排到第二十五为止。一种性质评判以后，再照样的评判第二种性质。等这二十五位被试把这九种性质分别评判完了以后，霍林沃斯统计结果，把各人在每种性质上自己所列的地位，和其余二十四位朋友排他的地位相比较，竟发现有极大的差异。有一位自以为他的文雅程度，应该列在前几名的，可是把二十四人的评判平均起来，他的名次竟在二十以后。还有一人，他自以为是非常幽默的，可是在大众看来，他却是一个"语言无味"的市侩。霍林沃斯得到如下的结论。

讲到"清洁"这种性质，各人自己评判的平均地位，要比别人评

---

① 原文为"霍林华"，今译作"霍林沃斯"（美国著名心理学家）。——编者注

判的平均地位，提前 5.8 名；聪明，提前 6 名；幽默，提前 7.3 名；美丽，提前 6 名；文雅，提前 7.2 名；交际，提前 5.4 名。但是"势利"这种性质，却相反地，自己评估的平均，要比别人评判的平均，退后 5.1 名；自大，退后 5.7 名；粗鄙，退后 6.1 名。

换句话说，这二十五位受过高等教育的被试所下的评判，虽然在各人已经算是竭尽了他们的忠实，可是仍有一致的倾向，就是好的性质，自己的估计常会比别人对你的估计来得高一些；坏的性质，自己的估计，也常会比别人对你的估计来得低一些。总之，自己的估计，总偏向有利于自己的一方面。

正因为各人对于自己的短处和缺点，都不大觉得，所以社会上"不自量力"的人，非常之多。一个对于教育一窍不通的门外汉，想要做校长；一个"略识之无"的人，也想当秘书；护士学校毕业的，居然就挂牌行医；口齿不清的人，也会希望做律师。这些例子，真是举不胜举。记得从前我在某地办一中学，有一位先生带了朋友的介绍信，来校看我。我问他能教什么科目，他说："国文、史地最擅长；英文、算数，亦有研究；理化和生物，自问也还可以应付。"我正在诧异他的万能，他接着又补充一句："假使这些功课，都没有机会，那么体操钟点，希望能排一些给我！"

我们这种扩大自己特点和缩小自己缺点的趋势，甚至会得推广到自己的朋友身上。爱俄华大学奈特①（F. B. Knight）教授曾经做过一个实验，证明人类总以为他们自己的父亲或朋友，都要比较实际的本人格外文雅、格外聪明。《战国策》有这样一段故事：

> 邹忌修八尺有余，身形映丽，朝服衣冠，窥镜，谓其妻曰："我孰与城北徐公美？"其妻曰："君美甚，徐公何能及君也？"城北徐公，齐国之美丽者也。忌不自信，而复问其妾曰："吾孰与徐公美？"妾曰："徐公何能及君也？"旦日，客从外来，与坐谈，问之客曰："吾与徐公孰美？"客曰："徐公不若君之美也。"明日徐公来，孰视之，自以为不如；窥镜而自视，又弗如远甚。暮寝而思之，曰："吾妻之美我者，私我也；妾之美我者，畏我也；客之美我者，欲有求于我也。"

---

① 原文为"纳脱"，今译作"奈特"。——编者注

奈特根据他实验的结果，认为评判一人的特性，倘若由他的至亲好友来担任评判的工作，远不如由一个不甚熟识的人来评判，要可靠得多。正是因为至亲好友的评判，都受着一种偏见的影响。朋友的耻辱，常会被认做是自己的耻辱；朋友的荣誉，也常会被认做是自己的荣誉。因此，在评判的时候，不知不觉地便会拥护他的长处，掩盖他的短处了。至于一个不甚熟识的人，他反能大公无私根据事实来下判断，不受偏见的拘束。

我们对于自己日常所用的物品，也有同样的看法。自己的东西，就好像已经变成自己人格的一部分。所以有了好的物品，自己也觉光荣；有了坏的物品，自己也失体面。纵使是一件极坏的东西，它的主人，也一定会想出许多说话来，替它辩护。有人买了一部旧脚踏车，可是在他看来，不但不是旧的，而且简直已变为一部独一无二的好车子了。一只报时不准的表，到了它主人嘴里，也会变做分秒不差的标准时计了。

还有一些人，他们生来有一点特长：或是有美术天才，或是有音乐天才，或是有文学天才。这自然使他们感觉到自己能力的伟大。可是除出了极少数极其诚实的人以外，大半的人都以为别种能力，也都高人一等。一个有美术天才的人，不但认为自己的图画比人高明，便是在文雅、清洁、聪明各方面，也自以为都胜人一等。所以有许多文学家喜欢参加政治活动；有许多美术家一定要题上几首似通非通的打油诗。这种事实，大家眼里看见的太多了，再用不着心理学家来说明了。

假使我们仔细一观察，这种夸大的风气，到处的流行着。请看！店员的说话，政客的宣言，谋事者的自荐信，报纸上的叙述，跳舞场里的私语，都带着几分法螺的色彩。这是很明显的，他们之所以要过分宣传自己，有时甚至于要有意的说诳语，无非是想因此而能获得某种利益而已！

有些人对于自己所受的教育，也喜欢无意或有意地夸大一点。他们喜欢买印着"XX大学"的信笺写信；立在大学门口照张相，或是买一面大学的旗子，挂在书房的壁上，作为装饰品。但是按之实际，他们也许连中学都不曾读完哩！我有一个三岁半的小孩子，在浙江大学附设的培育院里读书，有人问他进了学校没有，他总是很响亮的回答："我在浙江大学！"

冒充学位的，也是很多。有许多中学毕业生，或甚至中学都不曾毕过业的，在他们的履历片上，也竟大书特书地写着"国立北京大学毕业"的头衔。一则，北京大学历史很长，毕业生不计其数，冒充一下，不至于被发觉；二则，也决没有人吃得饭空不过，会去仔细调查你的根底的。外国留学生冒充学位的更多了！外国去了一趟，倘若不曾镀上一层金，似乎无颜归见江东父老。纵使没有得到学位，也得要冒充一个学位，庶几回国以后，名片上面刻起来，可以荣耀乡里。好在决不会有傻瓜来问你要文凭看的，硕士，博士，随你高兴好了！

我亲眼看见一个人，足迹从未出过国门一步的，在名片上，也居然印着赫赫"留美医学博士"六个大字！

有许多人履历片上所写的经历，也都是凭空杜撰的。什么"甘肃省教育厅科长""云南省立第二中学教务主任"等等，完全是装装体面，好看好看的。实际上他连做梦也不曾到过甘肃和云南！

虽然大多数的人不至于在别人面前，直接的说自己有钱，但是却都喜欢在人前摆阔，间接的表示他们家财丰富。许多人采用"分期付款"的办法买一架钢琴，并非对于音乐，有任何兴趣，不过以为客堂中放着一架钢琴，便立刻可以身价十倍。有些人家庭中经济窘迫万分，而"门面"却不可不讲。出入必坐包车，请客必用鱼翅，虽然这些都是超于他们经济能力以上的。一个机关里的女职员，装饰入时。一件大衣的价值，也许竟等于她一个半月的薪水。男孩子在女情人面前，总是一掷千金无吝啬；纵使身边已经剩了最后的一元钱，也还要叫一部祥生汽车，呜呜的开回去。

商店的老板，也已经抓住了人类这种喜欢摆阔的弱根性，所以无论是钢琴、包车、无线电收音机、电气冰箱、福特 V8 的轿车，一切高贵的物品，都有了"分期付款"的办法，使一班经济能力较低的大众，也能置备这些东西，炫耀于众，以自挤于资产阶级之列。

各人称述自己的能力，也常带一些过分的渲染。有许多学生喜欢在同学面前报告他以前闹风潮赶校长的本领，或是和女朋友恋爱的经验，有声有色，听的人兴奋异常，讲的人洋洋得意，但是仔细一调查，不难发现他们所讲的一切，完全是虚构的故事，并非事实。还有些学生常写信回家，谎骗他们的父母，不是说在校中参加演说竞赛，得了第一；便是说他发表了一篇文章，全校教授都极赞许。在这大家注重体育的年头，有些不会游泳的女郎，却偏喜穿着游泳衣，躺在游泳池边拍张照；一个手无缚鸡之力的病夫，他喜欢故意骑在马上照张相，显出威武英俊的样子。

世界上真正成功的人物，对于他们自己的教育、财产或地位，常是不很注意的。因为他们已经成为权威，无需得自己再吹嘘了。爱迪生就拒绝了无数大学送他名誉学位的美意。他对于重要的证书，也常随意乱置，并不收藏。因为在他看来，这些学位和证书，并不能再增加他一点身价了。可是普通人的看法，却并不如此。虽然是一张补习学校的文凭或是英算夜校的证书，也常会被配在精美的木框里，高高地悬挂在墙上的。甚至于有人深恨自己没有文凭，竟不惜花上几百块钱，去买一张假的。一方面安慰自己，一方面欺骗别人。

有些人喜欢向人谈论党国要人或社会名流的起居消息，借以显得自己的重要。他们讲到蒋介石，必称"老蒋"；讲到汪精卫，必称"老汪"。他们常是滔滔不绝地向人说着："老蒋这次到杭州去，就是专门为筹划对付日本的问题"，或是"老汪最近在德国，身体比以前好多了！"有时他们还会在公共会场上，注意出席要人的态度举动，事后详细讲给别人听，好像这些名人都是他们最熟识的朋友似的。假如他们和国内教育领袖或财政要人，有一面之雅，那是格外要时时在人前提及，显得自己地位的不凡。"我的朋友胡适之"，"宋子文当面告诉我……"这类的说话，我们时常可以从人们口中听到的。

和这相反的一端，便是犯过罪的人，自己总不承认。据说纽约有一次举行文官考试，投考的共8446人。这八千多个应试者统统都宣誓他们以前没有犯过罪，可是后来经过指纹专家的鉴定，发现其中181人有确实犯罪的记录可查。同样的，屡次留级的学生，也决不肯坦白得承认留级，把自己实在的成绩告诉别人，甚至于有好多人嫌自己家里的旧式太太不体面，还对别人说他们没有结过婚哩！

伍德罗①（H. Woodrow）和伯恩莫斯②（V. Bernmals）两位教授研究学龄前儿童说大话的倾向。他们列举许多事体，问儿童能不能做，例如写出自己的姓名、翻筋斗、头在地下脚朝天、从一数到十……结果发现5岁的儿童，自己承认能做的事体占75%，但实际上他们只能做到50%；4岁的儿童，自己承认能做的事体占51%，但实际上他们只能做30%。只有一个小孩子自己承认能做的事体，比他实际能做的事体要少。因此这两位教授断定：很小的儿童，已经早有说大话的倾向了。

从这个研究看来，凡是谋事的人，向人陈述他自己所能做的事，一定和事实大不相符，至少须打一个七五折扣。

---

① 原文为"吴逐鲁"，今译作"伍德罗"。——编者注
② 原文为"勃末而"，今译作"伯恩莫斯"。——编者注

　　梅（M. May）和哈茨霍恩①（H. Hartshorne）两位博士对于说大话的问题，曾经做过一个极详尽的研究。结果他们发现一个人在一件事情上说大话的，在别件事件上却不一定也说大话。他也许向人夸张他所受的教育，但是讲到每月收入的数目，却一点也不过分。到处都说大话的人，自然也有。甚至于有人在相知有素极熟的朋友面前，也会言过其实，大说其谎，使听者齿冷。这种人我们无以名之，只能叫他们为神经病式的"法螺大王"（psychopathic liars）。幸而社会上这种"法螺大王"是极少的！

---

　　①　原文为"海兄"，今译作"哈茨霍恩"。——编者注

二十　书报介绍——（甲）名著评述[*]

介绍三部父母必看的书籍。

（1）《健康的儿童期》（*Healthy Childhood*）：美国哈佛大学儿童卫生学副教授兼波士顿儿童医院医师 H. C. Stuart 著，共十五章，393 页。

（2）《快乐的儿童期》（*Happy Childhood*）：美国密里苏他大学儿童幸福学院院长 J. E. Anderson 著，共二十章，321 页。

（3）《活动的儿童期》（*Busy Childhood*）：美国密里苏他大学附属幼儿园主任兼儿童幸福学院教授 J. C. Foster 著，共十三章，303 页。

以上三部书，The Century Childhood Library，由美国 Appleton and Century Co. 在 1933 年出版。从书的内容上看来，这三部书的目的，都是写给做父母的人看的。

1930 年的 11 月里，美国前总统胡佛（Herbeit Hower）在华盛顿总统府召集儿童教育专家以及儿童幸福的实际工作者，举行了一次专门讨论儿童健康及保护等问题的白宫会议。参加的会员共有三千人，颇极一时之盛。会议结束以后，各组都有详细报告出版，公之于世。这些书，就是采取前项报告的精华，加以整理和分类，而编成的。三位著者都是当时出席白宫会议的人，并且对于儿童都有极丰富的经验。主编安德森①（J. E. Anderson）博士是白宫会议中婴孩及学龄前儿童委员会的主席。

在第一本书——《健康的儿童期》——中，著者用了生动的文笔，说明父母如何帮助儿童获得健康的身体。对于母亲的准备、营长的原理、活动和休息的调节、传染病的控制，以及意外事件的预防等问题，都有极详细的讨论。最后更有一章讲到儿童在各年龄的养育法。书后的附录，著者更用简

---

*　原文出处：章颐年：《书报介绍——（甲）名著评述》，《儿童教育》1936 年第 2 期，第 49 ~ 50 页。

①　原文为"安特生"，今译作"安德森"。——编者注

明的语言，叙述儿童常有的种种疾病和处置的方法，以促进父母的注意，也是很有价值的。在本书中，著者不仅指示父母关于养育儿童许多实际问题的解决方法，而且对于人体的构造和需要，也讲得非常详细，足资参考。

第二本书——《快乐的儿童期》——是本丛书主编安德森教授所著，内容当然是很精彩的。这书的目的在指示父母如何帮助儿童控制自己和环境。著者先讨论饮食、睡眠、排泄等简单习惯的养成，接着又讲到怕、惧的处置、惩奖的方法、社会行为的发展、性教育的实施，以及儿童独立自主的要求，最后殿以特殊儿童训练的方法。此书讨论训练健全儿童的方法，从初生以至成年，按部就班，有条不紊。

第三本书——《活动的儿童期》——的著者是密里苏他大学幼儿园的主任，他和儿童接触的机会既多，对于儿童的认识自然很确切。他是一个有实际经验的人，所以本书中所讲的话，都是非常具体，毫无空泛的毛病。著者先指明游戏和工作对于儿童人格发展的重要，再讨论有益身心的各种活动。此外如玩具选择的标准、发展社会性的游戏、发展智力的游戏和假期中的游戏，都分章讨论。更有一章介绍疾病儿童的活动，提倡工作为治疗的方法，和近代心理学家所主张的职业的治疗（occupational therapy），意见相同。各时期儿童的游戏材料，书中也搜集得很多，可供父母采用。

这丛书注意实际的问题，对于父母教育，贡献很大。每一个做父母的人，似乎都应该把这三本书置诸案头，时常参考。在每一本书的末了都附有本书单独的索引和三书的总索引，检查尤其便利。自然，这三本书各有各的中心，但彼此又都有联络，所以可以分读，也可以合读。三本书的定价都是英金二元半。

二十一　我国学校教材重复与浪费问题[*]

　　几年前，作者在金华参观浙江全省附小联合会所举行的劳作展览会，看到许多藤编的字纸篓、竹制的照相框、铅丝的文具盘、木头的小玩具，还有许多简易的理化仪器。后来在南京参观过教育部主办的全国中学劳作展览会，看到各地初中送来展览的物品，仍是这些东西。后来我又在许多高中程度的师范学校成绩室中看到所陈列的劳作成绩，竟和小学、初中所陈列的，并无两样。当时我就有一个疑问：为什么小学里已经做过的东西，初中里也要做，高中里还要做？

　　实际上，各级学校教材的重复，岂止劳作科一门！我们只要一看部分各种课程标准，就可发现其他科目叠牀架屋的地方，也是很多。例如物理科的目标在初中是："（一）使学生了解常见之简单物理现象；（二）养成学生观察自然界事物之习惯，并引起其对于自然现象加以思索之兴趣；（三）使学生习练运用官能及手技，以增进其日常生活中利用自然之技能"。在高中则是："（一）使学生明了物理学中简单原理，并能应用以解决日常问题及说明常见现象；（二）训练学生运用官能及手技，以培养其观察与实验之才能；（三）使学生略知物理学与其他自然科学及应用科学之关系"。这两种目标，根本没有什么不同，而初高中物理科的教材内容，当然也是大同小异。初中物理讲到度量衡的单位、浮力、大气压力、运动、声音之强弱、高低及质量，光之直进，光之反射，磁铁、电池、电流、电极等；高中物理依旧要讲到这些，甚至大学一年级的普通物理，也逃不出这一套的范围！初中、高中化学的教材内容，有更多相同之处。依照部颁课程标准所规定的教材大纲，初中和高中的化学，都包括空气、水、食盐、硫磺、硝酸、氨、

　　*　原文出处：章颐年：《我国学校教材重复与浪费问题》，《教育杂志》1937 年第 1 期，第 25～26 页。

碳、磷、硅、玻璃、硼砂及硼酸、铁、金属、营养素等相同的子目。此外如历史、地理、公民、卫生、生物等科，简直从小学起，经过初中和高中，一直到大学，都是必修科，其中数学重复之处，尤不胜枚举。这在时间上、精神上和金钱上，是如何大的一宗浪费！

多次刺激，可以使印象格外坚固。重复自有它的代价。可是刺激的方式要时常变化，才能得到多次刺激的益处。若是同样的刺激，屡次出现，最易使人厌倦。初中、高中一直到大学的教学方法，目前大致相同，教师常是把学生从前已学过的材料，重述一遍。我曾见好几个大学所用的生物、化学、地理等科的课本，都是中等学校的教科书。教师把学生已经知道的事实，反复地讲了又讲，叫学生感觉多么乏味！因此，教材重复，不但是浪费，而且也可减少学者学习的兴趣，和教学的原则相背。与其说重复有它的代价，这种代价，至少在这里是得不偿失的。

不但上一级学校和下一级学校所用的教材，常是重复，即是在同一级学校里，也有许多课程的界限，未曾划分得清楚，因此也常有同样的材料，同时可以在二种不同的科目内发现。例如小学自然和劳作两种科目，其中便很多相同的材料。小学自然着重在"儿童日常生活所关的食、衣、住、行等各种需要物品的调查、搜集、观察……试行制作或试行种植"。小学劳作也具着同样的目标。所以，火车、汽车、汽船、电车、飞机等，自然科里要研究，劳作科里也要研究；电铃、电灯、无线电、收音机等，自然科里要制作，劳作科里也要制作；蔬菜、果树、禽兽、虫、鱼等，自然科里要种植畜养，劳作科里也要种植畜养。在师范学校里，有许多教育科目，性质相近，更免不了互掩和重复。例如：教育心理要讲到个性差异和智力测量，教育测验及统计也要讲到个性差异和智力测量；教育心理要讲到特殊儿童的训导，小学行政也讲到特殊儿童的训导。有时担任各科的教师，主张不同，对于同一问题的见解，彼此两样。这不但浪费了学生的时间，而且使学生莫知适从，发生内心的冲突。

我国中小学课程的繁重，已为公认的事实。尤其在小学的阶段，工作过多对于儿童身心发展的戕害更大。经过了开明教育家的呼吁，教育部总算已把中小学的教学总时数，予以减少。依据本年七月间教育部修正公布的小学课程标准，中低年级每周的教学时数，都各减少一百五十分钟，高年级每周减少一百四十分钟。再依据本年六月间教育部修正公布的中学课程标准，初中各级的教学时数，平均每日减少一小时；高中各级的教学时数，每周较前减少一小时到六小时不等。在教育行政当局，虽已尽其最大的努力，但是我们仍感到学生在学校中工作的时间太多，休息的时间太少。小学生普通早上六点钟就得起来，七点多钟就得进学校，下午要四五点钟学校才放学。回家以后，还有许多工作要做：写字、记日记、抄笔记、做算学，整天到晚没得休息。至于中学的情形，自然更紧张，这实是一种莫大的失策！在教育行政当局看来，也许以为中小学的课程都是基础科目，实已至无可再减的地步。但是我们倘若一注意到各科教材叠牀架屋的情形，就可知道各级学校中，可以减少的科目和材料，确实还有不少。希望贤明的教育行政当局，能把各级学校的课程标准，通盘筹划，重新厘订，将重复的教材，分别地予以删减或归并。有一些材料可以放在后一级学校教，前一级学校就不必讲；有些材料可以放在前一级学校讲，后一级学校就不必再教。再预防同一级学校内各科教材的互掩。这样，消极方面可以节省教育上无谓的浪费，积极方面可以有益学生身心的健康，实为一举两得之策。

二十二　衣服和工作效率*

　　衣服对于人是很重要的，尤其是在现在"只认衣衫不认人"的社会中，衣服漂亮，到处有人欢迎；衣服褴褛，就会处处遭人轻视。上海某大百货公司刚开幕的时候，因为装置了一辆自动扶梯，一时游人如织，都想争先一试这个新鲜把戏。但大门口却站着一位巡捕，遇有穿短裤的人，不论是否顾客，一概挡驾，不准进门。因此许多不穿长衫的同胞，都只得站在门外，远远望着自动扶梯的转动，不能进门一试。然而衣服的重要，又岂止仅可以走进百货公司而已哉？简直还可以影响工作的效率哩！

　　根据英国皇家医学顾问的报告，他们调查初进工厂的男女工人，发觉女性身体的发育要比男性好得多。虽然她们的气力，不及男子，但是她们的身体却表示着有更大的精力和抵抗力。皇家医学顾问认为这种差异的原因，要归到男女服装的不同。

　　在以前的时候，男子身上所穿的衣服，约有十五磅重，女子的衣服，还更要重些。但到现在，男子穿的衣服，还和以前一样多；女子穿的衣服，却减少了不少，大约只抵得以前的十分之一。换句话说，男子衣服的重量，常在他身体重量十分之一左右。即使我们和狗来比，一只狗，照样的可以过冬，但是他的毛，只抵得它身体重量五十分之一而已！

　　男子身体上负担了这样重的衣服，自然要花代价的。为了这个额外的重量，能力也消耗了不少。我们倘若把十五磅重的重量移动一里路，差不多可以产生一个半马力的工作。那么，请诸位想想看，我们天天背着十五磅重的衣服，跑来跑去，消耗了的能力还会小吗？这种能力的浪费，在女性就不会有了！

　　男子既然穿了厚厚的衣服，因此不论冬夏，他们皮肤的表面，都是很

　　* 　原文出处：章颐年：《衣服和工作效率》，《心理季刊》1937 年第 1 期，第 81 ~ 87 页。

暖，就好像在热带一样。我们知道热带的气候是非常容易使人疲倦的，只有冷的天气才能使人奋发。普通男子衣服里面的温度，总在华氏 87.8 度左右；女子衣服里面，只有 80.6 度。男子衣服内的湿度为 70%；女子，却仅 55%。男子衣服内的温度和湿度，都比女子为高，结果因为太热和出汗太多的缘故，工作的效率也因此减低了。

乡下的农夫，在夏天穿着宽大的短衫裤，敞着胸，非常舒适。城市中的一般士大夫就不然了，他们为了顾全体面起见，衣冠总是整齐。纵使在炎热的夏天，出去也得穿上长衫，纽好扣子，丝毫不苟。有时遇到什么宴会和应酬，还要穿上一件马褂。穿西装的人更受不了，尽管额上的汗涔涔和雨一样地流下，可是领带仍需紧紧地结住，外套也必得套上，否则便失了体统，自己会觉得局促不安。其实，从工作效率上讲起来，衣冠整齐的人，在夏天的办公室中是没有地位的，但是一般"高贵"的士大夫阶级，他们信仰个人的体面，要远过于工作的效率呀！我们可以设想，在那些飞轮疾转，皮带狂舞的工厂中，让工人们都穿上了宽袍大袖，或是燕尾服，那将是怎样的情况！非但工作的效率要降到零度以下，并且工人们都要一个个喂了机器。在这里，我们可以想到，为什么在中国工厂初创办时，许多拖了长辫子的，或是穿着不合适衣服的工人，被狂舞的大皮带拉进机器，轧成了"琵琶鸭"？

人的体温是保持着一定的温度的。不管外面环境的温度怎样，身体自然会有适当的调节，使它永远在华氏九十八度左右。但是倘若衣服里面的温度太热，温度太高，空气又不流通，那么，调节体温的机能就会受到阻碍。换句话说，身体要把体内的热量，排泄出来，非常不易，而且汗出的过多，可以影响体内水量的分布，使肾脏和其他重要器官，都受到影响。

人类穿了衣服以后，究竟身体上能受到多少太阳光的照射？这个问题，德国 Friedberger 教授曾经加以研究。他用感光性极强的纸条做试验，他发现女子穿着衣服，身体上还可以受到不少阳光，可是男子却因为衣服太厚了，或是太多了，光线竟不能射进去。男子衣服阻住了阳光，使身体不能和阳光接触，这也是一个大缺点。

至于紫外光透过衣服材料的问题，也有人研究过。他们发见人造丝、棉织物，以及羽纱等类，比较真丝和毛织品，光线容易透过。毛织物只能抵到白色棉织物一半的透明程度。头绳打的线衫，或者线结成的内衣，都可以容许多量的光线和空气，流通到身体的表面。

女子的身体，差不多有三分之一，暴露在外面，受到日光和紫外光的利益。她们的衣服也比较通风。男子的服装，袖子和裤脚都很长，阻碍了空气的流通，差不多只剩了两只手和一个头是暴露在阳光和空气之中的。

男子腰中束的皮裤带，也成问题。不但因为紧束着的缘故，血液的循环受着压迫，会感觉到难过，而且也阻止了衣服里面上下空气的流通。现在有很多的人。改用吊带的，不再把裤子在腰旁束得很紧了，这实在是一件值得提倡的事体。女子却很少用皮裤带的。西装的硬领以及紧的吊袜带，和裤带有同样的弊病，现在硬领的销路，幸而已经一天一天的逐渐减少，可是吊袜带的市场，却还保持着原来的情状。

以上所举的种种事实，并不是单凭理喻，都是精密研究的结果。美国加利福尼亚大学沈师龙教授（E. S. Sunstroem）曾实验过七百多只的白鼠，把它们放在温度湿度能够自由控制的房间里，证明温度湿度的加高，会减低工作的效率。英国著名生理学家希尔①（L. Hill）博士也曾注意到这种情形，主张男子的服装，有赶紧改良的必要。德国格瑞夫斯沃德大学②（University of Greifswald）弗来得勃格教授（E. Freidbrger）对于衣服经过长久的研究之后，也得到和本文同样的结论。

此外，女子的衣服简单，自己能洗濯，可以时常调换。男子的衣服便没有这样容易。从这点看来，女子的衣服又占了便宜。正为了这种种的原因，女子无论在身体上或心理上都比较发展得适宜。无怪美国纽旧赛州医学会会长马尔福德③（E. R. Mulford）博士说过这样的话："现在美国女子的身体要比男子好得多了！"

我们还记得没有几十年以前，妇女运动健将玛丽·沃克④（Mary Walker）女士要求妇女应当有选举权，和男子平等，并且主张女子应有改穿男子服装的权利。诚然。她的第一种要求，无疑地，理由非常正当，可是她的第二项意见，实在有点不大高明，令人不敢同意。其实，也难怪，女人的服饰在历史上确曾给予她们以极大的痛苦。过去千五百年的长时间，欧洲的妇人们，差不多都拖着长裙过日子，这种长裙常常一直拖到地上，有时拖在地上

---

① 原文为"喜而"，今译作"希尔"，英国著名生理学家，1922年因在研究肌肉的能量代谢和物质代谢方面的卓越贡献而获得诺贝尔生理学及医学奖。——编者注

② 原文为"格来司华大学"，今译作"格瑞夫斯沃德大学"。——编者注

③ 原文为"麦百福特"，今译作"马尔福德"。——编者注

④ 原文为"玛利华克"，今译作"玛丽·沃克"。她是美国第一批女性医生之一，由于在美国内战中表现突出而被授予特别国会勋章，也是历史上第一位穿男裤的女性。——编者注

竟有几码的长度。欧洲妇人，穿着盖到脚尖这样长的衣服，还是从二三百年前才开始的。试想，穿着这样长的衣服，走路已够不方便了，叫她们再如何去工作。在依利沙伯女王时代，妇人们拖着长裙还不算，更要套上一种时式的颈围。这种颈围简直像一副枷，使头颈的活动，失去了自由。在1675年，英国的妇人们，便已经厌恶和反对那种围在颈上的不自由的颈围，不久她们对于走路时非常碍步的长裙也厌恶起来，于是式样较简单的衣服便创行出来。可是，这种简单的服装并没有一直通行下去。不久，又创始穿着一种张开的衣裙了。因为要把衣裙张开，所以里面装一个鲸骨制成的轮，使腰以下张开像一顶帐篷。妇人们穿了这样的服装，因为进门时两旁要碰住，所以只有将轮折叠拢。坐凳子时，必定要占男人两三倍的席位。这种装轮长裙，足足流行了三十年。女人们的苦楚，可以说是吃够了。本来服饰的流行，有着时代的背景。这种装轮长裙，在当时也许是有利于统治者的，因为他们的臣民，至少有一半失去活动的自由，做了衣服的奴隶。于是，在男性中心社会中，这位玛丽·沃克女士在高唤着女子参政权的时候，还要求穿男人们的衣服，她没有知道男人的苦楚，她忘记了现代的男人，有许多正在做衣服的奴隶，并且在热心羡慕着女人们得到衣服解放的痛快！

妇女本来和男子一样聪明，工作的能力两性也差不多，但是女子的衣服却给予她们不少利益，增进她们心理和身体的工作效能。所以，男子们倘若再不注意到科学家宝贵研究的结果，把传统的服装加以改良，一定不能和女子竞争。人类的文明，将全操于女性之手了！

二十三 心理卫生在学校及家庭中的应用[*]

　　心理卫生，在最近十几年来，已经渐渐引起了许多人的注意。它底目的，在消极一方面，是注重精神疾病的治疗；在积极一方面，是谋人和环境的适应，求心理的健康。精神疾病的治疗，是一种专门的学问，必须请教精神病的医生，当然不是普通一般人所能知道的，更不是普通一般人所可以率尔从事的！但是心理卫生的积极工作，却是教师和父母应当尽的责任。正和身体的卫生一样，我们并不希望教师和父母都能医治儿童的疾病，但是我们却希望每一个教师和父母，都能够注意到儿童的饮食、睡眠和运动，供给一个健康的环境，预防疾病的发生。我们对于心理卫生，也应该有同样的看法。贤明的教师和父母，他们在儿童生活的训练上，日常问题的应付上，以及情绪习惯的培养上，都应该随时随地应用心理卫生的知识，去造成儿童健全的人格。而且，无论什么事体，事先的预防，总比事后的补救要重要得多。消防队救火的技术，无论如何熟练，假使一般居民对于火灾不小心预防的话，少数的消防队是无济于事的。医生的技术，纵使高明，假使大家都不注意自己的身体，不顾卫生，少数的医生，也是无能为力的。同样，培养心理健康的工作，比较发生精神病以后的治疗，更外要来得基本，来得重要。所以，心理卫生的实施，并不只限于医生一种职业，凡是和人类福利有关系的人，对于心理卫生，都应该密切地注意。现在因为限于篇幅，不能把心理卫生在各方面的应用，一一加以说明，所以想单把心理卫生对于学校和家庭两方面的贡献，选择比较重要的几点，介绍给各位阅者，也许对于做教师和父母的人，有一点实际的帮助。

　　先讲心理卫生在教育上的应用，教育和心理卫生有着一个共同的目的，

---

　　* 原文出处：章颐年：《心理卫生在学校及家庭中的应用》，《心理季刊》1937年第2期，第43~53页。

就是培养一个适应的健全人格。学校的使命，教师的任务，早已不限于知识的传授了。儿童到学校来，是整个的人进来的，我们必须对他们整个的人格，加以适当的训练。自从义务教育的法律颁布了以后，每一个儿童都得进学校，因此，有许多责任，在以前可以由家庭来担任的，现在也归并到学校的范围来了。一般传统的学校，不但对于这方面的工作，没有能够尽他们的责任，相反地，它们的一切设施和方法，常是抑制儿童的需要，违反儿童的天性，代表一种破坏人格的重要势力。所以儿童许多行为上的问题，如同成绩不良，态度倔强，不愿意合作，独自幻想，胆小退缩，欺骗，逃学等等，大半都是在学校里开始发现的。甚至有许多发生在学校以外的行为，如同偷窃、性的过失等等，也常是教育不当的结果。自然，这些问题的产生，有很复杂的原因，学校不能单独地负责任，可是学校的过失，常是一个很重要的因子。因此，做教师的应该认清他们自己的责任，努力改良学校的环境，反省训练儿童所用的方法，去除有害儿童人格的因子；这样，对于儿童幸福的增进，一定可以收到很大的效果。但是有些教师，把儿童成问题的原因，完全归咎于别人，认为和学校毫不相干，这明明是有意规避自己的责任，这种态度，实在是不足为训的。心理卫生对于教育的贡献，可以分做四点来讲：

第一，是关于功课失败的问题。有些儿童虽然有着充分的智力，但是对于某种功课，学习的效率，异常之低，成绩总是很差。教师虽然不断的呵斥，警告，报告家长，给不及格的分数，以及采用许多其他的方法，都是无效。其实只要把他们失败的原因，加以分析，就不难发现大半都是由于情绪紧张的缘故。一个学生当初学某一门功课的时候，不幸受到了教师的责备，讥笑，或恐吓，以后他一看见这门功课，就会同时产生情绪的反应。情绪是一种破坏的势力，阻碍学习的进行的。他每次学习这门功课，都在情绪紧张的状态之中，试问怎样能够学的好？怎样会有进步？教师因为他成绩不好，于是就愈会骂他；教师愈骂，他的情绪也愈加紧张，学习的效率也愈加减低。一个儿童时常受到教师的呵斥，家长的训诫，同学的讥笑，他会灰心失望，变成一个自卑的人格。看见功课，早已不寒而栗，试问还有什么勇气去努力？教师原是想用责骂来刺激儿童努力的，绝没有想到会得到相反的结果。在一百年以前，当人有病的时候，常到庙里去烧香祷告，求神的帮助。近代的医学认为这种方法是无效的。我们用责骂殴打的方法，来改变人类的行为，正和求神医病是同样的滑稽。可是不幸得很，因为心理卫生发展的迟缓，一直到现在，还有许多教师当这些方法是很有效的。总之，教师对付这些功课失败的儿童，应该立刻抛弃责骂和讥笑的老方法，代以积极的称赞和鼓励，用同情的态度，缓和儿童情绪紧张的程度，逐渐培养他们的自信力，等到他们自己感觉到成功的满足以后，学习的效率，也自然会增高了。Hurlock① 曾经做过一个实验，他比较两组儿童的算学成绩，一组学生天天受到教师的称赞，另一组学生却天天受到教师责备。受责备的一组，在第一次受到责骂以后，虽然有点进步，可是继续的责备，却使成绩逐渐地下降。受称赞的一组，始终都表示着进步的状态。诸位，这是实验的结果，它比任何的理论，都要有价值。还有些教师，喜欢用竞争做学习的动机，他们在课堂里，比较学生的分数，并且用着讥笑的口吻，对分数少的一个说："你看，某人的分数比你多，某人的分数也比你多，你惭愧不惭愧？"这种竞争的方法，可以引起自卑的感觉，妒忌的情绪，所以也是很不合卫生的。而且各人的能力有大小，智力有高低，人和人的竞争常是不公平的。比较好的方法，是使每一个儿童自己和自己去比，今天的我和昨天的我比，这一次的成绩和上一次的成绩比。鼓励各人去打破自己成绩的记录，让各人都多少得到点成功的感觉，这对于各种功课学习，无疑的是有不少帮助的。

其次，再讲到个别差异的问题。学校中有许多儿童的不能适应，要归源于能力和工作的不相称。一班当中的儿童，能力的差别很大，所以教师所用的教材，决不能适合全班学生的程度，纵使能适合大多数的儿童，对于少数儿童，总不免不是太难，就是太易。同样的教材，在聪明的儿童可以觉得太简单；在同班比较愚笨的儿童，竟可以完全不能了解。在班级制度的学校里，各程课程的教材内容，都有了硬性的规定，不能随意增减，因此一群能力不等的儿童，必须学同样的材料，做同样的工作，并且依据同样的标准，受同样的考试。个性既然和工作不能相称，结果就会发生许多适应上的问题。愚笨的儿童因为教师规定的工作，超过了他们的能力，拼命的努力，也是追赶不上。这些功课不好的儿童，往往会特别顽皮，或者特别倔强。他们自己知道功课的成绩，比不上别人，却希望在吵闹捣乱的一方面，胜人一筹，借此可以得到教师和同学们的注意。他们有意的做这些惊人的罪恶，来弥补功课上的失败。现在已经有好多研究，都明白地指示我们，时常留级的孩子，在训育上是最成问题的。在以前，往往有人误以为愚笨就是行为不良

---

① 指美国心理学家赫洛克（E. B. Hurlock），他通过实验发现，教育中表扬的作用优于批评，批评又比不闻不问要好。——编者注

的原因。到现在我们知道这些儿童的捣乱行为，完全是因为他们在学校里，不能得到成功的满足，因此才养成这种不好的习惯。假使学校里的工作，能够适合各人的个性和能力，这些情形，就不至于发生了。至于聪明的孩子，在传统的学校里，也容易发生不能适应的情形。他们常认教师所用的教材，太简单，太容易，不能引起他们的兴趣。但是，他们对于教材，纵使感到异常枯燥，在上课的时候，还得静静地坐在教室里听讲，不能做自己愿意做的工作。因此，他们常会坐在椅子上面幻想，从想象上获得了满足。这种幻想的习惯，一经造成以后，对于心理健康，是非常有害的。也有些孩子，因为教师所讲的一切，他们都已经懂得，于是就在纸上乱写乱画，并不用心听讲，或者抛纸团，或者谈说话，发生了课堂里秩序的问题，更有些孩子，因为工作太容易，养成了随便的习惯，以后学习任何功课，也都是非常大意，不肯用心，成绩反而不好。Terman[1] 曾经特别指出，聪明的儿童容易失败，就是为了这个缘故。前进的教育家，已经注意到个别差异的重要，主张教师应该依照儿童的能力，去分配工作。聪明的孩子，工作的分量应该特别多，愚笨的孩子，工作的分量应该比较少。让各人都尽了自己的能力。在欧美各国，同一班的儿童，常依照他们的能力，分成三组或五组，用不同的教材，和不等的速度，使工作和儿童的能力，能够适合。在目前的中国，教育经费异常困难的时候，每级要分上三组或五组，会连带到经费，场所，教师，许多的问题，当然不容易实现。可是做教师的，假使能够注意儿童能力的不同，在分配工作的时候有一些轻重。不用留级降班的老方法，来对付能力较低的孩子，这在儿童的物质上，精神上，都可以避免许多无谓的损失和牺牲！

第三，是处置儿童过失的问题，儿童的犯规，都有他们的原因。行为的不好，不过是一种表面的症状，后面还有原因的。教师处置这些问题，假使单注意表面的症状，希望用刑罚来消灭它们，结果常是徒劳的。所以教师处理儿童的过失，应该先细心研究儿童犯过的原因，然后才能有适当的处置。譬如儿童在课堂里谈话，这是最容易犯的一件事，就可以有各种不同的原因。假使儿童的谈话，是关于功课上的讨论，这是正常的行为，应该利用它变成公开的方式。假使儿童的谈话是要求教师的注意，那么教师就应该设法

---

① 此处大概是指美国著名心理学家刘易斯·推孟（L. M. Terman，1877－1956年），他从20世纪20年代开始，致力于天才儿童的研究。——编者注

使他从正当的活动上，得到这个满足。假使儿童的谈话，是因为教材的枯燥无味，那么教师就有改良教材的必要。只有先把儿童成问题的原因，了解清楚，设法补救，才是根本的办法，也才是最有效的处置。

第四，要讲到教师本身人格的适应。要想培养儿童的心理健康，教师的心理先要健康；要想使儿童能适应，教师自己先要能适应。但是不幸得很，许多教师自己是成问题的。他们或者过分严厉，专门吹毛求疵；或者摆出教师的架子，任意打骂；或者喜欢用冷嘲热讽的口吻，讥笑儿童；或者常发脾气，喜怒无常；也有的故意讨好学生，儿童犯了过失，教师装聋作哑，假装不知道。教师的这些行为，都和儿童的适应有妨碍的。教师也是平常的人，不是超人，他们自然也有自己适应上的困难。除出了普通的原因之外，教师这种特殊职业，就是很不容易适应的。一天到晚管理四五十个活动爱闹的孩子，就足够是件麻烦的工作，再加上待遇的低微，职务的繁重，准备的欠充分，行动的受拘束，生活的无保障，这些都是不能适应的重要原因。没有结婚的教师，终年流浪在外面，缺少家庭生活的乐趣，性欲的过分压抑，更外容易发生问题。但是，教师这种人格上的困难，大半是有方法补救的。第一，教师应该从心理卫生的立场，分析自己的行为；要明白真正的动机，谨防自己的欺骗。教师应该时常反省他的一切，是否为了儿童的利益，还是单为了满足自己的欲望？第二，师资训练的改良，使每一个教师，对于教材和教法，都有充分的准备，那么"恼羞成怒"这类的事体，也就可以没有了。第三，校长延聘教师的时候，对于人选，更应该特别慎重，除出了学问充足体格健全两个条件之外，还得要注意人格的完整和适应。

讲到心理卫生对于家庭的贡献，我们也可以分做两点来讲。第一是夫妇的适应，第二是父母和子女的适应。

先讲夫妇的适应，婚姻的关系，对于夫妇的心理健康，可以有好的影响，也可以有坏的影响。它包含着人生最重要的适应，假如这种适应，非常美满，对于心理健康的益处，比任何经验都要来得大。可是夫妇之间，彼此不和，也是心理健康的致命伤。夫妇间的不能适应，有许多的原因。最重要的有三个，第一是一方面太自大。往往有人只知道自己的利益，不顾对方的权利，惟我独尊，武断一切。只有自己是最重要的。倘若对方的需要妨碍到自己的欲望，立刻就会引起冲突。夫妇间有许多口角，都发源于极微小的事体。只因为一方面始终不肯让步，才把事情弄僵。夫妇不能适应的第二个原因，是父母的干涉。有些父母早已养成了干涉的习惯，喜欢顾问子女的事体；也有些父母和子女的关系太密切了。尤其是寡妇和独子，他们从小就是相依为命，不能分离，一旦儿子和另外的女子结了婚，儿子的爱给媳妇抢了去，年老的母亲就不免有点伤心，有点妒忌。因此总怪媳妇不好。假使这年轻的丈夫，在心理上还是依赖着他的母亲的，这个问题就变得更外复杂。他们三个人间的关系，自然是极不容易适应的。在中国的旧家庭里面，因为婆媳的意见不对，影响到夫妇的感情的，真不知道有多少！第三，性的不适应也是婚姻关系上的一个重要问题。许多夫妇间的冲突，是由于性欲强度的不一致。一方面感着强烈的需要，而对方却不能使他满足。性的冲动假使得不到满足，精神上会产生一种紧张的状态，自然会感到痛苦和不安。而且性的问题，一向是被认为秽亵不雅的，不能公开讨论，父母不告诉子女，教师也不告诉学生，所以一般男女青年，对于性的知识，常是异常缺乏，正因为彼此事先都没有准备，一有困难，就更外不容易适应。我们明白了夫妇间不能适应的原因之后，知道要想保持美满的婚姻关系，第一，一方面应该承认对方面合法的动机，不但不应该加以阻挠，并且应该帮助对方，促其实现。第二，家庭中发生的问题，应该用客观的态度，平心静气的讨论，共同商量一个解决的办法。千万不可意气用事，或者固执自己的成见。正当的性教育，尤其需要。一个美满的婚姻，当然还包括其他的因子，但是家庭生活和性的适应，却是最重要的。

其次，要讲到父母和子女的适应，父母和子女的关系，对于儿童人格的形成，非常重要，这是谁都知道的。父母影响儿童的行为，可以有直接和间接的两方面。直接的影响包括教训，指导，以及各种惩罚和奖励。间接的影响是指无意中的暗示，虽然在形式上不及直接的影响，来得明显，可是却有很大的力量，所以实际上反而更外重要。父母平时的一举一动，态度习惯，处处都可以决定儿童的行为；并不一定要直接的教训，才能影响他们底人格的。例如母亲是怕狗的，虽然她并没有教她的子女也去怕狗，可是她自己见了狗的那副慌张样子，就足够暗示她的子女：狗是可怕的东西。又如小孩子闹脾气的时候，可以得到母亲的安慰和注意，以后便自然而然地养成了发脾气的习惯。虽然他的母亲并没有教他发脾气，但是她的注意，在无形中就是一种暗示，仿佛对孩子说："你以后要我注意你，只要发脾气好啦！"所以，要想儿童的人格，有健全的发展，父母自己先要能够适应，然后才可以给一个好榜样，让孩子们去仿效。有些父母把子女当作宝贝看待，这和儿童人格的发展，也是有害的。儿童假如从小太受父母的宠爱和保护，大起来他们便不能离开父母而生活。做父母的应该认清儿童是社会的一分子，不是父母的私有物，所以应该逐渐鼓励他们，养成独立自主的习惯，不可永久把他们藏在自己的怀抱之中。保护过度的儿童，他们和父母的关系太密切，假使一旦要离开家庭，到社会上去，心理上便会感到极大的痛苦。所以儿童的大部分时间，父母应该给他们一种自由，不必处处去管理他们，照顾他们。过分的照顾和过分的疏忽同样的有害，只有自己从尝试错误中所获得的经验，才是真正有用的学问。自然，父母应该始终和子女保持着亲爱的关系，使子女信托他们的父母，有困难的时候，会坦白地去向他们请教。这种能够独立，而同时又信任父母的孩子，大起来一定可以格外满足父母的希望！总之，做父母的，不但要自己能够适应，并且要懂得指导儿童适应的方法。父母教育已经成为心理卫生运动中的一种重要工作。我相信下一代的青年父母，对于儿童的心理卫生，一定有更伟大的贡献！

心理卫生应用的范围，本来很广，实业界，医学界，为了增进人类的福利，都有懂得心理卫生原理的必要。本文所讲的，单是在教育和家庭两方面的应用，而且就是这两方面的应用，要详细地写起来，也可以写上一本厚厚的书。作者不过提出主要的几点贡献，介绍于阅者，希望藉此引起大家对于心理卫生之研究而已！

二十四　师范学校的矛盾形态[*]

　　"师范生实在不容易做，简直不让你休息片刻。三月二十九日各地各校都放假，而本校乘机举行参观。我们每天除了日常生活所费的时间外，还要做日记、各学科笔记、理化实验报告、数学习题等等的繁重工作。每周上三十九小时的课，当然是我们应尽的义务；此外尚有规定时间的服务民众教育，受严格的青年团训练。逢到什么会，什么运动，那更是要命。如最近要在绍兴举行一个浙江省中等以上学校社会科成绩展览会，于是我们的工作更为紧张。事实上我们将所有的精神时间，完全应用尽了，但是在教师看来，仍是常常说我们的程度太低。国文先生说我们信也写不通，理化教师批评我们普通常识都不知道；于是热心的教师，常常有建议学校增加教学时间的提议。可惜啊！我们原也承认自己的程度不好，但是我们在睡前饭后的一分一秒钟都不肯把它浪费；厕所食堂随处可以发现蜡烛头，路灯壁角都站着我们的同学。我们一天到晚只要体力许可，情愿不休息，但是事实上可能么？"这是某师范学校二年级学生俞君最近写给作者信中的一段。

　　师范生功课的繁重，的确是事实；师范生课外活动的众多，的确也是事实。可是在这样严格的训练中产生的师范毕业生，他们不十分能胜任其职也是事实。其中重大的原因，自有待于专家的探讨，现在将普通师范学校已成为问题的事实，据鄙见所及，列举如下。

（一）教材的质量超过其授课时间

　　凡是当过师范学校教师的人，谁都感到时间的不够支配。我们假定普通高中的功课是恰当教授所需的时间，若把它和师范学校的课程比较一下，师

　　* 　原文出处：章颐年：《师范学校的矛盾形态》，《教育杂志》1937 年第 7 期，第 143 ~ 146 页。

范生所遭遇的困难，实在是不容否认的。例如物理，普通中学每周六小时，师范学校仅四个小时。化学，普通中学亦为六个小时，师范学校仅四个小时，而二小时的实验，须在课外举行（实际上这课外的二小时，普通师范学校往往因各种困难，事实上并没有的，实验的工作也在四小时内举行）。但是他们所用的教材和课本，完全和普通中学相同；并且依照部分师范课程标准的规定，更需加授类乎理化教学法的材料。其他如史地，在普通中学三学年中每周均为四小时，师范学校每周仅三小时，且须在二学年完毕；其所用教材课本，又何尝不和普通高中一样？这样一来，教师感到时间不够，学生往往食而不化。教师要完成任务，学生要毕业会考，于是先生们舌烂唾飞，大施其注入式的演讲；学生们埋头苦读，过其洋蜡烛下的生活。

（二）教材的重复现象

在普通的师范学校中，我们一方面感到教材的质量过多，可是另一方面，我们又觉得教材太重复了。这种矛盾的现象，的确是事实。有一位师范毕业生告诉我，说他在师范学校里，桑戴克的学习定律读过四次。浙江省第一次师范会考，在不同的教育科目中，这定律也居然就考了好几次。作者曾经分析商务印书馆出版的陈礼江著《教育心理》、赵廷为著《小学教材及教学法》、孟宪承编《教育概论》、朱君毅编《教育测验及统计》、杜佐周编《小学行政》等五本书的内容，统计了一下，发现下列的重复现象。

科目\比例\重复现象	教育心理	小学教材及教学法	教育测验与统计	教育概论	小学行政
	12	13	15	12	12
教材与课程		第一章　绪论 教材的意义 第二章　小学教材与教科书 小学教材的组编原则和方法 小学教材选择分量支配及排列之一般原则		第七章　课程 什么是课程 课程的改造 教材的选择 教材的组编	课程问题 课程意义—选择教材的原则—组织教材的原则

科目 比例 重复现象	教育心理	小学教材 及教学法	教育测验 与统计	教育概论	小学行政
	12	13	15	12	12
教学原则	第二编 第八章 本性改变学习 及学习定律 桑代克与学习律 次要学习律 同时刺激原理 交替反应	第三、四二章 教学方法所根 据的重要原则 自动原则 类化原则 同时学习原则 第五章后之各 种教学法		第八章 学习的原则 教学法的分类	
智力测验 与教育 测验	第六章 本性的 测量 本性测量之需 要及贡献 智力测验 皮奈西蒙的贡献 推孟与智力商数 中国智力测验 的编造 工作测验 特殊能力及其 他本性测验 本性差异 本性差异的意义 及研究的重要 第十三章 教育 结果的测验怎 样求得 T，B， C，F		第一章 绪论 测验的历史和 种类 智力测验的历 史，教育测验 的历史，测验 的种类 第二章 智力测 验，智力的解 释，智力怎样测 验，团体智力测 验，文字智力测 验，图形智力测 验，陆氏订正皮 奈西蒙智力测验 第十二章 怎样 求 T，B，C，F	第一章 儿童 的发展 智慧和个性差异	第七章 教务 测验与试验 测验的种类 与性质 测验的功用
学籍学级 编制				小学组织 儿童学籍编制	第六章 教务 学籍编造 学级编制

续表

科目 比例 重复现象	教育心理	小学教材 及教学法	教育测验 与统计	教育概论	小学行政
	12	13	15	12	12
组编系统				第四章　学校 系统 第五章　教育 行政	第五章 组编系统

注：（1）比例的求得是以全书的页数计算，即为其全书页数的几分之几；（2）上面所列举的是直接类同，至于间接类同，如自学辅导，适应个性的教学等，《小学教材及教学法》和《教育概论》都有说及，因原书著作者归类不同，页数不易统计，不能列入；（3）上面的比例数是一种大概的状态。

从上表列举的事实，我们已可感到教材重复过多，事实上恐怕还不止此。例如赫尔巴特[①]的五段教学法、道尔顿制等等，至少重复在二处以上，但是上表均未列入。其他如生物学方面遗传一章，多和教育心理重复，也未列举。这样多的重复是否属于浪费，是很值得注意的一个问题。但是这个责任，我们不能归咎于著者，我们更不能归咎于出版家，我们相信，这是课程标准规定各科教材大纲的时候没有通盘筹划的结果！

（三）师范生的自修时间问题

从上午六时起床，到晚上九点钟就寝，一共有十五小时可以活动，但是事实上仍不够支配。早晨六时至八时有盥洗、整理内务、升旗典礼、精神讲话、早操、早膳、整理课业用品；八点到十二点为上午上课时间；正午十二时到下午一时，要排队、午膳、盥洗、休息；一时到三时上课；四时至五时为强迫的课外活动；五时后要洗澡（运动后），要休息，要晚膳，或到图书馆翻阅报纸。所以真正可以自修的时间，在于晚间七时至九时。不开会，不听讲，每周六天，也不过十二小时。照上面计算，每星期上课时间为三十六小时，照部分课程标准，各学期每周上课时间，也都在三十小时以上。并且事实上因春假后一年级学生须集中军训，三年级学生须毕业会考，各种功课非增加时数不可。甚至在时间表上无法增加时，还要利用星期日去上课，所

---

① 原文为"海尔巴脱"，今译作"赫尔巴特"，是指德国哲学家、心理学家和教育学家赫尔巴特（J. F. Herbart，1776–1841年）。——编者注

以会像前面引的一段信中所说的某师范学校二年级上学期，每周就有三十九小时的功课。总之，即使照部分课程标准计算，师范生的自修时间，每周不到二十小时，这时间究竟够不够应用呢？像算学、理化、生物，每上一次，课前的准备，与课后的整理，至少须二小时；其他教育学科要看参考书，要整理笔记；地理要画图，音乐要作曲；每个学生如认真做去，总会超出这有限的时间。况且师范生到二年级后，在小学中要实习，参观要缴参观报告，教学实习要先编教案，实习后要批改薄本；以上还是有形的规定。此外更有许多训练和活动，既不能妨碍正课的时间，只好在课外举行，但是事前的准备和事后的休息，常须占据可惊的时间；即如不参加活动的学生，他们事前事后情绪的失常，学习效率的低下，也都是显见的事实。这种活动像运动会、成绩展览会、游艺会、提灯会、军事检阅、植树演讲、新生活服务宣传、青年团训练、民族教育、课外参观等等，非常众多。作者并不反对举行这种活动，不过以为应该估计师范生自修的时间，注意事实的困难。一般责备师范生程度低落的教师，更应该深自反省。

（四）师范的中学化

师范教育自有它特殊的使命和目的，所以师范学校必须单独设立。可是现在一般师范学校，有很大的中学化倾向。我们不仅从上面所举的教材上可以看出，从学生努力的方向上更容易明白。师范生最感困难的是数理化的科目，他们平时在这上面花的时间也特别多，可是成绩却仍旧很差。我们一调查各师范学校关于历年各学科成绩不及格学生的统计，算学常估五分之一左右，理化生物也占很大数目。因此，师范生大部分的自修时间，都是做算学、看理化，对于专业训练所必需的教育科目，反而置之不顾，这和普通中学的训练又有什么分别呢？诚然，数理化都是基础科目，但是和师范生终身更有关系的专业科目，作者认为更其重要。与其花许多时间去学小学中应用较少的二项、定理、真空放电、元素周期、减数分裂，不如多读儿童心理、心理卫生、教育视导、教材选择等类的书来得实际。总之，目前师范学校的中学化，至少也是成问题的。

（五）师范课程的应改造

中国农民占全人口的四分之三，其影响我国前途的重大，可想而知。再以师范生的出路言，在乡村中服务的，总估绝对的多数。所以不论站在师范教育目标的立场上说，师资的出路方面说，我们确定课程的内容应以此为出发点。如农业实习、农村经济、肥料学、农具制造及修理等科目，在乡村中服务，实在是必需的。现在各县市乡镇都实施民众训练，小学教师往往兼充训练的教官，像浙江嘉兴等处，都已实行；但在师范学校的课程标准中，找不到民众教育的课程。师范生的不能胜任其职，不能适应环境，岂偶然哉！岂偶然哉！

二十五　关于学校儿童心理卫生的几个问题[*]

（一）教师应减少儿童失败

有一点常为学校及教育行政当局所忽视，而在心理卫生的观点上，却占极重要底地位的，那就是儿童的"失败"问题了。儿童因为在某一事上失败了，教师、家长、同学，甚至亲戚朋友，都轻视他、责备他、讥笑他，试想他当时内心的苦闷，实在是非言语可以形容的。倘若一再失败下去，则结果不出下列两者之一。

（1）失却自信力，做事毫无勇气，即使是很容易的事，也不敢去做，偶然勉强去做了，也特别容易失败。因为吾人做事最需要自信力，没有自信力的人，很少有成功的希望。失败的次数愈多，失败也格外容易，最后必至产生"自卑的感觉"，成为一种精神病。

（2）喜欢捣乱，想在做坏事的方面，胜人一筹。普通儿童都有引起人家注意的愿望，功课方面既比不上人，只好从另外方面发展，以求取得他人的注意。喜欢捣乱的顽劣行为就从此发生。

以上两种弊害，尤以前者为最严重。关于这点，心理卫生专家与实际教育者——教师的见解不同。教师往往以秩序捣乱的儿童为顽劣，而心理卫生专家则反以静默不动的为有问题。因为程度高深之后，可以成为一种精神病，叫做"早发性痴呆"[①]（Demontia Praecox），很不容易治疗。

和失败有密切关系的，便是留级。据美人史丹瞿[②]（Strayer）调查，美国儿童被留级者占25%。中国虽尚无是种调查可资比较，但较数年前张文昌先生的调查，中国中学生之被留级者，竟占23%。吾人当知中学生为曾受淘汰而获选的学生，留级人数之多尚如此，则小学生之不幸受此待遇者，

* 　章颐年先生讲，凌世钦、应毅记：《武岭学校小学部期刊》1937年第7期，第10~15页。
① 　原文为"少年痴"，今译作"早发性痴呆"。——编者注
② 　指美国心理学家斯特雷耶（G. D. Strayer）。——编者注

为数当更惊人。

推孟（Terman）曾说："儿童的留级，非但是儿童的失败，也是学校的失败。"陶行知先生也做过"打倒留级"的歌，俞子夷先生曾在教师之友中发表他反对留级的意见，可见一般开明的教育家，早就注意到留级的弊病了。然一究实际教育者的态度，颇使人失望。有若干教师竟以留级儿童数之多，引以为荣，尤其是都市中之私立学校，他们因为经费太少，又无政府辅助，常常滥招新生，一学期以后，便大批地淘汰出去，一方面又另招一批新生来补充，这样循环不息，他们校里的经费就不忧匮乏了。纵使和学生的心理健康无害，已经为道德所不许，何况学生心理上所受到的打击和摧残，又是很大的呢？所以我主张宁可招生时稍予慎重，因为学校学费收入的减少，这种物质上的损失，是有限的，而学生因为留级或退学的缘故精神上所遭受的损失，才是不可数计的。

现在一般学校，不论大学中学小学，均竞言"提高程度"，倘使提高的限度为课程标准所规定，犹可原谅。但他们往往要超过了许多，而且仿佛以超过愈多为愈好，因此社会上一般人每以毕业生升学被录取人数的多寡，作为学校优劣的标准，录取的人数多即是学校办得好，否则即是学校办得差，无人请教。至于中学因为要限制人数，所以入学试题，又不得不超过小学毕业的标准。这简直是只顾学校自己的名誉，丝毫不替儿童着想。"一将功成万骨枯"，我们要反对这种态度。本来中国的课程标准，已较外国为高，现在各校又把它加倍提高。自然失败的儿童也格外多了。

美国心理卫生专家 Burnham[1] 说："学校里常常失败的儿童，是精神病院中的候补者。"我们要避免儿童患精神病，必先预防儿童的失败，要做到这一点，教师就有下列几种责任：第一，教师支配儿童的工作要适合儿童的能力，不可太难，否则终不免于失败。第二，教师要发现儿童的疾病，不论是心理的或生理的，都应该加以治疗与补救。因有病的儿童，格外容易失败。譬如近视眼的人，往往不晓得他自己是近视的，倘教师或家长均未曾发现他的近视，或虽发现而不加以注意与补救，竟使他和普通儿童受一样的待遇，自然很容易招致意外的失败。此外如耳聋、牙痛，或其他疾病，也一样能使儿童失败，为教师所必须注意的。第三，教师不要常用竞争的方法来刺激学生努力，因这方法用得不好，是很危险的。如果竞争的人能力相仿，尚

---

① 指美国心理学家威廉·伯纳姆（W. H. Burnham）。——编者注

无多大问题，否则优胜的总是优胜，失败的永远失败，优胜的因此生骄傲，粗忽，怠惰之心；失败的因此生自卑，妒嫉，怨恨等心，结果，对两方面都是有害。近来有人主张以团体竞争代替个人竞争，自然团体竞争中包含着互助，合作，牺牲个人等高尚精神，比个人竞争要好得多了。但相竞争之两团体，如实力相差过远，亦无意义。且两团体之分子，亦应时常调动，以免养成敌对的态度。

有许多教师常借故推诿自己的责任，他们常常说：某孩留级，完全因为他的程度不佳，或者行为顽劣，或者生得太愚笨，或者以前教师没有教得好，或者家庭环境太恶劣，或者学校设备的太差。仿佛他自己丝毫没有过失，过失全在别人。但开明的教师则把这种责任归自己负担，他设法推究儿童失败的原因，又设法解决其困难。美国有"教师父母联合会"举办的"夏季巡回视察团"，乘暑假的时候，派了医生到各家去，把有病的儿童治好，以使下学期入学时仍为健康的好孩子。这是预防失败一种极好的方法。

（二）教师要注意儿童的心理健康

现在学校中成问题的儿童真是很多，譬如偷窥，说谎，不说话，孤独，顽强反抗等，这些都是精神不健全的表示。上海中华职业学校办有职业指导所，据他们经验，来所受指导的青年，心理不健康的很多，这实在是一个极严重的问题，值得大家注意。如果在小学中不乘他起初时的易于治疗而治疗，则以后就难于治疗了。譬如肺痨，在初期时治疗，当比第二期容易些，至于第三期，简直很少有挽回的希望了。故小学中对于儿童心理健康的注意，其责任更重于中学与大学。

但要儿童心理健康，教师本身也必须先要心理健康，心理不健康的父母，常能使子女的心理也不健康；心理不健康的教师，能使更多的儿童心理不健康。故教师谋本身心理的适应，更比做父母的为重要。然教师这种职业，本来就不易适应。有许多人，本来心理很健康的，一到做了教师，不久心理就渐渐失常。一种是因为社会对于教师的监督很严，所以做教师的不得不多所顾忌，勉强克制自己的欲望。个人的欲望长被压抑，就成为精神病的主要原因。此外工作繁重，神经过度紧张；待遇菲薄，生活不得安定；也为极重大的原因。据张钟元先生调查，全国小学教师平均每月只有十六元薪水，在这米珠薪桂的年头，维持个人生活，也还不易。再加上教师职业的无保障，时刻有失业之虞，这也是使教师心理失常的一个原因，所谓心理失常，不一定是杀人打人才算，凡是容易动火，常用体罚或精神抑郁的人，都是失常的表现。教师自己的心理先不健康，儿童心理的健康是无从谈起的。

二十六　训育的转变[*]

在前进的学校——尤其是婴儿院里，"训育"一个名词，已经不常用到了。它之所以被屏除于教育辞汇之外的缘故，全是因为一班人把训育的意义看错了。他们往往把训育和惩罚看做了一件事；又把训育当做是军国主义的遗孽，以为它只知叫人盲目地服从。在这两种情形之下，儿童自治力和创造力的发展，自然全都受了阻抑。"训育"这一个名词的不受人欢迎，也正为此。

其实，为了培养儿童成为一个有效率的人，广义的训育——指导——并不可少。我们须把儿童从别人的管理训练到自己的管理。从被动转变到自动，这总是训育最终的目的。我们现在从家庭、婴儿院和幼儿园三方面，来看这个问题。

在家庭里，父母对于子女，多过分注重服从。他们指挥了儿童全部的生活。大人的命令，小辈是不能违抗的。结果不是把儿童造成一个胆小不能自主的呆子，便反因此把儿童养成了处处反抗的态度。其实，小孩子除出了饮食、睡眠、洗澡和大小便等日常的工作，为了应该有固定时刻的关系，需要大人的注意以外，其余许多小事体，尽可以给儿童以充分的自由。所以家庭里应该尽量地减轻成人的压力，供给儿童自己管理的机会，总是贤明的父母所应取得态度。

在婴儿院里，我们却又觉得他们对于儿童有点太放任了。儿童的一举一动，大人处处干涉，固然不对；但是完全让他们自己去，<u>丝毫不加顾问</u>，亦非所宜。两岁左右的婴孩，在游戏的时候，虽然同在一起，大都各干各的事：你堆积木，我玩沙床，他骑木马，彼此很少关系，所以不去指导，还不

---

　　[*]　此篇为章颐年翻译的文章，后发表于《教育杂志》1939 年第 2 期，第 78～79 页。原文为 M. H. Arbuthnot. Transitions in Discipline. *Children Education*. Nov. 1938。——编者注

致有何问题。可是年龄较大的孩子就不然了，他们会以强凌弱，以众欺寡，发生种种反社会无理性的活动。有人以为大人不去干涉，儿童也一定会自己起来制裁，事实上却完全不是如此的。年大的小孩，凭借了武力获得了满足以后，会把这种反社会的行为，认为是一种当然的模式，除非有人在旁给予善意的指示，把它们纳入正轨。所以，为了保证儿童的健康和安全，为了使儿童知道团体的法律，为了要儿童对于自己的行为负责任，成人的指导和解释，是不可少的。

再讲到幼稚园和小学里，在这儿，一班的人数较多，所以团体活动和团体训练更是流行着。正为了这缘故，一切都总任凭教师摆布，儿童变成被动了。我们并不反对团体活动，幼稚园的主要功能，原来就在引导儿童过复杂的社会生活。但是我们以为单独的个人活动，可以避免受到过度的成人指导，使儿童获得自我管理的经验，也是同样地必需的。现在一般的幼稚园和小学，似乎太注重儿童的社会活动而忽略了他们的单独工作了，在学校里，后者是应该和前者同样地被重视的。

二十七　指导儿童的社会发展[*]

心理卫生学家对于儿童人格适应的评判，最重要的一个标准，就是看他的社会行为是否适合。在过去几年中，这方面的研究，已经由叙述的时期进而至于实验的时期。这对于发展儿童社会行为的指导，自然有不少实际的裨益。

（一）身体发展的重要

有好多研究，都证明在学校中最受同学欢迎的孩子，便是体格健壮毫无缺陷的人。因此，学校对于儿童健康和游戏的注重，不但是仅为了儿童身体的本身，同时对于他们的社会适应，也可以有间接的帮助。哈迪^①（Hardy. M. C）的研究，又发现凡能得着大众注意的孩子，总有一种特长的性质，无论在哪一方面。所以先天身体上有缺陷的孩子，教师应该设法发展他们的别种性质，使他们从别方面得到补偿。

（二）玩具的重要

约翰逊^②（Johnson. M. W）和范阿尔斯泰（Van Alstyne. D）研究的结果，认为玩具和儿童的社会发展，关系也很重要。玩具把儿童拉在一起游戏。没有玩具，儿童们就缺少共同的兴趣，再也合不拢来。勉强地把他们合在一起，不但时间不会长久，而且往往还要发生吵闹打架等事故呢！

约翰逊又以为玩具不能太多。太多反和儿童的社会发展有碍。其实只要教师能加以适当的指导，使儿童们知道如何合作，如何共用玩具，玩具多一

---

* 此篇为译文，后发表于《教育杂志》1939 年第 2 期，第 77～78 页。原文为 D. McCarthy：Guiding Children's Social Development. *Children Education*. Nov. 1938。——编者注
① 原文为"哈台"，今译作"哈迪"。——编者注。
② 原文为"强生"，今译作"约翰逊"。——编者注。

些是不要紧的。

范阿尔斯泰的研究，指示出何种玩具较易引起儿童的谈话，何种玩具能支持较长久的兴趣，教师正可以利用这些指示，对于儿童的社会发展，作个别适当的指导。例如一个性情孤僻的孩子，应该引诱他去使用某种有合作性的玩具；一个狂躁不定的孩子，应该鼓励他去从事那种兴趣比较长久的游戏。

（三）社会态度是可以改变的

最近好些研究，都相信儿童的社会态度，虽然各人差别很大，但是并不是固定了不可改变的。科克① （Koch. H. L） 曾经把一班落落寡合的儿童，训练成活泼好群的孩子。杰克② （Jack. L. M） 也做过一个相仿的实验，他训练五个性情畏缩的孩子，教每人学会一种新奇的把戏，使他们借此可以雄视侪辈。结果，畏缩的态度都被改变过来了。

（四）适当社会行为的直接教导

团体生活，需要适当的社会行为。所以在婴儿院里，抢攫、殴打、讥笑等行为，常被限制；而合作、互助、依次序等习惯，却常被鼓励，教师的这些直接教导，对于儿童社会适应能力的发展，根据马莱③ （H. Mallay） 在婴儿院中观察的结果，认为确有显著地成效；而且两岁的婴儿，在这方面可以和三四岁的孩子有同样多的进步。所以教师在注意儿童的健康和物质环境之外，对于社会生活的成功方法，也应该加以指导。我们相信这种努力是不会徒劳的。

---

① 原文为"科区"，今译作"科克"。——编者注。
② 原文为"甲克"，今译作"杰克"。——编者注。
③ 原文为"马来"，今译作"马莱"。——编者注。

二十八　一封致父母的信[*]

在这快过新年的时候，许多父母都要选择适当的玩具，给他们的子女做礼物。但是怎样才是好玩具呢？下列的几个标准，是许多著名的教育家认为重要的，可以供父母们的参考。

（1）玩具应该要耐久的。那些容易破碎的玩具，常会使小孩子不欢，并且养成他们破坏的习惯。有法条的玩具，不但不能经久，而且很少建设的价值，以不买为是。

（2）玩具应该要安全的。例如，枪足以养成儿童轻用武器忽视人命的习惯，所以不能视为好玩具。

（3）玩具应该要容易洁净的。例如许多洋囡囡^①或者布制的动物，可以放在水中沐浴，至少衣服可以脱下来时常浣洗。

（4）玩具的颜色形状和外表应该有审美性的。丑怪的人形及出噪声的玩具，都应避免，选择乐器，应该以和谐愉快的声音为标准，假使你重视你的子女在音乐鉴赏的发展，那么声音不准确的乐器，最好不买。

（5）玩具应该适应儿童年龄的。有些玩具，能适应儿童的生长，例如积木、黏土和其他建设性的玩具，因为有许多不同的玩法，所以玩的时期可以长久。

下面一张单子，代表适合幼稚园年龄儿童的玩具。

①发展身体的玩具：可驾驶的小车、跳绳、雪铲、球。

②发展感官的玩具：乐器。

----

* 此篇为译文，后发表于《教育杂志》1939年第3期，第69~70页。原文为 A Letter to Parents. Children Education. vol. xv，No. 4 December. 1938。（美国 Wisconsin 州 Sheboygan 幼稚园教师在1937年12月，给学生家长一封公开信，讲到关于玩具选择的问题，这篇便是从原信摘译下来的。——摘者附注）

① 指洋娃娃。——编者注

③教育玩具：可洗浴的橡皮人、衣服可穿可脱的洋囡囡、方碗碟、不易破碎的飞机模型、布置家庭用的小器具（例如桌椅、扫帚等）。

④建筑用的玩具：积木、木工具、大头钉。

⑤手工材料：黏土、剪刀、白纸及色纸、笔及颜色（填色画足以阻碍儿童的自由发表和创造力）。

⑥室内及室外游戏：豆袋、掷环。

二十九　精神病我见 [*]

西风月刊编辑先生：

昨自香港来沪，在船上购得八月号《西风》一册，得读袁溶昌医师讨论精神病与神经病译名一函，不胜欣幸。

溶昌先生主持上海北桥普慈疗养院医务有年，成绩卓著。该院系国内设备最佳之精神病院。"八·一三"以前，笔者在上海大夏、光华、暨南等大学讲授变态心理及心理卫生等课，常率学生前往参观，年必二三次。以是得识袁医师，并承指教甚多，至今尤深感激。精神上的疾病，从原因上看，原可大致为二种，即一种能从病人身体上觅得病原者，一种不能从病人身体上觅得病原者。前者系"机体的疾病"（organic disease），后者系"机能的疾病"（functional disease）。

但从程度上看，精神疾病亦可分为两种：一种为程度严重，病人之行为与常人迥异者；一种为程度轻微，病人之行为与常人相差无几者。前者英文名"psychosis"，后者英文名"neurosis"。

根据教育部公布之《精神病理学名词》，"psychosis"译作"精神病"，"neurosis"译作"神经病"。故精神病与神经病之区别系程度的，而非原因的。

精神病与神经病又均可再分为机体的与机能的两种。机体的精神病如"麻痹性痴呆"（general paresis），此病系因梅毒细菌侵入大脑所致；机能的精神病如"早发痴呆"（schizophrenia or dementia praecox），至今犹无人能从病人之身体内觅得疾病之证据。机体的神经病如"神经衰弱"（neurasthenia），系用脑过度所致；机能的神经病如"歇斯底里"（hysteria），病人之行为变态而身体上无伤害者。

---

[*]　原文出处：章颐年：《精神病我见》，《西风月刊》1939 年第 38 期，第 230 页。

因此精神病与神经病二名词，有其特殊之意义，不能与机体的疾病一名词相混。

又“neurology”系研究神经之构造及作用之学问，并不专重病态，故译为“神经学”，似较译作“神经病学”为妥。治疗精神疾病之医生必须学习neurology，但neurologist则并不一定能懂得或医治精神疾病也。

笔者研究心理学，对于精神上之疾病，尤感兴趣。惟究非医学出身，旅中又无参考书籍，本不敢率尔妄谈。因见编者于《编者的话》中，欢迎讨论，用敢不揣谨陋，谨贡拙见，尚乞濬昌先生及阅者教之。

三十　学校兼办社会教育的人力和财力问题[*]

　　为了要使学校和社会打成一片，使学校教育的效能，扩充到学校的大门以外，教育部在二十七年五月颁布《各级学校兼办社会教育办法》十三条；并且通令各省教育厅和各大学，一体遵照。学校兼办社教，并非一种新创举。在八九年前，浙江省教育厅已经有《中小学兼办民众教育》的单行法。不过当时推行的范围，只及一省；现在则扩充到全国。当时兼办的机关，只有中小学；现在则包括职业学校以及专科以上学校都在内。当时举办的事业，只有民众学校、板报等数种；现在工作的项目，却有几十种之多（参看教育部颁布《办法》第二、三、四、五条）。浙江省中小学兼办社会教育，虽然已有近十年的历史，但是成效甚小。推究其基本原因，全在于各校的人力和财力无法支配，这两个先决问题，倘若不给解决，则教育部所颁布的《办法》，亦必将同样地成为一张画饼充饥的具文，不能兑现的支票。不但"革新社会"的远大目标，无法达到，即连"服务社会"四个字，恐怕亦都谈不上哩。作者现在根据过去浙江省的情形，来检讨教育部订定的新办法；同时并贡献一些管见，以供教育行政当局的参考。

（一）人力问题

　　学校兼办社会教育，并非一件轻而易举的事体。部颁《办法》第七条说："各级学校兼办社会教育，教职员及学生均应参加。"本志主编黄觉民先生，已经在《学校兼办社会教育的问题》（参看本志第二十八卷八号）一文中提到师生负担能否胜任的问题；并且特别指出现在中学生，工作过于繁重，恐怕"读书服务，两败俱伤"。这真是真知灼见之言。其实各级学校教

　　* 原文出处：章颐年：《学校兼办社会教育的人力和财力问题》，《教育杂志》1939 年第 3 期，第 37 ~ 44 页。

师的工作，近几年来，经教育行政当局一再增加，其繁重程度，实亦不次于学生。教师亦是人，人力总有完尽的时候。中学规程规定一个高中之专任教员，每周需担任十八至二十二小时的功课；一个初中的专任教员，每周须担任二十至二十四小时的功课；再加上准备、批改和进修的时间，所余已就有限；更还要兼做导师，负着指导学生全部思想行为的重大责任。小学教师，除每周普通担任一千几百分钟的教学工作以外，大半尚须兼理校务。举凡文版、会计、图书馆管理员等等，也全由级任教师来兼任。他们早已兼有一种工作。一之为甚，其能再乎？至于大学教授，常被人误看作是一种清闲的职业。事实上他要每周担任十二小时以上的功课——国立中山大学和国立暨南大学都规定专任教授每周授课十二小时。私立大学，自然更不止此。要指导毕业论文，要进行专题研究，这亦是教育部新近指定要做的一种工作。要阅读新出书报，要推销学生出路，这虽然不是法律上的责任，可是在中国，却成为道德上的义务了！这许多事体，也够忙了吧！所以一个尽职的教员，无论他是大学教授或是中小学教师，会觉得整天连休息的时间都没有——不尽职的教员，当然是例外——哪还有余力来做"兼办"的事体？

过去浙江省中小学兼办社会教育的情形是怎样呢？先来说兼办的民众学校。民众学校是社会教育的主要工作之一。它是减少文盲、提高民智、补救失学民众的唯一机关。部颁《办法》第三条和第五条，规定中小学校必须兼办民众识字教育，可见对于民众学校的重视。在浙江省，中学兼办的民众学校，大都由学生去办理，作为学生的课外活动。教师名义上是站在指导的地位，实际上是"全权托付"，很少去加以过问。学生来办民众学校，有一个最大的缺点，就是由一级学生或许多学生轮流担任做教师。今日张三，明日李四，每天换一个新先生，换一副生面孔。这对于来学的一般民众，将会感到如何的不便和失望？民众学校的学生，常是开学时很多，以后逐渐减少。教师的时常更换，实是一个重要原因。所以这点很值得注意。至于由小学兼办的民众学校，自然不能让小学生去办。但是小学教师，不但工作忙，又大都是女性。民众学校的学生，分子复杂，三教九流，无不具备。由年轻的女教师去应付，事实上也有困难。于是小学兼办的民众学校，就不得不由一位小职员——如书记之类——去办理。成效如何，也可想见的了。

除民办学校以外，浙江省中小学还办些板报、民众代笔等事业。所谓板报，只是寥寥的几条。有时要隔一天贴一次，有时还是前几天报纸上登过的消息。很少的民众注意学校门口的板报。至于民众代笔，却不过是一块好看的招牌而已！登门请教的老百姓，统计一年中，不知有没有十个人。他们情愿花钱请"拆字先生"去代写，根本不知道如何来利用学校。我们并不怪教师不努力，只能恨他们天生的精力太有限！

《办法》中有几项工作，非有大量的人力不可。例如函授学校，就不是少数人所能兼办的；讲义编辑、问题解答、试卷批改、成绩登记、邮件收发等等，其工作的繁琐，不难想象。教育部指定这种工作由专科以上学校去办理，大约也正因为它不是少数人所能办的缘故。专科以上学校，虽然规模较大，人员较多，但是如果叫原有职务的教职员兼办此事，并不另增人员，希望投一石以打两鸟，其不能愉快胜任，是可以断言的。

所以，如果要想学校兼办社会教育，切实有效，那么减少教师原有的工作，必须先能做到。我们应该知道教师的人力是有限的。过重的负担，决不能增加效率，它反而会把效率减低。作者以为在《办法》中，应该有一条规定："凡兼办社会教育之教职员，得减少其授课时数或其他工作。"提到了人力的负担以后，再责成教师，努力去干，才算公允，才是合理。

（二）财力问题

万事无钱不举。教育者又岂能作无米之炊。不但学校因兼办社会教育增加人员，同时就需增加经费；而且社会教育的本身，就是一种花钱的事业。再以兼办民众学校来说，倘若民校的学生，每人都由学校赠给课本纸笔文具一份，以国币二角计算，则一百学生就需费二十元（民众学校在开学时，学生到者常极踊跃）。加上零星杂费，大约一学期非三十元不可，一年的经费就要六十元。请别小看这六十元，在许多小学——尤其是乡村小学和私立小学——看来，却是一个很大的数目！但是这还单是办民众学校一项所需的经费。教育部规定中小学校除兼办民众识字教育及抗战宣传外，并应办二种以上的其他社教工作。经费当然更要增多。又如办民众卫生指导，倘使单是空口宣传，收效一定不大；如其要做点实际工作，例如替乡村民众种痘、打防疫针，或者消灭害虫的种子和幼虫，免其繁殖，甚至再进一步，开放学校的诊疗室，治疗大众的疾病，则在中国除去经费极其充足的一二学校以外，恐怕没有一个能够负担得起。我们看部颁《办法》第十条说："各级学校兼办社会教育所需经费，应于各该学校经常费内动支。不足之数，得呈请主管教育行政机关配予补助。"可见兼办社会教育，并没有另外的经费，还须各校在经常费中，自行设法移挪。各校的预算中，本来就没有这笔经费，要靠从别处节省下来，才有着落。这是多难的一件事？况且现在各校预算，又都是非常紧缩。自从战事发生以后，教育经费，更形削减。有几处地方，教育经费，竟减到不能令人相信的地步，甚至还要拖欠，不能按月领到。教师的生活费，都无着落，是否尚有余款，可以动支，很成疑问！虽然第十条的后半段，写着："不足之数，得呈请主管教育行政机关酌予补助。"但是我们终究觉得这句话，太含混，太不切实。上面用一个"得"字，已经活动非常；下面的"酌予"两个字，更是富于弹性。这正是中国旧式公文不负责任的笔法！所以各校究竟能否得到补助，以及能够得到多少补助，恐怕连教育部也不敢保证——实际上各地方教育行政机关有无经费可以补助，还是一个大问题。

再说到所谓补助，还是仅限于官立学校，还是立案的私立学校，也能同享权利？《办法》中未曾明白说明。倘若所有私立学校，都能依法请求补助，则主管教育行政机关的预算，必须大量增加才行。这恐非目前环境所能允许。倘若政府的补助，只限于几个官立学校，而置大多数私立学校于不顾，那就不能使全国学校总动员。不但效力微弱，而且大多数学校，仍和社会相隔绝，当非教育部的本意。我以为全国官立学校的预算中，都应该增加兼办社会教育经费一项，无须再请补助。但对于私立学校，政府应该用法令规定兼办社会教育经费的百分比，以为编制预算的标准。倘遇不足，可呈准主管教育行政机关加以补助。中央及地方教育行政机关，自然应该拨定专款，以供补助私立学校兼办社教经费之用。这样，经费确定，在积极方面，可使学校干些切实的社会工作；在消极方面，亦可限制学校，使不能将指定之社教经费，移作别用。似乎比较妥当。

人力和财力，是学校兼办社会教育的两个先决问题。倘使得不到适当解决，根本就谈不到如何实施，如何推进。至多只能挂上一块兼办社教的招牌，做些敷衍政令的工作。主管机关不但无从督促，亦且不便督促。这岂是教育部制定办法的原意？又岂是我们对于这些这种新设施的希望？作者是主张学校应该和社会沟通的人，是赞成以学校为中心来推进社会教育的人，是深感过去学校一味闭门死教死读的缺陷的人，所以看了教育部的通令和办法后，于额手称庆之余，特别提出这当前的两大问题，希望贤明的教育行政当局考虑及之。

三十一　心理学与抗战 *

中国这一次抗战，除了在前线直接参加战争的忠勇将士之外，所有学政治的、学经济的、学工程的、学医药的以及经营工商业的人，都站在自己的本位，替国家出了不少力。这些力量对于这次神圣的抗战，间接有不少的帮助。我们都知道现代的战争决定胜负的因子很多，战场上的军士，不过其中之一，此外如金融的稳定、军械的补充、运输的便利以及国际同情的求取等，都是非常重要。我们学心理学的人，正应该追随各种专家之后，尽我们的能力为国家谋取光荣胜利。在第一次欧战的时候，美国和英国许多心理学家全体动员，替国家服务，曾树立了不朽的劳绩，他们对于国家的这种伟大贡献，更加给我们一个鼓励和希望。讲到心理学在这次抗战间可能的工作，可以分四点来说。

第一，兵士的选择。我们先应该知道兵士不是人人能做的，兵士需要相当的智力，太笨的人不能胜任。兵士的职务，不但要勇敢，同时还要机警，他要能了解长官的命令，而且迅速地照着命令去做。智力太低的人常会误解别人说话的意义，甚至完全听不懂，叫他向左，他会向右，叫他上前，他会退后，他并不是有意违抗命令，他是不能了解命令。在战场上兵士假使对长官的指挥，莫名其妙，不能有敏捷的反应，岂不是件很危险的事体？美国在欧战时入伍新兵，因为智力太低，而被淘汰的一共有七千多人，因为智力稍低故拨兵工队一共有一万人。这些人倘若被强迫地上战场，不但不会有丝毫帮助，而且可以破坏整个作战的计划。当兵士的除了要有相当的智力而外，还要心理健全才行。精神不健全的人，无论做哪一种职业都不能得到最高的效率，当兵士自然不能例外。战场上的环境是一种非常的环境，兵士的生活又是一种紧张的生活，一个精神不健康的人，在和平简单的生活里面，尚不

＊　原文出处：章颐年：《心理学与抗战》，《阵中文汇》1941 年第 2 期，第 57～59 页。

能应付，试问到了战场如何能够支持？结果一定是整个人格总崩溃，这无论对于自己，对于国家，都有害处，所以兵士的数量固然要紧，兵士的素质更不能疏忽。三千个兵士当然敌不过三万个兵士，因为一边人少一边人多，但是一个聪明而心理健全的兵士，可以胜过一千个低能或者有精神病的兵士，这也是毫无疑问的。因此，我们在征集新兵的时候，应该先加以选择，有的人配当兵，有的人不配当兵，心理学便可以供给我们选择的工具。利用智力测验，我们可以知道一个人智力高低；利用人格测验，我们可以知道一个人神经病倾向。这是心理学在抗战期间的第一种可能的工作。

第二，新兵的训练。民国二十二年国民政府颁布了兵役法，实行征兵制，每一个及龄的壮丁，都有服兵役的义务。但是当了兵士，要开上火线去打仗，难免有生命的危险，任何人都爱惜他的生命，谁也不愿意死，因此许多丁壮往往想逃避兵役，已经被征入营的，也时常想乘机逃脱，这种情形到处都有，实在是当前一个急待补救的问题。在另一方面说，训练新兵的责任太重了，我国教育不普及，大多数兵士的知识很缺乏，他们不知道保卫国家的意义，他们不明了民族独立的重要，他们更不晓得国家兴亡和国民有什么关系，所以负训练新兵责任的人，该采用教育的方法，使他们明晓大义，改变态度，认抗敌救国是件最光荣的事体，使大家都愿意当兵。"棒下出孝子"的哲学是早已过去的了，我们要使新兵爱他们的长官，不是怕他们的长官；我们要使新兵不愿意逃走，不是不敢逃走，建筑在怕惧上的服从是暂时的，无效的，只有从敬爱产生的服从，才是真正的服从；若是平时对于长官早已痛心疾首，非常怨恨，一旦开上前线，要使他们听从号令，努力杀敌，恐怕很不容易吧？所以训练新兵，也免不了要应用心理学的原理和方法，这是心理学在抗战期间的第二种可能工作。

第三，伤兵的管理。过去两年中，我们无数英勇的战士在火线上受了伤，有的断了臂，有的被炸了腿，他们都是为民族流血，为国家受肉体的痛苦，他们的人格是伟大的、光荣的。我们对于伤兵的待遇应该特别周到，才能表示国家对于他们的感谢。可是伤兵的管理，在中国是一向成为问题的。若是管理的人蛮不讲理，一味压迫，结果一定愈弄愈糟糕，甚至一发而不可收拾，压力愈大，反动一定愈大。一种有效率的管理，首先应该建立伤兵良好的态度，培养他们自治的习惯。这绝非用压力所能做到，必须根据心理学的原则，先使他们精神上感到满足和愉快，才能诱导他们走上正轨。而且伤兵的管理，并不仅限于消极的维持秩序，还有更积极的工作，轻伤的应该鼓励他们的勇气，使得伤愈以后，可以再上前线为国努力；重伤的应该教给他们一种技能，使得将来纵使成为残废，也可以借此谋生，不致成为社会之虫。但是这种积极工作应该如何进行，也不是任何人可以率尔从事的，还得用心理学家来计划，才可以获得最大的成效，这是心理学在抗战期间的第三种可能工作。

第四，难童的保育。儿童是将来的主人翁，他们长大起来，将要继续的担负抗战建国的责任，世界各国，在战争的时候，都把儿童的抢救和保育看得非常重要。我国自从抗战发生以后，经蒋夫人的提倡和领导，后方各地纷纷成立了战时儿童保育会来做保育战区难童的工作。据说收容的难童总数已经有十几万人，这真是一件伟大的事业。但儿童保育会绝对不是一个孤儿院育婴堂一样的慈善机关，它的重要使命，要把每个儿童都培养健全完整的人格，使得他们将来能够担负国家的艰巨，它是替国家培养主人翁。训练儿童本来不是一件轻而易举的事体，训练难童更其困难，这些难童大半是从沦陷区逃出来的，他们家破人亡，流离失所，饱尝人间一切的不幸，所以他们的心理上早已多少有点失常。教育心理变态的儿童是需要特殊技术的，不但要使他们变态的程度不致加深，并且要设法使他们有缺陷的心灵，慢慢地恢复常态。在这里心理卫生和变态心理是有不少帮助的，这是心理学在抗战期间的第四种可能的工作。

总括起来，心理学在抗战期间的工作至少可以有四种：第一，兵士的选择；第二，新兵的训练；第三，伤兵的管理；第四，难童的保育。我国此次神圣抗战，现在已经快到最后关头，从事于各种事业的人员，都应该各人站在自己的岗位，加倍努力，达到最后胜利的目的。我一方面希望学心理学的人应该认清自己的责任，赶快参加抗战建国的大业，不能再置身事外，隔岸观火；另一方面又希望社会上的一般人士，能够认识心理学的功用以及它对抗战的可能贡献。

三十二　除名

——一个训育上的严重问题*

　　在前进学校的训育里，体罚早已失去它的位置。体罚之所以被摈除于教育词典以外，理由很简单。第一，它是一种无效的方法。小孩子并不因打而行为改善。相反地，有的甚至养成了反抗的态度。第二，它足以损伤儿童的身体。小学教育的目的，本在发展健全的身体。体罚正和这个目的相反。第三，它消灭儿童的自尊心。有许多小孩子，越打越坏，以致永无改善的希望。为了这些理由，所以不但教育理论家反对体罚；教育行政当局也三令五申，禁止体罚。

　　但是，在我国各级学校里，现在还流行着一种办法，它的无效并不异于体罚。它对于儿童心理的戕贼，比体罚对于身体的损害，更为严重。但是不但不听见有人反对，反而飞扬跋扈，风行一时。这办法是什么？便是"除名"！

　　翻开各学校的章程一看，哪一校不规定着除名的办法。有些学校规定考试舞弊要除名；有些学校规定偷窃物品要除名；有些学校规定男女谈话要除名；更有些学校规定学生打人要除名。以前的体罚，教师总是偷偷摸摸地干，不敢公然承认。现在学校的除名，却毫不隐讳地印在章程上了！

　　前进训育的目的，本在积极地改造儿童的行为。它注重将来人格的发展，并不着眼在过去的事实。教育的意义也正在此。我不相信世界上有不能改变的人。即使他是一个低能儿，在相当的范围以内，他的行为也可以加以改变。法国伊塔①（Itard）教育一个野蛮人的经过，已经成为世界著名的伟

---

　　* 原文出处：章颐年：《除名——一个训育上的严重问题》，《教育通讯》1940年第13期，第12～15页。

　　① 原文作"益他"，指法国医学家伊塔（J. M. G. Itard，1775－1838年），法国著名医生，近代特殊教育之父。——编者注

绩。教育部陈部长曾经同无数思想不正确的青年谈话，终于将他们的思想纳入正轨。"无可教育"、"无法改变"、"不能造就"等等的话，都表示教育者的无能，教育者的失败。至少也该被看作是教育者逃避困难的遁辞。蒋委员长在遥勉各级学校校长及教职员书中①指示我们："学生与校长教师，晨夕接触，起居与共，未有不渐摩薰渍，而底于感化者。"又说："我各级学校之中，苟有一个学生不爱国家，不守纪律，不能尊敬师长，不能爱护同学，即我校长与负责兼护之教职员所应视为自身刻骨之耻辱。"蒋委员长这几句话的意义，并不是叫学校把那些不爱国家、不守纪律、不敬师长、不爱同学的学生，一律开除，而是说教师如其不能积极地把他们训练成爱国家、守纪律、敬师长、爱同学的人，教师便没有尽他们的责任，应该视为自身莫大之耻辱。我们应该记着伯德②（Bode）教授的名言："在今代，教育有极大的机会，极重的责任。如果不能培养一种态度，发挥一种精神，使人类更臻人化，使生活更加美富，则教育只是失了他的机会，而忘了他的责任。"③

训育是积极的，除名是消极的。一个行为不良或思想不正的学生，被开除出去，不但不会改好，反而一定行为变得更不良，思想变得更不正。学校里虽然少了一个坏学生，社会上却多了一个坏公民。假使所有学校都把行为不好的学生向外送，社会上便会凭空地增加许多不能适应的分子。这不但对于学生本身，毫无好处；并且对于社会的安宁，大有妨碍。社会设立学校的本意，当然不是如此。所以，一个学校决不能只为自己的利益而忽略学生和社会的利益的。相反地，学校应该以学生和社会的利益为前提。学校是替社会培养人才的地方。它是改造人格的场所。它要明德新民，而使其止于至善。行为缺陷愈深的儿童，受教育的需要也愈迫切。倘使学生有了过失，学校不积极地设法，把他们这种不能适应的行为，加以改变，而只是消极地开除了事，那又何贵乎有学校？何贵乎受教育？

并且，社会设立学校，培植人才，花在每个学生身上的经费很大。我们必须把校内所有学生统统训练成良好的公民，然后才谈得上有效率。如其中途把学生开除出去，则以前一部分的经费，岂不是等于虚掷？不但学生个人的经济上遭受损失，学校和社会也遭受同样——或更大——的损失。教师平

① 原文发《教育通讯》第3卷，第89期，第31~32页。
② 原文作"波特"，今译作"伯德"。——编者注
③ 见孟宪承译《教育哲学大意》，第159~160页。

时对于学生的辛苦教导，也因开除而完全白费。所以开除学生，不仅是学生的损失，亦是教师的损失。

学生究竟也是普通的人。他们的行为和思想，和任何人一样，都不免有错误。根据教育心理学家实验的结果，学习时的错误，不但是必然，而且是必需的。这种错误，有助于后来健全习惯的养成。不经过尝试错误的学习，常是无效的。人的行为的训练，当然也不是例外。雷斯德（Ragadale）教授说："在任何学习的动境中，最初的行动是多少错误与不正确的。这种不正确的行动，似乎是后来正确反应必须的开端。假使我们限定儿童，从事绝无错误发生的行为，则所希望的习惯，永不能有效的养成了。……我们必须知道儿童在道德上的错误，是学习所必需的一部分历程。其与算术语言的错误，是有同样的需要。"[①] 因此我们在学校里，如其处处限制儿童的行为，使没有错误发生的可能，这并不是一种良好的训育方法。这些儿童缺乏错误的经验，将来他们到社会上一定不能适应。

若是一个学生，经过教师无数次的训导，而其行为始终不改，因此将他除名。这种"敬谢，敬另请高明"的办法，虽然不是诲人不倦的教育者所应有的态度，然而还可原谅。但是有许多学校，学生违反校规，并未分析犯规的原因，并未调查犯规的事实，也并未经过改造的尝试，就立刻布告除名；或者甚至虽然学生事后深自悔悟，立志更改，而学校因为要维持校章的尊严，仍旧不顾一切地给予除名处分。这种轻视学生福利的办法，实在大有违背教育的本意。其严重的程度，并不亚于体罚。

不仅如此，除名往往被一般学校所滥用。意见不同的可以开除，感情不对的可以开除，教师常利用除名以报私怨，以表示他的威力。"顺我者生，逆我者死。"学校由民主主义退回到专制时代了！

到现在还有许多人拥护除名制度。他们始终把意志的力量看得太重。他们以为学生犯规，都是有意和学校捣乱，非除名不足以表示公平。这种"以眼还眼，以牙还牙"的报仇主义，在法律上都早已消失了它的地位。学校是实施教育的场所，难道反允许它存在吗？

又有人以为除名制度的存在，可以维持学校的风纪。违反校规的学生，如其允许他们留在校里，不足以儆别人的效尤。这种违规的事件，以后必会层出不穷，学校风纪，势必荡然。"杀一所以儆百。"开除一个学生，可以

---

① 见钟鲁齐、张俊玗合译《现代心理学与教育》，第 250 页。

使其余的无数学生，有所畏惧，不敢再蹈覆辙。其实这种意见，仅是一种臆测，事实上并不能达到这个理想的结果。只要看一般号称严格的学校，虽则开除学生当作家常便饭，但是学生违反校规的事件，每学期仍旧有得发现，就可想见除名的办法，并不能消灭其他学生行为上的过失。现在各校除名风气的流行，正足表示这种方法的无效。世界上绝没有一个学校靠除名而能办好的，正犹如世界上绝没有一个国家靠死刑而能治好的一样。

或者又有人以为除名虽则不能灭绝学生的犯规行为，但是的确可以减少学生犯规的数目。如其没有除名的规定，犯规的人数，一定比现在还要更多，这也是假是而非之论。世界上现在有好几个国家已经废止死刑，但是他们国内杀人抢劫的案件，并不比死刑存在的国家来得多。美国学校，除功课太差，跟不上听讲的程度，有退学的规定以外，至于因为行为上的缺点而除名的，却很少听见。但是美国学校比中国学校更平静无事，美国学生比中国学生更守本分。这些都是事实。事实终究胜于理论的。即使退一步说，除名的确具有警戒别人的功用，那么为了别人的缘故，而牺牲这一个人，这种"代人受过"的办法，也是异常不公平的。

还有人以为教育是社会生活的缩影。社会上有什么，反映在教育上也应该有什么。譬如社会有法律，学校便有校规；社会有政府，学校便有行政组织；社会上有死刑的处分，那么反映在学校里，也应该有除名的规定。这种见解，是"只知其一不知其二"的。教育本来含有适应社会和改造社会两重意义。学校不但要适应社会，还应该进一步，比社会先知先觉。何况现在社会对于刑罚的态度，也已经从报复主义，转变到个人改造的观点。例如，有好几个国家已经废除死刑；新式监狱亦不再是罪犯受苦的地方，而成为感化教育的场所。因此，如果我们要替除名制度辩论，应该另外去找理由，不能用社会上的死刑做借口。

假使除名只是一种无效的办法，没有其他更积极的害处，结果还不致十分严重。可是它对于学生心理健康的毁损实在太大了！一个学生被学校开除出来，终身洗不去这种耻辱，甚至他后来到社会上做事的时候，还会受人家的嘲笑。心理卫生学家告诉我们，破坏人格的势力，以怕惧和失败为最大。被除名的学生，却同时受着这两种势力的袭击。一方面他恐惧着家庭的诘责、失学的危险，以及前途的渺茫；一方面他又感觉名誉的破产、退学的羞愧，以及金钱时间的损失。他心理上所受的震动，如此之深，试问如何再能和这现实的社会环境相适应？训育的目的是培养人格，不是破坏人格。除名制度推翻了训育的目的，还有存在的价值吗？

我始终相信，我们处置学生的过失，尽可利用其他合于教育、合于心理的妥善方法，不一定要借重除名。除名决不是实施训育时所必不可少的。纵使除名有利益的话，它的流弊亦必远胜于这种利益。一般学校所开除的学生，并不是不能教诲的，往往都是未曾经过教师改造的努力，就贸然开除出去。更有许多除名的例证，分析的结果，过失并不在学生，而是由于学校措施的不当，以致引起学生的反动。学生——无论大小——都不是冥顽不灵的。他们知道是非，只要训导的设施合理，教师的态度真诚，重视学生的福利，我相信，决没有一个学生不和学校合作。

除名和体罚有许多地方相似，列举如次。

（1）体罚是最便利而最无效的方法，除名亦是如此。要想改造一个儿童的行为，不是简单的事，必须花很大的气力。但是开除一个学生，只要写一张布告，至多通知一声保证人，便可了事。

（2）体罚有损学生的身体健康，可以使他肢体成为残废。除名有损学生的心理健康，亦可以使他心理成为残废。心理变态的人不能适应环境，正和瞎子、跛子不能适应环境一样。

（3）体罚常被教师用为泄气的工具，除名也常被用来达到同一目的。教师恼羞成怒，借故开除学生。这类事实，数见不鲜。普林格尔教授（R. W. Pringle）在讲到除名制度的时候，他认为它"太易为人所用"，因此"成为一种危险的惩罚方式"。①

体罚在学校里是废止了，为什么除名倒流行起来呢？

---

① 见李相勖、徐君梅合译《中学训育心理学》，第245页。

三十三　演讲录：克服弱点[*]

各位先生，各位同学，几星期以前，钱校长就邀兄弟来此演讲，兄弟学识浅陋，并且已脱离了教育界好多年；而现在担任的是清乡工作，清乡工作，照一般人的看法，是由武人来干的，以干清乡工作的人来做学术讲演，未免信口雌黄了。不过，兄弟过去亦是浙大复校筹备委员之一，浙大复校开学之后，兄弟还没有来过，今天能够到这里来看看各种发展的情形，同时有机会和全体同学讲话，实在觉得非常愉快。

今天并没有什么好的题材可讲，昨天我从上海回来，就在火车上边稍微想了一下，我想如果讲专门一些的，也许大部分的同学不感兴趣，所以想还是讲普通一点的来得适合。现在我所要讲的，就是"克服弱点"。

人总是免不了有弱点的，不论从生理上看，或是从心理上看，有的人生来矮小，有的四肢残废，也有目不明或耳不聪的，也有患口吃的，这些都是生理上的弱点。另外一种是心理上的弱点，譬如一个人的智力，较一般人为低，应付别人的能力较差，不能察言观色，或者其他各种感觉的不敏锐。凡此种种，在一种平等条件底下，而不能与常人相比较的统称之为"弱点"。所以"弱点"这个名词，是需要与别人比较后才发现的，即如兄弟患近视眼，必须戴了眼镜才可以看得清楚，而各位不戴眼镜却已看得清清楚楚，所以近视眼就是我的弱点。还有一种情形，譬如你虽然在某一方面，没有发展得健全，可是因为没有旁的人来和你比较，像鲁滨逊那样的在荒岛上只有他一个人，那么这个弱点，无形中也就不成立了。再所谓弱点，是限于某种特殊部分，而并不普及与全体的，譬如我虽然是近视眼，但足并不跛。

有人说"弱点是坏的"，这句话固然不能说它不对，但也很难说是绝对正确的。假使一个人有了弱点，自己能够知道弱点的所在与所由，因此而深

* 原文出处：章颐年：《演讲录：克服弱点》，《浙大月刊》1944 年第 1 期，第 9～14 页。

自反省，益自策励，那么他的弱点反变成了他向前迈进的动力。所以我说，弱点的本身，固然不能说是好，但如能因此自励，往往会产生很好的结果。譬如一个同学算学不好，或者字写的不好，自己知道有了这种缺点以后，奋勉研究，到后来他的算学或书法，也许竟会超越以前比他好的人；相反的，如某一篮球队，每次比赛，总是得胜，因此自满，而养成一种傲慢的心理，结果不能进步，反而落伍。所以凡事，愈觉困难，愈有进益。

我们有了弱点，最紧要的是怎样想法去克服它。在这里，兄弟且引一段故事来讲给各位听听。大约在公元三百年前的时候，希腊有个人叫德谟裴尼斯①，这人发音的声浪很低，同时又有口吃的毛病，因此说话越发来得不清楚，他决意要把自己这种弱点改过来。按书本传说，他每天嘴里含着石子，练习说话，并且在清早一起床，便独个儿跑到海边对着海洋高喊，借以提高声音，回到家里以后，他又对着镜子练习说话的姿态，这样学了相当时期之后，他的声音说话以及姿态，的确都有了很大的进步。在某一天，他高兴的去出席某种大会，准备演说，可是当他走上讲台的时候，看见台下人头跻跻，那时他心里一慌，于是口吃的毛病又发作了。他愈心慌，愈是说不出话来，愈是话说不出，愈是心慌，至此台下听众大哗，他于是急得面红耳赤，满头大汗，踉跄下台。德谟裴尼斯这次的尝试，可说完全失败，但他并不灰心，依然勤奋练习，他为了不使自己跑到外面去浪费时光，甚至把头发都只剃去一半，留下一半，使自己不便与人见面。他深居家中，刻苦练习，又过了相当时期，他固然成功了。当他再度出席大会当众演说的时候，竟然口若悬河，畅所欲言，而一举一动，一颦一笑，也无不引人注意。

德谟裴尼斯经过这次演说之后，他便成了大众最注意的一个人物，到后来，他便成为希腊一个最有名的政治家和演说家。由此我们可以知道，一个人有了弱点，如果这个弱点程度并不太深的话，只要我们努力改正，一定可以克服的。这种克服，对于心理上有很大的益处，但话又要说回来，也有因为只顾改正弱点，而忘却了另一方面的发展，结果反而失败了。记得另外有一个青年，他立志要做一个律师，可是他也是有口吃的毛病，他的师长朋友都劝他将来做个法学家，可是他不听话，他以为德谟裴尼斯可以改正，他也一定可以改正过来的。于是他依照德谟裴尼斯的方法，努力学习，他一心要把口吃的毛病弄好，所以一天到晚练习说话，而忘掉去研究一个律师所最紧

---

① 即希腊著名的演说家德摩斯梯尼（前384～前322）。——编者注

要的最基本的法学。结果，他说话是成功了，而学问却失败，律师还是不能做到。这青年的志向是好的，但他犯的最大毛病，就是以全副精神集中于克服他的弱点，而忘却了发展自己的长处。关于这一点，我还可以举一个故事来作为例子。

据生物学家研究的结果，说太古时候的动物，可以分做四大类，一种是能飞的，一种是能跑的，一种是能爬的，还有一种是能游的。因此有一个故事，就借此来发挥。据说在很古的时候，有个学校，里边有飞、跑、爬、游泳四种动物，学校规定无论哪一种动物，要完全学会了飞、跑、爬、游泳这四种技能，才可以毕业。鸭子会游泳而不会跑，鹰会飞而不会爬，于是校长对鸭子说，你走路太慢，要努力学赛跑才行；又对鹰说，你飞是飞得快极了，可是不能爬树，还是不行。从此以后，鸭子拼命学赛跑，鹰拼命学爬树，结果，鸭子跑还没有学好，而游泳的技能已经退化了，鹰爬树没有学会，而两肢翅膀的肌肉已退化了，鸭子和鹰觉得这样下去，非常危险，于是急急向校长请求退学，重新努力他以前所固有的技能。这故事告诉我们，为了以全力克服自己的某一种弱点，而忘却了发挥他固有的长处，结果两方都没有成功，这是得不偿失的事情。

一个人自己有了弱点，这个弱点，究竟深不深，能不能克服，自己应该先考虑一下。一个跛脚的人，他应该明白他绝对不能在运动场上与人家竞赛，他应该抛弃获得赛跑锦标的野心，而向另一方面去发展，也未始不可获得另一种的锦标；否则不自量力，只有失败到底，正像夏夜的飞蛾去扑灯一样，结果自趋灭亡。所以，凡是一种天生的弱点，程度已相当的深，而无法可以克服的，就应该放弃直接克服的一法。

除了直接克服一法外，第二个方法便是间接克服。譬如刚才所说的跛子，他在运动场上固然没有得到锦标的希望，但他却可以多多练习写作，在文学上谋深造。又如瞽者，他看不见东西，但听觉往往比明眼人来得特别敏锐，一个瞽者走进一间房间，他大概可以知道这房间有多大，里面有多少人，因为他对于声音的分辨力，要比平常一般人强得多。我们知名闻世界的月光曲的作者贝多芬氏，他就是一个瞽者[①]。

关于设法间接克服弱点的时候，有两点需特别提出，加以注意的。

第一，千万不要以为替代的工作不及原来的工作有价值。譬如，一个人

---

① 原文有误，贝多芬是聋人。——编者注

因为自己体格不及人家，放弃运动而研究文学，他断不可以为自己是没法运动，才研究文学，这是不得已而求其次，因之郁郁不得志。这种心理，非常愚蠢，抑亦可笑。如结存了这种心理，那么在学习兴趣上，便要受到极大的影响，也许因此而得不到成功。所以我们应该考察自己的长处所在，放弃自己的短处，这才是聪明的办法。譬之鹰，它的长处在飞，就不必勉强去学爬；松鼠，它的长处在爬，就不必勉强去学飞。鹰不会爬，但它有飞的长处，所以不会爬，这决不能说是鹰的耻辱。我虽然不是鹰，但我想鹰也决无这种心理。同样的，松鼠不会飞，但它有爬的长处，所以不必勉强去学飞。一个人也如是，如果自己的弱点太深，无法克服，那还是尽量去发挥自己长处，较多成就。

第二，在选择替代工作的时候，应该非常审慎，要拣自己有把握的一方面下手，这样才易成功。譬之运动不好，而学写作，就应当注意有成功的把握没有，万一弄得不好，一再失败，以后便要丧失一切的自信力。我须知道，如果采取间接克服的方法，一定自己先要有自信力，然后才可以开始，有了自信力，便有成功的希望。

有一个学生，身体很矮小，在体育方面，不及人家，他想努力于写作方面。然他的替代工作，对于自己的智力、能力，亦并不适合，因此，对于写作，亦仍然得不到成功。有一次，这学生遇到一个音乐家，由这位音乐家发现他有音乐的天才，当时就指示他在音乐方面努力的途径，结果他成功了。这学生如不遇音乐家，我想前途是很危险的。因此，凡事须选择有成功把握的去努力，并且一定要符合自己的能力和兴趣。

某一女子，因不能唱歌，自己认为是一种羞耻，而旁人也只是盲目的劝其研究音乐，结果终于失败。这种人就是直接克服的失败者，刚才已经说过，这种弱点是很深的，应该向另外方面去努力才是。

再有一种人，对于自己的弱点，既不直接想法去克服，又不间接克服，他仅从语言上想方法来掩饰，他希望在别人面前以言语来掩盖他的弱点，这是最要不得的。往往有整天喊着尊重女权、解放女权的人，可是如去仔细考察他的说法，却往往是最蹂躏女子的人。

兄弟讲到这里，又想到了一件事实。某次，有一个人到杭州来，当我们招待他的时候，他在宴席上说，他今年已48岁了，如到50岁时，将摆脱一切政务，静心休养。他说近几年来他的身体之所以强壮，这就是因为得力于不犯女色，因女色是最要不得的。全桌宴客聆此高论，无不肃然起敬。可是事为凑巧，第二天我在火车上，却巧又遇见了他，而他却搂了一个舞女，花枝招展，由杭回申，这真所谓"欲盖弥彰"的了。不从实际上去努力，只在嘴上说空话，完全是自欺欺人而已。

总之，我以为一个人如若有弱点，务必想法去克服，要如弱点非常严重，便须放弃，另谋成功之途，因为彼此的价值是一样的。而最要不得的，就是只从言语上来掩盖自己的弱点。

今天所讲的话，非常浅陋，耽误了各位许多的宝贵的时间，实在感觉非常的抱歉。

三十四　我认识了共产党 [*]

我是小资产阶级出身，对于共产党的政策一向茫然。当时我对于中国共产党的看法，多少还受点国民党反动派反宣传的影响。虽不怎样害怕，但是老实说，却也并不怎样信任。

然而一年以来，我对共产党的看法转变了，这种转变，是累积了无数次事实的体验，逐渐发展的。我愿意乘上海解放一周年纪念的时候，报告我认识共产党的经过。

上海解放后不久，我买了好几本毛主席的著作来读，这些著作都还是十年以前写成的东西：《湖南农民运动考察报告》的初版，是1927年出版的；《中国共产党红军第四军第九次代表大会决议案》的初版，是1929年出版的，离现在都已经有二十多年了；《中国革命战争的战略问题》的初版，是1936年油印的；《中国革命与中国共产党》的初版，是1939年出版的；《新民主主义论》的初版，是1940年出版的，离现在也都是十年以上了。但是里面所讲的原则，到现在仍然是新鲜的，例如要走群众路线，要服从多数通过的决议，要纠正个人主义和绝对平均主义。又如中国革命的对象是首先打倒帝国主义和封建主义，中国革命必须分做两步走，中国现阶段的文化应该是民族的、科学的、大众的文化，十多年前是这样提倡的，到现在也还是如此。

我在这里分别出共产党和国民党反动派的不同。共产党是有一贯的政策的。它掌握住这个政策，脚踏实地的迈步前进。它的原则，始终一致。

我于是对于共产党的看法，开始了转变。

接着取缔金钞黑市和银元贩子，又给我一个极深的印象。

上海一向是一个投机猖獗的城市。金钞黑市，有了悠久的历史。马路上

---

[*]　原文出处：李正平编《我的思想怎样转变的》，文化出版社，1952，第48~52页。此文系当时向党交心的一篇文章。

买卖银元的贩子，触目都是。解放后不久，军管会为了这种黑市买卖，直接破坏全体人民的利益，断然下令取缔，我当时心里在想："这是对共产党的一个考验。蒋经国不是严厉的取缔过金钞黑市吗？汤恩伯不是枪毙过银元贩子吗？但是结果都是失败。看共产党有什么办法？"

共产党并不是一纸公文就算了事，它也不用什么严刑峻罚。它采用教育方式，发动了学生工人的街头宣传，向广大市民，说明了金钞银元黑市的存在对于人民生活的危害，因此获得全市市民的合作，竟肃清了势力雄厚的金钞黑市和大批银元贩子。

我在这里又分别出共产党和国民党反动派的不同。共产党是依靠群众的。一切政令，全由群众的力量，自动自觉地来完成。国民党反动派却和群众隔绝，自然事事都要失败。

共产党为了要依靠群众，所以一向倾听群众的呼声，接受群众的批评。最近它还鼓励作为人民喉舌的报纸刊物，展开对于党和人民政府的批评和建议。这和国民党反动派只知封住别人的嘴和按住别人的笔的作风，完全不同。

我于是知道共产党是不脱离群众的，是随时倾听广大群众意见以求得进步的。

上海电车卖票的不揩油，又是解放以后的一个奇迹，这个三十年来根深蒂固的积弊，一向是认为无法革除的。以前英国人曾经为此花过九牛二虎之力，而毫无效果。但是经过共产党的号召，电车公司工会的检讨，电车工人的觉悟，这个陋习，居然就轻轻易易的被消灭，我们现在乘电车，再也没有给钱不给票这种情形了。这虽是一件小事，但是却不是一件容易的事。

我于是知道共产党不仅是依附群众，而且教育群众，领导群众。工人阶级经共产党领导以后，思想搞通了，觉悟性提高了，大家站在主人的地位，自动的起来革除陋习，其效率当然不是被动和强迫所能比的。

解放以后，上海各公立机关，都由军管会接管。但原有的职工，都一律留用，照常服务。很多人还照以前的看法，认为这不过是一个过渡；等到共产党干部到得多了，或者他们把情形搞熟悉之后，这批旧职工，一定会一个一个被淘汰的。我以前看到国民党反动派欺骗老百姓、利用老百姓的次数太多了，以为共产党一定也是如此。但是直到现在，国家的财政虽则十分困难，解放台湾的军费虽则十分急迫，然而人民政府还是照顾着旧职工。即使是精简下来的，也仍是给他们学习的机会，或是另派别的工作，没有一个人被一脚踢开不管。事实胜于雄辩，前面的那种想法，现在不攻自破了。

我在这里分别出共产党和国民党反动派的不同，共产党抱着"己饥己溺"的态度，诚心诚意地照顾人民大众的生活，它不愿意看到一个人饿死，一个人冻死，国民党反动派可就完全不同了。它只知道自己，从不顾到老百姓的死活，一味的欺骗，一味的虚伪，恐吓诈骗，无所不用其极！

我于是知道共产党的确是全心全意为人民服务的，的确是老老实实不欺骗人民的。

上海刚解放的时候，物价稳定过一时，不过后来接连波动了两次。尤其是去年十一月里的一次，物价狂跳，折实单位每日上涨，大家都以为共产党有的是农村的经验；一到城市里，势必束手无策；对于物价，一定没有办法。于是"钞票不敢放过夜"以及"借钱囤货"的风气，重新死灰复燃，盛极一时。不料物价一跌，这批投机取巧的人，倾家荡产，不够还债，真是自食其果。他们做投机生意，从来总是赚钱，没有亏过本。这次竟会全军覆没，他们觉得时代是变了。

我在这里又分别出共产党和国民党反动派的不同。共产党紧缩开支，整顿税收，事事精打细算，使收支趋于平衡。它不以发行钞票为弥补赤字的唯一办法。它又没有官僚资本，没有"半官半商"的两栖类。国民党反动派却正和此相反。它根本不知道开源节流，只晓得浪费、中饱、日夜不停地印大票。加上官僚资本，横行无忌；四大家族，兴风作浪；利用物价上涨机会，从中渔利。在这种情形之下，物价如何能平定？币值如何能不跌？

我于是知道共产党对于财政经济的好转，是有办法的，是有把握的。

解放以后，贪污的现象，纵使不能说完全绝迹，可是究竟是极少看见的了。这是大家所公认的。共产党运用了批评和自我批评的武器，互相勉励，使大家都有了一面镜子，经常照出自己脸上的灰尘。假使还有贪污的人，一经发现，不管你是谁，一样依法处罪，绝对没有情面可讲。国民党反动派是鼓励贪污的。他们"官官相护"，互相隐瞒，互相包庇。纵使发觉了舞弊，也只要托几个要人疏通一下，结果总是"雷声大雨点小"的。此所以大家才敢胆大妄为，肆无忌惮。

我于是知道共产党是一丝不苟的，是大公无私的。

基于上面的这些事实，我对共产党的看法，由怀疑而信任，由冷淡而兴奋。现在，我已经认识共产党了。

——章仲子

三十五　告别各同学书[*]

颐年来长杭师，瞬以三载，此三载中，幸赖全校同事同学之共同努力，学校得以粗具规模，设备亦渐臻充实。回忆受命创办本校之初，谪逢"九一八"之变，借橼授业，勉维弦歌，困苦之状，不言而喻。今兹校舍已将鸠工，基础日渐稳固。全校同学，大半均能攻错问难，努力学问。抚今追昔，私衷亦甚欣慰！年生性耿介，综理行政，实非所长，引退之志，蓄之盖已久矣。此次辞职，乃蒙诸君开会挽留，并推派代表向教厅请命，益使年感愧无地！人生聚散，本属无常，惟诸君或曾亲历本校初创之艰苦，或曾赞翼本校之发展，困难辛苦，所共尝之，今暌违在即，倍觉依依，际此分袂之初，愿为诸君进一言，以比附于古人临别赠言之义。

诸君以英富之年，攻研教育，当此强邻耽视，民族阽危之秋，师范生之职责，更为隆重，诸君允宜认识个人所负之使命于夫国家封於诸君之希望，锻炼体魄，砥砺德性，充实学问，以应付我国目前之非常环境。愿诸君努力着鞭，莫自菲薄。凡一师范生，除刻苦自励，使个人成为一健全之分子以外，更需领导社会，为民前锋，以改进社会、振兴民族为己身之职志。至於修身笃学之道，可随时承教良师，无庸缕述。毕业以后，尤应抱定决心，服务于小学教育界，幸勿见异思迁，或自甘暴弃，颐年异时遄返梓乡，倘得目睹诸君学成致用，建树相当成绩，则欣欣然亦与有荣焉！辞不盖意，敬祝诸君努力！

中华民国二十三年七月

---

*　此文系章仲子先生辞退杭州师范学校时写给同学们的一封信，由章先生小女儿章希平女士提供。

三十六 章颐年先生关于庐山善后事致吴南轩函*

(1938 年 2 月 8 日)

南轩先生道鉴:

三十一日航快谅登记室。兹有私立九江光华中学,系上海光华大学毕业生所办,本学期拟在庐山开学,原拟租莲谷青年会作校舍,但嫌租价过昂。昨日年曾与该校代表作一度接洽,拟将普仁医院租与该校,彼方亦甚同意。惟该校系私立学校,经费异常困难,只能出租金二三百元之谱,租期至六月半为止,年对于租价一层,不敢擅专,用特专函请示。又本校所有校具,运川既不可能,将来堆置又成问题,是否亦可乘此折价售于该校? 如属可行,亦请酌定最高及最低价目示下,以便在此范围内,与对方进行接洽,无任盼祷! 本校本学期何日结束? 第二学期何日开始? 是否仍在重庆? 泽霖兄等一行有否抵渝? 均在念中,并希示知为感! 专此,顺颂

大绥

弟 章颐年先生 拜启
二月八日

又:庐山管理局局长谭炳训,已新任江西全省公路处长,管理局长职务现由秘书甘豫立暂行兼代。

弟 年又及

---

* "七七事变"之后,日军又挑起"八一三事变",上海陷入战事之中。国民政府教育部令复旦、大同、光华、大夏四所私立大学组织联合大学,准备内迁。大同、光华因故退出,复旦、大夏则遵部令,组成复旦大夏联合大学。当时章颐年负责大夏大学内迁相关事务,此为期间与复旦副校长吴南轩的通信(详见《抗战期间复旦大夏校史史料选编》,复旦大夏出版社,2008)。

附：吴南轩关于庐山善后事复章颐年先生函

（1938 年 2 月 15 日）

颐年先生道鉴：

一月三十一日及二月八日手教均经拜读，关于普仁医院租屋转租与光华中学及本校在牯购置校具者折售与该校两事，极可进行。弟业已电请台端全权办理，至希早日商定解决。庐山管理局致本校之公文，昨已收到。此事难由学校负责，请骆之勿理可也。消费合作社股款如万不得已，无法退回，务望就近向该社取得证明文件，俾便向学校报销。本校前向传习学舍所借之床垫等物，既有一部分损坏，于理似当赔偿。惟学校目前经济拮据异常，望先与该舍干事张君商酌妥善办法，再谋应付。

台端十二月及一月份薪俸请在存牯款项内扣除，并望将收回房金等款项细账开示，以便结算。本校本学期结束日期，昨经校务会议决定，本月二十日开始放假。春季则定三月十五日在北碚黄桷镇临时校舍开学，全体来渝员生及已到图书仪器，拟于下周内雇专船运送。泽霖、子善、春池诸兄业于本月九日由筑安抵此间，特此奉闻，以释廑念。专复顺颂

近绥

弟 吴南轩
二月十五日

第三部分

心理学史大事年表

说　明

1. 本表包括下列各项事实：

（1）各国著名心理学家或与心理学有关的学者的生卒年代；

（2）心理学著名定律或学说的发表年代；

（3）心理学仪器或技术的发明年代；

（4）各国心理学名著的出版年代；

（5）各国心理学期刊的创刊年代；

（6）各种心理学派别或组织的成立年代；

（7）其他和心理学有关的大事年代。

2. 本表按年排列，十九世纪以前，因事实不多，以一世纪为一栏；十九世纪起，事实渐多，以一年为一栏。

3. 每一条目，除与本国及国际有关者外，均冠以国名，以资识别，国籍不明者从缺。

4. 本表在比较冷僻的名词学说之后，酌附简单解释。

5. 表末附有书名索引、事项索引及人名索引三种，以便检查。

6. 本表因参考资料缺乏，编制匆促，错误及遗漏之处，在所难免，请阅者批评指正。

编　者

1957 年 5 月

心理学史大事年表

前八世纪	约前 720	管仲生	（约前 645 卒）
前七世纪	约前 645	管仲卒	（约前 720 生）
前六世纪	约前 580	晏婴生	（约前 500 卒）
	约前 570	李聃生	（？ 卒）
	前 551	孔丘生	（前 479 卒）
前五世纪	约前 500	晏婴卒	（约前 580 生）
	前 479	孔丘卒	（前 551 生）
	约前 479	墨翟生	（约前 392 卒）
	前 469	〔希〕苏格拉底生	（前 399 卒）
	前 428	〔希〕柏拉图生	（前 348 卒）
	约前 420	杨朱生	（约前 340 卒）
前四世纪	前 399	〔希〕苏格拉底卒	（前 469 生）
	前 384	〔希〕亚里士多德生	（前 322 卒）
	约前 392	墨翟卒	（约前 479 生）
	前 372	孟轲生	（前 289 卒）
	约前 362	尹文生	（约前 293 卒）
	约前 360	庄周生	（约前 280 卒）
	前 348	〔希〕柏拉图卒	（前 428 生）
	约前 340	杨朱卒	（约前 420 生）
	前 322	宋研生	（约前 270 卒）
		〔希〕亚里士多德卒	（前 384 生）
前三世纪	前 296	荀况生	（前 238 卒）
	约前 293	尹文卒	（约前 362 生）
	前 289	孟轲卒	（前 372 生）
	约前 280	韩非生	（约前 233 卒）
	约前 270	庄周卒	（约前 360 生）
	前 238	宋研卒	（约前 340 生）
	前 233	荀况卒	（约前 296 生）
		韩非卒	（约前 280 生）

续表

前二世纪	约前179 约前104	董仲舒生 董仲舒卒	（约前104卒） （约前179生）
前一世纪			
第一世纪	27 97	王充生 王充卒	（97卒） （27生）
第二世纪			
第三世纪	约245 约250	刘劭著《人物志》三卷 葛洪生	（约330卒）
第四世纪	约330 354	葛洪卒 内省法创始人〔希〕奥古斯丁生	（约250生） （430卒）
第五世纪	405 430	范缜生① 〔希〕奥古斯丁卒	（507卒） （354生）
第六世纪	507	范缜卒	（405生）
第七世纪			
第八世纪	768	韩愈生	（824卒）
第九世纪	803 824 852	杜牧生 韩愈卒 杜牧卒	（852卒） （768生） （803生）
第十世纪			
第十一世纪	1021 1032 1033 1085 1086	王安石生 程颢生 程颐生 程颢卒 王安石卒	（1086卒） （1085卒） （1107卒） （1032生） （1021生）
第十二世纪	1107 1130 1139 1192 1200	程颐卒 朱熹生 陆九渊生 陆九渊卒 朱熹卒	（1033生） （1200卒） （1192卒） （1139生） （1130生）
第十三世纪	1247	〔英〕伦敦贝德兰（Bedlam）疯人院②成立	
第十四世纪			
第十五世纪	1472	王守仁生	（1528卒）

① 范缜：南北朝人，著有《神灭论》。——补注
② 又译作"伯利恒玛利亚医院"。——编者注

续表

第十六世纪	1528	王守仁卒	（1472 生）
	1561	归纳法创始者〔英〕培根生	（1626 卒）
	1578	〔英〕哈维生	（1657 卒）
	1588	〔英〕霍布斯生	（1679 卒）
	1596	〔法〕笛卡尔生	（1650 卒）
第十七世纪	1610	黄宗羲生	（1695 卒）
	1619	王夫之生	（1693 卒）
	1626	〔英〕培根卒	（1561 生）
	1629	〔英〕哈维发现血液循环	
	1632	〔英〕陆克①生	（1704 卒）
		〔荷〕司宾诺沙生	（1677 卒）
	1635	颜元生	（1704 卒）
	1642	〔英〕牛顿生	（1727 卒）
	1646	〔德〕来布列兹生	（1716 卒）
	1650	〔法〕笛卡尔著《情绪论》（*Les passions de L'ame*）出版	
		〔法〕笛卡尔的身心交感论发表	
		〔法〕笛卡尔提出"反射"的概念	
		〔法〕笛卡尔卒	（1596 生）
	1651	〔英〕霍布斯的外现象论发表（意识是大脑神经活动的副产物）	
	1657	〔英〕哈维卒	（1578 生）
	1663	〔英〕包依耳发现视觉的后像	
	1665	〔荷〕司宾诺沙的两相说发表（身心是同一物的两面）	
	1668	〔法〕马理欧脱发现盲点	
	1677	〔荷〕司宾诺沙卒	（1632 生）
	1679	官能心理学创立者〔德〕吴尔孚生	（1754 卒）
		〔英〕霍布斯卒	（1588 生）
	1680	世界第一次关于动物催眠的实验记录由扣赫尔发表	
	1685	〔英〕贝克莱生	（1753 年卒）
	1690	〔英〕陆克著《人类悟性论》②（*Essay Concerning Human Understanding*）出版	
		〔英〕陆克的感觉副性论发表（色、声、嗅、味等感官属性，并不存在于物体之内称为副性	
		〔英〕陆克创"观念的联合"一词	
	1691	〔英〕牛顿发表正后象的经验	
	1692	王夫之卒	（1619 生）
	1695	黄宗羲卒	（1610 生）
		〔德〕来布列兹的身心平行论发表	
		〔德〕来布列兹创"统觉"一词	

① 外国人名的今译名见年表后的附录《人名索引》，以下同此。——编者注
② 今译作《人类理解论》。——补注

续表

	1704	颜元卒	（1635 生）
		〔英〕牛顿著《光学论》（*Opticks*）出版	
		〔英〕牛顿发现两色混合可以相消的现象	
		〔英〕陆克卒	（1632 生）
	1705	〔英〕联想主义的始祖哈德列生	（1757 卒）
	1712	〔法〕卢梭生	（1778 卒）
	1714	〔意〕塔提尼发现差音	
	1716	〔德〕来布列兹卒	（1646 生）
	1723	戴震生	（1777 卒）
	1724	〔德〕康德生	（1804 卒）
	1727	〔英〕牛顿卒	（1642 生）
	1734	世界第一本以心理学为名的书籍〔德〕吴尔孚著《经验心理学》（*Psychologia Empirical*）出版	
		官能心理学创立	
		〔英〕麦斯麦生	（1815 卒）
	1736	〔法〕阿斯脱律克创"反射"一词	
	1744	〔法〕拉马克生	（1829 卒）
	1746	联想主义创立	
	1749	〔英〕哈德列著《人的观察》（*Observations on Man*）出版	
		〔英〕哈德列的振动论发表（神经的振动引起感觉）	
第十八世纪	1752	〔瑞典〕列纳衣斯分气味为七种	
	1753	〔英〕贝克莱卒	（1685 生）
	1754	〔德〕吴尔孚卒	（1679 生）
	1757	〔英〕哈德列卒	（1705 生）
	1763	〔德〕海类报告中耳的构造	
	1764	〔英〕里德主张意识是心理学的主要对象	
	1766	〔奥〕麦斯麦的动物磁性说发表（关于催眠状态的原始理论）	
	1773	〔英〕詹姆士·穆勒生	（1836 卒）
		〔英〕杨生	（1839 卒）
		美国第一所精神病院在弗吉尼亚州①成立	
	1776	教育心理学的创始者〔德〕海尔巴脱生	（1841 卒）
	1777	戴震卒	（1723 生）
	1778	〔法〕卢梭卒	（1712 生）
	1787	〔捷〕泊金琪生	（1869 卒）
	1793	〔法〕披奈尔改革巴黎疯人院	
		〔英〕杨证明眼球水晶体表面的调节机能	
	1794	〔英〕道尔顿发现色盲	
	1795	〔德〕韦伯生	（1878 卒）
		〔英〕布累德生	（1860 卒）

---

① 原文为"佛及尼亚"，今译"弗吉尼亚"。——编者注

续表

第十八世纪	1796	统计学的创始人〔比〕夸特雷生	（1874 卒）
	1800	〔英〕杨发现网膜愈至边缘其敏锐度愈弱	
第十九世纪	1801	心理物理学的创始人〔德〕费希纳生 〔德〕缪勒生	（1887 卒） （1858 卒）
	1802		
	1803	〔英〕柏尔发现味蕾	
	1804	〔捷〕泊金琪发现网膜边缘不能感色 〔德〕康德卒	 （1724 生）
	1805		
	1806	〔英〕约翰·穆勒生	（1873 卒）
	1807	〔英〕杨的色觉论发表 〔英〕柏尔发现运动神经和感觉神经的差异	
	1808		
	1809	〔德〕高斯证明常态曲线的数学性质 〔意〕洛兰图发现小脑的机能 〔意〕洛兰图发现大脑的中央沟 〔法〕拉马克著《动物哲学》出版，主张获得性遗传 〔英〕达尔文生	 （1882 卒）
	1810	〔德〕哥德的色觉学说发表	
	1811	〔英〕柏尔－〔法〕马戎第定律发表（脊髓的前根是运动神经，背根是感觉神经）	
	1812		
	1813		
	1814		
	1815	〔奥〕麦斯麦卒	（1734 生）
	1816	〔德〕海尔巴脱著《心理学教科书》（*Lehrbuch der Psychologie*）出版 〔德〕海尔巴脱创"阈限"一词	
	1817	〔德〕陆宰生	（1881 卒）
	1818	〔德〕马克思生 〔荷〕童德生 〔英〕培因生	（1883 卒） （1889 卒） （1903 卒）
	1819		
	1820	〔德〕恩格斯生 〔德〕柏塞尔发现人差方程 〔英〕斯宾塞生	（1895 卒） （1903 卒）

续表

第十九世纪	1821	〔德〕赫尔姆霍兹生	(1894 卒)
	1822	〔英〕高尔顿生	(1911 卒)
	1823	〔法〕李博生	(1904 卒)
	1824	〔捷〕泊金琪发现半规管和平衡觉的关系 〔法〕布洛卡生 〔法〕夫卢龙的大脑统一机能说发表 〔法〕夫卢龙划分感觉和知觉的区别	(1880 卒)
	1825	〔捷〕泊金琪发现色彩价值在微光中的变化 〔法〕沙科生 (□) 合恩证明不同的味蕾掌理不同的味觉 骨相学一词被采用	(1893 卒)
	1826	〔德〕缪勒的神经特殊能力说发表 〔德〕缪勒最先作眼动的研究	
	1827		
	1828	(□) 耿勒宣布视觉的外投域应为一圆圈形	
	1829	〔俄〕伊凡·米海诺维奇·谢切诺夫生 〔法〕拉马克卒 〔英〕詹姆士·穆勒著《人类心理现象分析》(*Analysis of The Phenomena of The Human Mind*) 出版	(1905 卒) (1744 生)
	1830	〔法〕沙乏脱发明测量听觉上下阈限的转轮	
	1831	〔英〕达尔文参加贝尔格号航行全球，为时共五年	
	1832	〔德〕冯特①生	(1920 卒)
	1833	〔德〕缪勒 75 万字的巨著《人类生理学纲要》(*Handbuch der Physiologie Menschen*) 第一卷出版，1840 年全书出齐，其中第 4 ~ 6 卷为心理学部分	
	1834	〔德〕韦伯氏定律发表 〔德〕韦伯用两脚规测量皮肤两点阈 〔德〕赫林生 〔丹〕兰琪生	(1918 卒) (1900 卒)
	1835	〔比〕夸特雷的中人说发表（中常的人为大自然的理想）	
	1836	〔英〕詹姆士·穆勒卒	(1773 生)
	1837	〔捷〕泊金琪发现脑细胞	

---

① 原文作"翁德"，今译作"冯特"。——补注

续表

第十九世纪	1838	〔奥〕马赫生	（1916 卒）
		〔德〕布伦塔诺生	（1917 卒）
		〔德〕缪勒报告负后像现象	
		〔德〕费希纳的研究兴趣开始由物理学转入心理学	
		〔法〕精神病学家艾司圭罗创"幻觉"一词	
		〔英〕惠斯东发明实体镜	
	1839	〔法〕李卜生	（1916 卒）
		〔英〕杨卒①	（1773 生）
	1840	〔法〕柏亨生	（1909 卒）
	1841	〔法〕勒朋生	（1931 卒）
		〔德〕海尔巴脱卒	（1776 生）
	1842	〔德〕泊来尤生	（1897 卒）
		〔德〕希勃发明实验用的计时器	
		〔法〕赛昆创制形板	
		〔英〕达尔文的自然选择学说发表	
		〔英〕窝德以麦斯麦术无痛割断病人大腿	
		〔美〕詹姆士生	（1910 卒）
		〔英〕拉特生	（1921 卒）
	1843	〔英〕布累德创"催眠术"一词	
		〔英〕约翰·穆勒著《名学》②（*System of Logic*）出版，人类学成立	
	1844	〔德〕韦伯发现左右迁移现象	
		〔美〕霍尔生	（1924 卒）
	1845		
	1846	〔德〕韦伯最先做差别阈限的实验	
		〔英〕厄士特耳于印度加尔各答创设麦斯麦术医院一所	
		〔美〕牙医麻乔发现以太③为麻醉剂	
	1847	〔英〕辛浦生发现三氯甲烷（哥罗方）为麻醉剂	
	1848	〔德〕威尔尼克生	（1905 卒）
		〔英〕罗门尼司生	（1894 卒）
	1849	〔苏〕伊凡·比得罗维奇·巴甫洛夫生	（1935 卒）

① 杨（Thomas Young, 1773 – 1829）卒的年份是 1829 年。——编者注

② "逻辑学"的旧译。——编者注

③ "麻乔"，即牙医威廉·汤姆斯·格林·莫顿（W. T. G. Morton），他发现乙醚有麻醉作用。——编者注

第十九世纪	1850	〔德〕艾平霍斯生	（1909 卒）
		〔德〕乔治·穆勒生	（1934 卒）
		〔德〕赫尔姆霍兹首创测量神经冲动速度的方法	
		〔德〕赫尔姆霍兹最先做反应时间的实验	
	1851	〔德〕赫尔姆霍兹发明检查眼球内部的检眼镜（ophthalmoscope）	
		〔意〕高蒂报告内耳的构造	
	1852	〔德〕赫尔姆霍兹的色觉论发表	
		〔德〕陆宰著《医学心理学》（*Medicini SchePsyehologie*）版	
		〔德〕陆宰的部位记号学说（*Local Sign Theory*）发表	
		〔英〕惠斯东发明反位镜	
	1853	〔德〕冯克尼斯生	（1928 卒）
		〔德〕格奈斯曼发现每一颜色各有其补色	
	1854	〔德〕考列克发现网膜有锥状和棒状两种细胞	
	1855	〔德〕赫尔姆霍兹提出"无意识的推理"的学说	
		〔德〕阿派尔发明明暗互易镜（anaglyph oscal）	
		〔德〕阿派尔发表关于几何图形错觉的研究	
		〔英〕马克斯威发明色轮（混色器）	
		〔英〕斯宾塞著《心理学原理》（*Principles of Psychology*）出版	
		〔英〕培因著《感觉与理智》（*The Senses and The Intellect*）出版	
	1856	〔奥〕弗洛伊德生	（1939 卒）
		〔德〕克拉泊林生	（1926 卒）
		〔德〕福厄司脱最先研究视野问题	
	1857	〔苏〕倍赫乞列夫生	（1927 卒）
		〔德〕奥勃脱发现网膜色觉区域	
		〔法〕比奈生	（1911 卒）
		〔英〕谢灵顿生	（1952 卒）
		〔英〕统计学家披而生生	（1936 卒）
	1858	〔德〕缪勒卒	（1801 生）
	1859	〔德〕廖巴生	（1924 卒）
		〔德〕伏克门创制速示器	
		〔法〕让内生	（1947 卒）
		〔英〕达尔文著《物种原始》（*Origin of Species*）出版	
		〔英〕培因《情绪与意志》（*The Emotions and The Will*）出版	
		〔英〕汉米尔顿所创造的"重整作用"（redintegration）一词于死后被引用	
		〔美〕杜威生	（1952 卒）
		〔美〕申福特生	（1924 卒）

第十九世纪	1860	科学的心理学肇始 〔德〕费希纳著《心理物理学要旨》（*Elemente der psychophsik*）出版 〔德〕费希纳发现常误 〔德〕费希纳最先应用物理的方法测量刺激的大小 〔德〕韦伯－费希纳定律发表 〔德〕布累德卒 （1795 生） 〔美〕卡泰尔生 （1944 卒）
	1861	〔法〕布洛卡发现大脑的运动语言中枢 〔美〕鲍德文生 （1934 卒）
	1862	〔苏〕乞尔潘诺夫生 （1936 卒） 〔德〕符次堡学派领导者〔俄〕屈尔佩生 （1915 卒） 〔德〕莫门生 （1915 卒）
	1863	〔俄〕谢切诺夫著《大脑反射》在《现代人》杂志发表 〔波〕加斯曲罗生 （1945 卒） 〔德〕伏克门的多数纤维说发表（被刺激的神经纤维越多，则感觉的强度越高） 〔德〕赫尔姆霍兹的听觉共鸣说发表 〔德〕赫尔姆霍兹的《声学》（*Tonempfindungen*）出版 应用心理学创始者〔德〕蒙斯脱勃格生 （1916 卒） 〔英〕史比门生
	1864	〔英〕李浮斯生 （1922 卒） 〔美〕司克列泼秋生 （1945 卒）
	1865	〔奥〕马赫首创时间知觉的研究 〔德〕奥勃脱发现网膜的适应机能 〔英〕约翰·穆勒提出类似律，接近律，多次律和不可分律为联想四法则
	1866	孙文生 （1925 卒） 〔奥〕门得尔遗传定律发表 〔德〕修兹发现锥状细胞和棒状细胞的不同机能
	1867	〔德〕赫尔姆霍兹叙述眼内视觉现象 〔德〕赫尔姆霍兹著《生理光学纲要》（*Handlech der Physiogiscben Optik*）三卷完成，合订出版 〔英〕铁钦纳生 （1927 卒）
	1868	〔荷〕童德首先研究选择反应时间 〔美〕詹宁斯生

第十九世纪	1869	〔捷〕泊金琪卒
		〔英〕高尔顿提出亲子倒退律（特殊父母的后代逐渐倾向于一般）
		〔英〕约翰·穆勒称观念的联合为心理化学
		〔英〕高尔顿著《遗传的天才》（*Hereditary Genius*）出版
		〔英〕机能心理学创始人安吉尔生 （1949 卒）
		〔美〕吴伟士生
	1870	〔苏〕列宁生 （1924 卒）
		〔苏〕涅柴也夫生 （1948 卒）
		〔奥〕韦塔散克生 （1915 卒）
		个人心理学创始者〔奥〕阿特勒生 （1937 卒）
		〔德〕傅理奇和海特齐格发现大脑机能①定位
	1871	〔德〕司登生 （1938 卒）
		〔德〕海扣创"青春期痴呆"（hebephrenia）的病名
		〔英〕达尔文著《人类起源》（*Descent of Man*）出版
		策动心理学创始者〔英〕麦独孤生 （1938 卒）
		〔美〕华许本生 （1939 卒）
	1872	〔英〕达尔文著《人类和动物的表情》（*Expression of The Emotions in Man and Animals*）出版
		〔英〕培因著《心与体》（*Mind and Body*）出版
	1873	构造心理学派成立
		〔苏〕谢切诺夫著《谁来研究以及如何研究心理学》一文发表
		〔德〕斯图姆夫提出空间知觉先天论
		〔瑞士〕克拉巴瑞德生 （1940 卒）
		〔意〕高尔吉发明神经细胞染色法
		〔英〕迈尔士生
		〔英〕约翰·穆勒卒 （1806 生）
		〔美〕集特生 （1946 卒）
	1874	〔德〕赫林的色觉论发表
		〔德〕冯特著《生理心理学纲要》（*Grundzüge der Physiologischen Psychologie*）出版
		〔德〕威尔尼克发现大脑的听觉言语中枢
		〔德〕布伦塔诺创立行动心理学
		〔德〕布连塔诺著《经验观点的心理学》（*Psychologie vom Empirischen Standpunkt*）出版
		〔比〕夸特雷卒 （1796 生）
		〔英〕卡本脱创"念动的活动"（ideo - motor action）一词
		〔美〕桑代克生 （1949 卒）

① 原"机能"后还有"肌能"二字，疑多余，故删去。——编者注

第十九世纪	1875	〔苏〕乌赫托姆斯基生 （1942 卒） 〔瑞士〕荣格生
	1876	世界第一种心理学杂志《心》（*Mind*）在英国创刊，培因主编 心理卫生运动宣传者〔美〕皮而斯生 （1943 卒） 〔美〕华伦生 （1934 卒） 〔美〕叶尔克斯生 （1956 卒）
	1877	〔德〕赫林发现温度感觉的生理零度 〔英〕詹姆士·窝德建议剑桥大学当局设立心理实验室，但因带有唯物主义气味，未获通过 〔美〕推蒙生
	1878	〔德〕韦伯卒 （1795 生） 〔德〕恩格斯著《反杜林论》出版 行为主义创始者〔美〕华生生
	1879	〔苏〕斯大林生 （1953 卒） 世界第一所心理学实验室于德国莱比锡大学成立 〔法〕沙科发现手套式感觉缺失 〔英〕华脱生 （1925 卒）
	1880	〔德〕维泰默生 （1943 卒） 〔法〕布洛卡卒 （1824 生） 〔英〕高尔顿发明测量听觉高阈的口笛
	1881	〔苏〕巴甫洛夫结婚 〔德〕陆宰卒 （1817 生） 〔德〕《哲学研究》（*Philosophische Studieren*）创刊，冯特主编，1903 年停刊（世界第一种实验心理学杂志） 〔德〕蒙克发现大脑体觉区 〔法〕派力闹特发现视紫对暗适应的关系 〔美〕泰勒最先应用心理方法以增加工业产量 （□）艾谋脱定律发表（后像的大小和投射的距离成正比例）
	1882	〔德〕泊来尤著《儿童的心》（*Die Seele der Kindes*）出版（世界第一部系统的儿童心理学著作） 〔英〕达尔文卒 （1809 生） 〔英〕罗门尼司创"比较心理学"一词

第十九世纪	1883	〔苏〕巴甫洛夫得博士学位，其论文题为《论心脏的传出神经》 〔德〕马克思卒（1818 生） 〔瑞典〕白列克斯发现冷点和温点 〔英〕高尔顿研究色听联觉 〔英〕高尔顿创立差别心理学 〔英〕高尔顿创问卷法 〔英〕高尔顿著《人类才能及其发展的研究》（*Inquires into Human Faculty and its Development*）出版 〔美〕霍尔创立美国第一所心理学实验室于约翰霍布金大学
	1884	〔德〕高尔特瑟德发现压点和痛点 〔美〕詹姆士的情绪说发表
	1885	〔奥〕马赫著《感觉的分析》（*Die Analyse der Empfindungen*）出版 〔德〕艾平霍斯发表关于遗忘曲线的实验结果 〔德〕艾平霍斯创省力法（saving method） 〔丹〕兰琪的情绪说发表，主要内容与詹姆士的相同 〔法〕李卜的倒退律发表（心理退化的人，最近的事先忘记，最早的事最后忘）
	1886	〔德〕考夫卡生（1941 卒） 大英百科全书第九版首次列有"心理学"一条，由〔英〕詹姆士·窝德选写 〔美〕杜威著《心理学》（*Psychology*）出版（美国第一部以心理学为书名的著作）
	1887	〔德〕费希纳卒（1801 生） 〔德〕苛勒生 〔英〕吉考白创用数字广度测验测量记忆 〔英〕拉特著《生理心理学要义》（*Elements of Physiological Psychology*） 《美国心理学杂志》（*American Journal of psychology*）创刊，霍尔主编 （□）拉福特的听觉电话说发表①
	1888	〔波〕加斯曲罗提出差别觉的临界次数为 75%，而非 5% 〔德〕路德维·兰琪证明反应时间随被试的注意倾向而不同 〔德〕克瑞奇米尔生 〔丹〕寺华德梅扣发明嗅觉测量计 〔法〕费勒发现心理电反射 〔英〕高尔顿发表相关的理论，1892 年定其名为相关系数

① 听觉电话说是 1886 年提出。——编者注

续表

第十九世纪	1889	第一届国际心理学大会在巴黎召开 〔苏〕巴甫洛夫"假饲"实验完成 〔德〕缪奈错觉（Müller – Lyer illusion）问世① 〔法〕让内发现袜子式感觉缺失 法国第一所心理学实验室于索尔奔大学②成立 〔西〕卡耶证实一个神经元与另一个神经元的连接是机能的，而非构造的 〔荷〕童德卒　　　　　　　　　　　　　　　　　　（1818 生） 加拿大第一所心理学实验室于都伦多大学成立
	1890	〔俄〕塔强诺夫发现情绪兴奋时皮肤两点间的电位变化 〔苏〕巴甫洛夫被选为军事医科学院药理学教授 〔奥〕艾伦费尔创"形式性"（form qualities）概念 〔德〕勒文生 〔德〕廖巴提出动向性的学说 〔德〕斯图姆夫的音融合学说发表 〔德〕阿芬那留斯著《纯粹经验的批判》（Kritik der Reinen Erfahrung）出版 〔德〕《心理学及感官生理学杂志》（Zeitschrift für Psychologie und Physiologie der Sinnesorganen）创刊，艾平霍斯和刻尼喜 〔意〕开索发明肌肉疲劳记录器 英国国会通过保护精神病人的正当权益的法律 〔美〕拉希来生 〔美〕卡泰尔创"心理测验"一词 〔美〕詹姆士著《心理学原理》（Principles of Psychology）出版 〔美〕申福特发明双摆计时器
	1891	〔俄〕屈尔佩证实注意集中运动则反应时间较短 〔苏〕巴甫洛夫应聘兼任新设立的实验医学研究所生理学部主任，工作45 年
	1892	〔美〕拉特 – 富兰克林的色觉论发表 美国心理学会（简称 APA）成立
	1893	毛泽东生 〔德〕冯特发明听觉测量器 〔法〕沙科卒　　　　　　　　　　　　　　　　　　（1825 生） 〔美〕卡泰尔著《观察的差误》（On Errors of Observation）出版

---

① 即"缪勒 – 莱尔错觉"。——编者注
② 今译为"索邦大学"。——编者注

续表

第十九世纪	1894	〔苏〕列宁著《什么是人民之友以及他们如何攻击社会民主党人》一文发表 〔苏〕巴甫洛夫隔离小胃手术告成 〔奥〕奥国第一所心理实验室成立于格拉寺（Graz）大学① 〔德〕赫尔姆霍兹卒　　　　　　　　　　　　　　　　　（1821 生） 〔德〕冯克尼斯发现棒状细胞对微光起反应，锥状细胞对强光起反应 〔英〕罗门尼斯卒　　　　　　　　　　　　　　　　　　（1848 生） 〔英〕毛根的经济法则发表（对动物行为的解释应该尽可能简单化） 〔美〕机能心理学派成立 〔美〕《心理学评论》（*Psychological Review*）创刊，鲍德文、卡泰尔主编 〔美〕《心理学索引》（*Psychological Index*）创刊，鲍德文、卡泰尔主编
	1895	〔苏〕巴甫洛夫在军事医学科学院由药理学教授调任为生理学教研室主任，工作了 30 年 〔波〕加斯曲罗创建了不随意活动记录器（automatograph） 〔奥〕弗洛伊德应用心理分析法寻求病流 〔德〕恩格斯卒　　　　　　　　　　　　　　　　　　（1820 生） 〔德〕冯弗来肯定痛是一种独立的感觉 〔丹〕寺华德梅扣分气味为九种 法国第一种心理学杂志《心理学年报》（*l'année Psychologique*）创刊，比奈与波尼主编 〔美〕霍尔创立宗教心理学
	1896	〔德〕冯弗来发现□冷觉 〔德〕冯弗来创制触觉计 〔德〕恩格斯著《劳动在从猿到人转变过程中的作用》在《新时代》杂志发表（原稿系 1876 年写成） 〔英〕披而生发明求相关的方法 〔美〕杜威著《心理学内的反射弧概念》一文发表 美国第一所心理诊疗所成立 〔美〕卡尔金创联合对偶法测量记忆 〔美〕白列安和哈脱发现学习的高原期
	1897	〔苏〕巴甫洛夫著《主要消化腺工作讲义》出版 〔德〕泊来尤卒　　　　　　　　　　　　　　　　　　（1842 生） 〔德〕克拉夫脱 - 艾平发现瘫痪和梅毒有关 英国第一所心理实验室成立于剑桥大学 〔美〕司克列泼秋著《新心理学》（*The New Psychology*）出版 （□）阿尔鲁次发现热觉不同于湿觉

———————

① 即今日的"格拉茨大学"，全称为"卡尔弗朗茨格拉茨大学"，建于 1585 年。——编者注

续表

	1898	〔德〕许曼发明声变器（the tone variator） 〔德〕克拉泊林创病名"少年痴"①（dementia praecox） 〔美〕桑代克最先用客观方法研究动物行为 〔美〕申福特著《实验心理教程》（A Course In Experimental Psychology）
第十九世纪	1899	〔德〕比尔，别捷及伊克斯库尔联合提议废弃一切心理学的名词而代之以客观的名词 〔英〕勃区和郭区发现神经冲动的绝对乏兴奋期 〔英〕李浮斯测量原始民族的心理特性 〔英〕斯通脱的《心理学手册》（Manuals of Psychology）出版
	1900	〔德〕胡塞尔的现象论发表（人的经验是一个现象，不能分成元素） 〔德〕乔治·穆勒解释倒摄抑制 〔丹〕兰琪卒　　　　　　　　　　　　　　　　　　（1834 生） 〔英〕毛根创"尝试错误"一词 〔美〕斯摩尔最先应用迷津法 〔美〕史替文斯证明全部学习的方法较局部学习的方法为优
第二十世纪	1901	〔苏〕巴甫洛夫当选为俄罗斯科学院通讯院士 〔德〕符次堡学派成立 〔英〕英国第一次任命心理学教授（毛根被任命为布里斯托大学心理学教授） 〔英〕铁钦纳著《实验心理学性质部分学生及教员手册》（Experimental Psychology Qualitative, Student's and Instructor's Manuals）出版
	1902	英国心理学会成立 〔美〕卡泰尔创立依次排列法（method of order of Merit） 〔美〕鲍德文主编的《哲学心理学辞典》（Dictionary of Philosophy Psychology）出版
	1903	〔苏〕巴甫洛夫在马德里国际医学代表大会作《动物实验心理学与精神病学》的报告，开始进入高级神经活动的研究 〔苏〕巴甫洛夫创造"条件反射"和"无条件反射"两个名词 〔德〕冯特的感情三度论发表 〔德〕莫门著《学习的方法》（Oekonomie und Technik des Lernens）出版 〔德〕《心理学通报》（The Archiv für die gesamte Psychologie）创刊，莫门主编 〔德〕立浦斯创"神入"②（empathy）一词 〔英〕斯宾塞卒　　　　　　　　　　　　　　　　　（1820 生） 〔英〕培因卒　　　　　　　　　　　　　　　　　　（1818 生） 〔英〕白兰威著《催眠术》（Hypnotism）出版

① 今译作"早发性痴呆"。——编者注
② 今译作"共情"。——编者注

	1903	〔英〕麦独孤的批注说（drainage theory）发表（神经冲动从阻力较高处流向阻力较低之处）
第二十世纪	1904	〔苏〕巴甫洛夫由于对消化腺生理学的卓越贡献荣获诺贝尔奖奖金 〔苏〕巴甫洛夫号召放弃心理学的不明确的叙述 〔俄〕谢切诺夫被选为俄罗斯科学院名誉会员 〔法〕李博卒　　　　　　　　　　　　　　　　　　　　（1823 生） 〔法〕屠色对精神病人采用语言暗示的说服方法 〔英〕华脱首先作思维问题的实验 〔英〕《英国心理学杂志》（*British Journal of Psychology*）创刊，詹姆士·窝德和李浮斯主编 〔英〕铁钦纳所领导的"实验心理学者"集团（the experimental psychologists）成立 〔美〕安吉尔著《心理学》（*Psychology*）出版 〔美〕吴伟士开始种族心理的研究 〔美〕霍尔的《文化时代学说》（*Doctrine of Cultural - epochs*）发表（个人的心理发展过程重演种族的心理发展） 〔美〕《心理学公报》（*Psychological Bulletin*）创刊
	1905	〔俄〕谢切诺夫卒　　　　　　　　　　　　　　　　　　（1829 生） 〔德〕威尔尼克卒　　　　　　　　　　　　　　　　　　（1848 生） 〔德〕艾平霍斯创填充测验 〔德〕《心理学研究》（*Psychologische Studien*）创刊，冯特主编 意大利第一种心理学杂志《心理学评论》（*Rivista di Psicologia*）创刊，斐拉里主编 〔英〕铁钦纳创"刺激错误"（stimulus error）一词（被试的报告不根据其实际感觉，而从刺激的性质推想出来） 〔英〕铁钦纳著《实验心理数量部分学生及教员手册》（*Experimental Psychology Quantitative Student's and Instructor's Manuals*）出版 〔英〕谢灵顿创"本体感受器"一词以描运动觉的感觉器官 〔英〕海特提出肤觉有先起粗觉与后起精觉两种
	1906	南京江苏师范编的《心理学》出版（中国第一部以心理学为名的书籍） 〔苏〕斯大林著《无政府主义还是社会主义》发表 〔德〕司笃凌发现呼吸比例和情绪的关系 〔英〕谢灵顿著《神经系统的整合动作》（*Integrative Action of The Nervous System*）出版 〔英〕谢灵顿称饥饿、性、奋斗等为优势反射 〔美〕安吉尔在美国心理学会发表《机能心理学的范围》的演讲

第二十世纪	1907	王国维译著《心理学概论》（*Hoffding：Outline of Psychology*）出版（中国第一部汉译的心理学书籍） 劳乃宣提倡汉字简化 〔苏〕巴甫洛夫被选为俄罗斯科学院院士 〔苏〕克拉斯诺高尔斯基开始儿童条件反射的研究 〔法〕让内著《歇斯底里的主要症状》（*The Major Symptoms of Hysteria*）出版 〔英〕福斯脱把两个神经元交界处称为"触处"①（synapse） 〔英〕詹姆士著《实用主义》（*Pragmatism*）出版 〔美〕华生宣布白鼠学习迷津全靠运动觉
	1908	〔法〕比奈创智力测验 〔美〕华许本著《动物的心》（*The Animal Mind*）出版
	1909	〔苏〕列宁著《唯物主义与经验批判主义》出版 〔苏〕巴甫洛夫创"分析器"一个名词 〔苏〕巴甫洛夫开始实验性神经症的研究 〔德〕艾宾浩斯卒　　　　　　　　　　　　　　　　（1850 生） 〔法〕柏亨卒　　　　　　　　　　　　　　　　　（1840 生） 〔英〕迈尔士著《实验心理学教科书》（*A Textbook of Experimental Psychology*）出版
	1910	〔苏〕巴甫洛夫发表睡眠是由于大脑皮质普遍抑制的学说 〔德〕灰普耳著《心理和身体测验手册》（*Manual of Mental and Physical Tests*）出版 〔瑞士〕荣发明联想测验 〔英〕铁钦纳著《心理学教科书》（*A Textbook of Psychology*）出版 〔英〕詹姆士卒　　　　　　　　　　　　　　　　（1842 生）
	1911	〔瑞士〕白流娄创"精神分裂症"一词以代替以前的"少年痴" 〔法〕比奈卒　　　　　　　　　　　　　　　　　（1857 生） 〔英〕高尔顿卒　　　　　　　　　　　　　　　　（1822 生） 〔英〕尤尔著《统计学说引论》（*Introduction to The Theory of Statistics*）出版 〔美〕汉米尔顿创多方选择法（method of multiple choice）
	1912	〔苏〕巴甫洛夫进行分化抑制的研究 〔苏〕乞尔潘诺夫以私人捐款成立莫斯科大学的心理研究所 〔德〕维泰默发表似动现象的报告 〔奥〕阿德勒脱离弗洛伊德创立个人心理学派

① "synapse"今译作"突触"。——编者注

续表

第二十世纪	1912	〔丹〕鲁平首先提出形基的关系 〔德〕司登发明智商计算法 〔德〕格式塔主义成立 〔英〕史比门的智力二因说发表 〔英〕史比门首创用统计方法研究人类的智慧 〔英〕阿特连的神经冲动全或无定律发表 〔美〕亨脱创建迟发反应法
	1913	〔奥〕弗洛伊德著《梦的解释》(*The Interpretation of Dreams*) 出版 〔美〕行为主义成立 〔美〕桑代克发表练习律和效果律 〔美〕鲍德文著《心理学史》(*History of Psychology*) 出版
	1914	〔奥〕弗洛伊德著《日常生活的心理病理学》(*Psychopathology of Every-day Life*) 出版 〔英〕桑代克发表准备律
	1915	〔俄〕屈尔佩卒 (1862 生) 〔奥〕韦塔散克卒 (1870 生) 〔德〕莫门卒 (1862 生) 〔荷〕亨林发表嗅觉的分类 〔英〕肯侬发现不同的情绪可以有相同的生理变化 〔美〕海立克著《神经学》(*An Introduction to Neurology*) 出版 〔美〕《应用心理学杂志》(*The Journal of Applied Psychology*) 创刊,霍尔主编 〔美〕叶尔克斯创建点数量表 (pint scale)
	1916	〔奥〕马赫卒 (1838 生) 〔德〕蒙司脱勃格卒 (1863 生) 〔荷〕亨林发表味觉的分类 〔法〕李卜卒 (1839 生)
	1917	〔奥〕华格纳 – 求内格丁创用人工疟疾法治疗梅毒性精神病 〔德〕布伦塔诺卒 (1838 生) 〔美〕司各脱创《人比人量表》(*Man – to – Man Scale*) 〔美〕卡泰尔因主张和平反对世界大战为哥伦比亚大学所辞退
	1918	孙文的知难行易学说发表 陈大齐著《心理学大纲》出版 〔苏〕倍赫乙列夫主张改心理学为反射学 〔德〕赫林卒 (1834 生) 〔美〕吴伟士创 S – O – R 公式以代替 S – R 公式

续表

第二十世纪	1919	〔英〕迈尔士著《现代心理学的应用于工业》（*Present – Day Application of Psychology with Special Reference to Industry*）出版 〔美〕华生著《行为主义者的心理学》（*Psychology From The Standpoint of A Behaviorist*）出版 〔美〕赫尔宣布字体与人格毫无关系
	1920	中国第一个心理学实验室与北京和南京两高等师范学校同时成立 〔奥〕弗洛伊德著《精神分析引论》（*A General Introduction to Psychoanalysis*）出版 〔德〕冯特卒　　　　　　　　　　　　　　　　　　（1832生） 〔英〕披而生提出相关系数的数学公式
	1921	中华心理学会在南京成立，不久无形解散 〔苏〕列宁签署人民委员会关于巴甫洛夫研究工作的特别决定 〔苏〕巴甫洛夫星期三座谈会开始 〔苏〕勃龙斯基著《科学的心理学概论》（очерк научной психологии）出版 英国国立工业心理学院成立，迈尔士为院长
	1922	中国第一个心理学杂志《心理》创刊，张耀翔主编 中华教育改进社聘美国测验专家麦柯尔来华 〔英〕李浮斯卒　　　　　　　　　　　　　　　　　（1864生）
	1923	〔苏〕巴甫洛夫著《动物高级神经活动（行为）的20年客观研究》出版 〔苏〕乌赫托姆斯基的优势中心说发表 〔苏〕高尔尼洛夫在全俄罗斯第一次神经精神病学大会上作了《现代心理学与马克思主义》的报告 〔瑞士〕荣分人格为外向和内向两类
	1924	陆志韦订正比奈西蒙智力测验发表 〔苏〕列宁卒　　　　　　　　　　　　　　　　　　（1870生） 〔奥〕伯格创测量脑电波的方法 〔德〕廖巴卒　　　　　　　　　　　　　　　　　　（1859生） 〔美〕霍尔卒　　　　　　　　　　　　　　　　　　（1844生） 〔美〕申福特卒　　　　　　　　　　　　　　　　　（1859生）
	1925	孙文卒　　　　　　　　　　　　　　　　　　　　　（1866生） 臧玉铨译《行为主义的心理学》（J. B. Watson；*Psychology From The Standpoint of A Behaviorist*）出版 〔德〕恩格斯著《自然辩证法》于死后在苏联出版 〔德〕真区创"遗觉象"一词（刺激移去以后遗留下来的和知觉一样鲜明的主观视觉表象）

续表

第二十世纪	1925	〔德〕考夫卡的顿悟学习说发表 〔德〕苛勒著《人猿的心理》（*The Mentality of Apes*）出版 〔瑞士〕荣创立分析心理学派 〔英〕华脱卒　　　　　　　　　　　　　　　　　　　（1879 生）
	1926	中华教育文化基金董事会设教育心理讲座于南京东南大学，聘艾伟主持研究 陆志韦译《教育心理学概论》（E. L. Thorndike：*Educational Psychology Briefer Course*）出版 〔苏〕巴甫洛夫发现解除抑制现象，称为"抑制的抑制" 〔德〕苛勒宣布格式塔心理学承认微分的分析，但反对元素的分析 〔德〕克拉泊林卒　　　　　　　　　　　　　　　　　（1856 生） 〔英〕迈尔士著《大不列颠的工业心理学》（*Industrial Psychology in Great Britain*）出版 〔英〕麦独孤著《变态心理学大纲》（*Outlines of Abnormal Psychology*）出版 〔美〕华登创用阻碍箱测量动物动机的强弱 〔美〕古特衣纳创画人测验
	1927	〔苏〕巴甫洛夫的主要著作《大脑两半球机能讲义》出版 〔苏〕巴甫洛夫的神经系统类型学说发表 〔苏〕倍赫乞列夫卒　　　　　　　　　　　　　　　　（1857 生） 〔英〕铁钦纳卒　　　　　　　　　　　　　　　　　　（1867 生）
	1928	中央研究院心理研究所成立，所长汪敬熙 臧玉铨译《痛饥惧怒时的身体变化》（W. B. Cannon：*Bodily Changes in Pain，Hunger，Fear and Rage*）出版 张耀翔等译《一九二五年心理学》（*Psychologies of 1925*）出版 江西省成立儿童智力测验局，局长杜佐周 〔奥〕史德克创胰岛素休克治疗法 〔德〕冯克尼斯卒　　　　　　　　　　　　　　　　　（1853 生） 〔美〕格赛尔采用单面屏观察儿童活动 〔美〕桑代克著《成人的学习》（*Adult Learning*）出版
	1929	〔英〕肯侬的情绪应变说发表
	1930	陆志韦、吴天敏合创中国儿童机巧智慧测验 〔美〕维佛－伯莱效应①（Wever and Bray effect）发表
	1931	中国测验学会在南京成立 陈德荣译《心理学史》（W. B. Pillsbury：*History of Psychology*）出版 〔法〕勒朋卒　　　　　　　　　　　　　　　　　　　（1841 生） 〔美〕桑代克著《人类的学习》（*Human Learning*）出版

① 即维弗－布雷效应，又称耳蜗效应。

续表

	1932	张耀翔编《心理杂志选存》出版 《测验》杂志创刊 〔苏〕克拉夫科夫著《眼及其工作》（Глаз и его работа）出版 〔美〕登拉泊的学习甲乙丙三说发表
	1933	陈德荣著《行为主义》出版 谢循初译《心理学》（R. S. Woodworth：*Psychology*）出版 伍况甫译《心理学简编》（W. James：*Psychology Briefer Course*）出版 杜佐周、朱君毅合译《成人的学习》（E. L. Thorndike：*Adult Learning*）出版 高觉敷译《儿童心理学新论》（K. Koffka：*The Growth of The Mind*）出版
	1934	中国生理学会选巴甫洛夫为名誉会员 谢循初译《现代心理学派别》（R. S. Woodworth：*Contemporary Schools of Psychology*）出版 〔苏〕巴甫洛夫为苏联大医学百科全书撰写"条件反射"一条 〔苏〕鲁平斯坦的论文《马克思著作里的心理学问题》发表 〔奥〕沙克尔首次应用胰岛素休克治疗法医治精神病人 〔德〕乔治·缪勒卒　　　　　　　　　　　　　　　　　　（1850 生） 〔美〕鲍德文卒　　　　　　　　　　　　　　　　　　　（1861 生） 〔美〕华伦卒　　　　　　　　　　　　　　　　　　　　（1876 生）
第二十世纪	1935	陈立著《工业心理学概观》出版 王徵葵著《态度测量法》出版 南京中央大学《心理半年刊》创刊，艾伟主编 中国心理卫生协会于南京成立 南京教育部公布"精神病理学名词" 南京教育部公布简体字 324 个，不久取消 陈德荣译《华生氏行为主义》（J. B. Watson：*Behaviorism*）出版 高觉敷译《实验心理学史》（E. G. Boring：*History of Experimental Psychology*）出版 关琪桐译《视觉新论》（G. Berkeley：*A New Theory of Vision*）出版 第十届国际生理学家大会在列宁格勒举行，〔苏〕巴甫洛夫担任大会主席 〔苏〕巴甫洛夫卒　　　　　　　　　　　　　　　　　　（1849 生） 〔苏〕伊万诺夫—斯莫稜斯基创睡眠治疗法 （匈）墨杜那创樟脑精休克治疗法
	1936	中国心理学会于南京成立 《中国心理学报》创刊，陆志韦主编 《心理季刊》创刊，章颐年先生主编 章颐年先生著《心理卫生概论》出版（中国第一部以心理卫生为名的书籍） 萧孝嵘修订墨跋量表发表

第二十世纪	1936	吴天敏第二次订正比奈西蒙智力测验发表 高觉敷译《精神分析引论》（S. Freud：*An Introduction to Psychoanalysis*）出版 上海心理学教授主办"心理学与人生"公开宣讲会十次 上海五大学举行校际心理学辩论会 〔苏〕乞尔潘诺夫卒　　　　　　　　　　　　　　　（1862 生） 〔苏〕联共（布）发布斥责儿童学的决议 〔葡〕孟尼兹切断大脑前叶的神经纤维以治疗某种精神病 〔英〕披而生卒　　　　　　　　　　　　　　　　（1857 生）
	1937	毛泽东著《实践论》《矛盾论》发表 南京教育部公布"普通心理学名词" 傅统先译《格式塔心理学原理》（K. Koffka：*Principles of Gestalt Psychology*）出版 〔奥〕阿特勒卒　　　　　　　　　　　　　　　　（1870 生）
	1938	〔苏〕高尔尼洛夫，吉普洛夫及许华尔兹合著的《高等学校心理学参考书》出版 〔德〕司登卒　　　　　　　　　　　　　　　　　（1871 生） 〔意〕席来底和皮里创电休克治疗法医治分裂性精神病 〔英〕麦独孤卒　　　　　　　　　　　　　　　　（1871 生）
	1939	萧孝嵘订正古氏儿童智慧测验发表 周建人译《人及动物之表情》（C. Darwin：*Expression of Emotions in Man and Animals*）出版 〔奥〕弗洛伊德卒　　　　　　　　　　　　　　　（1356 生） 〔美〕华许本卒　　　　　　　　　　　　　　　　（1871 生）
	1940	毛泽东指示中国文字必须在一定条件下加以改革 〔瑞士〕克拉巴瑞德卒　　　　　　　　　　　　　（1873 生） 〔美〕格赛尔建立婴儿常模，42 月后不应该尿床
	1941	〔德〕考夫卡卒　　　　　　　　　　　　　　　　（1886 生）
	1942	〔苏〕乌赫托姆斯基卒　　　　　　　　　　　　　（1875 生）
	1943	〔德〕维泰默卒　　　　　　　　　　　　　　　　（1880 生） 〔美〕皮尔斯卒　　　　　　　　　　　　　　　　（1876 生）
	1944	〔美〕卡泰尔卒　　　　　　　　　　　　　　　　（1860 生）
	1945	〔波〕加斯曲罗卒　　　　　　　　　　　　　　　（1863 生） 〔美〕司克列波秋卒　　　　　　　　　　　　　　（1864 生）
	1946	曹葆华译《唯物论与经验批判论》（В. И. Ленин：Материализм и в ммц рио критиэиэм）出版 〔苏〕联英（布）中央通过中学十年级设置心理学课程的决议 〔美〕集特卒　　　　　　　　　　　　　　　　　（1873 生）

续表

	1947	潘光旦译《性心理学》（H. Ellis：*The Psychology of Sex*）出版 〔法〕让内卒 (1859 生)
	1948	〔苏〕涅柴也夫卒 (1870 生)
	1949	艾伟著《阅读心理汉字问题》出版 〔苏〕《巴甫洛夫星期三会议记录》三卷由奥尔培利（Л. А. Орбели）编辑出版 〔美〕桑代克卒 (1874 生) 〔美〕安吉尔卒 (1869 生)
	1950	〔苏〕斯大林著《马克思主义与语言学问题》发表 苏联科学院与苏联医学科学院联合召开巴甫洛夫院士生理学说科学会议（6 月 28 日—7 月 4 日）
	1951	中国科学院心理研究〔所〕成立，主任曹日昌 粟宗华，陶菊隐合著《精神病学概论》出版 〔苏〕《巴甫洛夫高级神经活动杂志》创刊，伊万诺夫 - 斯莫稜斯基主编
第二十世纪	1952	毛主席指示中国文字改革要走世界各国文字共同的拼音方向 中国常用字表 1589 字公布 中国文字改革委员会成立 〔苏〕斯大林著《苏联社会主义经济问题》发表 〔苏〕俄罗斯教育科学院召开全苏第一届心理学会 〔英〕谢灵顿卒 (1857 生) 〔美〕杜威卒 (1859 生)
	1953	中央卫生部和中国科学院联合举办巴甫洛夫学说的学习会一个月 弋绍龙译《大脑两半球机能讲义》（и. п. павлов：лекции о работе больших полушарий головного мозга）出版 〔苏〕斯大林卒 (1879 生) 〔苏〕全苏第二届心理学会议召开
	1954	中国科学院心理研究室译《条件反射宣讲集》（I. P. Parlor：Lectures on Conditioned Reflexes and Psychiatry）出版 中国科学院出版《心理学名词》，分中英对照及俄中对照两种 中国大字改革研究委员会更名为中国文字改革委员会
	1955	中国心理学会第一届会员代表大会在北京举行 《中华神经精神科杂志》创刊，许英魁主编 《哲学研究》创刊，潘梓年主编 《巴甫洛夫高级神经活动杂志译丛》创刊，赵以炳主编 全国文字改革会议开会 第一批异体字整理表公布实施，共异体字 849 组/963 字

第二十世纪	1955	吴生林等译《巴甫洛夫选集》（X. C. Коштоянц：Избранные Произведения И Павлов）出版 张春雷等译《高级神经（活动）病理生理学概论》①（А. Г. Иванов - Смоленский：очерки патофизиологий высшей нервной деятельности）出版 〔苏〕全苏第三届心理学会议召开 〔苏〕《心理学问题》杂志（вопросы психологии）创刊，司米尔诺夫主编
	1956	中国科学院心理研究室扩充为心理研究所，所长潘菽，副所长曹日昌 中国科学院心理研究所学术委员会成立 《心理学译报》吴江霖主编 《心理学报》创刊，曹日昌主编 国务院公布汉字简化方案，共简体字 515 个，偏旁简化 54 个 国务院公布汉语拼音方案草案 〔美〕叶尔克斯卒　　　　　　　　　　　　　　　　　　（1876 生）

---

① 张春雷的译本全名为《高级神经活动病理生理学概论》，年表中的"活动"二字为编者加。——编者注

书名索引 *

书名	作者或译者或编者	出版年份
一画		
一九二五年心理学	张耀翔等译	1928
二画		
《人物志》	刘劭	约245
《人类悟性论》	陆克	1690
《人的观察》	哈德列	1749
《人类心理现象分析》	詹姆士·穆勒	1829
《人类生理学纲要》	缪勒	1833
《人类起源》	达尔文	1871
《人类和动物的表情》	达尔文	1872
《人及动物之表情》	周建人译	1939
《人类才能及其发展的研究》	高尔顿	1883
《人猿的心理》	苛勒	1925
《人类的学习》	桑代克	1931
三画		
《大脑反射》	谢切诺夫	1863
《大不列颠的工业心理学》	迈尔士	1926
《大脑两半球机能讲义》	巴甫洛夫	1927
《大脑两半球机能讲义》	弋绍龙译	1953
《工业心理学概观》	陈立	1935

---

* 原书名索引为繁体字，按照书名首字的笔画检索，为了尽可能保持原样，本次校对的书名索引仍照原文排版，并未根据简体字的笔画进行重新排版。——编者注

书名	作者或译者或编者	出版年份
四画		
《心理学教科书》	海尔巴脱	1816
《心理学原理》	斯宾塞	1855
《心理物理学要旨》	费希纳	1860
《心与体》	培因	1872
《心》	培因主编	1876
《心理学》	杜威	1886
《心理学原理》	詹姆士	1890
《心理学及感官生理学杂志》	艾平霍斯和刻尼喜合编	1890
《心理学评论》	鲍德文、卡泰尔主编	1894
《心理学评论》	斐拉里主编	1905
《心理学索引》	鲍德文、卡泰尔主编	1894
《心理学年报》	比奈、波尼主编	1895
《心理学内的反射弧概念》	杜威	1896
《心理学手册》	斯通脱	1899
《心理学通报》	莫门主编	1903
《心理学》	安吉尔	1904
《心理学公报》	美①	1904
《心理学报》	曹日昌主编	1956
《心理学译报》	吴江霖主编	1956
《心理学研究》	冯特主编	1905
《心理学概论》	王国维译	1907
《心理学教科书》	铁钦纳	1910
《心理和身体测验手册》	灰普耳	1910
《心理学史》	鲍德文	1913
《心理学史》	陈德荣译	1931
《心理学大纲》	陈大齐	1918
《心理》	张耀翔主编	1922
《心理杂志选存》	张耀翔编	1932
《心理学》	谢循初译	1933

---

　① 指在美国创刊。——编者注

续表

书名	作者或译者或编者	出版年份
四画		
《心理学简编》	伍况甫译	1933
《心理半年刊》	艾伟主编	1935
《心理季刊》	章颐年先生主编	1936
《心理卫生概论》	章颐年先生	1936
《心理学问题》	司米尔诺夫主编	1955
《心理学名词》		1954
《心理学》①	南京江苏师范主编	1906
《中国心理学报》	陆志韦主编	1936
《中华神经精神科杂志》	许英魁主编	1955
《巴甫洛夫星期三会议记录》	奥尔培利编	1949
《巴甫洛夫高级神经活动杂志》	伊万诺夫－斯莫稜斯基主编	1951
《巴甫洛夫高级神经活动杂志译丛》	赵以炳主编	1955
《巴甫洛夫选集》	吴生林等译	1955
《反杜林论》	恩格斯	1878
《主要消化腺工作讲义》	巴甫洛夫	1897
《什么是人民之友以及他们如何攻击社会民主党人》	列宁	1894
《无政府主义还是社会主义》	斯大林	1906
《日常生活的心理病理学》	弗洛伊德	1914
《文化时代学说》②	霍尔	1904
五画		
《生理光学纲要》	赫尔姆霍兹	1867
《生理心理学纲要》	冯特	1874
《生理心理学要义》	拉特	1887
《矛盾论》	毛泽东	1937
六画		
《光学论》	牛顿	1704
《动物哲学》	拉马克	1809
《动物实验心理学与精神病学》	巴甫洛夫	1903
《动物的心》	华许本	1908

① 此条索引为编者加，是原作者漏掉的信息。——编者注
② 此条索引为编者加，是原作者漏掉的信息。——编者注

续表

书名	作者或译者或编者	出版年份
九画		
《美国心理学杂志》	霍尔主编	1887
《应用心理学杂志》	霍尔主编	1915
《英国心理学杂志》	詹姆士·窝德主编	1904
《观察的差误》	卡泰尔	1893
《科学的心理学概论》	勃龙斯基	1921
十画		
《纯粹经验的批判》	阿芬那留斯	1890
《哲学心理学辞典》	鲍德文主编	1902
《神经系统的整合动作》	谢灵顿	1906
《神经学》	海立克	1915
《高级神经病理生理学概论》	张春雷等译	1955
《高等学校心理学参考书》	高尔尼洛夫等	1938
《马克思著作里的心理学问题》	鲁平斯坦	1934
《马克思主义与语言学问题》	斯大林	1950
《阅读心理汉字问题》	艾伟	1949
《格式塔心理学原理》	傅统先译	1937
《哲学研究》	冯特主编	1881
《哲学研究》	潘梓年主编	1955
十一画		
《情绪论》	笛卡尔	1650
《情绪与意志》	培因	1859
《现代心理学的应用于工业》	迈尔士	1919
《现代心理学与马克思主义》	高尔尼洛夫	1923
《现代心理学派别》	谢循初译	1934
《教育心理学概论》	陆志韦译	1926
《唯物主义与经验批判主义》	列宁	1909
《唯物论与经验批判论》	曹葆华译	1946
《眼及其工作》	克拉夫科夫	1932
《逻辑》	约翰·穆勒	1843
十二画		
《视觉新论》	关琪桐译	1935

续表

书名	作者或译者或编者	出版年份
十二画		
《测验》		1932
普通心理学名词		1937
《痛饥惧怒时的身体变化》	臧玉铨译	1928
《统计学说引论》	尤尔	1911
十三画		
《新心理学》	司克列泼秋	1897
《感觉与理智》	培因	1855
《感觉的分析》	马赫	1885
《歇斯底里的主要症状》	让内	1907
《经验心理学》	吴尔孚	1734
《经验观点的心理学》	布连塔诺	1874
《催眠术》①	白兰威	1903
十四画		
《梦的解释》	弗洛伊德	1913
《精神分析引论》	弗洛伊德	1920
《精神分析引论》	高觉敷译	1936
《精神病学概论》	粟宗华、陶菊隐	1951
《精神病理学名词》		1935
十五画		
《谁来研究以及如何研究心理学》	谢切诺夫	1873
《论心脏的传出神经》	巴甫洛夫	1883
十六画		
《遗传的天才》	高尔顿	1869

---

① 此条索引为编者加，是原作者漏掉的信息。——编者注

事项索引 *

事　项	年　份
二画	
人差方程	1820
人类学	1843
人类智慧的统计研究	1912
人比人量表	1917
几何图形错觉	1855
三画	
大脑中央沟	1809
大脑统一机能论	1824
大脑机能定位	1870
大英百科全书心理学条目	1886
工业心理	1881
小脑的机能	1809
小胃	1894
个人心理学派	1912
四画	
心理电反射	1888
心理测验	1890
心理诊疗所	1896
心理分析法	1895

---

* 原事项索引为繁体字，按照事项首字的笔画检索，为了尽可能保持原样，本次校对的事项索引仍照原文排版，并未根据简体字的笔画进行重新排版。另外，事项索引中的许多事项名称在今天已另做它译，此处并未对其进行脚注，但在《心理学史大事年表》中的相应事项处可查看脚注。——编者注

事　项	年　份
四画	
心理与人生讲座	1936
心理学辩论会	1936
心理化学	1869
心理实验室	1877，1879，1883，1889，1894，1897，1920
文化时代学说	1904
文字改革	1940，1952，1954，1955，1956
切断前叶神经纤维	1936
反射	1650，1736
反射学	1918
反应时间	1850，1888，1891
反位镜	1852
无条件反射	1903
无意识推理	1855
比较心理学	1882
不随机活动记录器	1895
巴甫洛夫星期三座谈会	1921
巴甫洛夫学说会议	1950
巴甫洛夫学说学习会	1953
巴黎疯人院改革	1793
少年痴	1898，1911
中耳的构造	1763
中人论	1835
中国第一部心理学	1906
中华心理学会	1921
中国心理学会	1936，1955
中国测验学会	1931
中国生理学会	1934
中国心理卫生协会	1935
中央研究院心理研究所	1928
中国科学院心理研究所	1951，1956
中国常用字表	1952

续表

事　项	年　份
四画	
中学设置心理学课程	1946
中国儿童机巧智慧测验	1930
内省法	354
内耳的构造	1851
分析器	1909
分化抑制	1912
分析心理学派	1925
手套式感觉缺失	1879
气味分类	1752，1895，1915
幻觉	1838
五画	
汉字简化	1907，1935
半规管	1824
正后像	1691
平衡觉	1824
左右迁移	1844
本体感受器	1905
民族心理	1899
卡泰尔被辞退	1917
电位变化	1890
生理零度	1877
白鼠学习迷津	1907
外现象论	1651
外向和内向	1923
六画	
字体和人格	1919
问卷法	1883
压点	1884
动物磁性说	1766
动向性	1890
动物行为的客观研究	1898

事　项	年　份
六画	
动物催眠	1680
后起精觉	1905
机能心理学派	1894
艾谋脱定律	1881
血液循环	1629
色混合	1704
色盲	1794
色觉论	1807，1810，1852，1874，1892
色彩价值	1825
色轮	1855
色听联觉	1883
自然选择说	1842
多数纤维说	1863
多方选择法	1911
行动心理学	1874
行为主义	1913
全部学习	1900
全或无定律	1912
优势反射	1906
优势中心说	1923
休克治疗法	1928，1934，1935，1938
先起粗觉	1905
肌肉疲劳记录器	1890
七画	
冷点	1883
形板	1842
形式性	1890
形基关系	1912
声变器	1898
局部学习	1900
运动神经和感觉神经的区别	1807

事　项	年　份
七画	
运动语言中枢	1861
运动觉	1907
苏联人民委员会的特别决议	1921
苏联心理学会议	1952，1953，1955
尿床	1940
抑制的抑制	1926
迟发反应法	1912
归纳法	1561
贝德兰疯人院	1247
贝格尔号航行	1831
听觉阈限	1830
听觉共鸣论	1863
听觉语言中枢	1874
听觉电话说	1887
听觉测量器	1893
时间知觉	1865
身心交感论	1650
身心平行论	1695
体觉区	1881
似动现象	1912
条件反射	1903，1934
八画	
盲点	1668
官能心理学	1734
空间知觉先天说	1873
宗教心理学	1895
实体镜	1838
实验心理学者	1904
实验性神经病	1909
实验医学研究所	1891
两相说	1665

事　项	年　份
八画	
两点阈	1834
青春期痴呆	1871
构造心理学派	1873
刺激错误	1905
画人测验	1926
门得尔遗传定律	1866
阻碍箱	1926
味蕾	1803，1825
味觉分类	1916
明暗互易镜	1855
呼吸比例	1906
国际心理学大会	1889
国际生理学大会	1935
物理方法的应用	1860
念动的活动	1874
依次排列法	1902
儿童条件反射	1907
儿童智力测验局	1928
儿童学	1936
知难行易学说	1918
九画	
音融合学说	1890
订正比奈智力测验	1924，1936
订正古氏儿童智慧测验	1939
订正墨跋量表	1936
客观名词代替心理名词	1899
美国精神病院	1773
美国心理学会	1892
计时器	1842，1890
相关系数	1888，1896，1920
柏尔—马戎第定律	1811

事 项	年 份
九画	
观念的联合	1690，1869
韦伯氏定律	1834
韦伯—费希纳定律	1860
英国心理学会	1902
英国任命心理学教授	1901
英国工业心理学院	1921
尝试错误	1900
点数量表	1915
思维的实验	1904
省力法	1885
负后像	1838
重整作用	1859
选择反应时间	1868
种族心理	1904
科学的心理学	1860
俄罗斯科学院	1901，1904，1907
十画	
神经冲动的速度	1850
神经特殊能力说	1826
神经细胞染色法	1873
神经系统类型学说	1927
神入	1903
高尔顿口笛	1880
高原期	1896
消化腺生理学	1904
效果律	1913
准备律	1914
迷津法	1900
差别阈限	1846
差别心理学	1883
差别觉的临界次数	1888

续表

事　项	年　份
十画	
格式塔心理学	1912，1926
振动说	1749
热觉	1897
批注说	1903
元素的分析	1926
骨相学	1825
倒退律	1885
倒摄抑制	1900
脑电波	1924
十一画	
袜子式感觉缺失	1889
阈限	1816
部位符号学说	1852
混色器	1855
麻醉剂	1846，1847
麦斯麦术	1842，1846
现象论	1900
梅毒性精神病	1917
教育心理讲座	1926
速示器	1859
常态曲线	1809
常误	1860
眼球调节机能	1793
眼动	1826
眼内视觉	1867
情绪学说	1884，1885
情绪兴奋	1890，1915
情绪应变学说	1929
莫斯科大学心理研究所	1912
假饲	1889
符次堡学派	1901

续表

事　项	年　份
十二画	
视觉后像	1663
视觉的外投域	1828
视野	1856
视紫	1881
温点	1883
痛点	1884
痛觉	1895
棒状细胞	1854，1866，1894
联想法则	1865
联想主义	1705，1746
联合对偶法	1896
联想测验	1910
单面屏	1928
智力测验	1908
智力二因说	1912
智商计算	1912
统觉	1695
绝对乏兴奋期	1899
十三画	
意识	1764
冷觉	1896
意大利心理学杂志	1905
补色	1853
数字广度测验	1887
填充测验	1905
顿悟	1925
感觉副性说	1690
感觉与知觉的区别	1824
感情三度说	1903
嗅觉测量计	1888
睡眠	1910

事　项	年　份
十三画	
睡眠疗法	1935
催眠术	1843，1903
微分的分析	1926
触觉计	1896
触处	1907
经济法则	1894
十四画	
语言暗示法	1904
精神病人的保护	1890
精神分裂症	1911
网膜的敏锐度	1800
网膜的色觉	1804，1857
网膜适应机制	1865
维佛—伯莱效应	1930
十五画	
瘫痪	1897
疟疾治疗	1917
练习律	1913
十六画	
亲子倒退律	1869
诺贝尔奖金	1904
遗忘曲线	1885
遗觉象	1925
锥状细胞	1854，1866，1894
十七画	
检眼镜	1851
缪奈错觉	1889

人名索引 *

原人名索引表			今译名
人名	国籍	年份	
三画			
乞尔潘诺夫（И. В. Белпанов）	苏	1862 ~ 1936，1912	切尔班诺夫
四画			
王充		27 ~ 97	
王安石		1021 ~ 1086	
王守仁		1472 ~ 1528	
王夫之		1619 ~ 1692	
王国维		1907	
王徽葵		1935	
夫卢龙（P. Flourens）	法	1824	皮埃尔·弗卢龙
开索（F. Kiesow）	意	1890	
比奈（A. Binet）	法	1857 ~ 1911，1895，1908	
厄士特耳（J. Esdaile）	英	1846	艾斯代尔
尤尔（G. V. Yule）	英	1911	犹尔
弋绍龙		1953	
孔丘		前 551 ~ 前 479	
尹文		约前 362 ~ 约前 293	
巴甫洛夫（И. П. Павлов）	苏	1849 ~ 1935，1881，1883，1889，1890，1891，1894，1895，1897，1901，1903，1904，1907，1909，1910，1912，1921，1923，1926，1927，1934	

---

* 由于原索引中的人名，大多与今日所译不同，故在不改动原索引的前提下，增加一栏"今译名"，以方便查阅。另外，笔画检索是以原文的繁体字笔画为准，为尽可能保持原文原貌，此处并未对其进行调整。——编者注

原人名索引表			今译名
人名	国籍	年份	
四画			
毛泽东		1893，1937，1940，1952	
毛根（C. L. Morgan）	英	1894，1900，1901	摩尔根
牛顿（I. Newton）	英	1643～1727，1691，1704	
五画			
汉米尔顿（M. Hamilton）	英	1859	汉密尔顿
汉米尔顿（G. Hamilton）	美	1911	汉密尔顿
立浦斯（T. Lipps）	德	1903	立普斯
古特衣纳（F. L. Goodenough）	美	1926	古迪纳夫
布累德（J. Braid）	德	1795～1860，1843	布雷德
布洛卡（P. Broca）	法	1824～1880，1861	
布连塔诺（F. Brentano）	德	1838～1917，1874	大多译作"布伦塔诺"
司宾诺沙（B. de Spinoza）	荷	1632～1677，1665	斯宾诺莎
司克列泼秋（E. W. Scripture）	美	1864～1945，1897	斯库普秋
司登（L. W. Stern）	德	1871～1938，1912	施太伦
司米尔诺夫（А. А. Смирнов）	苏	1955	斯米尔诺夫
司笃凌（G. W. Storring）	德	1906	斯托里
司各脱（W. D. Scott）	美	1917	斯考特
弗洛伊德（S. Freud）	奥	1856～1939，1895，1913，1914，1920	
加斯曲罗（J. Jastrow）	波	1863～1945，1888，1895	亚斯特罗
卢梭（J. J. Rousseau）	法	1712～1778	
卡尔金（M. W. Calkins）	美	1896	卡尔金斯
卡泰尔（J. M. Cattell）	美	1860～1944，1893，1894，1890，1902，1917	卡特尔
卡本脱（W. B. Carpenter）	英	1874	卡本特尔
卡耶（S. R. Cajal）	西	1889	卡亚尔
申福特（E. C. Sanford）	美	1859～1924，1890，1898	桑福德
叶尔克斯（R. M. Yerkes）	美	1876～1956，1915	叶克斯
史比门（C. E. Spearman）	英	1863，1912	斯皮尔曼
史替文斯（L. Steffens）	美	1900	斯蒂芬斯

原人名索引表			今译名
人名	国籍	年份	
五画			
史德克（M. Sakel）	奥	1928	曼弗雷德·塞克尔
包依耳（R. Boyle）	英	1663	波义耳，又译：波意耳
皮尔斯（C. W. Beers）	美	1876～1943	比尔斯
皮里（Lucio Bini）	意	1938	卢西奥·比尼
白列克斯（M. Blix）	瑞典	1883	布利克斯
白列安（W. L. Bryan）	美	1896	布赖恩
白兰威（J. M. Bramwell）	英	1903	布拉姆韦尔
白流娄（E. Bleuler）	瑞士	1911	布洛伊勒
六画			
刘劭		约245	
关琪桐		1935	
安吉尔（J. R. Angell）	美	1869～1949，1904，1906	
列纳衣斯（C. Linnaeus）	瑞典	1752	林耐，又译：林奈、林内
列宁（В. И. Ленин）	苏	1870～1924，1894，1909，1921	
吉普洛夫（B. M. Tiepulov）	苏	1938	捷普洛夫
吉考白（J. Jacobs）	英	1887	雅各布斯
考列克（R. A. W. Kolliker）	德	1854	
考夫卡（K. Kaffka）	德	1886～1941，1925	
寺华德梅扣（H. Zwardemaker）	丹	1888，1895	茨瓦丹美克，又译：索额底梅克
夸特雷（A. akletelet）	比	1796～1874，1835	
扣赫尔（A. Kircher）	德	1680	基尔舍，又译：基尔什尔
达尔文（C. R. Darwin）	英	1809～1882，1831，1842，1859，1871，1872	
迈尔士（C. S. Myers）	英	1873，1909，1919，1921，1926	查尔斯·迈尔斯
灰普耳（G. M. Whilme）	德	1910	惠普耳
艾谋脱（Emmert）	□	1881	艾默特，又译：恩墨、埃默特
艾司圭罗（J. E. D. Esguirol）	法	1838	艾斯盖洛

续表

原人名索引表			今译名
人名	国籍	年份	
六画			
艾平霍斯（H. Ebbinghaus）	德	1850～1909，1885，1890，1905	艾宾浩斯
艾伦费尔（Christian von Ehrenfel）	奥	1890	克里斯蒂安·冯·厄棱费尔
艾伟		1926，1935，1949	
朱熹		1130～1200	
合恩（W. Horn）	□	1825	霍恩
伏克门（A. W. Volkmann）	德	1859，1863	伏克曼
华许本（M. F. Washburn）	美	1871～1939，1908	玛格丽特·弗洛伊·沃什伯恩
华伦（H. C. Warren）	美	1876～1934	沃伦
华生（J. B. Watson）	美	1878，1907，1919	
华脱（H. J. Watt）	英	1879～1925，1904	瓦特
华格纳 - 求内格丁（J. Wagner - Jauregg）	奥	1917	朱利斯·华格纳 - 约雷格
华登（C. J. Warden）	美	1926	瓦登，又译：沃顿
伊克斯库尔（J. Uunuexkull）	德	1899	
伊万诺夫 - 斯莫稜斯基（А. Г. Иванов - Смоленский）	苏	1935，1951	
伍况甫		1933	
朱君毅		1933	
七画			
宋研		约前340～约前270	
汪敬熙		1928	
沙科（J. M. Charcot）	法	1825～1893，1879	沙可
沙乏脱（F. Savart）	法	1830	萨伐尔
沙克尔（M. Sakel）	奥	1934	曼弗雷德·萨克耳
辛浦生（J. Simpson）	英	1847	辛普森
亨林（H. K. F. Henning）	荷	1915，1916	亨宁
亨脱（W. S. Hunter）	美	1912	亨特

原人名索引表			今译名
人名	国籍	年份	
七画			
杜牧		803～852	
杜威（J. Dewey）	美	1859～1952，1886，1896	
杜佐周		1928，1933	
李聃		约前 570	
李博（A. A. Liebeault）	法	1823～1904	李厄保
李卜（T. A. Ribot）	法	1839～1916，1885	里博
李浮斯（W. H. R. Rivers）	英	1864～1922，1899，1904	里弗斯
来布列兹（G. W. V. Leibniz）	德	1646～1716，1695	莱布尼茨，又译：莱布尼兹
克拉泊林（E. Kraepelin）	德	1856～1926，1898	克雷培林
克拉巴瑞德（E. Claparede）	瑞士	1873～1940	克拉帕雷德
克瑞奇米尔（E. Kretchmer）	德	1888	克雷奇默尔
克拉夫脱－艾平（R. Krafft－Ebing）	德	1897	克拉夫特－埃宾
克拉斯诺高尔斯基（Н. И. Красногорский）	苏	1907	
克拉夫科夫（С. В. Кравков）	苏	1932	
陆九渊		1139～1192	
陆克（J. Locke）	英	1632～1704，1690	洛克
陆宰（R. H. Lotze）	德	1817～1881，1852	
陆志韦		1924，1926，1930，1936	
苏格拉底（Socrates）	希	公元前 469～公元前 399 年	
劳乃宣		1907	
吴尔孚（C. Wolff）	德	1679～1754，1734	沃尔夫
吴伟士（R. S. Woodworth）	美	1869，1904，1918	伍德沃斯
吴天敏		1930，1936	
吴生林		1955	
吴江霖		1956	
贝克莱（G. Berkeley）	英	1685～1753	
里德（T. Reid）	英	1764	

原人名索引表			今译名
人名	国籍	年份	
七画			
别捷（A. Bethe）	德	1899	
伯格（H. Berger）	奥	1924	伯杰
伯莱（C. W. Bray）	美	1930	布雷
希勃（M. Hipp）	德	1842	
八画			
泊金琪（J. E. Purkinje）	捷	1787～1869，1804，1824，1825，1837	浦肯野
泊来尤（W. T. Preyer）	德	1842～1897，1882	普莱尔
波尼（H. Beaunis）	法	1895	皮尼斯
刻尼喜（A. Konig）	德	1890	柯尼希
亚里士多德（Aristotle）	希	前384～前322	
孟轲		前372～前289	
孟尼兹（E. Moniz）	葡	1936	
拉马克（J. B. Lamark）	法	1744～1829，1809	
拉特（G. T. Ladol）	美	1842～1921，1887	
拉福特（W. Rutherford）		1887	卢瑟福
拉希来（K. S. Lashley）	美	1890	拉什里
拉特－富兰克林（C. Ladd － Franklin）	美	1892	克里斯廷·莱德－富兰克林
披奈尔（P. Pinel）	法	1793	皮内尔，又译：比奈尔
披而生（K. Pearson）	英	1857～1936，1896，1920	皮尔逊
屈尔佩（O. Külpe）	俄	1862～1915，1891	
门得尔（G. J. Mendel）	奥	1866	孟德尔
阿斯脱律克（J. Astruc）	法	1736	阿斯特鲁克，又译：阿斯特律克
阿派尔（J. J. Oppel）	德	1855	奥佩耳
阿德勒（A. Adler）	奥	1870～1937，1912	
阿芬那留斯（R. Avenaris）	德	1890	
阿尔鲁次（S. Alrutz）		1897	
阿特连（E. D. Adrian）	英	1912	阿德里安

续表

原人名索引表			今译名
人名	国籍	年份	
八画			
肯侬（W. B. Cannon）	英	1915，1929	坎农
罗门尼司（G. J. Romanes）	英	1848～1894，1882	罗曼尼斯
周建人		1939	
九画			
洛兰图（L. Rolanto）	意	1809	
派力闹特（H. Parinaud）	法	1881	
柏拉图（Plato）	希	前428～前348	
柏尔（C. Bell）	英	1803，1807，1811	贝尔
柏塞尔（F. W. Bessel）	德	1820	贝塞尔
柏亨（H. Bornheim）	法	1840～1909	
胡塞尔（E. Husserl）	德	1900	
勃龙斯基（П. П. Блонский）	苏	1921	布隆斯基
勃区（Barch）	英	1899	
威尔尼克（C. Wernicke）	德	1848～1905，1874	
韦伯（E. H. Weber）	德	1795～1878，1834，1844，1846	
韦塔散克（S. Witasek）	奥	1870～1915	威塔塞克
哈维（W. Harvey）	英	1578～1657，1629	
哈德烈（D. Hartley）	英	1705～1757，1749，1757	大卫·哈特莱
哈脱（N. H. N. Harter）	美	1896	哈特
范缜		405～507	
荣（C. G. Jung）	瑞士	1875，1910，1923，1925，1961	荣格
苛勒（W. Kohler）	德	1887，1925，1926	
约翰·穆勒（J. S. Mill）	英	1806～1873，1843，1865，1869	
十画			
海类（A. W. Heller）	德	1763	黑莱
海尔巴脱（J. F. Herbart）	德	1776～1841，1816	赫尔巴特
海特齐格（E. Hitzig）	德	1870	艾德尔德·希齐格（希特齐格）

续表

原人名索引表			今译名
人名	国籍	年份	
十画			
海立克（C. J. Herrick）	美	1915	赫里克
海扣（E. Hecker）	德	1871	埃瓦尔德·海克尔
海特（H. Head）	英	1905	黑德
高斯（C. F. Gauss）	德	1809	
高尔顿（F. Galton）	英	1822～1911，1869，1880，1883，1888	
高蒂（A. Gorti）	意	1851	
高尔吉（C. Golgi）	意	1873	戈尔吉，又译：高尔基
高尔特瑟德（A. Goldscheider）	德	1884	戈尔德沙伊德
高尔尼洛夫（K. H. Kolnilov）	苏	1879～19571923，1938	柯尔尼洛夫
高觉敷		1933，1935，1936	
让内（P. Janet）	法	1859～1947，1889，1907	
席来底（U. Cerletti）	意	1938	乌戈·切莱蒂
泰勒（F. W. Taylor）	美	1881	
真区（E. R. Jeansch）	德	1925	詹恩施
格赛尔（A. Gesell）	美	1928，1940	
格奈斯曼（H. Grassmann）	德	1853	格拉斯曼
马理欧脱（E. Mariotte）	法	1668	马里奥特，又译：马略特
马戎第（F. Magendie）	法	1811	
马克思（K. Marx）	德	1818～1883	
马赫（E. Mach）	德	1838～1916，1865，1885	
马克斯威（J. C. Maxwell）	英	1855	麦克斯韦
耿勒（J. S. T. Gehler）		1828	
哥德（J. W. Von. Goethe）	德	1810	歌德
桑代克（E. L. Thorndike）	美	1874～1949，1898，1928，1931，1874，1949，1895，1913，1914	桑代克
孙文		1866～1925，1918	
宴婴		约前580～约前500	
恩格斯（F. V. Engels）	德	1820～1895，1878，1896，1925	

原人名索引表			今译名
人名	国籍	年份	
十画			
荀况		前 296 ~ 前 238	
倍赫乞列夫（B. M. Бехтерев）	苏	1857 ~ 1927，1918 1857 ~ 1927	别赫捷列夫
翁德（W. Wundt）	德	1832 ~ 1920，1874，1881，1893，1903，1905	冯特
修兹（M. Schultze）	德	1866	舒尔茨
乌赫托姆斯基（A. A. Ухтомский）	苏	1875 ~ 1942，1923	
十一画			
许曼（F. Shulman）	德	1898	舒曼
郭区（F. Gotch）	英	1899	戈区，又译：戈奇
许英魁		1955	
许华而兹（Л. M. Шварц）	苏	1938	施瓦尔慈
章颐年先生		1936	
康德（I. Kant）	德	1724 ~ 1804	
麻乔（W. T. G. Morton）	美	1846	威廉·汤姆斯·格林·莫顿
培根（F. Bacon）	英	1561 ~ 1626	
培因（A. Bain）	英	1818 ~ 1903，1855，1859，1872，1876	
麦斯麦（F. A. Mesmer）	奥	1734 ~ 1815，1766	
麦独孤（W. McDougall）	英	1871 ~ 1938，1903，1926	
麦柯尔（W. A. Mecall）	美	1922	
曹葆华		1946	
曹日昌		1951，1956	
黄宗羲		1610 ~ 1695	
推蒙（L. M. Terman）	美	1877	推孟
张耀翔		1922，1928，1932	
张春雷		1955	
陈大齐		1918	
陈立		1935	

原人名索引表			今译名
人名	国籍	年份	
十一画			
陈德容		1931，1933，1935	
陶菊隐		1951	
勒文（K. Lewin）	德	1890	勒温
勒朋（G. Le Bon）	法	1841～1931	古斯塔夫·勒庞
庄周		约前360～约前260	
莫门（E. Meumann）	德	1862～1915，1903	梅伊曼
笛卡尔（R. Descartes）	法	1596～1650，1650	
十二画			
童德（F. C. Donders）	荷	1818～1889，1868	唐得斯
冯克尼斯（J. Winkries）	德	1853～1928，1894	
涅柴也夫（А. П. Неааев）	苏	1870～1948	
冯弗来（M. Winfrey）	德	1895～1896	
粟宗华		1951	
惠斯东（C. Wheatstone）	英	1838，1852	惠斯通，又译：惠斯顿
斯宾塞（H. Spencer）	英	1820～1903，1855	
斯图姆夫（C. Stumpf）	德	1873，1890	斯顿夫
斯大林（И. В. Сталин）	苏	1879～1953，1906，1950，1952	
斯通脱（G. F. Stout）	英	1899	斯托特
斯摩尔（W. S. Small）	美	1900	斯莫尔
费希纳（G. T. Fechner）	德	1801～1887，1838，1860	
费勒（C. Fere）	法	1888	费利
斐拉里（G. C. Ferrari）	意	1905	费拉瑞
登拉泊（K. Dunlap）	美	1932	邓拉普
屠色（P. DoBais）	法	1904	
程颢		1032～1085	
程颐		1033～1107	
傅理奇（G. Tritsch）	德	1870	古希塔维·弗里奇，又译：付里奇
傅统先		1937	

原人名索引表			今译名
人名	国籍	年份	
十二画			
集特（C. H. Judd）	美	1873～1946	贾德
乔治·缪勒（G. E. Muller）	德	1850～1934，1900	格奥尔格·缪勒
十三画			
道尔顿（J. Dalton）	英	1794	
杨朱		约前420～约前340	
杨（Thomas Young）	英	1773～1839，1793，1800，1807	卒的年份是1829
塔提尼（G. Tartini）	意	1714	塔蒂尼
塔强诺夫（I. R. Tarchanoff）	俄	1890	泰赫诺夫，又译：塔克诺夫
路德维·兰琪（Ludivig Lange）	德	1888	朗格，又译：兰格
董仲舒		约前179～约前104	
葛洪		约250～约330	
奥古斯丁（J. S. T. Augustinus）	希	354～430	
奥勃脱（H. Aubert）	德	1857，1865	奥伯特
奥尔培利（Л. A. Орбели）	苏	1949	奥尔别里
铁钦纳（E. B. Titchener）	英	1867～1927，1901，1904，1905，1910	
詹姆士·穆勒（J. Mill）	英	1773～1836，1829	
詹姆士（W. James）	美	1842～1910，1884，1890，1907	
詹宁斯（H. S. Jennings）	美	1868	
詹姆士·窝德（James Ward）	英	1877，1886，1904	詹姆斯·沃德
十四画			
窝德（W. S. Ward）	英	1842	沃德
窝德（见詹姆士·窝德）			
廖巴（J. Loeb）	德	1859～1924，1890	雅克·洛布
福厄司脱（R. Foerster）	德	1856	
福斯脱（M. Foster）	英	1907	福斯特
赫尔姆霍兹（H. V. Helmholtz）	德	1821～1894，1850，1851，1852，1855，1863，1867	

续表

原人名索引表			今译名
人名	国籍	年份	
十四画			
赫林 （E. Hering）	德	1834 ~ 1918，1874，1877	海林
赫尔 （C. L. Hull）	美	1919	
赵以炳		1955	
臧玉铨		1925，1928	
蒙司脱勃格 （H. Münsterberg）	德	1863 ~ 1916	雨果·闵斯特伯格
蒙克 （H. Munk）	德	1881	孟克
管仲		约前 720 ~ 约前 645	
维泰默 （M. Wertheimer）	德	1880 ~ 1943，1912	韦特默，又译：韦特海默
维佛 （E. G. Wever）	美	1930	维弗
十五画			
潘光旦		1947	
潘菽		1956	
潘梓年		1955	
墨翟		约前 479 ~ 约前 392	
墨杜那 （L. Medune）	匈	1935	
萧孝嵘		1936，1939	
鲁平 （E. J. Rubin）	丹	1912	鲁宾，提出图形与背景关系
鲁平斯坦 （S. L. Rubinstein）	苏	1934	鲁宾斯坦
十六画			
霍布斯 （T. Hobbes）	英	1588 ~ 1679，1651	
霍尔 （G. S. Hall）	美	1844 ~ 1929，1883，1887，1895，1904，1915	
穆勒 （见詹姆士·穆勒）			
穆勒 （见约翰·穆勒）			
鲍德文 （J. M. Baldwin）	美	1861 ~ 1934，1894，1902，1913	
十七画			
赛昆 （E. Seguin）	法	1842	沈干
谢巧诺夫 （И. М. Сеченов）	苏	1829 ~ 1905，1863，1873，1904	谢切诺夫

原人名索引表			今译名
人名	国籍	年份	
十七画			
谢灵顿（S. C. S. Sherringgton）	英	1857～1952，1905，1906	
谢循初		1933，1934	
韩非		约前280～约前233	
韩愈		768～824	
戴震		1723～1777	
缪勒（J. P. Müller）	德	1801～1858，1826，1833，1838	约翰内斯·缪勒
缪勒（见乔治·缪勒）			
缪奈（F. C. Mülle）	德	1889	缪勒
十八画			
颜元		1635～1704	
十九画			
二十画			
兰琪（C. G. Lange）	丹	1834～1900，1885	卡尔·朗格，又译：兰格
兰琪（见路德维·兰琪）			

编后记

本书主要收集了章仲子先生已发表的两部著作和文章，另附演讲稿一篇、书信一封。

章仲子先生的《心理卫生概论》的版本演变如下：初版由上海商务印书馆于民国二十五年（1936 年）出版，被列入"大学丛书"，后于 1937 年、1939 年分别重印。2013 年，东方出版社将该书列入"民国大学丛书"再版时，将原来的繁体竖版改为简体横板。同时，该书的简介还被收入刘凌、吴士余主编的《中国学术名著大词典·近现代卷》（汉语大词典出版社，2001）。本次出版的以 1936 年繁体竖版为底本，并进行了认真的校勘和适当的技术处理。本书收录的章仲子先生早年发表的文章，都以最初版本为准，具体出处皆有标注。《心理学史大事年表》以 1979 年 3 月中国心理学会基本理论研究会、吉林省心理学会的油印版为准，该油印版系南京师范大学心理学院崔光辉老师提供，在此深表感谢。

本书在重新整理和校编过程中，西北师范大学心理学院舒跃育副教授统筹策划、收集资料并组织人员录入、整理、编注和校对，心理学院袁彦老师和 2016 级硕士生汪李玲协助整理和校编。西北师范大学心理学院2013 级本科生张珑馨、廖望越、张志龙、杜娟、杨彩霞、张赟和 2014 级本科生刘艳楠、刘海玲、刘欣欣、刘红英、刘颖聪和热孜宛古丽·图尔荪等在文字录入方面付出了大量的劳动，心理学院 2016 级硕士生石莹波和历史文化学院 2013 级本科生靳帅在校对和整理方面付出大量的劳动，在此深表感谢。

本书的出版得到章仲子先生家人的大力支持，特别是章希平女士（章老先生之女）和章为民先生（章老先生之长孙）提供了相关照片和部分资料，并拨冗作序，在此一并致谢。

本书的出版受到西北师范大学心理学院的经费支持和 2015 年度西北师

范大学青年教师科研能力提升计划骨干项目"西北师大心理学科与学者的口述史研究"（SKGG15012）的资助，感谢学院领导特别是院长周爱保教授对此书出版的大力支持。同时，也非常感谢本书的责任编辑张小菲女士为此书的出版所做的努力！

编　者

2018 年 8 月 22 日

图书在版编目（CIP）数据

章仲子文集／舒跃育主编.-- 北京：社会科学文
献出版社，2018.12
ISBN 978 - 7 - 5201 - 3872 - 7

Ⅰ.①章… Ⅱ.①舒… Ⅲ.①心理学 - 文集 Ⅳ.
①B84 - 53

中国版本图书馆 CIP 数据核字（2018）第 251933 号

章仲子文集

主 编／舒跃育
副 主 编／袁 彦 汪李玲

出 版 人／谢寿光
项目统筹／张小菲
责任编辑／张小菲

出 版／社会科学文献出版社·社会学出版中心（010）59367159
地址：北京市北三环中路甲 29 号院华龙大厦 邮编：100029
网址：www. ssap. com. cn
发 行／市场营销中心（010）59367081 59367083
印 装／三河市尚艺印装有限公司

规 格／开 本：787mm × 1092mm 1/16
印 张：28 字 数：480 千字
版 次／2018 年 12 月第 1 版 2018 年 12 月第 1 次印刷
书 号／ISBN 978 - 7 - 5201 - 3872 - 7
定 价／128.00 元

本书如有印装质量问题，请与读者服务中心（010 - 59367028）联系